工程量清单计价编制与典型实例应用图解

公路工程

（第二版）

本书编委会　编

中国建材工业出版社

图书在版编目(CIP)数据

工程量清单计价编制与典型实例应用图解. 公路工程/
《工程量清单计价编制与典型实例应用图解》编委会编.
—2版. —北京:中国建材工业出版社,2010.4(2012.2重印)
ISBN 978 - 7 - 80227 - 735 - 9

Ⅰ. ①工… Ⅱ. ①工… Ⅲ. ①建筑工程-工程造价-图解②道路工程-
工程造价-图解 Ⅳ. ①TU723.3 - 64②U415.13 - 64

中国版本图书馆 CIP 数据核字(2010)第 024146 号

工程量清单计价编制与典型实例应用图解
公路工程(第二版)
本书编委会 编
中国建材工业出版社 出版
(北京市西城区车公庄大街6号 邮政编码 100044)
全国各地新华书店经销
北京紫瑞利印刷有限公司
开本:880 毫米×1230 毫米 横 1/32 印张:23.5 字数:794 千字
2010 年 4 月第 2 版 2012 年 2 月第 2 次印刷
书号:ISBN 978 - 7 - 80227 - 735 - 9
定价:55.00 元

本社网址:www. jccbs. com. cn
本书如出现印装质量问题,由我社发行部负责调换。电话:(010)88386906
对本书内容有任何疑问及建议,请与本书责编联系。邮箱:dayi51@sina.com

内容提要

　　《工程量清单计价编制与典型实例应用图解》之《公路工程》(第二版)依据最新版公路工程概预算定额、《公路工程工程量清单计量规则》、《公路工程标准施工招标文件》(2009年版)、《建设工程工程量清单计价规范》(GB 50500—2008)编写,以图表为主的形式对公路工程概预算及公路工程工程量清单计价的内容进行了介绍。全书共分为公路工程造价概述、公路工程定额计价、公路工程工程量清单及总则、道路工程工程量清单计价、桥梁涵洞工程工程量清单计价、隧道工程工程量清单计价、安全设施及预埋管线工程工程量清单计价、绿化环保及房建工程工程量清单计价、工程量计算常用资料等9部分。

　　本书内容由浅入深,从理论到案例,集全面和实务于一体,兼顾公路工程的定额计价与工程量清单计价,是广大从事公路工程招标文件编写、工程量清单编制、工程投标报价以及进行施工管理的公路工程预算员、造价工程师、监理工程师、项目经理及相关业务人员的参考书,也可作为公路工程相关专业师生学习的参考用书。

工程量清单计价编制与典型实例应用图解

编 委 会

主　　编：李建钊
副主编：王　委　徐晓珍
编　　委：崔奉伟　杜爱玉　邰建荣　高会芳　张婷婷
　　　　　华克见　李　慧　张才华　李良因　马　静
　　　　　高会芳　郑超荣　侯双燕　孙邦丽　黄志安
　　　　　秦大为　孙世兵　岳翠贞　秦礼光　徐梅芳

第二版出版说明

自 2005 年《工程量清单计价编制与典型实例应用图解》系列丛书出版发行以来，承蒙读者尤其是广大工程造价工作者的厚爱，本系列丛书各分册已进行了多次重印，累计销量已达数万册，这使参与丛书编写工作的各位编者倍感欣慰，同时也深受鼓舞。

本系列丛书出版发行的几年正是我国工程造价体制改革的关键时期，这期间，随着工程量清单计价形式的广泛应用，工程造价计价工作逐步实现了"政府宏观调控、企业自主报价、市场形成价格"的目标，改变了以"量"、"价"、"费"定额为主的静态管理模式，建立了工程计价主要依据市场变化的动态管理体制。

2003 版《建设工程工程量清单计价规范》主要侧重于工程招投标中的工程量清单计价，而忽视了工程建设不同阶段对工程造价必然会产生影响的客观因素，而且在工程合同的签订、工程计量与价款支付、工程变更、工程价款调整、工程索赔和工程结算等方面缺乏相应的内容，这些都对继续深入推行工程量清单计价改革工作产生了不小的负面影响。为此，原建设部从 2006 年开始组织有关单位和专家对 2003 版《建设工程工程量清单计价规范》进行修订，并于 2008 年 7 月 9 日由中华人民共和国住房和城乡建设部以第 63 号公告形式发布了《建设工程工程量清单计价规范》(GB 50500—2008)，自 2008 年 12 月 1 日起实施。相对于公路工程而言，交通主管部门也对公路工程施工标准规范进行了较大规模的修订，特别是新版公路工程概预算定额(交通部 2007 年第 33 号文件颁布)及《公路工程工程量清单计量规则》的施行，对公路工程造价编制工作产生了深刻影响。

由于我国国民经济的飞速发展，工程建设水平也不断提高，各种新材料、新工艺、新技术以及新设备在工程建设中得到了广泛的应用，如今的工程造价编制与管理工作，无论是在编制方法与编制形式上，还是在工程造价管理规章制度上，与本系列丛书当初编写时的情况相比都发生了很大的变化。

为了使《工程量清单计价编制与典型实例应用图解》系列丛书能够符合当前工程造价计价编制与管理的实际情况，能够跟上工程建设飞速发展的步伐，我们在保持本系列丛书编写体例及编写风格的基础上对其进行了全面修订。丛书的修订工作主要遵循以下原则进行：

(1)严格按照《建设工程工程量清单计价规范》(GB 50500—2008)的要求和内容进行修订。根据新版清单计价规范的内容与要求,丛书对工程量清单计价活动中有关招标控制价、投标报价、合同价款约定、工程计量与价款支付、工程价款调整、索赔、竣工结算、工程计价争议处理等内容进行了细致的阐述和说明;对丛书中原有的清单计价编制实例均按新版清单计价规范的要求重新进行了编制。

(2)遵循最新标准规范对内容进行修订,以正确指导公路工程造价编制与管理工作的进行。如:以《公路工程基本建设项目概算预算编制办法》(JTG B06-2007)、《公路工程概算定额》(JTG/T B06-01-2007)、《公路工程预算定额》(JTG/T B06-02-2007)和《公路工程工程量清单计量规则》为依据,对公路工程造价编制与管理等内容进行了全面修订。

(3)依据广大读者在丛书使用过程中提出的意见或建议,对丛书中的错误或不当之处进行了修订。

(4)为提高丛书的出版质量,对原书中的图片均按照工程制图标准的要求重新进行了绘制。

本次修订时,丛书编者在充分调查与研究的基础上,结合广大读者的建议,还对丛书的各分册书名进行了修改,对各分册所包含的内容也进行了调整,以使丛书更贴近工程造价编制实际,更好地指导广大读者的工作。调整后的丛书各分册名称如下:

1. 工程量清单计价基础知识与投标报价(第二版)　　　6. 电气设备安装工程
2. 建筑工程(第二版)　　　7. 市政工程
3. 安装工程(第二版)　　　8. 园林绿化工程(第二版)
4. 装饰装修工程(第二版)　　　9. 公路工程(第二版)
5. 给排水及采暖工程　　　10. 水利水电工程

本套丛书在修订过程中,得到了广大读者及有关专家学者的关注和指导,在此表示衷心的感谢。尽管编者已尽最大努力,但限于编者的水平,丛书在修订过程中难免会存在错误及疏漏,敬请广大读者及业内专家批评指正。

编者

第一版出版说明

2003年2月17日,建设部发布了《建设工程工程量清单计价规范》(GB 50500—2003),自2003年7月1日起开始实施。工程量清单计价是建设工程招标投标工作中,由招标人按照国家统一的工程量计算规则提供工程数量,由投标人自主报价,并按照经评审低价中标的工程造价计价模式。

《建设工程工程量清单计价规范》(GB 50500—2003)的颁布实施,是我国建立新的工程造价管理机制的一件大事,是我国工程造价计价工作向逐步实现"政府宏观调控、企业自主报价、市场形成价格"的目标迈出的坚实一步。改变了过去以固定"量"、"价"、"费"定额为主导的静态管理模式,提出了"控制量、指导价、竞争费"的改革措施,逐步过渡到了工程计价主要依据市场变化动态管理的体制;是工程造价管理工作面向我国建设市场,进行工程造价管理的一个新的里程碑,必将推动工程造价管理改革的深入和管理体制的创新,最终建立由政府宏观调控、市场有序竞争形成工程造价的新机制。

推行工程量清单计价,有利于我国工程造价管理政府职能的转变;有利于规范市场计价行为,规范建设市场秩序,促进建设市场有序竞争;有利于控制建设项目投资,合理利用资源,促进技术进步,提高劳动生产率;有利于提高造价工程师素质,使其必须成为懂技术、懂经济、懂管理的全面复合型人才;有利于适应我国加入世界贸易组织和与国际惯例接轨的要求,提高国内建设各方主体参与竞争的能力,全面提高我国工程造价管理水平。

为加大《建设工程工程量清单计价规范》的宣传力度,指导广大建设单位和建筑施工企业如何在工程量清单计价体系下进行工程量清单编制和投标报价,并使广大工程造价工作者和有关方面的工程技术人员深入理解和应用计价规范,我们特组织有关方面的专家编写了这套《工程量清单计价编制与典型实例应用图解》丛书。

本套丛书主要具有以下特点:

1. 深入阐述工程量清单计价体系,指导施工企业如何进行自主报价快速投标

丛书围绕工程量清单计价确定,企业自主报价快速投标这一主题,从工程量清单概述、工程量清单下价格的构成、工程量清单的计价依据、实行工程量清单下的招标投标的价格、实行工程量清单下的如何快速进行投

标报价等几个方面阐述具有实际操作指导意义的工程量清单计价及快速投标编制的理论、思路、技巧和方法。

2. 突出实际操作能力的培养

丛书在编写过程中，重视对读者实际操作能力的培养，力争使读者阅读本丛书后，能够独立完成一套完整的工程量清单和投标报价书的编制。

3. 采用大量实例进行说明

本着使丛书具有实用性的目的，丛书在对清单计价规范内容进行全面详细介绍的同时，用大量的实例，对招标人如何编制工程量清单、投标人如何响应工程量清单进行投标报价以及工程量清单在工程招标投标活动中的作用，详细举例加以阐述说明。

4. 适用范围广

丛书适用于初、中级工程造价（预算）人员。

《工程量清单计价编制与典型实例应用图解》丛书共分 6 个分册。各分册名称如下：

1.《工程量清单计价基础知识与投标报价》

2.《建筑工程》

3.《装饰装修工程》

4.《安装工程》

5.《市政与园林绿化工程》

6.《公路工程》

本系列丛书在编写过程中得到了有关领导和专家的大力支持与帮助，并参阅和引用了有关部门、单位和个人书刊、资料，在此一并表示深切的感谢！由于我们的水平有限，加之编写的时间紧迫，书中难免出现肤浅或不妥之处，恳请广大读者和专家批评指正。

编　者

目　录

6　隧道工程工程量清单计价

7　安全设施及预埋管线工程
工程量清单计价

8　绿化环保及房建工程
工程量清单计价

1 公路工程造价概述

公路工程建设项目分类(1)

序号	项目	说明
1	按投资的再生产性质划分	可分为基本建设项目和更新改造项目。属于基本建设项目的有新建、扩建、改建、迁建和重建等;属于更新改造项目的有技术改造项目、技术引进项目和设备技术更新项目等。
2	按建设规模(设计规模或投资规模)划分	依据国家颁布的《基本建设项目大中小型划分标准》,对于公路建设项目,新、扩建国防、边防和跨省干线长度 > 200km,独立公路大桥 > 1000m 的,为大、中型项目。对于公路更新改造项目,总投资 > 5000 万元的,为限额以上项目;总投资在 100 ~ 5000 万元的,为限额以下项目;总投资 < 100 万元的,为小型项目。 依据《公路工程技术标准》(JTG B01—2003),公路隧道:长度 $L > 3000m$ 的为特长隧道;$3000m \geqslant L > 1000m$ 为长隧道;$1000m \geqslant L > 500m$ 的为中隧道;$L \leqslant 500m$ 的为短隧道。公路桥梁:总长 $8m \leqslant L \leqslant 30m$,单孔跨径 $5m \leqslant L_k < 20m$ 的为小桥;总长 $30m < L < 100m$,单孔跨径 $20m \leqslant L_k < 40m$ 的为中桥;总长 $100m \leqslant L \leqslant 1000m$,单孔跨径 $40m \leqslant L_k \leqslant 150m$ 的为大桥;总长 > 1000m,单孔跨径 $L_k > 150m$ 的为特大桥。
3	按建设阶段划分	可分为预备项目(投资前期项目)或筹建项目、新开工项目、施工项目、续建项目、投产项目、收尾项目、停建项目。
4	按投资建设的用途划分	可分为生产性建设项目和非生产性建设项目。 (1)生产性建设项目,即用于物质产品生产的建设项目,如工业项目、运输项目等。交通运输项目是为生产和流通服务的,是国民经济的重要基础设施,应该看成是生产性建设项目。 (2)非生产性建设项目,是指为满足人们物质文化生活需要的项目。非生产性项目还可分为经营性项目和非经营性项目。

图名	公路工程建设项目分类(1)	图号	1−1

公路工程建设项目分类(2)

序号	项　目	说　明
5	按公路的经济性质划分	按公路的经济性质划分为经营性公路和非经营性公路。 　　第一类是经营性公路,它主要包括有偿转让经营权的公路,实施公路企业资本化经营的公路和实施 BOT 项目建设经营的公路。它是政府对公路基础设施的特许经营。 　　第二类是非经营性公路,在非经营性公路里又可以细分为两种,一种是收费性的高等级公路。这类收费公路并不是以盈利为目的,其收费的目的,中央政府也有明文规定:就是为了偿还借贷款,一旦借贷款还清本息之后,要立即停止收费。另一种是不收费的社会公益性公路。它们是由国家财政拨款投资、养路费投资、民工建勤、以工代赈或者个人及社会捐资修建的公路。这些公路不收取过路费,其养护管理成本从征收的养路费中开支,即社会公益性公路的价值补偿和实物补偿要通过收取税费的方式解决。
6	按公路的行政隶属关系划分	《中华人民共和国公路管理条例实施细则》第三条规定:"公路分为国家干线公路(以下简称国道),省、自治区、直辖市干线公路(以下简称省道),县公路(以下简称县道),乡公路(以下简称乡道)和专用公路五个行政等级。"这就是我国按照行政管理体制、根据公路所处的地理位置、公路在国民经济中的地位和作用及公路交通运输的特点进行公路行政分级。 　　(1)国道。国道是指具有全国性政治、经济意义的主要干线公路,包括重要的国际公路、国防公路,联结首都与各省、自治区首府和直辖市的公路,联结各大经济中心、港站枢纽、商品生产基地和战略要地的公路。 　　(2)省道。省道是指具有全省(自治区、直辖市)政治、经济意义,以省会城市为中心,联结省内重要城市、交通枢纽、主要经济区的干线道路,以及不属于国道的省际重要公路,它们是在中央政府颁布国道后,由省、市、自治区交通主管部门对具有全省意义的干线公路加以规划,并负责建设、养护和改造的公路。 　　(3)县道。县道是指具有全县政治、经济意义,联结县城和县内主要乡(镇)、主要商品生产和集散地的公路,以及不属于国道、省道的县际间的公路。 　　(4)乡道。乡道是直接或主要为乡、村内部经济、文化、行政服务的公路和乡、村与外部联系的公路。乡道要由县级政府统一规划,并由县、乡组织建设、养护、管理和使用。 　　(5)专用公路。专用公路就是专供或主要供某特定工厂、矿山、农场、林场、油田、电站、旅游区、军事要地等与外部联结的公路,它由专用部门或单位自行规划、建设、使用和维护。

图名	公路工程建设项目分类(2)	图号	1-1

公路工程建设项目分类(3)

序号	项 目	说　　明
7	按公路技术等级划分	按照《公路工程技术标准》(JTG B01—2003),公路根据使用任务、功能和适应的交通量分为高速公路、一级公路、二级公路、三级公路、四级公路五个等级。 　　高速公路为专供汽车分向、分车道行驶并全部控制出入的多车道公路。四车道高速公路一般能适应按各种汽车折合成小客车的年平均日交通量为 25000 ~ 55000 辆;六车道高速公路一般能适应按各种汽车折合成小客车的年平均日交通量为 45000 ~ 80000 辆;八车道高速公路一般能适应按各种汽车折合成小客车的年平均日交通量为 60000 ~ 100000 辆。 　　一级公路为供汽车分向、分车道行驶,根据需要控制出入的多车道公路。四车道一级公路应能适应按各种汽车折合成小客车的年平均日交通量为 15000 ~ 30000 辆;六车道一级公路应能适应将各种汽车折合成小客车的年平均日交通量 25000 ~ 55000 辆。 　　双车道二级公路一般能适应按各种车辆折合成小客车的年限年平均日交通量为 5000 ~ 15000 辆。 　　三级公路一般能适应按各种车辆折合成小客车的年平均日交通量为 2000 ~ 6000 辆。 　　四级公路一般能适应按各种车辆折合成小客车的年平均日交通量为:双车道 2000 辆以下;单车道 400 辆以下。 　　在公路设计时,我国规定高速公路、具干线功能的一级公路的设计交通量按 20 年预测;具集散功能的一级公路以及二级、三级公路的设计交通量按 15 年预测;四级公路可根据实际情况确定。

			图名	公路工程建设项目分类(3)	图号	1－1

公路工程造价构成及计价原则(1)

序号	项目	说明
1	公路工程造价构成	工程造价是指一个建设项目从立项开始到建成交付使用预期花费或实际花费的全部费用,即该建设项目有计划地进行固定资产再生产和形成相应的无形资产、递延资产和铺底流动资金的一次性费用总和。我国现行公路工程投资构成和工程造价的构成如图1所示。 建设项目总投资 { 固定资产投资 — { 建筑安装工程费用 { 直接费 / 间接费 / 利润 / 税金 } ; 设备、工具、器具及家具购置费用 { 设备、工具、器具购置费 / 办公和生活用家具购置费 } ; 工程建设其他费用 ; 预留费 { 价差预备费 / 基本预备费 } } ; 流动资产投资 — 铺底流动资金 } **图1　公路工程投资构成和工程造价的构成**
2	公路工程计价原则	在建设的各阶段要合理确定其造价,为造价控制提供依据,应遵循以下的原则。 　　(1)符合国家的有关规定 　　工程建设投资巨大,涉及国民经济的方方面面,因此国家对投资规模、投资方向、投资结构等必须进行宏观调控。在造价编制过程中,应贯彻国家在工程建设方面的有关法规,使国家的宏观调控政策得以实施。 　　(2)保证计价依据的准确性 　　合理确定工程造价是工程造价管理的重要内容,而造价编制的基础资料的准确性则是合理确定造价的保证。为确保计价依据的准确性,应注意几个方面: 　　1)正确摘取工程量,合理确定工、料、机单价。公路工程造价是按实物量法进行编制的,即 　　直接工程费 = ∑(分部分项工程量×定额工、料、机消耗量×当时当地的工、料、机单价) 　　因此,工程量及工、料、机单价的合理与否,直接影响到造价中最为重要、最为基本的直接费的准确性。

| 图名 | 公路工程造价构成及计价原则(1) | 图号 | 1-2 |

公路工程造价构成及计价原则(2)

序号	项　目	说　　明
2	公路工程计价原则	2)正确选用工程定额。为适应建设各阶段确定造价的需要,交通部编制颁发了《公路工程概算定额》、《公路工程预算定额》等工程定额。在编制造价时合理选用定额,才能准确地编制各阶段造价。 3)合理使用费用定额。公路工程造价编制中,除直接费以外的其他多项费用,均按《公路工程基本建设项目概算预算编制办法》中规定的计算方法及费率进行计算。各项费率应根据工程的实际情况取定。如行车干扰工程施工增加费,一般只有改建工程才有,它与公路改建时保持通车的昼夜交通量有关,但计算时应考虑自然分流的影响,否则这项费用会比实际发生的费用大,若在直接费中考虑了一些临时工程如修一个临时简易桥或临时道路分流,则行车干扰费应减少,甚至不计。 4)注意计价依据的时效性。计价依据是一定时期社会生产力的反映,而生产力是不断向前发展的。当社会生产力向前发展了,计价依据就会与已经发展了的社会生产力不相适应,因而,计价依据在具有稳定性的同时,也具有时效性。在编制造价时,应注意不要使用过时或作废的计价依据,以保证造价的准确合理性。 (3)技术与经济相结合 完成同一项工程,可有多个设计方案、多个施工方案。不同方案消耗的资源不同,因而其造价也不相同。编制造价时,在考虑技术可行的同时,应考虑各可行方案的经济合理性,通过技术比较、经济分析和效果评价,选择方案,确定造价。
3	公路工程计价依据	(1)有关工程造价的经济法规、政策 有关工程造价的经济法规、政策包括与建安工程造价相关的国家规定的建筑安装工程营业税税率、城市建设维护税税率、教育费附加费费率;与进口设备价格相关的设备进口关税税率、增值税税率;与工程建设其他费中土地补偿相关的国家对征用各类土地所规定的各项补偿费标准等。 (2)设计图纸资料 设计图纸资料在编制造价时其作用主要表现在两个方面:一是提供计价的主要工程量,这部分工程量一般是从设计图纸中直接摘取。二是根据设计图纸提出合理的施工组织方案,确定造价编制中有关费用的基础数据,计算相应的辅助工程和辅助设施的费用。

图名	公路工程造价构成及计价原则(2)	图号	1-2

公路工程造价构成及计价原则(3)

序号	项 目	说　　　　明
3	公路工程 计价依据	(3)工程定额 工程定额是指在正常施工条件下,完成规定计量单位的符合国家技术标准、技术规范(包括设计、施工、验收等技术规范)和计量评定标准,并反映一定时间施工技术和工艺水平所必需的人工、材料、施工机械台班(时)消耗量的额定标准。在工程材料、设计、施工及相关规范等没有突破性的变化之前,其消耗量具有相对的稳定性。工程定额包括了施工定额、预算定额、概算定额和估算指标等。 (4)费用定额 公路基本建设工程费用定额是公路工程建设项目在编制工程造价中除人工、材料、机械消耗以外的其他费用需要量计算的标准,即工程造价计价依据除工程定额以外各项费用计算的主要内容。公路工程费用定额在公路工程计价依据体系中占有很重要的地位,是编制新建或改建公路基本建设工程投资估算、设计概算及施工图预算配套使用的一种定额,也是正确计算建筑安装工程费,确定工程总造价不可缺少的标准。根据交通主管部门规定,现行公路工程费用定额包括有其他直接费定额、间接费定额、设备工具器具购置费定额以及工程建设其他费用中各项指标和定额等。 (5)基础单价 基础单价是指工程建设中所消耗的劳动力、材料、机械台班以及设备工器具等单位价格的总称。 1)劳动力的单位价格。是指建筑安装生产工人日工资单价,由生产工人基本工资、辅助工资、地区生活补贴、工资性补贴、职工福利费等组成。 2)材料单位价格。习惯称为材料的预算价格,是指材料(包括原材料、构件、成品、半成品、燃料、电等)从其来源地(或交货地点)到达施工工地仓库后的出库价格。 3)施工机械台班单价。是各类施工机械使用台班的额定费用。 4)设备费单价。是指各种进口设备、国产标准设备和国产非标准设备从其来源地(或交货地点)到达施工工地仓库后的出库价格。

图名	公路工程造价构成及计价原则(3)	图号	1－2

公路工程造价构成及计价原则(4)

序号	项 目	说 明
3	公路工程计价依据	**(6)施工组织计划** 施工组织计划是对工程施工的时间、空间、资源所作的全面规划和统筹安排,它包括施工方案的确定、施工进度的安排、施工资源的计划和施工平面的布置等内容。以上这些内容均涉及造价编制中有关费用的计算,如对同一施工任务可采用不同的施工方法,其工程费用会不相同;资源供应计划不同,施工现场的临时生产和生活设施就不会相同,相应的费用也不会相同;施工平面布置中堆场、拌和场的位置不同,则材料运距不同,其运费也不相同;……由此可知,施工组织设计是造价编制中不可忽略的重要计价依据之一。 **(7)工程量计算规则** 工程量计算规则是计量工作的法规,它规定工程量的计算方法和计算范围。在公路工程中,工程量计算规则都是放在工程定额的说明中。在公路工程设计文件中列有各分部分项工程的工程量,在编制造价时,对设计文件中提供的工程量进行复核,检查是否符合工程量计算规则,否则应按工程量计算规则进行调整。 **(8)其他资料** 在编制造价时,还会用到其他的一些资料,如某种型号钢筋的每米质量,场地平整中土体体积计算时的公式等。

图名	公路工程造价构成及计价原则(4)	图号	1-2

公路工程造价编制流程

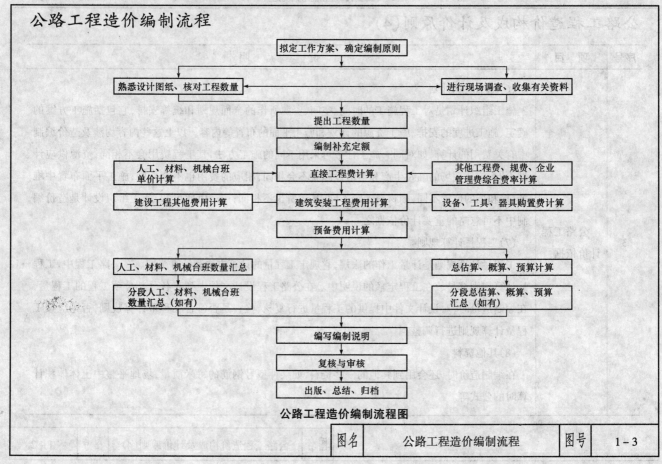

拟定工作方案、确定编制原则

熟悉设计图纸、核对工程数量 ← → 进行现场调查、收集有关资料

提出工程数量

编制补充定额

人工、材料、机械台班单价计算 → 直接工程费计算 ← 其他工程费、规费、企业管理费综合费率计算

建设工程其他费用计算 → 建筑安装工程费用计算 ← 设备、工具、器具购置费计算

预备费用计算

人工、材料、机械台班数量汇总 / 总估算、概算、预算计算

分段人工、材料、机械台班数量汇总（如有） / 分段总估算、概算、预算汇总（如有）

编写编制说明

复核与审核

出版、总结、归档

公路工程造价编制流程图

| 图名 | 公路工程造价编制流程 | 图号 | 1-3 |

公路工程概、预算项目(1)

序号	项 目	说 明
1	概 述	公路建设工程从筹建至竣工、验收、交付使用的全过程中需要的建设费用是由建筑安装工程,设备、工具购置和工程建设其他费用三部分组成。其中设备、工(器)具和家具是一般工业部门生产的产品,购置活动属于价值转移性质;而工程建设其他费用多为费用性质的支付。这两部分费用可分别按国家规定的有关费用标准和相应的产品价格直接计算,较易确定。但是,建筑安装工程则不同,要从基本的分项工程的各项消耗开始逐步扩大计算,其中包括直接、间接的消耗和建安工人为社会所创造的价值。因此,公路工程概、预算价值的主要组成部分是建筑安装工程的概、预算价值。在一定意义上讲,编制公路工程概、预算,主要是编制建筑安装工程概、预算,它是编制公路工程概、预算的关键。 建筑安装工程是由相当数量的分项工程组成的庞大复杂的综合体,直接计算出它的全部人工、材料和机械台班的消耗量及价值,是一项极为困难的工作。为了准确无误地计算和确定建筑安装工程的造价,必须对公路基本建设工程项目进行科学的分析与分解,使之有利于公路工程概、预算的编审,以及公路基本建设的计划、统计、会计和基建拨款贷款等各方面的工作,同时,也为了便于同类工程之间进行比较和对不同分项工程进行技术经济分析,使编制概、预算项目时不重不漏,保证质量,因此,必须对概、预算项目的划分、排列顺序及内容作出统一规定,这就形成了公路工程概预算项目表。
2	公路工程概预算项目	公路工程概预算项目主要包括以下内容: 第一部分 建筑安装工程费　　　　　　　第六项 隧道工程 第一项 临时工程　　　　　　　　　　　第七项 公路设施及预埋管线工程 第二项 路基工程　　　　　　　　　　　第八项 绿化及环境保护工程 第三项 路面工程　　　　　　　　　　　第九项 管理、养护及服务房屋 第四项 桥梁、涵洞工程　　　　　　　　第二部分 设备及工具、器具购置费 第五项 交叉工程　　　　　　　　　　　第三部分 工程建设其他费用

图名	公路工程概、预算项目(1)		图号	1-4

公路工程概、预算项目(2)

序号	项　目	说　明
2	公路工程 概预算项目	公路工程概预算项目表见表1所示。

公路工程概、预算项目表　　　　　　　　表1

项目	节	细目	工程或费用名称	单位	备注
			第一部分　建筑安装工程费	**公路公里**	建设项目路线总长度(主线长度)
一			临时工程	公路公里	
	1		临时道路	km	新建便道与利用原有道路的总长
		1	临时便道的修建与维护	km	新建便道长度
		2	原有道路的维护与恢复	km	利用原有道路长度
			……		
	2		临时便桥	m/座	指汽车便桥
	3		临时轨道铺设	km	
	4		临时电力线路	km	
	5		临时电信线路	km	不包括广播线
	6		临时码头	座	按不同的形式划分节或细目
二			路基工程		扣除桥梁、隧道和互通立交的主线长度,独立桥梁或隧道为引道或接线长度
	1		场地清理	km	
		1	清理与掘除	m²	按清除内容的不同划分细目
		1	清除表土	m³	
		2	伐树、挖根、除草	m²	
			……		

图名	公路工程概、预算项目(2)	图号	1－4

公路工程概、预算项目(3)

序号	项 目	说 明					
							续表
		项目	节	细目	工程或费用名称	单 位	备 注
				2	挖除旧路面	m²	按不同的路面类型和厚度划分细目
				1	挖除水泥混凝土路面	m²	
				2	挖除沥青混凝土路面	m²	
				3	挖除碎(砾)石路面	m²	
					……		
				3	拆除旧建筑物、构筑物	m³	按不同的构筑材料划分细目
				1	拆除钢筋混凝土结构	m³	
				2	拆除混凝土结构	m³	
				3	拆除砖石及其他砌体	m³	
2	公路工程概预算项目		2		……		
					挖方	m³	
				1	挖土方	m³	按不同的地点划分细目
				1	挖路基土方	m³	
				2	挖改路、改河、改渠土方	m³	
				2	挖石方	m³	按不同的地点划分细目
				1	挖路基石方	m³	
				2	挖改路、改河、改渠石方	m³	
				3	挖非适用材料	m³	
				4	弃土运输	m³	
			3		填方	m³	

图名	公路工程概、预算项目(3)	图号	1-4

公路工程概、预算项目(4)

序号	项 目	说　　明						

续表

		项目	节	细目	工程或费用名称	单 位	备 注
2	公路工程概预算项目			1	路基填方	m³	按不同的填筑材料划分细目
				1	换填土	m³	
				2	利用土方填筑	m³	
				3	借土方填筑	m³	
				4	利用石方填筑	m³	
				5	填砂路基	m³	
				6	粉煤灰及填石路基	m³	
				……			
				2	改路、改河、改渠填方	m³	按不同的填筑材料划分细目
				1	利用土方填筑	m³	
				2	借土方填筑	m³	
				3	利用石方填筑	m³	
				……			
				3	结构物台背回填	m³	按不同的填筑材料划分细目
				1	填碎石	m³	
			4		特殊路基处理	km	指需要处理软弱路基长度
				1	软土处理	km	按不同的处治方法划分细目
				1	抛石挤淤	m³	
				2	砂、砂砾垫层	m³	
				3	灰土垫层	m³	
				4	预压与超载预压	m²	
				5	袋装砂井	m	

图名	公路工程概、预算项目(4)	图号	1-4

公路工程概、预算项目(5)

序号	项 目	说　　　明						

续表

序号	项 目	项 目 节	细目	工程或费用名称	单 位	备 注
2	公路工程概预算项目		6	塑料排水板	m	
			7	粉喷桩与旋喷桩	m	
			8	碎石桩	m	
			9	砂桩	m	
			10	土工布	m²	
			11	土工格栅	m²	
			12	土工格室	m²	
				……		
		2		滑坡处理	处	按不同的处理方式划分细目
			1	卸载土石方	m³	
			2	抗滑桩	m³	
			3	预应力锚索	m	
				……		
		3		岩溶洞回填	m³	按不同的回填材料划分细目
			1	混凝土	m³	
				……		
		4		膨胀土处理	km	按不同的处理方法划分细目
			1	改良土	m³	
				……		
		5		黄土处理	m³	按黄土的不同特性划分细目
			1	陷穴	m³	
			2	湿陷性黄土	m²	
				……		

图名	公路工程概、预算项目(5)	图号	1-4

公路工程概、预算项目(6)

序号	项 目	说　明

续表

项目	节	细目	工程或费用名称	单位	备　注
		6	盐渍土处理	m²	按不同的厚度划分细目
			……		
	5		排水工程	km	按不同的结构类型划分
		1	边沟	m³/m	按不同的材料、尺寸划分细目
		1	现浇混凝土边沟	m³/m	
		2	浆砌混凝土预制块边沟	m³/m	
		3	浆砌片石边沟	m³/m	
		4	浆砌块石边沟	m³/m	
			……		
	2		排水沟	处	按不同的材料、尺寸划分细目
		1	现浇混凝土排水沟	m³/m	
		2	浆砌混凝土预制块排水沟	m³/m	
		3	浆砌片石排水沟	m³/m	
		4	浆砌块石排水沟	m³/m	
			……		
	3		截水沟	m³/m	按不同的材料、尺寸划分细目
		1	浆砌混凝土预制块截水沟	m³/m	
		2	浆砌片石截水沟	m³/m	
			……		
	4		急流槽	m³/m	按不同的材料、尺寸划分细目
		1	现浇混凝土急流槽	m³/m	
		2	浆砌片石急流槽	m³/m	
			……		

序号 2 项目：公路工程概预算项目

图名	公路工程概、预算项目(6)	图号	1-4

公路工程概、预算项目(7)

序号	项 目	说 明

续表

项目	节	细目	工程或费用名称	单 位	备 注
		5	暗沟	m³	按不同的材料、尺寸划分细目
			……		
		6	渗(盲)沟	m³/m	按不同的材料、尺寸划分细目
			……		
		7	排水管	m	按不同的材料、尺寸划分细目
			……		
		8	集水井	m³/个	按不同的材料、尺寸划分细目
			……		
		9	泄水槽	m³/个	按不同的材料、尺寸划分细目
			……		
	6		防护与加固工程	km	按不同的结构类型分节
		1	坡面植物防护	m²	按不同的材料划分细目
			1 播种草籽	m²	
			2 铺(植)草皮	m²	
			3 土工织物植草	m²	
			4 植生袋植草	m²	
			5 液压喷播植草	m²	
			6 客土喷播植草	m²	
			7 喷混植草	m²	
			……		
		2	坡面圬工防护	m³/m²	按不同的材料和形式划分细目

序号2 项目：公路工程概预算项目

图名	公路工程概、预算项目(7)	图号	1-4

公路工程概、预算项目(8)

序号	项 目	说 明

续表

项	目	节	细目	工程或费用名称	单 位	备 注
			1	现浇混凝土护坡	m³/m²	
			2	预制块混凝土护坡	m³/m²	
			3	浆砌片石护坡	m³/m²	
			4	浆砌块石护坡	m³/m²	
			5	浆砌片石骨架护坡	m³/m²	
			6	浆砌片石护面墙	m³/m²	
			7	浆砌块石护面墙	m³/m²	
			......			
		3		坡面喷浆防护	m²	按不同的材料划分细目
			1	抹面、捶面护坡	m²	
			2	喷浆护坡	m²	
			3	喷射混凝土护坡	m³/m²	
			......			
		4		坡面加固	m²	按不同的材料划分细目
			1	预应力锚索	t/m	
			2	锚杆、锚钉	t/m	
			3	锚固板	m³	
			......			
		5		挡土墙	m³/m	按不同的材料和形式划分细目
			1	现浇混凝土挡土墙	m³/m	
			2	锚杆挡土墙	m³/m	
			3	锚碇板挡土墙	m³/m	

序号 2　项目：公路工程概预算项目

| 图名 | 公路工程概、预算项目(8) | 图号 | 1-4 |

公路工程概、预算项目(9)

序号	项 目	说　明						

续表

序号	项 目	项目	节	细目	工程或费用名称	单 位	备 注
2	公路工程概预算项目			4	加筋土挡土墙	m³/m	
				5	扶壁式、悬臂式挡土墙	m³/m	
				6	桩板墙	m³/m	
				7	浆砌片石挡土墙	m³/m	
				8	浆砌块石挡土墙	m³/m	
				9	浆砌护肩墙	m³/m	
				10	浆砌(干砌)护脚	m³/m	
				……			
				6	抗滑桩	m³	按不同的规格划分细目
				……			
				7	冲刷防护	m³	按不同的材料和形式划分细目
				1	浆砌片石河床铺砌	m³	
				2	导流坝	m³/处	
				3	驳岸	m³/m	
				4	石笼	m³/处	
				……			
				8	其他工程	km	根据具体情况划分细目
				……			
		三			路面工程	km	
			1		路面垫层	m²	按不同的材料分节
				1	碎石垫层	m²	按不同的厚度划分细目
				2	砂砾垫层	m²	按不同的厚度划分细目

图名	公路工程概、预算项目(9)	图号	1-4

公路工程概、预算项目(10)

序号	项 目	说　　　　明

续表

项目	节	细目	工程或费用名称	单 位	备　　注
			……		
2			路面底基层	m²	按不同的材料分节
	1		石灰稳定类底基层	m²	按不同的厚度划分细目
	2		水泥稳定类底基层	m²	按不同的厚度划分细目
	3		石灰粉煤灰稳定类底基层	m²	按不同的厚度划分细目
	4		级配碎(砾)石底基层	m²	按不同的厚度划分细目
			……		
3			路面基层	m²	按不同的材料分节
	1		石灰稳定类基层	m²	按不同的厚度划分细目
	2		水泥稳定类基层	m²	按不同的厚度划分细目
	3		石灰粉煤灰稳定类基层	m²	按不同的厚度划分细目
	4		级配碎(砾)石基层	m²	按不同的厚度划分细目
	5		水泥混凝土基层	m²	按不同的厚度划分细目
	6		沥青碎石混合料基层	m²	按不同的厚度划分细目
			……		
4			透层、粘层、封层	m²	按不同的形式分节
	1		透层	m²	
	2		粘层	m²	
	3		封层	m²	按不同的材料划分细目
		1	沥青表处封层	m²	
		2	稀浆封层	m²	
			……		

序号 2　项目：公路工程概预算项目

图名	公路工程概、预算项目(10)	图号	1－4

公路工程概、预算项目(11)

序号	项 目	说 明						

<table>
<tr><td colspan="8" align="right">续表</td></tr>
<tr><td>项 目</td><td>节</td><td>细目</td><td>工程或费用名称</td><td>单 位</td><td colspan="3">备 注</td></tr>
<tr><td></td><td></td><td>4</td><td>单面烧毛纤维土工布</td><td>m²</td><td colspan="3"></td></tr>
<tr><td></td><td></td><td>5</td><td>玻璃纤维格栅</td><td>m²</td><td colspan="3"></td></tr>
<tr><td></td><td></td><td></td><td>……</td><td></td><td colspan="3"></td></tr>
<tr><td></td><td>5</td><td></td><td>沥青混凝土面层</td><td>m²</td><td colspan="3">指上面层面积</td></tr>
<tr><td></td><td></td><td>1</td><td>粗粒式沥青混凝土面层</td><td>m²</td><td colspan="3">按不同的厚度划分细目</td></tr>
<tr><td></td><td></td><td>2</td><td>中粒式沥青混凝土面层</td><td>m²</td><td colspan="3">按不同的厚度划分细目</td></tr>
<tr><td></td><td></td><td>3</td><td>细粒式沥青混凝土面层</td><td>m²</td><td colspan="3">按不同的厚度划分细目</td></tr>
<tr><td></td><td></td><td>4</td><td>改性沥青混凝土面层</td><td>m²</td><td colspan="3">按不同的厚度划分细目</td></tr>
<tr><td></td><td></td><td>5</td><td>沥青玛𬲤脂碎石混合料面层</td><td>m²</td><td colspan="3">按不同的厚度划分细目</td></tr>
<tr><td></td><td></td><td></td><td>……</td><td></td><td colspan="3"></td></tr>
<tr><td></td><td>6</td><td></td><td>水泥混凝土面层</td><td>m²</td><td colspan="3">按不同的材料分节</td></tr>
<tr><td></td><td></td><td>1</td><td>水泥混凝土面层</td><td>m²</td><td colspan="3">按不同的厚度划分细目</td></tr>
<tr><td></td><td></td><td>2</td><td>连续配筋混凝土面层</td><td>m²</td><td colspan="3">按不同的厚度划分细目</td></tr>
<tr><td></td><td></td><td>3</td><td>钢筋</td><td>t</td><td colspan="3"></td></tr>
<tr><td></td><td>7</td><td></td><td>其他面层</td><td>m²</td><td colspan="3">按不同的类型分节</td></tr>
<tr><td></td><td></td><td>1</td><td>沥青表面处治面层</td><td>m²</td><td colspan="3">按不同的厚度划分细目</td></tr>
<tr><td></td><td></td><td>2</td><td>沥青贯入式面层</td><td>m²</td><td colspan="3">按不同的厚度划分细目</td></tr>
<tr><td></td><td></td><td>3</td><td>沥青上拌下贯式面层</td><td>m²</td><td colspan="3">按不同的厚度划分细目</td></tr>
<tr><td></td><td></td><td>4</td><td>泥结碎石面层</td><td>m²</td><td colspan="3">按不同的厚度划分细目</td></tr>
<tr><td></td><td></td><td>5</td><td>级配碎(砾)石面层</td><td>m²</td><td colspan="3">按不同的厚度划分细目</td></tr>
<tr><td></td><td></td><td>6</td><td>天然砂砾面层</td><td>m²</td><td colspan="3">按不同的厚度划分细目</td></tr>
<tr><td></td><td></td><td></td><td>……</td><td></td><td colspan="3"></td></tr>
</table>

序号 2 项目：公路工程概预算项目

图名	公路工程概、预算项目(11)	图号	1-4

公路工程概、预算项目(12)

序号	项　目	说　明						
								续表
		项　目	节	细目	工程或费用名称	单　位	备　注	
2	公路工程概预算项目		8		路槽、路肩及中央分隔带	km		
				1	挖路槽	m²	按不同的土质划分细目	
					1	土质路槽	m²	
					2	石质路槽	m²	
				2	培路肩	m²	按不同的厚度划分细目	
				3	土路肩加固	m²	按不同的加固方式划分细目	
					1	现浇混凝土	m²	
					2	铺砌混凝土预制块	m²	
					3	浆砌片石	m²	
					……		
				4	中央分隔带回填土	m³		
				5	路缘石	m³	按现浇和预制安装划分细目	
					……		
			9		路面排水	km	按不同的类型分节	
				1	拦水带	m	按不同的材料划分细目	
					1	沥青混凝土	m	
					2	水泥混凝土	m	
				2	排水沟	m	按不同的类型划分细目	
					1	路肩排水沟	m	
					2	中央分隔带排水沟	m	
					……		
				3	排水管	m	按不同的类型划分细目	
					1	纵向排水管	m	

图名	公路工程概、预算项目(12)	图号	1－4

公路工程概、预算项目(13)

序号	项 目	说 明						
								续表

		项目	目	节	细目	工程或费用名称	单 位	备 注
					2	横向排水管	m/道	
						……		
					4	集水井	m³/个	按不同的规格划分细目
						……		
		四				桥梁涵洞工程	km	指桥梁长度
			1			漫水工程	m/处	
				1		过水路面	m/处	
				2		混合式过水路面	m/处	
2	公路工程概预算项目		2			涵洞工程	m/道	按不同的结构类型分节
				1		钢筋混凝土管涵	m/道	按管径和单、双孔划分细目
					1	1—ϕ1.0m 圆管涵	m/道	
					2	1—ϕ1.5m 圆管涵	m/道	
					3	倒虹吸管	m/道	
						……		
				2		盖板涵	m/道	按不同的材料和涵径划分细目
					1	2.0m×2.0m 石盖板涵	m/道	
					2	2.0m×2.0m 钢筋混凝土盖板涵	m/道	
						……		
				3		箱涵	m/道	按不同的涵径划分细目

图名	公路工程概、预算项目(13)	图号	1-4

公路工程概、预算项目(14)

序号	项 目	说　明

续表

项目	节	细目	工程或费用名称	单 位	备 注
		1	4.0m×4.0m 钢筋混凝土箱涵	m/道	按不同的涵径划分细目
			……		
	4		拱涵	m/道	按不同的材料和涵径划分细目
		1	4.0m×4.0m 石拱涵	m/道	
		2	4.0m×4.0m 钢筋混凝土拱涵	m/道	
	3		小桥工程	m/座	按不同的结构类型分节
		1	石拱桥	m/座	按不同的跨径划分细目
		2	钢筋混凝土矩形板桥	m/座	按不同的跨径划分细目
		3	钢筋混凝土空心板桥	m/座	按不同的跨径划分细目
		4	钢筋混凝土 T 形梁桥	m/座	按不同的跨径划分细目
		5	预应力混凝土空心板桥	m/座	按不同的跨径划分细目
			……		
	4		中桥工程	m/座	按不同的结构类型或桥名分节
		1	钢筋混凝土空心板桥	m/座	按不同的跨径或工程部位划分细目
		2	钢筋混凝土 T 形梁桥	m/座	按不同的跨径或工程部位划分细目
		3	钢筋混凝土拱桥	m/座	按不同的跨径或工程部位划分细目
		4	预应力混凝土空心板桥	m/座	按不同的跨径或工程部位划分细目
			……		

序号 2　项目：公路工程概预算项目

图名	公路工程概、预算项目(14)	图号	1 - 4

公路工程概、预算项目(15)

序号	项　目	说　　　　明					
							续表
		项目	节	细目	工程或费用名称	单　位	备　注
2	公路工程概预算项目		5		大桥工程	m/座	按桥名或不同的工程部位分节
				1	××大桥	m²/m	按不同的工程部位划分细目
				1	天然基础	m³	
				2	桩基础	m³	
				3	沉井基础	m³	
				4	桥台	m³	
				5	桥墩	m³	
				6	上部构造	m³	注明上部构造跨径组成及结构形式
					……		
				2	……		
			6		××特大桥工程	m²/m	按桥名分目,按不同的工程部位分节
				1	基础	m³/座	按不同的形式划分细目
				1	天然基础	m³	
				2	桩基础	m³	
				3	沉井基础	m³	
				4	承台	m³	
					……		
				2	下部构造	m³/座	按不同的形式划分细目
				1	桥台	m³	
				2	桥墩	m³	
				3	索塔	m³	
					……		
				3	上部构造	m³	按不同的形式划分细目,并注明其跨径组成

图名	公路工程概、预算项目(15)	图号	1-4

公路工程概、预算项目(16)

序号	项 目	说　明

续表

项目	节	细目	工程或费用名称	单　位	备　注
		1	预应力混凝土空心板	m^3	
		2	预应力混凝土 T 形梁	m^3	
		3	预应力混凝土连续梁	m^3	
		4	预应力混凝土连续刚构	m^3	
		5	钢管拱桥	m^3	
		6	钢箱梁	t	
		7	斜拉索	t	
		8	主缆	t	
		9	预应力钢材	t	
		……			
	4		桥梁支座	个	按不同的规格划分细目
		1	矩形板式橡胶支座	dm^3	
		2	圆形板式橡胶支座	dm^3	
		3	矩形四氟板式橡胶支座	dm^3	
		4	圆形四氟板式橡胶支座	dm^3	
		5	盆式橡胶支座	个	
		……			
	5		桥梁伸缩缝	m	指伸缩缝长度,按不同的规格划分细目
		1	橡胶伸缩装置	m	
		2	模数式伸缩装置	m	
		3	填充式伸缩装置	m	

序号 **2**　项目 公路工程概预算项目

图名	公路工程概、预算项目(16)	图号	1－4

公路工程概、预算项目(17)

序号	项 目	说　　　明

续表

项目	目	节	细目	工程或费用名称	单　位	备　注
				……		
			6	桥面铺装	m³	按不同的材料划分细目
			1	沥青混凝土桥面铺装	m³	
			2	水泥混凝土桥面铺装	m³	
			3	水泥混凝土垫平层	m³	
			4	防水层	m²	
				……		
			7	人行道系	m	指桥梁长度,按不同的类型划分细目
			1	人行道及栏杆	m³/m	
			2	桥梁钢防撞护栏	m	
			3	桥梁波形梁护栏	m	
			4	桥梁水泥混凝土防撞墙	m	
			5	桥梁防护网	m	
			8	其他工程	m	指桥梁长度,按不同的类型划分细目
			1	看桥房及岗亭	座	
			2	砌筑工程	m³	
			3	混凝土构件装饰	m²	
		五		交叉工程	处	按不同的交叉形式分目
			1	平面交叉道	处	按不同的类型分节
			1	公路与铁路平面交叉	处	
			2	公路与公路平面交叉	处	

(序号 2, 项目: 公路工程概预算项目)

图名	公路工程概、预算项目(17)	图号	1－4

公路工程概、预算项目(18)

序号	项 目	说 明

续表

项目	节	细目	工程或费用名称	单 位	备 注
		3	公路与大车道平面交叉	处	
			……		
	2		通道	m/处	按不同的结构类型分节
		1	钢筋混凝土箱式通道	m/处	
		2	钢筋混凝土板式通道	m/处	
			……		
	3		人行天桥	m/处	
		1	钢结构人行天桥	m/处	
		2	钢筋混凝土结构人行天桥	m/处	
	4		渡槽	m/处	按不同的结构类型分节
		1	钢筋混凝土渡槽	m/处	
		2	……		
	5		分离式立体交叉	处	按交叉名称分节
		1	××分离式立体交叉	处	按不同的工程内容划分细目
			1 路基土石方	m³	
			2 路基排水防护	m³	

序号 2：公路工程概预算项目

图名	公路工程概、预算项目(18)	图号	1-4

公路工程概、预算项目(19)

序号	项 目	说 明

续表

		项目	节	细目	工程或费用名称	单 位	备 注
2	公路工程概预算项目			3	特殊路基处理	km	
				4	路面	m²	
				5	涵洞及通道	m³/m	
				6	桥梁	m²/m	
					……		
			2		……		
		6			××互通式立体交叉	处	按互通名称分目(注明其类型),按不同的分部工程分节
			1		路基土石方	m³/km	
				1	清理与掘除	m²	
				2	挖土方	m³	
				3	挖石方	m³	
				4	挖非适用材料	m³	
				5	弃方运输	m³	
				6	换填土	m³	
				7	利用土方填筑	m³	
				8	借土方填筑	m³	

图名	公路工程概、预算项目(19)	图号	1-4

公路工程概、预算项目(20)

序号	项　目	说　　　　　明

续表

项目	节	细目	工程或费用名称	单　位	备　　注
		9	利用石方填筑	m³	
		10	结构物台背回填	m³	
	2		特殊路基处理	km	
		1	特殊路基垫层	m³	
		2	预压与超载预压	m²	
		3	袋装砂井	m	
		4	塑料排水板	m	
		5	粉喷桩与旋喷桩	m	
		6	碎石桩	m	
		7	砂桩	m	
		8	土工布	m²	
		9	土工格栅	m²	
		10	土工格室	m²	
			……		
	3		排水工程	m³	
		1	混凝土边沟、排水沟	m³/m	
		2	砌石边沟、排水沟	m³/m	

序号 2　项目：公路工程概预算项目

图名	公路工程概、预算项目(20)	图号	1-4

公路工程概、预算项目(21)

序号	项 目	说　　　明

续表

项	目	节	细目	工程或费用名称	单 位	备 注
			3	现浇混凝土急流槽	m^3/m	
			4	浆砌片石急流槽	m^3/m	
			5	暗沟	m^3	
			6	渗(盲)沟	m^3/m	
			7	拦水带	m	
			8	排水管	m	
			9	集水井	$m^3/个$	
				……		
2	公路工程概预算项目		4	防护工程	m^3	
			1	播种草籽	m^2	
			2	铺(植)草皮	m^2	
			3	土工织物植草	m^2	
			4	植生袋植草	m^2	
			5	液压喷播植草	m^2	
			6	客土喷播植草	m^2	
			7	喷混植草	m^2	
			8	现浇混凝土护坡	m^3/m^2	
			9	预制块混凝土护坡	m^3/m^2	
			10	浆砌片石护坡	m^3/m^2	
			11	浆砌块石护坡	m^3/m^2	

图名	公路工程概、预算项目(21)	图号	1-4

公路工程概、预算项目(22)

序号	项 目	说　　　　　明

续表

项目	节	细目	工程或费用名称	单 位	备　注
		12	浆砌片石骨架护坡	m^3/m^2	
		13	浆砌片石护面墙	m^3/m^2	
		14	浆砌块石护面墙	m^3/m^2	
		15	喷射混凝土护坡	m^3/m^2	
		16	现浇混凝土挡土墙	m^3/m	
		17	加筋土挡土墙	m^3/m	
		18	浆砌片石挡土墙	m^3/m	
		19	浆砌块石挡土墙	m^3/m	
			……		
	5		路面工程	m^2	
		1	碎石垫层	m^2	
		2	砂砾垫层	m^2	
		3	石灰稳定类底基层	m^2	
		4	水泥稳定类底基层	m^2	
		5	石灰粉煤灰稳定类底基层	m^2	
		6	级配碎(砾)石底基层	m^2	
		7	石灰稳定类基层	m^2	

序号 2　项目 公路工程概预算项目

| 图名 | 公路工程概、预算项目(22) | 图号 | 1-4 |

公路工程概、预算项目(23)

序号	项 目	说 明

续表

项	目	节	细目	工程或费用名称	单 位	备 注
			8	水泥稳定类基层	m²	
			9	石灰粉煤灰稳定类基层	m²	
			10	级配碎(砾)石基层	m²	
			11	水泥混凝土基层	m²	
			12	透层、粘层、封层	m²	
			13	沥青混凝土面层	m²	
			14	改性沥青混凝土面层	m²	
			15	沥青玛琋脂碎石混合料面层	m²	
			16	水泥混凝土面层	m²	
			17	中央分隔带回填土	m³	
			18	路缘石	m³	
				……		
		6		涵洞工程	m/道	
			1	钢筋混凝土管涵	m/道	
			2	倒虹吸管	m/道	
			3	盖板涵	m/道	
			4	箱涵	m/道	

序号 2, 项目: 公路工程概预算项目

图名	公路工程概、预算项目(23)	图号	1－4

公路工程概、预算项目(24)

序号	项 目	说　明

续表

项目	节	细目	工程或费用名称	单　位	备　注
		5	拱涵	m/道	
	7		桥梁工程	m²/m	
		1	天然基础	m³	
		2	桩基础	m³	
		3	沉井基础	m³	
		4	桥台	m³	
		5	桥墩	m³	
		6	上部构造	m³	
			……		
	8		通道	m/处	
六			隧道工程	km/座	按隧道名称分目,并注明其形式
	1		××隧道	m	按明洞、洞门、洞身开挖、衬砌等分节
		1	洞门及明洞开挖	m³	
		1	挖土方	m³	
		2	挖石方	m³	
			……		
		2	洞门及明洞修筑	m³	

序号2：公路工程概预算项目

图名	公路工程概、预算项目(24)	图号	1-4

公路工程概、预算项目(25)

序号	项 目	说 明

续表

项目	节	细目	工程或费用名称	单 位	备 注
		1	洞门建筑	m³/座	
		2	明洞衬砌	m³/m	
		3	遮光棚(板)	m³/m	
		4	洞口坡面防护	m³	
		5	明洞回填	m³	
		……			
	3		洞身开挖	m³/m	
		1	挖土石方	m³	
		2	注浆小导管	m	
		3	管棚	m	
		4	锚杆	m	
		5	钢拱架(支撑)	t/榀	
		6	喷射混凝土	m³	
		7	钢筋网	t	
		……			
	4		洞身衬砌	m³	
		1	现浇混凝土	m³	
		2	仰拱混凝土	m³	

序号 2　项目 公路工程概预算项目

图名	公路工程概、预算项目(25)	图号	1-4

公路工程概、预算项目(26)

序号	项　目	说　　明

续表

项	目	节	细目	工程或费用名称	单　位	备　　注
			3	管、沟混凝土	m³	
				……		
			5	防水与排水	m³	
			1	防水板	m²	
			2	止水带、条	m	
			3	压浆	m³	
			4	排水管	m	
				……		
			6	洞内路面	m²	按不同的路面结构和厚度划分细目
			1	水泥混凝土路面	m²	
			2	沥青混凝土路面	m²	
			7	通风设施	m	按不同的设施划分细目
			1	通风机安装	台	
			2	风机启动柜洞门	个	
				……		
			8	消防设施	m	按不同的设施划分细目
			1	消防室洞门	个	
			2	通道防火闸门	个	

序号 2　项目 公路工程概预算项目

图名	公路工程概、预算项目(26)	图号	1-4

公路工程概、预算项目(27)

序号	项 目	说 明							

续表

序号	项 目	项目	目	节	细目	工程或费用名称	单 位	备 注
					3	蓄(集)水池	座	
					4	喷防火涂料	m²	
						......		
				9		照明设施	m	按不同的设施划分细目
					1	照明灯具	m	
				10		供电设施	m	按不同的设施划分细目
				11		其他工程	m	按不同的内容划分细目
2	公路工程 概预算项目				1	卷帘门	个	
					2	检修门	个	
					3	洞身及洞门装饰	m²	
						......		
			2			××隧道	m	
		七				公路设施及预埋管线工程	公路公里	
				1		安全设施	公路公里	按不同的设施分节
					1	石砌护栏	m³/m	
					2	钢筋混凝土防撞护栏	m³/m	
					3	波形钢板护栏	m	按不同的形式划分细目
					4	隔离栅	km	按不同的材料划分细目

图名	公路工程概、预算项目(27)	图号	1-4

公路工程概、预算项目(28)

序号	项　目	说　　　　　　明						
								续表
		项　目	节	细目	工程或费用名称	单　位	备　　注	
2	公路工程 概预算项目			5	防护网	km		
				6	公路标线	km	按不同的类型划分细目	
				7	轮廓标	根		
				8	防眩板	m		
				9	钢筋混凝土护柱	根/m		
				10	里程碑、百米桩、公路界碑	块		
				11	各类标志牌	块	按不同的规格和材料划分细目	
				12	……			
			2		服务设施	公路公里	按不同的设施分节	
				1	服务区	处	按不同的内容划分细目	
				2	停车区	处	按不同的内容划分细目	
				3	公共汽车停靠站	处	按不同的内容划分细目	
			3		管理、养护设施	公路公里	按不同的设施分节	
				1	收费系统设施	处	按不同的内容划分细目	
				1	设备安装	公路公里		
				2	收费亭	个		
				3	收费天棚	m²		

图名	公路工程概、预算项目(28)	图号	1-4

公路工程概、预算项目(29)

序号	项 目	说　　　　明

续表

项	目	节	细目	工程或费用名称	单　位	备　　　注
			4	收费岛	个	
			5	通道	m/道	
			6	预埋管线	m	
			7	架设管线	m	
				……		
		2		通信系统设施	公路公里	按不同的内容划分细目
			1	设备安装	公路公里	
2	公路工程概预算项目		2	管道工程	m	
			3	人(手)孔	个	
			4	紧急电话平台	个	
				……		
		3		监控系统设施	公路公里	按不同的内容划分细目
			1	设备安装	公路公里	
			2	光(电)缆敷设	km	
				……		
		4		供电、照明系统设施	公路公里	按不同的内容划分细目
			1	设备安装	公路公里	

图名	公路工程概、预算项目(29)	图号	1-4

公路工程概、预算项目(30)

序号	项 目	说　　　　明						
								续表
		项目	节	细目	工程或费用名称	单 位	备 注	
					……			
				5	养护工区	处	按不同的内容划分细目	
				1	区内道路	km		
					……			
			4		其他工程	公路公里		
				1	悬出路台	m/处		
2	公路工程概预算项目			2	渡口码头	处		
				3	辅道工程	km		
				4	支线工程	km		
				5	公路交工前养护费	km	按《公路工程基本建设项目概算预算编制办法》附录一计算	
		八			绿化及环境保护工程	公路公里		
			1		撒播草种和铺植草皮	m²	按不同的内容分节	
				1	撒播草种	m²	按不同的内容划分细目	
				2	铺植草皮	m²	按不同的内容划分细目	
				3	绿地喷灌管道	m	按不同的内容划分细目	
			2		种植乔、灌木	株	按不同的内容分节	
				1	种植乔木	株	按不同的树种划分细目	

图名	公路工程概、预算项目(30)	图号	1－4

公路工程概、预算项目(31)

序号	项 目	说　明

说明部分：

续表

项目	节	细目	工程或费用名称	单 位	备 注
		1	高山榕	株	
		2	美人蕉	株	
		……			
	2		种植灌木	株	按不同的树种划分细目
		1	夹竹桃	株	
		2	月季	株	
		……			
	3		种植攀缘植物	株	按不同的树种划分细目
		1	爬山虎	株	
		2	葛藤	株	
		……			
	4		种植竹类植物	株	按不同的内容划分细目
	5		种植棕榈类植物	株	按不同的内容划分细目
	6		栽植绿篱	m	
	7		栽植绿色带	m^2	
3			声屏障	m	按不同的类型分节
	1		消声板声屏障	m	
	2		吸声砖声屏障	m^3	
	3		砖墙声屏障	m^3	
			……		

序号 2　项目：公路工程概预算项目

图名	公路工程概、预算项目(31)	图号	1-4

公路工程概、预算项目(32)

序号	项　目	说　　　明

续表

项	目	节	细目	工程或费用名称	单　位	备　注
		4		污水处理	处	按不同的内容分节
		5		取、弃土场防护	m³	按不同的内容分节
				……		
	九			管理、养护及服务房屋	m²	
		1		管理房屋	m²	
			1	收费站	m²	
			2	管理站	m²	
			3	……		
		2		养护房屋	m²	按房屋名称分节
			1	……		
		3		服务房屋	m²	按房屋名称分节
			1	……		
				第二部分　设备及工具、器具购置费	**公路公里**	
	一			设备购置费	公路公里	
		1		需安装的设备	公路公里	
			1	监控系统设备	公路公里	按不同设备分别计算
			2	通信系统设备	公路公里	按不同设备分别计算
			3	收费系统设备	公路公里	按不同设备分别计算

序号 2　项目：公路工程概预算项目

图名	公路工程概、预算项目(32)	图号	1－4

公路工程概、预算项目(33)

序号	项 目	说　　　明

续表

项	目	节	细目	工程或费用名称	单 位	备 注
			4	供电照明系统设备	公路公里	按不同设备分别计算
		2		不需安装的设备	公路公里	
			1	监控系统设备	公路公里	按不同设备分别计算
			2	通信系统设备	公路公里	按不同设备分别计算
			3	收费系统设备	公路公里	按不同设备分别计算
			4	供电照明系统设备	公路公里	按不同设备分别计算
			5	养护设备	公路公里	按不同设备分别计算
				工具、器具购置	公路公里	
				办公及生活用家具购置	公路公里	
				第三部分　工程建设其他费用	**公路公里**	
				土地征用及拆迁补偿费	公路公里	
				建设项目管理费	公路公里	
		1		建设单位(业主)管理费	公路公里	
		2		工程质量监督费	公路公里	
		3		工程监理费	公路公里	

序号 2　项目　公路工程概预算项目　项目 二三　目 一二

图名	公路工程概、预算项目(33)	图号	1－4

公路工程概、预算项目(34)

序号	项 目	说 明						

续表

		项	目	节	细目	工程或费用名称	单 位	备 注
2	公路工程概预算项目	三四五六七八九十十一	4 5 6			工程定额测定费	公路公里	
						设计文件审查费	公路公里	
						竣(交)工验收试验检测费	公路公里	
						研究试验费	公路公里	
						建设项目前期工作费	公路公里	
						专项评价(估)费	公路公里	
						施工机构迁移费	公路公里	
						供电贴费	公路公里	
						联合试运转费	公路公里	
						生产人员培训费	公路公里	
						固定资产投资方向调节税	公路公里	
						建设期贷款利息	公路公里	
						第一、二、三部分费用合计	**公路公里**	
						预备费	元	
						1.价差预备费	元	
						2.基本预备费	元	预算实行包干时列系数包干费
						概(预)算总金额	**元**	
						其中:回收金额	元	
						公路基本造价	公路公里	

图名	公路工程概、预算项目(34)	图号	1-4

公路工程概、预算项目(35)

序号	项 目	说 明
3	公路工程概预算项目编制注意事项	概、预算项目应严格按项目表的序列及内容编制,不得随意划分。如果实际出现的工程和费用项目与项目表的内容不完全相符时,一、二、三部分和"项"的序号应保留不变,"目"、"节"可随需要增减,并按项目表的顺序以实际出现的"目"、"节"依此排列,不保留缺少的"目"、"节"的序号。如第二部分,设备、工具、器具购置费在该工程中不发生时,第三部分工程建设其他费用仍为第三部分。同样,路线工程第一部分第五项为隧道工程,第六项为其他工程及沿线设施,若路线中无隧道工程项目,但其序号仍保留,其他工程及沿线设施仍为第六项。但如"目"或"节"发生这种情况时,可依次递补改变序号。路线建设项目中的互通式立体交叉、辅道、支线,如工程规模较大时,也可按概预算项目表单独编制建筑安装工程,然后将其概预算建筑安装工程总金额列入路线的总概预算表中相应的项目内。 　　概预算应按一个建设项目(如一条路线或一座独立大、中桥)进行编制。当一个建设项目需要分段或分部编制时,应根据需要分别编制,但必须汇总编制"总概(预)算汇总表"。

图名	公路工程概、预算项目(35)	图号	1-4

建筑安装工程费的构成及计算(1)

建设安装工程费是直接形成工程实体所发生的费用,包括直接费、间接费、利润、税金。

建筑安装工程费的构成及计算

项　目			构成及计算
直接费	直接工程费	人工费	(1)基本工资。指发放给生产工人的基本工资、流动施工津贴和生产工人劳动保护费,以及为职工缴纳的养老、失业、医疗保险费和住房公积金等。 　生产工人劳动保护费是指按国家有关部门规定标准发放的劳动保护用品的购置费及修理费、徒工服装补贴、防暑降温费、在有碍身体健康环境中施工的保健费用等。 　(2)工资性补贴。指按规定标准发放的物价补贴,煤、燃气补贴,交通费补贴,地区津贴等。 　(3)生产工人辅助工资。指生产工人年有效施工天数以外非作业天数的工资,包括开会和执行必要的社会义务时间的工资,职工学习、培训期间的工资,调动工作、探亲、休假期间的工资,因气候影响停工期间的工资,女工哺乳期间的工资,病假在六个月以内的工资及产、婚、丧假期的工资。 　(4)职工福利费。指按国家规定标准计提的职工福利费。 　人工费以概、预算定额人工工日数乘以每工日人工费计算。 　公路工程生产工人每工日人工费按如下公式计算: 　　人工费(元/工日)=[基本工资(元/月)+地区生活补贴(元/月)+ 　　　　　　　　　　工资性津贴(元/月)]×(1+14%)×12月÷240(工日) 　式中　基本工资——按不低于工程所在地政府主管部门发布的最低工资标准的1.2倍计算; 　　　　地区生活补贴——指国家规定的边远地区生活补贴、特区补贴; 　　　　工资性津贴——指物价补贴,煤、燃气补贴,交通费补贴等。 　以上各项标准由各省、自治区、直辖市公路(交通)工程造价(定额)管理站根据当地人民政府的有关规定核定后公布执行,并抄送交通部公路司备案,并应根据最低工资标准的变化情况及时调整公路工程生产工人工资标准。 　人工费单价仅作为编制概、预算的依据,不作为施工企业实发工资的依据。

图名	建筑安装工程费的构成及计算(1)	图号	1-5

建筑安装工程费的构成及计算(2)

项　目			构成及计算
直接费	直接工程费	材料费	材料预算价格由材料原价、运杂费、场外运输损耗、采购及保管费组成。 材料预算价格 = (材料原价 + 运杂费) × (1 + 场外运输损耗率) × (1 + 采购及保管费率) - 包装品回收价值 (1)材料原价。各种材料原价按以下规定计算: 　外购材料:国家或地方的工业产品,按工业产品出厂价格或供销部门的供应价格计算,并根据情况加计供销部门手续费和包装费。如供应情况、交货条件不明确时,可采用当地规定的价格计算。 　地方性材料:地方性材料包括采购的砂、石等材料,按实际调查价格或当地主管部门规定的预算价格计算。 　自采材料:自采的砂、石、黏土等材料,按定额中开采单价加辅助生产间接费和矿产资源税(如有)计算。 　材料原价应按实计取。各省、自治区、直辖市公路(交通)工程造价(定额)管理站应通过调查,编制本地区的材料价格信息,供编制概、预算使用。 (2)运杂费。运杂费是指材料自供应地点至工地仓库(施工地点存放材料的地方)的运杂费用,包括装卸费、运费,还应计囤存费及其他杂费(如过磅、标签、支撑加固、路桥通行等费用)。 通过铁路、水路和公路运输部门运输的材料,应按铁路、航运和当地交通部门规定的运价计算运费。 施工单位自办的运输,单程运距15km以上的长途汽车运输按当地交通部门规定的统一运价计算运费;单程运距5~15km的汽车运输按当地交通部门规定的统一运价计算运费,当工程所在地交通不便、社会运输力量缺乏时,如边远地区和某些山岭区,允许按当地交通部门规定的统一运价加50%计算运费;单程运距5km及以内的汽车运输以及人力场外运输,按预算定额计算运费,其中人力装卸和运输按人工费加计辅助生产间接费运算。 一种材料如有两个以上的供应点时,应根据不同的运距、运量、运价采用加权平均的方法计算运费。 由于预算定额中汽车运输台班已考虑了工地便道的特点,以及定额中已计入了"工地小搬运"项目,因此平均运距中汽车运输便道里程不得乘以调整系数,也不得在工地仓库或堆料场之外再加场内运距或二次倒运的运距。

图名	建筑安装工程费的构成及计算(2)	图号	1-5

建筑安装工程费的构成及计算(3)

项　目		构成及计算
直接费	直接工程费 材料费	有容器或包装的材料及长大轻浮材料,应按规定的毛重计算。 桶装沥青、汽油、柴油按每吨摊销一个旧汽油桶计算包装费(不计回收)。 　(3)场外运输损耗。场外运输损耗是指有些材料在正常的运输过程中发生的损耗,这部分损耗应摊入材料单价内。 　(4)采购及保管费。材料采购及保管费是指材料供应部门(包括工地仓库以及各级材料管理部门)在组织采购、供应和保管材料的过程中所需的各项费用及工地仓库的材料储存损耗。 　材料采购及保管费,以材料的原价加运杂费及场外运输损耗的合计数为基数,乘以采购及保管费率计算。材料的采购及保管费费率为2.5%。 　外购的构件、成品及半成品的预算价格,其计算方法与材料相同,但构件(如外购的钢桁梁、钢筋混凝土构件及加工钢材等半成品)的采购及保管费率为1%。 　商品混凝土预算价格的计算方法与材料相同,但其采购及保管费率为0。
	施工机械使用费	施工机械使用费是指列入概、预算定额的施工机械台班数量,按相应的机械台班费用定额计算的施工机械使用费和小型机具使用费。 　施工机械台班预算价格应按交通部公布的现行《公路工程机械台班费用定额》(JTG/T B06-03—2007)计算,台班单价由不变费用和可变费用组成。不变费用包括折旧费、大修理费、经常修理费、安装拆卸及辅助设施费等;可变费用包括机上人员人工费、动力燃料费、养路费及车船使用税。可变费用中的人工工日数及动力燃料消耗量,应以机械台班费用定额中的数值为准。台班人工费工日单价同生产工人人工费单价,动力燃料费则按材料费的计算规定计算。 　当工程用电为自行发电时,电动机械每千瓦时(度)电的单价可由下述近似公式计算: $$A = 0.24\frac{K}{N}$$ 式中　　A——每千瓦时电单价(元); 　　　　K——发电机组的台班单价(元); 　　　　N——发电机组的总功率(kW)。

图名	建筑安装工程费的构成及计算(3)	图号	1-5

建筑安装工程费的构成及计算(4)

续表

项目			构成及计算
直接费	其他工程费	冬期施工增加费	冬期施工增加费是指按照公路工程及验收规范所规定的冬期施工要求,为保证工程质量和安全生产所采取的防寒保温设施、工效降低和机械作业率降低以及技术操作过程的改变等所增加的有关费用。 　　冬期施工增加费的内容包括: 　　(1)因冬期施工所需增加的一切人工、机械与材料的支出; 　　(2)施工机具所需修建的暖棚(包括拆、移),增加油脂及其他保温设备费用; 　　(3)因施工组织设计确定,需增加的一切保温、加温及照明等有关支出; 　　(4)与冬期施工有关的其他各项费用,如清除工作地点的冰雪等费用。 　　冬期气温区的划分是根据气象部门提供的满 15 年以上的气温资料确定的。从每年秋冬第一次连续 5 天出现室外日平均温度在 5℃ 以下、日最低温度在 -3℃ 以下的第一天算起,至第二年春夏最后一次连续 5 天出现同样温度的最末一天为冬季期。冬季期内平均气温在 -1℃ 以上者为冬一区, -1 ~ -4℃ 者为冬二区, -4 ~ -7℃ 者为冬三区, -7 ~ -10℃ 者为冬四区, -10 ~ -14℃ 者为冬五区, -14℃ 以下者为冬六区。冬一区内平均气温低于 0℃ 的连续天数在 70 天以内的为 I 副区,70 天以上的为 II 副区;冬二区内平均气温低于 0℃ 的连续天数在 100 天以内的为 I 副区,100 天以上的为 II 副区。 　　气温高于冬一区,但砖石、混凝土工程施工须采取一定措施的地区为准冬期区。准冬期区分两个副区,简称准一区和准二区。凡一年内日最低气温在 0℃ 以下的天数少于 20 天,日平均气温在 0℃ 以下的天数少于 15 天的为准一区,多于 15 天的为准二区。 　　冬期施工增加费的计算方法,是根据各类工程的特点,规定各气温区的取费标准。为了简化计算手续,采用全年平均摊销的方法,即不论是否在冬期施工,均按规定的取费标准计取冬期施工增加费。一条路线穿过两个以上的气温区时,可分段计算或按各区的工程量比例求得全线的平均增加率,计算冬期施工增加费。 　　冬期施工增加费以各类工程的直接工程费之和为基数,按工程所在地的气温区选用相应费率计算。

图名	建筑安装工程费的构成及计算(4)	图号	1－5

建筑安装工程费的构成及计算(5)

续表

项 目			构成及计算
直接费	其他工程费	雨期施工增加费	雨期施工增加费的内容包括： (1)因雨期施工所需增加的工、料、机费用的支出,包括工作效率的降低及易被雨水冲毁的工程所增加的工作内容等(如基坑坍塌和排水沟等堵塞的清理、路基边坡冲沟的填补等); (2)路基土方工程的开挖和运输,因雨期施工(非土壤中水影响)而引起的黏附工具,降低工效所增加的费用; (3)因防止雨水而必须采取的防护措施的费用,如挖临时排水沟,防止基坑坍塌所需的支撑、挡板等费用; (4)材料因受潮、受湿的耗损费用; (5)增加防雨、防潮设备的费用; (6)其他有关雨期施工所需增加的费用,如因河水高涨致使工作困难而增加的费用等。 雨量区和雨季期的划分,是根据气象部门提供的满15年以上的降雨资料确定的。凡月平均降雨天数在10天以上,月平均日降雨量在3.5~5mm之间者为Ⅰ区,月平均日降雨量在5mm以上者为Ⅱ区。 雨期施工增加费的计算方法,是将全国划分为若干雨量区和雨季期,并根据各类工程的特点规定各雨量区和雨季期的取费标准,采用全年平均摊销的方法,即不论是否在雨期施工,均按规定的取费标准计取雨期施工增加费。 一条路线通过不同的雨量区和雨季期时,应分别计算雨期施工增加费或按工程量比例求得平均的增加率计算全线雨期施工增加费。 雨期施工增加费以各类工程的直接工程费之和为基数,按工程所在地的雨量区、雨季期选用相应费率计算。 室内管道及设备安装工程不计雨期施工增加费。

图名	建筑安装工程费的构成及计算(5)	图号	1-5

建筑安装工程费的构成及计算(6)

续表

项 目		构成及计算
直接费	其他工程费 夜间施工增加费	夜间施工增加费是指根据设计、施工的技术要求和合理的施工进度要求,必须在夜间连续施工而发生的工效降低、夜班津贴以及有关照明设施(包括所需照明设施的安拆、摊销、维修及油燃料、电)等增加的费用。 夜间施工增加费按夜间施工工程项目(如桥梁工程项目包括上、下部构造全部工程)的直接工程费之和为基数计算。
	特殊地区施工增加费	特殊地区施工增加费包括高原地区施工增加费、风沙地区施工增加费和沿海地区施工增加费三项。 (1)高原地区施工增加费。高原地区施工增加费是指在海拔高度1500m以上地区施工,由于受气候、气压的影响致使人工、机械效率降低而增加的费用。该费用以各类工程人工费和机械使用费之和为基数,按相应费率计算。 　一条路线通过两个以上(含两个)不同的海拔高度分区时,应分别计算高原地区施工增加费或按工程量比例求得平均增加率,以此计算全线高原地区施工增加费。 (2)风沙地区施工增加费。风沙地区施工增加费是指在沙漠地区施工时,由于受风沙影响,按照施工及验收规范的要求,为保证工程质量和安全生产而增加的有关费用。内容包括防风、防沙及气候影响的措施费,材料费,人工、机械效率降低增加的费用以及积沙、风蚀的清理修复等费用。 　风沙地区的划分,根据《公路自然区划标准》、"沙漠地区公路建设成套技术研究报告"中的公路自然区划和沙漠公路区划,结合风沙地区的气候状况将风沙地区分为三区九类:半干旱、半湿润沙地为风沙一区,干旱、极干旱寒冷沙漠地区为风沙二区,极干旱炎热沙漠地区为风沙三区;根据覆盖度(沙漠中植被、戈壁等覆盖程度)又将每区分为固定沙漠(覆盖度 > 50%)、半固定沙漠(覆盖度10%~50%)、流动沙漠(覆盖度<10%)三类,覆盖度由工程勘察设计人员在公路工程勘察设计时确定。

图名	建筑安装工程费的构成及计算(6)	图号	1-5

建筑安装工程费的构成及计算(7)

项　　目			构成及计算
直接费	其他工程费	特殊地区施工增加费	一条路线穿过两个以上(含两个)的不同风沙区时,按路线长度经过不同的风沙区加权计算项目全线风沙地区施工增加费。 　　风沙地区施工增加费以各类工程的人工费和机械使用费之和为基数,根据工程所在地的风沙区划及类别按相应费率计算。 　　(3)沿海地区工程施工增加费。沿海地区工程施工增加费是指工程项目在沿海地区施工受海风、海浪和潮汐的影响,致使人工、机械效率降低等所需增加的费用。本项费用由沿海各省、自治区、直辖市交通厅(局)制定具体的适用范围(地区),并抄送交通部公路司备案。 　　沿海地区工程施工增加费以各类工程的直接工程费之和为基数,按相应的费率计算。
		行车干扰工程施工增加费	行车干扰工程施工增加费是指由于边施工边维持通车,受行车干扰的影响,致使人工、机械效率降低而增加的费用。该费用以受行车影响部分的工程项目的人工费和机械使用费之和为基数,按相应的费率计算。
		安全及文明施工措施费	安全及文明施工措施费是指工程施工期间为满足安全生产、文明施工、职工健康生活所发生的费用。该费用不包括施工期间为保证交通安全设置的临时安全设施和标志、标牌的费用,需要时,应根据设计要求计算。安全及文明施工措施费以各类工程的直接工程费之和为基数,按相应的费率计算。

图名	建筑安装工程费的构成及计算(7)	图号	1-5

建筑安装工程费的构成及计算(8)

续表

项　　目			构成及计算
直接费	其他工程费	临时设施费	临时设施费是指施工企业为进行建筑安装工程施工所必需的生活和生产用的临时建筑物、构筑物和其他临时设施的费用等,但不包括概、预算定额中的临时工程在内。 　　临时设施包括临时生活及居住房屋(包括职工家属房屋及探亲房屋)、文化福利及公用房屋(如广播室、文体活动室等)和生产、办公房屋(如仓库、加工厂、加工棚、发电站、变电站、空压机站、停机棚等),工地范围内的各种临时的工作便道(包括汽车、畜力车、人力车道)、人行便道,工地临时用水、用电的水管支线和电线支线,临时构筑物(如水井、水塔等)以及其他小型临时设施。 　　临时设施费用内容包括:临时设施的搭设、维修、拆除费或摊销费。 　　临时设施费以各类工程的直接工程费之和为基数,按相应费率计算。
		施工辅助费	施工辅助费包括生产工具用具使用费、检验试验费和工程定位复测、工程点交、场地清理等费用。 　　生产工具用具使用费是指施工所需不属于固定资产的生产工具、检验用具、试验用具及仪器、仪表等的购置、摊销和维修费,以及支付给生产工人自备工具的补贴费。 　　检验试验费是指施工企业对建筑材料、构件和建筑安装工程进行一般鉴定、检查所发生的费用,包括自设试验室进行试验所耗用的材料和化学药品的费用,以及技术革新和研究试验费,但不包括新结构、新材料的试验费和建设单位要求对具有出厂合格证明的材料进行检验、对构件进行破坏性试验及其他特殊要求检验的费用。 　　施工辅助费以各类工程的直接工程费之和为基数,按相应费率计算。

图名	建筑安装工程费的构成及计算(8)	图号	1-5

建筑安装工程费的构成及计算(9)

续表

项　目			构成及计算
直接费	其他工程费	工地转移费	工地转移费是指施工企业根据建设任务的需要,由已竣工的工地或后方基地迁至新工地的搬迁费用。其内容包括: (1)施工单位全体职工及随职工迁移的家属向新工地转移的车费、家具行李运费、途中住宿费、行程补助费、杂费及工资与工资附加费等。 (2)公物、工具、施工设备器材、施工机械的运杂费,以及外租机械的往返费及本工程内部各工地之间施工机械、设备、公物、工具的转移费等。 (3)非固定工人进退场及一条路线中各工地转移的费用。 工地转移费以各类工程的直接工程费之和为基数,按相应费率计算。 转移距离以工程承包单位(如工程处、工程公司等)转移前后驻地距离或两路线中点的距离为准。编制概(预)算时,如施工单位不明确时,高速、一级公路及独立大桥、隧道按省会(自治区首府)至工地的里程,二级及以下公路按地区(市、盟)至工地的里程计算工地转移费;工地转移里程数在表列里程之间时,费率可内插计算。工地转移距离在50km以内的工程不计取本项费用。
间接费	规费		规费是指法律、法规、规章、规程规定施工企业必须缴纳的费用(简称规费),包括: (1)养老保险费。指施工企业按规定标准为职工缴纳的基本养老保险费。 (2)失业保险费。指施工企业按国家规定标准为职工缴纳的失业保险费。 (3)医疗保险费。指施工企业按规定标准为职工缴纳的基本医疗保险费和生育保险费。 (4)住房公积金。指施工企业按规定标准为职工缴纳的住房公积金。 (5)工伤保险费。指施工企业按规定标准为职工缴纳的工伤保险费。 各项规费以各类工程的人工费之和为基数,按国家或工程所在地法律、法规、规章、规程规定的标准计算。

图名	建筑安装工程费的构成及计算(9)	图号	1—5

建筑安装工程费的构成及计算(10)

续表

项 目			构成及计算
间接费	企业管理费	基本费用	(1)管理人员工资。指管理人员的基本工资、工资性补贴、职工福利费、劳动保护费以及缴纳的养老、失业、医疗、生育、工伤保险费和住房公积金等。 (2)办公费。指企业办公用的文具、纸张、账表、印刷、邮电、书报、会议、水、电、烧水和集体取暖(包括现场临时宿舍取暖)用煤(气)等费用。 (3)差旅交通费。指职工因公出差和工作调动(包括随行家属的旅费)的差旅费、住勤补助费,市内交通费和误餐补助费,职工探亲路费,劳动力招募费,职工离退休、退职一次性路费,工伤人员就医费,以及管理部门使用的交通工具的油料、燃料、养路费及牌照费。 (4)固定资产使用费。指管理和试验部门及附属生产单位使用的属于固定资产的房屋、设备、仪器等的折旧、大修、维修或租赁费等。 (5)工具用具使用费。指管理使用的不属于固定资产的生产工具、器具、家具、交通工具和检验、试验、测绘、消防用具等的购置、维修和摊销费。 (6)劳动保险费。指企业支付离退休职工的易地安家补助费、职工退职金、六个月以上的病假人员工资、职工死亡丧葬补助费、抚恤费、按规定支付给离休干部的各项经费。 (7)工会经费。指企业按职工工资总额计提的工会经费。 (8)职工教育经费。指企业为职工学习先进技术和提高文化水平,按职工工资总额计提的费用。 (9)保险费。指企业财产保险、管理用车辆等保险费用。 (10)工程保修费。指工程竣工交付使用后,在规定保修期以内的修理费用。 (11)工程排污费。指施工现场按规定缴纳的排污费用。 (12)税金。指企业按规定缴纳的房产税、车船使用税、土地使用税、印花税等。 (13)其他。指上述项目以外的其他必要的费用支出,包括技术转让费、技术开发费、业务招待费、绿化费、广告费、投标费、公证费、定额测定费、法律顾问费、审计费、咨询费等。 基本费用以各类工程的直接费之和为基数,按相应费率计算。

| 图名 | 建筑安装工程费的构成及计算(10) | 图号 | 1-5 |

建筑安装工程费的构成及计算(11)

续表

项　目			构成及计算
间接费	企业管理费	主副食运费补贴	主副食运费补贴是指施工企业在远离城镇及乡村的野外施工购买生活必需品所需增加的费用。该费用以各类工程的直接费之和为基数,按相应费率计算 　　综合里程 = 粮食运距×0.06 + 燃料运距×0.09 + 蔬菜运距×0.15 + 水运距×0.70 粮食、燃料、蔬菜、水的运距均为全线平均运距;综合里程数在表列里程之间时,费率可内插;综合里程在1 km 以内的工程不计取本项费用。
		职工探亲路费	职工探亲路费是指按照有关规定施工企业职工在探亲期间发生的往返车船费、市内交通费和途中住宿费等费用。该费用以各类工程的直接费之和为基数,按相应费率计算。
		职工取暖补贴	职工取暖补贴是指按规定发放给职工的冬期取暖费或在施工现场设置的临时取暖设施的费用。该费用以各类工程的直接费之和为基数,按工程所在地的气温区,按相应费率计算。
		财务费用	财务费用是指施工企业为筹集资金而发生各项费用,包括企业经营期间发生的短期贷款利息净支出、汇兑净损失、调剂外汇手续费、金融机构手续费,以及企业筹集资金发生的其他财务费用。 财务费用以各类工程的直接费之和为基数,按相应费率计算。

图名	建筑安装工程费的构成及计算(11)	图号	1-5

建筑安装工程费的构成及计算(12)

项　　目		构成及计算
间接费	辅助生产间接费	辅助生产间接费是指由施工单位自行开采加工的砂、石等材料及施工单位自办的人工装卸和运输的间接费用。 　　辅助生产间接费按人工费的 5% 计算。该项费用并入材料预算单价费构成材料费,不直接出现在概(预)算中。 　　高原地区施工单位的辅助生产,可按其他工程费中高原地区的施工增加费费率,以直接工程费为基数计算高原地区施工增加费(其中人工采集、加工材料,人工装卸、运输材料按人工土方费率计算;机械采集、加工材料按机械石方费率计算;机械装卸、运输材料按汽车运输费率计算)。辅助生产的高原地区施工增加费不作为辅助生产间接费的计算基数。
利　　润		利润是指施工企业完成所承包工程应取得的盈利。利润按直接费与间接费之和扣除规费的 7% 计算
税　　金		税金是指按国家税法规定应计入建筑安装工程造价内的营业税、城市维护建设税及教育费附加等。计算公式为: 　　　　综合税金额 = (直接费 + 间接费 + 利润) × 综合税率 　　(1)纳税地点在市区的企业,综合税率为: $$综合税率(\%) = \left(\frac{1}{1-3\%-3\%\times7\%-3\%\times3\%} - 1 \right) \times 100 = 3.41\%$$ 　　(2)纳税地点在县城、乡镇的企业,综合税率为: $$综合税率(\%) = \left(\frac{1}{1-3\%-3\%\times5\%-3\%\times3\%} - 1 \right) \times 100 = 3.35\%$$ 　　(3)纳税地点不在市区、县城、乡镇的企业,综合税率为: $$综合税率(\%) = \left(\frac{1}{1-3\%-3\%\times1\%-3\%\times3\%} - 1 \right) \times 100 = 3.22\%$$

图名	建筑安装工程费的构成及计算(12)	图号	1-5

建筑安装工程费计算资料(1)

(1)材料费计算参考资料

1)有容器或包装的材料,应按表1规定的毛重计算。

材料毛重系数及单位毛重

表1

材料名称	单位	毛重系数	单位毛重
爆破材料	t	1.35	—
水泥、块状沥青	t	1.01	—
铁钉、铁件、焊条	t	1.10	—
液体沥青、液体燃料、水	t	桶装1.17,油罐车装1.00	—
木料	m³	—	1.000t
草袋	个	—	0.004t

2)材料场外运输操作的损耗,应按表2规定的计算。

材料场外运输操作损耗率(%)

表2

材料名称		场外运输(包括一次装卸)	每增加一次装卸
块状沥青		0.5	0.2
石屑、碎砾石、砂砾、煤渣、工业废渣、煤		1.0	0.4
砖、瓦、桶装沥青、石灰、黏土		3.0	1.0
草皮		7.0	3.0
水泥(袋装、散装)		1.0	0.4
砂	一般地区	2.5	1.0
	多风地区	5.0	2.0

图名	建筑安装工程费计算资料(1)	图号	1-6

建筑安装工程费计算资料(2)

(2)冬期施工增加费计算参考资料

1)全国各地区冬期施工气温区域划分见表3。

省、自治区、直辖市	地区、市、自治州、盟(县)	气温区	
北京	全境	冬二	Ⅰ
天津	全境	冬二	Ⅰ
河北	石家庄、邢台、邯郸、衡水市(冀州市、枣强县、故城县)	冬一	Ⅱ
	廊坊、保定(涞源县及以北除外)、衡水(冀州市、枣强县、故城县除外)、沧州市	冬二	Ⅰ
	唐山、秦皇岛市		Ⅱ
	承德(围场县除外)、张家口(沽源县、张北县、尚义县、康保县除外)、保定市(涞源县及以北)	冬三	
	承德(围场县)、张家口市(沽源县、张北县、尚义县、康保县)	冬四	
山西	运城市(万荣县、夏县、绛县、新绛县、稷山县、闻喜县除外)	冬一	Ⅱ
	运城(万荣县、夏县、绛县、新绛县、稷山县、闻喜县)、临汾(尧都区、侯马市、曲沃县、翼城县、襄汾县、洪洞县)、阳泉(孟县除外)、长治(黎城县)、晋城市(城区、泽州县、沁水县、阳城县)	冬二	Ⅰ

图名	建筑安装工程费计算资料(2)	图号	1－6

建筑安装工程费计算资料(3)

续表

省、自治区、直辖市	地区、市、自治州、盟(县)	气温区	
山西	太原(娄烦县除外)、阳泉(孟县)、长治(黎城县除外)、晋城(城区、泽州县、沁水县,阳城县除外)、晋中(寿阳县、和顺县、左权县除外)、临汾(尧都区、侯马市、曲沃县、翼城县、襄汾县、洪洞县除外)、吕梁市(孝义市、汾阳市、文水县、交城县、柳林县、石楼县、交口县、中阳县)	冬二	Ⅱ
	太原(娄烦县)、大同(左云县除外)、朔州(右玉县除外)、晋中(寿阳县、和顺县、左权县)、忻州、吕梁市(离石区、临县、岚县、方山县、兴县)	冬三	
	大同(左云县)、朔州市(右玉县)	冬四	
内蒙古	乌海市、阿拉善盟(阿拉善左旗、阿拉善右旗)	冬二	Ⅰ
	呼和浩特(武川县除外)、包头(固阳县除外)、赤峰、鄂尔多斯、巴彦淖尔、乌兰察布市(察哈尔右翼中旗除外)、阿拉善盟(额济纳旗)	冬三	
	呼和浩特(武川县)、包头(固阳县)、通辽、乌兰察布市(察哈尔右翼中旗)、锡林郭勒(苏尼特右旗、多伦县)、兴安盟(阿尔山市除外)	冬四	
	呼伦贝尔市(海拉尔区、新巴尔虎右旗、阿荣旗)、兴安(阿尔山市)、锡林郭勒盟(冬四区以外各地)	冬五	
	呼伦贝尔市(冬五区以外各地)	冬六	

图名	建筑安装工程费计算资料(3)	图号	1-6

建筑安装工程费计算资料(4)

续表

省、自治区、直辖市	地区、市、自治州、盟(县)	气温区	
辽宁	大连(瓦房店市、普兰店市、庄河市除外)、葫芦岛市(绥中县)	冬二	I
	沈阳(康平县、法库县除外)、大连(瓦房店市、普兰店市、庄河市)、鞍山、本溪(桓仁县除外)、丹东、锦州、阜新、营口、辽阳、朝阳(建平县除外)、葫芦岛(绥中县除外)、盘锦市	冬三	
	沈阳(康平县、法库县)、抚顺、本溪(桓仁县)、朝阳(建平县)、铁岭市	冬四	
吉林	长春(榆树市除外)、四平、通化(辉南县除外)、辽源、白山(靖宇县、抚松县、长白县除外)、松原(长岭县)、白城市(通榆县)、延边自治州(敦化市、汪清县、安图县除外)	冬四	
	长春(榆树市)、吉林、通化(辉南县)、白山(靖宇县、抚松县、长白县)、白城(通榆县除外)、松原市(长岭县除外)、延边自治州(敦化市、汪清县、安图县)	冬五	
黑龙江	牡丹江市(绥芬河市、东宁县)	冬四	
	哈尔滨(依兰县除外)、齐齐哈尔(讷河市、依安县、富裕县、克山县、克东县、拜泉县除外)、绥化(安达市、肇东市、兰西县)、牡丹江(绥芬河市、东宁县除外)、双鸭山(宝清县)、佳木斯(桦南县)、鸡西、七台河、大庆市	冬五	
	哈尔滨(依兰县)、佳木斯(桦南县除外)、双鸭山(宝清县除外)、绥化(安达市、肇东市、兰西县除外)、齐齐哈尔(讷河市、依安县、富裕县、克山县、克东县、拜泉县)、黑河、鹤岗、伊春市、大兴安岭地区	冬六	

| 图名 | 建筑安装工程费计算资料(4) | 图号 | 1-6 |

建筑安装工程费计算资料(5)

续表

省、自治区、 直辖市	地区、市、自治州、盟(县)	气温区	
上海	全境	准二	
江苏	徐州、连云港市	冬一	Ⅰ
	南京、无锡、常州、淮安、盐城、宿迁、扬州、泰州、南通、镇江、苏州市	准二	
浙江	杭州、嘉兴、绍兴、宁波、湖州、衢州、舟山、金华、温州、台州、丽水市	准二	
安徽	亳州	冬一	Ⅰ
	阜阳、蚌埠、淮南、滁州、合肥、六安、马鞍山、巢湖、芜湖、铜陵、池州、宣城、黄山市	准一	
	淮北、宿州市	准二	
福建	宁德(寿宁县、周宁县、屏南县)、三明市	准一	
江西	南昌、萍乡、景德镇、九江、新余、上饶、抚州、宜春市	准一	
山东	全境	冬一	Ⅰ
河南	安阳、商丘、周口(西华县、淮阳县、鹿邑县、扶沟县、太康县)、新乡、三门峡、洛阳、郑州、开封、鹤壁、焦作、济源、濮阳、许昌市	冬一	Ⅰ
	驻马店、信阳、南阳、周口(西华县、淮阳县、鹿邑县、扶沟县、太康县除外)、平顶山、漯河市	准二	

图名	建筑安装工程费计算资料(5)	图号	1-6

建筑安装工程费计算资料(6)

续表

省、自治区、直辖市	地区、市、自治州、盟(县)		气温区	
湖北	武汉、黄石、荆州、荆门、鄂州、宜昌、咸宁、黄冈、天门、潜江、仙桃市、恩施自治州		准一	
	孝感、十堰、襄樊、随州市、神农架林区		准二	
湖南	全境		准一	
四川	阿坝(黑水县)、甘孜自治州(新龙县、道孚县、泸定县)		冬一	Ⅱ
	甘孜自治州(甘孜县、康定县、白玉县、炉霍县)		冬二	Ⅰ
	阿坝(壤塘县、红原县、松潘县)、甘孜自治州(德格县)			Ⅱ
	阿坝(阿坝县、若尔盖县、九寨沟县)、甘孜自治州(石渠县、色达县)		冬三	
	广元市(青川县)、阿坝(汶川县、小金县、茂县、理县)、甘孜(巴塘县、雅江县、得荣县、九龙县、理塘县、乡城县、稻城县)、凉山自治州(盐源县、木里县)		准一	
	阿坝(马尔康县、金川县)、甘孜白治州(丹巴县)		准二	
贵州	贵阳、遵义(赤水市除外)、安顺市,黔东南、黔南、黔西南自治州		准一	
	六盘水市、毕节地区		准二	

图名	建筑安装工程费计算资料(6)	图号	1－6

建筑安装工程费计算资料(7)

续表

省、自治区、直辖市	地区、市、自治州、盟(县)	气温区	
云南	迪庆自治州(德钦县、香格里拉县)	冬一	Ⅱ
	曲靖(宣威市、会泽县)、丽江(玉龙县、宁蒗县)、昭通市(昭阳区、大关县、威信县、彝良县、镇雄县、鲁甸县)、迪庆(维西县)、怒江(兰坪县)、大理自治州(剑川县)	准一	
西藏	拉萨市(当雄县除外)、日喀则(拉孜县)、山南(浪卡子县、错那县、隆子县除外)、昌都(芒康县、左贡县、类乌齐县、丁青县、洛隆县除外)、林芝地区	冬一	Ⅰ
	山南(隆子县)、日喀则地区(定日县、聂拉木县、亚东县、拉孜县除外)		Ⅱ
	昌都地区(洛隆县)		
	昌都(芒康县、左贡县、类乌齐县、丁青县)、山南(浪卡子县)、日喀则(定日县、聂拉木县)、阿里地区(普兰县)	冬二	Ⅰ
			Ⅱ
	拉萨县(当雄县)、那曲(安多县除外)、山南(错那县)、日喀则(亚东县)、阿里地区(普兰县除外)	冬三	
	那曲地区(安多县)	冬四	

| 图名 | 建筑安装工程费计算资料(7) | 图号 | 1-6 |

建筑安装工程费计算资料(8)

续表

省、自治区、直辖市	地区、市、自治州、盟(县)	气温区	
陕西	西安、宝鸡、渭南、咸阳(彬县、旬邑县、长武县除外)、汉中(留坝县、佛坪县)、铜川市(耀州区)	冬一	Ⅰ
	铜川(印台区、王益区)、咸阳市(彬县、旬邑县、长武县)		Ⅱ
	延安(吴起县除外)、榆林(清涧县)、铜川市(宜君县)	冬二	Ⅱ
	延安(吴起县)、榆林市(清涧县除外)	冬三	
	商洛、安康、汉中市(留坝县、佛坪县除外)	准二	
甘肃	陇南市(两当县、徽县)	冬一	Ⅱ
	兰州、天水、白银(会宁县、靖远县)、定西、平凉、庆阳、陇南市(西和县、礼县、宕昌县),临夏、甘南自治州(舟曲县)	冬二	Ⅱ
	嘉峪关、金昌、白银(白银区、平川区、景泰县)酒泉、张掖、张威市、甘南自治州(舟曲县除外)	冬三	
	陇南市(武都区、文县)	准一	
	陇南市(成县、康县)	准二	

图名	建筑安装工程费计算资料(8)	图号	1-6

建筑安装工程费计算资料(9)

省、自治区、直辖市	地区、市、自治州、盟(县)	气温区	
	海东地区(民和县)	冬二	Ⅱ
青海	西宁市、海东地区(民和县除外)、黄南(泽库县除外)、海南、果洛(班玛县、达日县、久治县)、玉树(囊谦县、杂多县、称多县、玉树县)、海西自治州(德令哈市、格尔木市、都兰县、乌兰县)	冬三	
	海北(野牛沟、托勒除外)、黄南(泽库县)、果洛(玛沁县、甘德县、玛多县)、玉树(曲麻莱县、治多县)、海西自治州(冷湖、茫崖、大柴旦、天峻县)	冬四	
	海北(野牛沟、托勒)、玉树(清水河)、河西自治州(唐古拉山区)	冬五	
宁夏	全境	冬二	Ⅱ
新疆	阿拉尔市、喀什(喀什市、伽师县、巴楚县、英吉沙县、麦盖提县、莎车县、叶城县、泽普县)、哈密(哈密市泌城镇)、阿克苏(沙雅县、阿瓦提县)、和田地区,伊犁(伊宁市、新源县、霍城县霍尔果斯镇)、巴音郭楞(库尔勒市、若羌县、且末县、尉犁县铁干里可)、克孜勒苏自治州(阿图什市、阿克陶县)	冬二	Ⅰ
	喀什地区(岳普湖县)		Ⅱ

图名	建筑安装工程费计算资料(9)	图号	1-6

建筑安装工程费计算资料(10)

续表

省、自治区、直辖市	地区、市、自治州、盟(县)	气温区
新疆	乌鲁木齐市(牧业气象试验站、达城地区、乌鲁木齐县小渠子乡)、塔城(乌苏市、沙湾县、额敏县除外)、阿克苏(沙雅县、阿瓦提县除外)、哈密(哈密市十三间房、哈密市红柳河、伊吾县淖毛湖)、喀什(塔什库尔干县)、吐鲁番地区、克孜勒苏(乌恰县、阿合奇县)、巴音郭楞(和静县、焉耆县、和硕县、轮台县、尉犁县、且末县塔中)、伊犁自治州(伊宁市、霍城县、察布查尔县、尼勒克县、巩留县、昭苏县、特克斯县)	冬三
	乌鲁木齐市(冬三区以外各地)、塔城(额敏县、乌苏县)、阿勒泰(阿勒泰、哈巴河县、吉木乃县)、哈密地区(巴里坤县)、昌吉(昌吉市、米泉市、木垒县、奇台县北塔山镇、阜康市天池)、博尔塔拉(温泉县、精河县、阿拉山口口岸)、克孜勒苏自治州(乌恰县吐尔尕特口岸)	冬四
	克拉玛依、石河子市、塔城(沙湾县)、阿勒泰地区(布尔津县、福海县、富蕴县、青河县)、博尔塔拉(博乐市)、昌吉(阜康市、玛纳斯县、呼图壁县、吉木萨尔县、奇台县、米泉市蔡家湖)、巴音郭楞自治州(和静县巴音布鲁克乡)	冬五

注:表中行政区划以2006年地图出版社出版的《中华人民共和国行政区划简册》为准。为避免繁冗,各民族自治州名称予以简化,如青海省的"海西蒙古族藏族自治州"简化为"海西自治州"。

图名	建筑安装工程费计算资料(10)	图号	1-6

建筑安装工程费计算资料(11)

2) 冬期施工增加费费率如表4所示。

冬期施工增加费费率(%)　　　　　　　　　　　　　表4

气温区 工程类别	冬季期平均气温(℃)								准一区	准二区
	−1以上		−1～−4		−4～−7	−7～−10	−10～−14	−14以下		
	冬一区		冬二区		冬三区	冬四区	冬五区	冬六区		
	Ⅰ	Ⅱ	Ⅰ	Ⅱ						
人工土方	0.28	0.44	0.59	0.76	1.44	2.05	3.07	4.61	—	—
机械土方	0.43	0.67	0.93	1.17	2.21	3.14	4.71	7.07	—	—
汽车运输	0.08	0.12	0.17	0.21	0.40	0.56	0.84	1.27	—	—
人工石方	0.06	0.10	0.13	0.15	0.30	0.44	0.65	0.98	—	—
机械石方	0.08	0.13	0.18	0.21	0.42	0.61	0.91	1.37	—	—
高级路面	0.37	0.52	0.72	0.81	1.48	2.00	3.00	4.50	0.06	0.16
其他路面	0.11	0.20	0.29	0.37	0.62	0.80	1.20	1.80	—	—
构造物Ⅰ	0.34	0.49	0.66	0.75	1.36	1.84	2.76	4.14	0.06	0.15
构造物Ⅱ	0.42	0.60	0.81	0.92	1.67	2.27	3.40	5.10	0.08	0.19
构造物Ⅲ	0.83	1.18	1.60	1.81	3.29	4.46	6.69	10.03	0.15	0.37
技术复杂大桥	0.48	0.68	0.93	1.05	1.91	2.58	3.87	5.81	0.08	0.21
隧　道	0.10	0.19	0.27	0.35	0.58	0.75	1.12	1.69	—	—
钢材及钢结构	0.02	0.05	0.07	0.09	0.15	0.19	0.29	0.43	—	—

图名	建筑安装工程费计算资料(11)	图号	1—6

建筑安装工程费计算资料(12)

（3）行车干扰工程施工增加费费率如表 5 所示

行车干扰工程施工增加费费率(%)　　　　　　　　表 5

工程类别	施工期间平均每昼夜双向行车次数(汽车、畜力车合计)							
	51 ~ 100	101 ~ 500	501 ~ 1000	1001 ~ 2000	2001 ~ 3000	3001 ~ 4000	4001 ~ 5000	5000 以上
人工土方	1.64	2.46	3.28	4.10	4.76	5.29	5.86	6.44
机械土方	1.39	2.19	3.00	3.89	4.51	5.02	5.56	6.11
汽车运输	1.36	2.09	2.85	3.75	4.35	4.84	5.36	5.89
人工石方	1.66	2.40	3.33	4.06	4.71	5.24	5.81	6.37
机械石方	1.16	1.71	2.38	3.19	3.70	4.12	4.56	5.01
高级路面	1.24	1.87	2.50	3.11	3.61	4.01	4.45	4.88
其他路面	1.17	1.77	2.36	2.94	3.41	3.79	4.20	4.62
构造物Ⅰ	0.94	1.41	1.89	2.36	2.74	3.04	3.37	3.71
构造物Ⅱ	0.95	1.43	1.90	2.37	2.75	3.06	3.39	3.72
构造物Ⅲ	0.95	1.42	1.90	2.37	2.75	3.05	3.38	3.72
技术复杂大桥	—	—	—	—	—	—	—	—
隧　道	—	—	—	—	—	—	—	—
钢材及钢结构	—	—	—	—	—	—	—	—

图名	建筑安装工程费计算资料(12)	图号	1－6

建筑安装工程费计算资料(13)

(4)安全及文明施工措施费费率如表6所示

安全及文明施工措施费费率(%)　　　　　　　表6

工程类别	费率	工程类别	费率
人工土方	0.59	构造物Ⅰ	0.72
机械土方	0.59	构造物Ⅱ	0.78
汽车运输	0.21	构造物Ⅲ	1.57
人工石方	0.59	技术复杂大桥	0.86
机械石方	0.59	隧　道	0.73
高级路面	1.00	钢材及钢结构	0.53
其他路面	1.02		

注:设备安装工程按表中费率的50%计算。

(5)雨期施工增加费计算参考资料

1)全国各地区雨期施工雨量区及雨季期的划分见表7。

全国雨期施工雨量区及雨季期划分表　　　　　　表7

省、自治区、直辖市	地区、市、自治州、盟(县)	雨量区	雨季期(月数)
北京	全境	Ⅱ	2
天津	全境	Ⅰ	2
河北	张家口、承德市(围场县)	Ⅰ	1.5
	承德(围场县除外)、保定、沧州、石家庄、廊坊、邢台、衡水、邯郸、唐山、秦皇岛市	Ⅱ	2
山西	全境	Ⅰ	1.5

图名	建筑安装工程费计算资料(13)	图号	1-6

建筑安装工程费计算资料(14)

省、自治区、直辖市	地区、市、自治州、盟(县)		雨季期(月数)
内蒙古	呼和浩特、通辽、呼伦贝尔(海拉尔区、满洲里市、陈巴尔虎旗、鄂温克旗)、鄂尔多斯(东胜区、准格尔旗、伊金霍洛旗、乌审旗)、赤峰、包头、乌兰察布市(集宁区、化德县、商都县、兴和县、四子王旗、察哈尔右翼中旗、察哈尔右翼后旗、卓资县及以南)、锡林郭勒盟(锡林浩特市、多伦县、太仆寺旗、西乌珠穆沁旗、正蓝旗、正镶白旗)	I	1
	呼伦贝尔市(牙克石市、额尔古纳市、鄂伦春旗、扎兰屯市及以东)、兴安盟		2
辽宁	大连(长海县、瓦房店市、普兰店市、庄河市除外)、朝阳市(建平县)	I	2
	沈阳(康平县)、大连(长海县)、锦州(北宁市除外)、营口(盖州市)、朝阳市(凌原市、建平县除外)		2.5
	沈阳(康平县、辽中县除外)、大连(瓦房店市)、鞍山(海城市、台安县、岫岩县除外)、锦州(北宁市)、阜新、朝阳(凌原市)、盘锦、葫芦岛(建昌县)、铁岭市		3
	抚顺(新宾县)、辽阳市		3.5
	沈阳(辽中县)、鞍山(海城市、台安县)、营口(盖州市除外)、葫芦岛市(兴城市)	II	2.5
	大连(普兰店市)、葫芦岛市(兴城市、建昌县除外)		3
	大连(庄河市)、鞍山(岫岩县)、抚顺(新宾县除外)、丹东(凤城市、宽甸县除外)、本溪市		3.5
	丹东市(凤城市、宽甸县)		4

图名	建筑安装工程费计算资料(14)	图号	1-6

建筑安装工程费计算资料(15)

续表

省、自治区、直辖市	地区、市、自治州、盟(县)		雨季期(月数)
吉林	辽源、四平(双辽市)、白城、松原市	I	2
	吉林、长春、四平(双辽市除外)、白山市、延边自治州	II	2
	通化市		3
黑龙江	哈尔滨(市区、呼兰区、五常市、阿城市、双城市)、佳木斯(抚远县)、双鸭山(市区、集贤县除外)、齐齐哈尔(拜泉县、克东县除外)、黑河(五大连池市、嫩江县)、绥化(北林区、海伦市、望奎县、绥棱县、庆安县除外)、牡丹江、大庆、鸡西、七台河市、大兴安岭地区(呼玛县除外)	I	2
	哈尔滨(市区、呼兰区、五常市、阿城市、双城市除外)、佳木斯(抚远县除外)、双鸭山(市区、集贤县)、齐齐哈尔(拜泉县、克东县)、黑河(五大连池市、嫩江县除外)、绥化(北林区、海伦市、望奎县、绥棱县、庆安县)、鹤岗、伊春市,大兴安岭地区(呼玛县)	II	2
上海	全境	II	4
江苏	徐州、连云港市	II	2
	盐城市		3
	南京、镇江、淮安、南通、宿迁、扬州、常州、泰州市		4
	无锡、苏州市		4.5

图名	建筑安装工程费计算资料(15)	图号	1-6

建筑安装工程费计算资料(16)

省、自治区、直辖市	地区、市、自治州、盟(县)		雨季期(月数)
浙江	舟山市	Ⅱ	4
	嘉兴、湖州市		4.5
	宁波、绍兴市		6
	杭州、金华、温州、衢州、台州、丽水市		7
安徽	亳州	Ⅱ	1
	阜阳市		2
	滁州、巢湖、马鞍山、芜湖、铜陵、宣城市		3
	池州市		4
	安庆、黄山市		5
福建	泉州市(惠安县崇武)	Ⅰ	4
	福州(平潭县)、泉州(晋江市)、厦门(同安区除外)、漳州市(东山县)	Ⅱ	5
	三明(永安市)、福州(市区、长乐市)、莆田市(仙游县除外)		6
	南平(顺昌县除外)、宁德(福鼎市、霞浦县)、三明(永安市、尤溪县、大田县除外)、福州(市区、长乐市、平潭县除外)、龙岩(长汀县、连城县)、泉州(晋江市、惠民县崇武、德化县除外)、莆田(仙游县)、厦门(同安区)、漳州市(东山县除外)		7
	南平(顺昌县)、宁德(福鼎市、霞浦县除外)、三明(尤溪县、大田县)、龙岩(长汀县、连城县除外)、泉州市(德化县)		8

图名	建筑安装工程费计算资料(16)	图号	1—6

建筑安装工程费计算资料(17)

省、自治区、直辖市	地区、市、自治州、盟(县)		雨季期(月数)
江西	南昌、九江、吉安市	Ⅱ	6
	萍乡、景德镇、新余、鹰潭、上饶、抚州、宜春、赣州市		7
山东	济南、潍坊、聊城市	Ⅰ	3
	淄博、东营、烟台、济宁、威海、德州、滨州市		4
	枣庄、泰安、莱芜、临沂、菏泽市		5
	青岛市	Ⅱ	3
	日照市		4
河南	郑州、许昌、洛阳、济源、新乡、焦作、三门峡、开封、濮阳、鹤壁市	Ⅰ	2
	周口、驻马店、漯河、平顶山、安阳、商丘市		3
	南阳市		4
	信阳市	Ⅱ	2
湖北	十堰、襄樊、随州市、神农架林区	Ⅰ	3
	宜昌(秭归县、远安县、兴山县)、荆门市(钟祥市、京山县)	Ⅱ	2
	武汉、黄石、荆州、孝感、黄岗、咸宁、荆门(钟祥市、京山县除外)、天门、潜江、仙桃、鄂州、宜昌市(秭归县、远安县、兴山县除外)、恩施自治州		6
湖南	全境	Ⅱ	6

图名	建筑安装工程费计算资料(17)	图号	1-6

建筑安装工程费计算资料(18)

续表

省、自治区、直辖市	地区、市、自治州、盟(县)	雨季期(月数)	
广东	茂名、中山、汕头、潮州市	I	5
	广州、江门、肇庆、顺德、湛江、东莞市		6
	珠海市		5
	深圳、阳江、汕尾、佛山、河源、梅州、揭阳、惠州、云浮、韶关市	II	6
	清远市		7
广西	百色、河池、南宁、崇左市	II	5
	桂林、玉林、梧州、北海、贵港、钦州、防城港、贺州、柳州、来宾市		6
海南	全境	II	6
重庆	全境	II	4
四川	甘孜自治州(巴塘县)	I	1
	阿坝(若尔盖县)、甘孜自治州(石渠县)		2
	乐山市(峨边县)、雅安市(汉源县)、甘孜自治州(甘孜县、色达县)		3
	雅安(石棉县)、绵阳(平武县)、泸州(古蔺县)、遂宁市、阿坝(若尔盖县、汶川县除外)、甘孜自治州(巴塘县、石渠县、甘孜县、色达县、九龙县、得荣县除外)		4
	南充(高坪区)、资阳市(安岳县)		5
	宜宾市(高县)、凉山自治州(雷波县)	II	3

图名	建筑安装工程费计算资料(18)	图号	1-6

建筑安装工程费计算资料(19)

续表

省、自治区、直辖市	地区、市、自治州、盟(县)		雨季期(月数)
四川	成都、乐山(峨边县、马边县除外)、德阳、南充(南部县)、绵阳(平武县除外)、资阳(安岳县除外)、广元、自贡、攀枝花、眉山市、凉山(雷波县除外)、甘孜自治州(九龙县)	Ⅱ	4
	乐山(马边县)、南充(高坪区、南部县除外)、雅安(汉源县、石棉县除外)、广安(邻水县除外)、巴中、宜宾(高县除外)、泸州(古蔺县除外)、内江市		5
	广安(邻水县)、达州市		6
贵州	贵阳、遵义市、毕节地区	Ⅱ	4
	安顺市、铜仁地区、黔东南自治州		5
	黔西南自治州		6
	黔南自治州		7
云南	昆明(市区、嵩明县除外)、玉溪、曲靖(富源县、师宗县、罗平县除外)、丽江(宁蒗县、永胜县)、思茅(墨江县)、昭通市、怒江(兰坪县、小泸水县六库镇)、大理(大理市、漾濞县除外)、红河(个旧市、开远市、蒙自县、红河县、石屏县、建水县、弥勒县、泸西县)、迪庆、楚雄自治州	Ⅰ	5
	保山(腾冲县、龙陵县除外)、临沧市(凤庆县、云县、永德县、镇康县)、怒江(福贡县、泸水县)、红河自治州(元阳县)		6

图名	建筑安装工程费计算资料(19)	图号	1-6

建筑安装工程费计算资料(20)

续表

省、自治区、直辖市	地区、市、自治州、盟(县)	雨季期(月数)	
云南	昆明(市区、嵩明县)、曲靖(富源县、师宗县、罗平县)、丽江(古城区、华坪县)、思茅市(翠云区、景东县、镇沅县、普洱县、景谷县)、大理(大理市、漾濞县)、文山自治州	II	5
	保山(腾冲县、龙陵县)、临沧(临翔区、双江县、耿马县、沧源县)、思茅市(西盟县、澜沧县、孟连县、江城县)、怒江(贡山县)、德宏、红河(绿春县、金平县、屏边县、河口县)、西双版纳自治州		6
西藏	那曲(索县除外)、山南(加查县除外)、日喀则(定日县)、阿里地区	I	1
	拉萨市、那曲(索县)、昌都(类乌齐县、丁青县、芒康县除外)、日喀则(拉孜县)、林芝地区(察隅县)		2
	昌都(类乌齐县)、林芝地区(米林县)		3
	昌都(丁青县)、林芝地区(米林县、波密县、察隅县除外)		4
	林芝地区(波密县)		5
	山南(加查县)、日喀则地区(定日县、拉孜县除外)	II	1
	昌都地区(芒康县)		2
陕西	榆林、延安市	I	1.5
	铜川、西安、宝鸡、咸阳、渭南市、杨凌区		2
	商洛、安康、汉中市		3

图名	建筑安装工程费计算资料(20)	图号	1—6

建筑安装工程费计算资料(21)

续表

省、自治区、直辖市	地区、市、自治州、盟(县)		雨季期(月数)
甘肃	天水(甘谷县、武山县)、陇南市(武都区、文县、礼县)、临夏(康乐县、广河县、永靖县)、甘南自治州(夏河县)	I	1
	天水(北道区、秦城区)、定西(渭源县)、庆阳(西峰区)、陇南市(西和县),临夏(临夏市)、甘南自治州(临潭县、卓尼县)		1.5
	天水(秦安县)、定西(临洮县、岷县)、平凉(崆峒区)、庆阳(华池县、宁县、环县)、陇南市(宕昌县)、临夏(临夏县、东乡县、积石山县)、甘南自治州(合作市)		2
	天水(张家川县)、平凉(静宁县、庄浪县)、庆阳(镇原县)、陇南市(两当县)、临夏(和政县)、甘南自治州(玛曲县)		2.5
	天水(清水县)、平凉(泾川县、灵台县、华亭县、崇信县)、庆阳(西峰区、合水县、正宁县)、陇南市(徽县、成县、康县)、甘南自治州(碌曲县、迭部县)		3
青海	西宁市(湟源县)、海东地区(平安县、乐都县、民和县、化隆县)、海北(海晏县、祁连县、刚察县、托勒)、海南(同德县、贵南县)、黄南(泽库县、同仁县)、海西自治州(天峻县)	I	1
	西宁市(湟源县除外)、海东地区(互助县)、海北(向源县)、果洛(达日县、久治县、班玛县)、玉树自治州(称多县、杂多县、囊谦县、玉树县)河南自治县		1.5

图名	建筑安装工程费计算资料(21)	图号	1-6

建筑安装工程费计算资料(22)

续表

省、自治区、直辖市	地区、市、自治州、盟(县)	雨量区	雨季期(月数)
宁夏	固原地区(隆德县、泾源县)	I	2
新疆	乌鲁木齐市(小渠子乡、牧业气象试验站、大西沟乡)、昌吉地区(阜康市天池)、克孜勒苏(吐尔尕特、托云、巴音库鲁提)、伊犁自治州(昭苏县、霍城县二台、松树头)	I	1
台湾	(资料暂缺)		

注:1. 表中未列的地区除西藏林芝地区墨脱县因无资料未划分外,其余地区均因降雨天数或平均日降雨量未达到计算雨期施工增加费的标准,故未划分雨量区及雨季期。

　　2. 行政区划依据资料及自治州、市的名称列法同冬期施工气温区划分说明。

2)雨期施工增加费费率如表8所示。

雨期施工增加费费率(%)　　　　　　　　　　表8

| 雨季期(月数) | 1 | 1.5 | 2 | | 2.5 | | 3 | | 3.5 | | 4 | | 4.5 | | 5 | | 6 | | 7 | 8 |
雨量区 / 工程类别	I	I	I	II	I	II	I	II	I	II	I	II	I	II	I	II	I	II	II	II
人工土方	0.04	0.05	0.07	0.11	0.09	0.13	0.11	0.15	0.13	0.17	0.15	0.20	0.17	0.23	0.19	0.26	0.21	0.31	0.36	0.42
机械土方	0.04	0.05	0.07	0.11	0.09	0.13	0.11	0.15	0.13	0.17	0.15	0.20	0.17	0.23	0.19	0.27	0.22	0.32	0.37	0.43

图名	建筑安装工程费计算资料(22)	图号	1-6

建筑安装工程费计算资料(23)

续表

雨季期(月数)	1	1.5	2		2.5		3		3.5		4		4.5		5		6		7	8
雨量区 / 工程类别	I	I	I	II	I	II	I	II	I	II	I	II	I	II	I	II	I	II	II	II
汽车运输	0.04	0.05	0.07	0.11	0.09	0.13	0.11	0.16	0.13	0.19	0.15	0.22	0.17	0.25	0.19	0.27	0.22	0.32	0.37	0.43
人工石方	0.02	0.03	0.05	0.07	0.06	0.09	0.07	0.11	0.08	0.13	0.09	0.15	0.10	0.17	0.12	0.19	0.15	0.23	0.27	0.32
机械石方	0.03	0.04	0.06	0.10	0.08	0.12	0.10	0.14	0.12	0.16	0.14	0.19	0.16	0.22	0.18	0.25	0.20	0.29	0.34	0.39
高级路面	0.03	0.04	0.06	0.10	0.08	0.13	0.10	0.15	0.12	0.17	0.14	0.19	0.16	0.22	0.18	0.25	0.20	0.29	0.34	0.39
其他路面	0.03	0.04	0.05	0.08	0.06	0.09	0.07	0.11	0.08	0.13	0.10	0.15	0.12	0.17	0.14	0.19	0.16	0.23	0.27	0.31
构造物 I	0.03	0.04	0.05	0.08	0.06	0.09	0.07	0.11	0.08	0.13	0.10	0.15	0.12	0.17	0.14	0.19	0.16	0.23	0.27	0.31
构造物 II	0.03	0.04	0.05	0.08	0.07	0.10	0.08	0.12	0.09	0.14	0.11	0.16	0.13	0.18	0.15	0.21	0.17	0.25	0.30	0.34
构造物 III	0.06	0.08	0.11	0.17	0.14	0.21	0.17	0.25	0.20	0.30	0.23	0.35	0.27	0.40	0.31	0.45	0.35	0.52	0.60	0.69
技术复杂大桥	0.03	0.05	0.07	0.10	0.08	0.12	0.10	0.14	0.12	0.16	0.14	0.19	0.16	0.22	0.18	0.25	0.20	0.29	0.34	0.39
隧 道	—	—	—	—	—	—	—	—	—	—	—	—	—	—	—	—	—	—	—	—
钢材及钢结构	—	—	—	—	—	—	—	—	—	—	—	—	—	—	—	—	—	—	—	—

图名	建筑安装工程费计算资料(23)	图号	1-6

建筑安装工程费计算资料(24)

(6)夜间施工增加费费率如表9所示。

夜间施工增加费费率(%)

表9

工程类别	费率	工程类别	费率	工程类别	费率	工程类别	费率
构造物Ⅱ	0.35	构造物Ⅲ	0.70	技术复杂大桥	0.35	钢材及钢结构	0.35

注:设备安装工程及金属标志牌、防撞钢护栏、防眩板(网)、隔离栅、防护网等不计夜间施工增加费。

(7)风沙地区施工增加费计算参考资料。

1)全国风沙地区公路施工区划分见表10。

全国风沙地区公路施工区划表

表10

区划	沙漠(地)名称	地理位置	自然特征
风沙一区	呼伦贝尔沙地、嫩江沙地	呼伦贝尔沙地位于内蒙古呼伦贝尔平原,嫩江沙地位于东北平原西北部嫩江下游	属半干旱、半湿润严寒区,年降水量280~400mm,年蒸发量1400~1900mm,干燥度1.2~1.5
	科尔沁沙地	散布于东北平原西辽河中、下游主干及支流沿岸的冲积平原上	属半湿润温冷区,年降水量300~450mm,年蒸发量1700~2400mm,干燥度1.2~2.0
	浑善达克沙地	位于内蒙古锡林郭勒盟南部和昭乌达盟西北部	属半湿润温冷区,年降水量100~400mm,年蒸发量2200~2700mm,干燥度1.2~2.0,年平均风速3.5~5m/s,年大风日数50~80d
	毛乌素沙地	位于内蒙古鄂尔多斯中南部和陕西北部	属半干旱温热区,年降水量东部400~440mm,西部仅250~320mm,年蒸发量2100~2600mm,干燥度1.6~2.0
	库布齐沙漠	位于内蒙古鄂尔多斯北部,黄河河套平原以南	属半干旱温热区,年降水量150~400mm,年蒸发量2100~2700mm,干燥度2.0~4.0,年平均风速3~4m/s

图名	建筑安装工程费计算资料(24)	图号	1-6

建筑安装工程费计算资料(25)

区划	沙漠(地)名称	地理位置	自然特征
风沙二区	乌兰布和沙漠	位于内蒙古阿拉善东北部,黄河河套平原西南部	属半旱温热区,年降水量 100~145mm,年蒸发量 2400~2900mm,干燥度 8.0~16.0,地下水相当丰富,埋深一般为 1.5~3m
	腾格里沙漠	位于内蒙古阿拉善东南部及甘肃武威部分地区	属干旱温热区,沙丘、湖盆、山地、残丘及平原交错分布,年降水量 116~148mm,年蒸发量 3000~3600mm,干燥度 4.0~12.0
	巴丹吉林沙漠	位于内蒙古阿拉善西南边缘及甘肃酒泉部分地区	属干旱温热区,沙山高大密集,形态复杂,起伏悬殊,一般高 200~300m,最高可达 420m,年降水量 40~80mm,年蒸发量 1720~3320mm,干燥度 7.0~16.0
	柴达木沙漠	位于青海柴达木盆地	属极干旱寒冷区,风蚀地、沙丘、戈壁、盐湖和盐土平原相互交错分布,盆地东部年均气温 2~4℃,西部为 1.5~2.5℃,年降水量东部为 50~170mm,西部为 10.2mm,年蒸发量 2500~3000mm,干燥度 16.0~32.0
	古尔班通古特沙漠	位于新疆北部准噶尔盆地	属干旱温冷区,其中固定、半固定沙丘面积占沙漠面积的 97%,年降水量 70~150mm,年蒸发量 1700~2200mm,干燥度 2.0~10.0
风沙三区	塔克拉玛干沙漠	位于新疆南部塔里木盆地	属极干旱炎热区,年降水量东部 20mm 左右,南部 30mm 左右,西部 40mm 左右,北部 50mm 以上,年蒸发量在 1500~3700mm,中部达高限,干燥度 >32.0
	库姆达格沙漠	位于新疆东部、甘肃西部、罗布泊低地南部和阿尔金山北部	属极干旱炎热区,全部为流动沙丘,风蚀严重,年降水量 10~20mm,年蒸发量 2800~3000mm,干燥度 >32.0,8 级以上大风天数在 100d 以上

图名	建筑安装工程费计算资料(25)	图号	1-6

建筑安装工程费计算资料(26)

2)风沙地区施工增加费费率如表11所示。

风沙地区施工增加费费率(%)　　　　　　　　表11

风沙区划 工程类别	风沙一区			风沙二区			风沙三区		
	沙漠类型								
	固定	半固定	流动	固定	半固定	流动	固定	半固定	流动
人工土方	6.00	11.00	18.00	7.00	17.00	26.00	11.00	24.00	37.00
机械土方	4.00	7.00	12.00	5.00	11.00	17.00	7.00	15.00	24.00
汽车运输	4.00	8.00	13.00	5.00	12.00	18.00	8.00	17.00	26.00
人工石方	—	—	—	—	—	—	—	—	—
机械石方	—	—	—	—	—	—	—	—	—
高级路面	0.50	1.00	2.00	1.00	2.00	3.00	2.00	3.00	5.00
其他路面	2.00	4.00	7.00	3.00	7.00	10.00	4.00	10.00	15.00
构造物Ⅰ	4.00	7.00	12.00	5.00	11.00	17.00	7.00	16.00	24.00
构造物Ⅱ	—	—	—	—	—	—	—	—	—
构造物Ⅲ	—	—	—	—	—	—	—	—	—
技术复杂大桥	—	—	—	—	—	—	—	—	—
钢材及钢结构	1.00	2.00	4.00	1.00	3.00	5.00	2.00	5.00	7.00

图名	建筑安装工程费计算资料(26)	图号	1-6

建筑安装工程费计算资料(27)

(8)沿海地区工程施工增加费费率如表12所示。

沿海地区工程施工增加费费率(%) 表12

工程类别	费 率	工程类别	费 率
构造物Ⅱ	0.15	技术复杂大桥	0.15
构造物Ⅲ	0.15	钢材及钢结构	0.15

(9)临时设施费费率如表13所示。

临时设施费费率(%) 表13

工程类别	费 率	工程类别	费 率
人工土方	1.57	构造物Ⅰ	2.65
机械土方	1.42	构造物Ⅱ	3.14
汽车运输	0.92	构造物Ⅲ	5.81
人工石方	1.60	技术复杂大桥	2.92
机械石方	1.97	隧 道	2.57
高级路面	1.92	钢材及钢结构	2.48
其他路面	1.87		

图名	建筑安装工程费计算资料(27)	图号	1-6

建筑安装工程费计算资料(28)

(10)施工辅助费费率如表14所示。

施工辅助费费率(%)　　表 14

工程类别	费率	工程类别	费率
人工土方	0.89	构造物Ⅰ	1.30
机械土方	0.49	构造物Ⅱ	1.56
汽车运输	0.16	构造物Ⅲ	3.03
人工石方	0.85	技术复杂大桥	1.68
机械石方	0.46	隧道	1.23
高级路面	0.80	钢材及钢结构	0.56
其他路面	0.74		

(11)工地转移费费率如表15所示。

工地转移费费率(%)　　表 15

工程类别	工地转移距离(km)					
	50	100	300	500	1000	每增加100
人工土方	0.15	0.21	0.32	0.43	0.56	0.03
机械土方	0.50	0.67	1.05	1.37	1.82	0.08
汽车运输	0.31	0.40	0.62	0.82	1.07	0.05
人工石方	0.16	0.22	0.33	0.45	0.58	0.03
机械石方	0.36	0.43	0.74	0.97	1.28	0.06
高级路面	0.61	0.83	1.30	1.70	2.27	0.12
其他路面	0.56	0.75	1.18	1.54	2.06	0.10
构造物Ⅰ	0.56	0.75	1.18	1.54	2.06	0.11
构造物Ⅱ	0.66	0.89	1.40	1.83	2.45	0.13
构造物Ⅲ	1.31	1.77	2.77	3.62	4.85	0.25
技术复杂大桥	0.75	1.01	1.58	2.06	2.76	0.14
隧道	0.52	0.71	1.11	1.45	1.94	0.10
钢材及钢结构	0.72	0.97	1.51	1.97	2.64	0.13

图名	建筑安装工程费计算资料(28)	图号	1-6

建筑安装工程费计算资料(29)

(12)基本费用费率如表16所示。

基本费用费率(%)　　　　　　　　表16

工程类别	费率	工程类别	费率
人工土方	3.36	构造物Ⅰ	4.44
机械土方	3.26	构造物Ⅱ	5.53
汽车运输	1.14	构造物Ⅲ	9.79
人工石方	3.45	技术复杂大桥	4.72
机械石方	3.28	隧　道	4.22
高级路面	1.91	钢材及钢结构	2.42
其他路面	3.28		

(13)职工探亲路费费率如表17所示。

职工探亲路费费率(%)　　　　　　　　表17

工程类别	费率	工程类别	费率
人工土方	0.10	构造物Ⅰ	0.29
机械土方	0.22	构造物Ⅱ	0.34
汽车运输	0.14	构造物Ⅲ	0.55
人工石方	0.10	技术复杂大桥	0.20
机械石方	0.22	隧　道	0.27
高级路面	0.14	钢材及钢结构	0.16
其他路面	0.16		

图名	建筑安装工程费计算资料(29)	图号	1-6

建筑安装工程费计算资料(30)

(14)职工取暖补贴费费率如表18所示。

职工取暖补贴费费率(%)　　　　　表18

工程类别	气温区						
	准二区	冬一区	冬二区	冬三区	冬四区	冬五区	冬六区
人工土方	0.03	0.06	0.10	0.15	0.17	0.26	0.31
机械土方	0.06	0.13	0.22	0.33	0.44	0.55	0.66
汽车运输	0.06	0.12	0.21	0.31	0.41	0.51	0.52
人工石方	0.03	0.06	0.10	0.15	0.17	0.25	0.31
机械石方	0.05	0.11	0.17	0.26	0.35	0.44	0.53
高级路面	0.04	0.07	0.13	0.19	0.25	0.31	0.38
其他路面	0.04	0.07	0.12	0.18	0.24	0.30	0.36
构造物Ⅰ	0.06	0.12	0.19	0.28	0.36	0.46	0.56
构造物Ⅱ	0.06	0.13	0.20	0.30	0.41	0.51	0.62
构造物Ⅲ	0.11	0.23	0.37	0.56	0.74	0.93	1.13
技术复杂大桥	0.05	0.10	0.17	0.26	0.34	0.42	0.51
隧道	0.04	0.08	0.14	0.22	0.28	0.36	0.43
钢材及钢结构	0.04	0.07	0.12	0.19	0.25	0.31	0.37

图名	建筑安装工程费计算资料(30)	图号	1-6

建筑安装工程费计算资料(31)

(15)财务费用费率如表19所示。

财务费用费率(%)　　　　　　　　　　　　　　　表19

工程类别	费率	工程类别	费率
人工土方	0.23	构造物 I	0.37
机械土方	0.21	构造物 II	0.40
汽车运输	0.21	构造物 III	0.82
人工石方	0.22	技术复杂大桥	0.46
机械石方	0.20	隧　道	0.37
高级路面	0.27	钢材及钢结构	0.48
其他路面	0.30		

图名	建筑安装工程费计算资料(31)	图号	1-6

设备、工器具及家具购置费用的构成及计算(1)

项 目		构成与计算
设备及工具、器具购置费	设备购置费	设备购置费是指为满足公路的营运、管理、养护需要,购置达到固定资产标准的设备和虽低于固定资产标准但属于设计明确列入设备清单的设备的费用,包括渡口设备,隧道照明、消防、通风的动力设备,高等级公路的收费、监控、通信、供电设备,养护用的机械、设备和工具、器具等的购置费用。 设备购置费应由设计单位列出计划购置的清单(包括设备的规格、型号、数量),以设备原价加综合业务费和运杂费按以下公式计算: 设备购置费 = 设备原价 + 运杂费(运输费 + 装卸费 + 搬运费) + 运输保险费 + 采购及保管费 需要安装的设备,应在第一部分建筑安装工程费的有关项目内另计设备的安装工程费。 (1)国产设备原价的构成及计算。国产设备的原价一般是指设备制造厂的交货价,即出厂价或订货合同价。它一般根据生产厂或供应商的询价、报价、合同价确定,或采用一定的方法计算确定。其内容包括按专业标准规定的在运输过程中不受损失的一般包装费,及按产品设计规定配带的工具、附件和易损件的费用,即 设备原价 = 出厂价(或供货地点价) + 包装费 + 手续费 (2)进口设备原价的构成及计算。进口设备的原价是指进口设备的抵岸价,即抵达买方边境港口或边境车站,且交完关税等税费后形成的价格,即 进口设备的原价 = 货价 + 国际运费 + 运输保险费 + 银行财务费 + 外贸手续费 + 关税 + 增值税 + 消费税 + 商检费 + 检疫费 + 车辆购置附加费

| 图名 | 设备、工器具及家具购置费用
的构成及计算(1) | 图号 | 1-7 |

设备、工器具及家具购置费用的构成及计算(2)

项　　目		构成与计算
设备及工具、器具购置费	设备购置费	1)货价。一般指装运港船上交货价(FOB,习惯称离岸价)。设备货价分为原币货价和人民币货价。原币货价一律折算为美元表示,人民币货价按原币货价乘以外汇市场美元兑换人民币的中间价确定。进口设备货价按有关生产厂商询价、报价、订货合同价计算。 2)国际运费。指从装运港(站)到达我国抵达港(站)的运费,即 $$国际运费 = 原币货价(FOB 价) \times 运费费率$$ 我国进口设备大多采用海洋运输,小部分采用铁路运输,个别采用航空运输。运费费率参照有关部门或进出口公司的规定执行,海运费费率一般为 6%。 3)运输保险费。对外贸易货物运输保险是指由保险人(保险公司)与被保险人(出口人或进口人)订立保险契约,在被保险人交付议定的保险费后,保险人根据保险契约的规定对货物在运输过程中发生的承保责任范围内的损失给予经济上的补偿。这是一种财产保险,计算公式为: $$运输保险费 = [原币货价(FOB 价) + 国际运费] \div (1 - 保险费费率) \times 保险费费率$$ 保险费费率按保险公司规定的进口货物保险费费率计算,一般为 0.35%。 4)银行财务费。一般指中国银行手续费,可按下式简化计算: $$银行财务费 = 人民币货价(FOB 价) \times 银行财务费费率$$ 银行财务费费率一般为 0.4% ~ 0.5%。 5)外贸手续费。指按规定计取的外贸手续费,计算公式为: $$外贸手续费 = [人民币货价(FOB 价) + 国际运费 + 运输保险费] \times 外贸手续费费率$$

图名	设备、工器具及家具购置费用 的构成及计算(2)	图号	1-7

设备、工器具及家具购置费用的构成及计算(3)

项　　目		构成与计算
设备及工具、器具购置费	设备购置费	外贸手续费费率一般为 1% ~ 1.5%。 6)关税。指海关对进出国境或关境的货物和物品征收的一种税,计算公式为: $$关税 = [人民币货价(FOB价) + 国际运费 + 运输保险费] \times 进口关税税率$$ 进口关税税率按我国海关总署发布的进口关税税率计算。 7)增值税。是对从事进口贸易的单位和个人,在进口商品报关进口后征收的税种。按照《中华人民共和国增值税条例》的规定,进口应税产品均按组成计税价格和增值税税率直接计算应纳税额,即 $$增值税 = [人民币货价(FOB价) + 国际运费 + 运输保险费 + 关税 + 消费税] \times 增值税税率$$ 增值税税率根据规定的税率计算,目前进口设备适用的税率为 17%。 8)消费税。对部分进口设备(如轿车、摩托车等)征收,其计算公式为: $$应纳消费税额 = [人民币货价(FOB价) + 国际运费 + 运输保险费 + 关税] \div$$ $$(1 - 消费税税率) \times 消费税税率$$ 消费税税率根据规定的税率计算。 9)商检费。指进口设备按规定付给商品检查部门的进口设备检验鉴定费,其计算公式为: $$商检费 = [人民币货价(FOB价) + 国际运费 + 运输保险费] \times 商检费费率$$ 商检费费率一般为 0.8%。 10)检疫费。指进口设备按规定付给商品检疫部门的进口设备检验鉴定费,其计算公式为:

图名	设备、工器具及家具购置费用 的构成及计算(3)	图号	1-7

设备、工器具及家具购置费用的构成及计算(4)

项　　目	构成与计算
设备及工具、器具购置费	设备购置费

检疫费=[人民币货价(FOB价)+国际运费+运输保险费]×检疫费费率

检疫费费率一般为0.17%。

11)车辆购置附加费。指进口车辆需缴纳的进口车辆购置附加费,其计算公式为:

进口车辆购置附加费=[人民币货价(FOB价)+国际运费+运输保险费+关税+消费税+增值税]×进口车辆购置附加费费率

在计算进口设备原价时,应注意工程项目的性质,有无按国家有关规定减免进口环节税的可能。

(3)设备运杂费的构成及计算。国产设备运杂费是指由设备制造厂交货地点起至工地仓库(或施工组织设计指定的需要安装设备的堆放地点)止所发生的运费和装卸费;进口设备运杂费是由我国到岸港口或边境车站起至工地仓库(或施工组织设计指定的需要安装设备的堆放地点)止所发生的运费和装卸费。其计算公式为:

设备运杂费=设备原价×设备运杂费费率

(4)设备运输保险费的构成及计算。设备运输保险费指国内运输保险费,其计算公式为:

运输保险费=设备原价×保险费费率

设备运输保险费费率一般为1%。

(5)设备采购及保管费的构成及计算。设备采购及保管费是指采购、验收、保管和收发设备所发生的各种费用,包括设备采购人员、保管人员和管理人员的工资、工资附加费、办公费、差旅交通费,设备供应部门办公和仓库所占固定资产使用费、工具用具使用费、劳动保护费、检验试验费等,其计算公式为:

采购及保管费=设备原价×采购及保管费费率

需要安装的设备的采购及保管费费率为2.4%,不需要安装的设备的采购及保管费费率为1.2%。

| 图名 | 设备、工器具及家具购置费用的构成及计算(4) | 图号 | 1-7 |

设备、工器具及家具购置费用的构成及计算(5)

项 目		构成与计算
设备及工具、器具购置费	工器具及生产家具(简称工器具)购置费	工器具购置费是指建设项目交付使用后为满足初期正常营运必须购置的第一套不构成固定资产的设备、仪表、工卡模具、工作台(框、架、柜)等的费用。该费用不包括构成固定资产的设备、工器具和备品、备件以及已列入设备购置费中的专用工具和备品、备件。 对于工器具购置,应由设计单位列出计划购置的清单(包括规格、型号、数量),购置费的计算方法同设备购置费。
	办公和生活用家具购置费	办公和生活用家具购置费是指为保证新建、改建项目初期正常生产、使用和管理所必须购置的办公和生活用家具、用具的费用。范围包括行政、生产部门的办公室、会议室、资料档案室、阅览室、单身宿舍及生活福利设施的家具、用具等。

图名	设备、工器具及家具购置费用的构成及计算(5)	图号	1-7

设备、工器具及家具购置费计算资料

(1)公路工程的设备运杂费费率如表 1 所示。

设备运杂费费率(%)　　　　　　　　　　　　　　　表 1

运输里程 (km)	100 以内	101～ 200	201～ 300	301～ 400	401～ 500	501～ 750	751～ 1000	1001～ 1250	1251～ 1500	1501～ 1750	1751～ 2000	2000 以上 每增 250
费率(%)	0.8	0.9	1.0	1.1	1.2	1.5	1.7	2.0	2.2	2.4	2.6	0.2

(2)公路工程的办公和生活家具购置费费率如表 2 所示。

办公和生活用家具购置费标准　　　　　　　　　　　　表 2

工程所在地	路线(元/公路公里)				有看桥房的独立大桥(元/座)	
	高速公路	一级公路	二级公路	三、四级公路	一般大桥	技术复杂大桥
内蒙古、黑龙江、青海、新疆、西藏	21500	15600	7800	4000	24000	60000
其他省、自治区、直辖市	17500	14600	5800	2900	19800	49000

注:改建工程按表列数 80% 计。

图名	设备、工器具及家具购置费计算资料	图号	1-8

公路工程建设其他费用构成及计算(1)

公路工程建设其他费用构成及计算

项 目		构成及计算
工程建设其他费用	土地征用及拆迁补偿费	土地征用及拆迁补偿费是指按照《中华人民共和国土地管理法》及《中华人民共和国土地管理法实施条例》、《中华人民共和国基本农田保护条例》等法律、法规的规定,为进行公路建设需征用土地所支付的土地征用及拆迁补偿费等费用。 (1)费用内容。 1)土地补偿费。指被征用土地地上、地下附着物及青苗补偿费,征用城市郊区的菜地等缴纳的菜地开发建设基金,租用土地费,耕地占用税,用地图编制费及勘界费,征地管理费等。 2)征用耕地安置补助费。指征用耕地需要安置农业人口的补助费。 3)拆迁补偿费。指被征用或被占用土地上的房屋及附属构筑物、城市公用设施等拆除、迁建补偿费,拆迁管理费等。 4)复耕费。指临时占用的耕地、鱼塘等,待工程竣工后将其恢复到原有标准所发生的费用。 5)耕地开垦费。指公路建设项目占用耕地的,应由建设项目法人(业主)负责补充耕地所发生的费用,没有条件开垦或者开垦的耕地不符合要求的,按规定缴纳的耕地开垦费。 6)森林植被恢复费。指公路建设项目需要占用、征用或者临时占用林地的,经县级以上林业主管部门审核同意或批准,建设项目法人(业主)单位按照有关规定向县级以上林业主管部门预缴的森林植被恢复费。 (2)计算方法。土地征用及拆迁补偿费应根据审批单位批准的建设工程用地和临时用地面积及其附着物的情况,以及实际发生的费用项目,按国家有关规定及工程所在地的省(自治区、直辖市)人民政府颁发的有关规定和标准计算。 森林植被恢复费应根据审批单位批准的建设工程占用林地的类型及面积,按国家有关规定及工程所在地的省(自治区、直辖市)人民政府颁发的有关规定和标准计算。 当与原有电力电信设施、水利工程、铁路及铁路设施互相干扰时,应与有关部门联系,商定合理的解决方案和补偿金额,也可由这些部门按规定编制费用以确定补偿金额。

图名	公路工程建设其他费用构成及计算(1)	图号	1-9

公路工程建设其他费用构成及计算(2)

项　目			构成及计算
工程建设其他费用	建设项目管理费	建设单位(业主)管理费	建设单位(业主)管理费是指建设单位(业主)为建设项目的立项、筹建、建设、竣(交)工验收、总结等工作所发生的费用,不包括应计入设备、材料预算价格的建设单位采购及保管设备、材料所需的费用。 费用内容包括:工作人员的工资、工资性补贴、施工现场津贴、社会保障费用(基本养老、基本医疗、失业、工伤保险)、住房公积金、职工福利费、工会经费、劳动保护费;办公费、会议费、差旅交通费、固定资产使用费(包括办公及生活房屋折旧、维修或租赁费,车辆折旧、维修、使用或租赁费,通信设备购置、使用费,测量、试验设备仪器折旧、维修或租赁费,其他设备折旧、维修或租赁费等)、零星固定资产购置费、招募生产工人费;技术图书资料费、职工教育经费、工程招标费(不含招标文件及标底或造价控制值编制费);合同契约公证费、法律顾问费、咨询费;建设单位的临时设施费、完工清理费、竣(交)工验收费(含其他行业或部门要求的竣工验收费用)、各种税费(包括房产税、车船使用税、印花税等);建设项目审计费、境内外融资费用(不含建设期货款利息)、业务招待费、安全生产管理费和其他管理性开支。 由施工企业代建设单位(业主)办理"土地、青苗等补偿费"的工作人员所发生的费用,应在建设单位(业主)管理项目中支付。当建设单位(业主)委托有资质的单位代理招标时,其代理费应在建设单位(业主)管理费中支出。 建设单位(业主)管理费以建筑安装工程费总额为基数,以累进办法计算。 水深 > 15m、跨度 ≥ 400m 的斜拉桥和跨度 ≥ 800m 的悬索桥等独立特大型桥梁工程的建设单位(业主)管理费按费率乘以 1.0 ~ 1.2 的系数计算;海上工程[指由于风浪影响,工程施工期(不包括封冻期)全年月平均工作日少于 15 天的工程]的建设单位(业主)管理费按费率乘以 1.0 ~ 1.3 的系数计算。
		工程质量监督费	工程质量监督费是指根据国家有关部门规定,各级公路工程质量监督机构对工程建设质量和安全生产实施监督应收取的管理费用。 工程质量监督费以建筑安装工程费总额为基数,按 0.15% 计算。

公路工程建设其他费用构成及计算(3)

项　目		构成及计算
工程建设其他费用	建设项目管理费 — 工程监理费	工程监理费是指建设单位(业主)委托具有公路工程监理资格的单位,按施工监理规范进行全面的监督和管理所发生的费用。 　　费用内容包括:工作人员的基本工资、工资性津贴、社会保障费用(基本养老、基本医疗、失业、工伤保险)、住房公积金、职工福利费、工会经费、劳动保护费;办公费、会议费、差旅交通费、固定资产使用费(包括办公及生活房屋折旧、维修或租赁费,车辆折旧、维修、使用或租赁费,通信设备购置、使用费、测量、试验、检测设备仪器折旧、维修或租赁费,其他设备折旧、维修或租赁费等)、零星固定资产购置费、招募生产工人费;技术图书资料费、职工教育经费、投标费用;合同契约公证费、咨询费、业务招待费;财务费用、监理单位的临时设施费、各种税费和其他管理性开支。 　　工程监理费以建筑安装工程费总额为基数。 　　建设单位(业主)管理费和工程监理费均为实施建设项目管理的费用,执行时根据建设单位(业主)和施工监理单位所实际承担的工作内容和工作量,在保证监理费用的前提下,可统筹使用。
	工程定额测定费	工程定额测定费是指各级公路(交通)工程定额(造价管理)站在测定劳动定额、搜集定额资料、编制工程定额及定额管理所需要的工作经费。 　　工程定额测定费以建筑安装工程费总额为基数,按0.12%计算。
	设计文件审查费	设计文件审查费是指国家和省级交通主管部门在项目审批前,为保证勘察设计工作的质量,组织有关专家或委托有资质的单位,对设计单位提交的建设项目可行性研究报告和勘察设计文件以及对设计变更、调整概算进行审查所需要的相关费用。 　　设计文件审查费以建筑安装工程费总额为基数,按0.1%计算。

图名	公路工程建设其他费用构成及计算(3)	图号	1-9

公路工程建设其他费用构成及计算(4)

项　目		构成及计算
建设项目管理费	竣(交)工验收试验检测费	竣(交)工验收试验检测费是指在公路建设项目交工验收和竣工验收前,由建设单位(业主)或工程质量监督机构委托有资质的公路工程质量检测单位按照有关规定对建设项目的工程质量进行检测,并出具其检测意见所需要的相关费用。 竣(交)工验收试验检测费按竣工验收试验检测费标准计算。 关于竣(交)工验收试验检测费,高速公路、一级公路按四车道计算,二级及以下等级公路按双车道计算,每增加一条车道,费用增加10%。
工程建设其他费用	研究试验费	研究试验费是指为本建设项目提供或验证设计数据、资料进行必要的研究试验和按照设计规定在施工过程中必须进行试验、验证所需的费用,以及支付科技成果、先进技术的一次性技术转让费。该费用不包括: (1)应由科技三项费用(即新产品试制费、中间试验费和重要科学研究补助费)开支的项目。 (2)应由施工辅助费开支的施工企业对建筑材料、构件和建筑物进行一般鉴定、检查所发生的费用及技术革新研究试验费。 (3)应由勘察设计费或建筑安装工程费用中开支的项目。 计算方法:按照设计提出的研究试验内容和要求进行编制,不需验证设计基础资料的不计本项费用。
	建设项目前期工作费	建设项目前期工作费是指委托勘察设计、咨询单位对建设项目进行可行性研究、工程勘察设计,以及设计、监理、施工招标文件及招标标底或造价控制值文件编制时,按规定应支付的费用。该费用包括: (1)编制项目建议书(或预可行性研究报告)、可行性研究报告、投资估算,以及相应的勘察、设计、专题研究等所需的费用。 (2)初步设计和施工图设计的勘察费(包括测量、水文调查、地质勘探等)、设计费、概(预)算及调整概算编制费等。 (3)设计、监理、施工招标文件及招标标底(或造价控制值或清单预算)文件编制费等。 计算方法:依据委托合同列,或按国家颁发的收费标准和有关规定进行编制。

图名	公路工程建设其他费用构成及计算(4)	图号	1—9

公路工程建设其他费用构成及计算(5)

项　目		构成及计算
工程建设其他费用	专项评价(估)费	专项评价(估)费是指依据国家法律、法规规定须进行评价(评估)、咨询,按规定应支付的费用。该费用包括环境影响评价费、水土保持评估费、地震安全性评价费、地质灾害危险性评价费、压覆重要矿床评估费、文物勘察费、通航论证费、行洪论证(评估)费、使用林地可行性研究报告编制费、用地预审报告编制费等费用。 　　计算方法:按国家颁发的收费标准和有关规定进行编制。
	施工机构迁移费	施工机构迁移费是指施工机构根据建设任务的需要,经有关部门决定成建制地(指工程处等)由原驻地迁移到另一地区所发生的一次性搬迁费用。该费用不包括: 　　(1)应由施工企业自行负担的,在规定距离范围内调动施工力量以及内部平衡施工力量所发生的迁移费用。 　　(2)由于违反基建程序,盲目调迁队伍所发生的迁移费。 　　(3)因中标而引起施工机构迁移所发生的迁移费。 　　费用内容包括:职工及随同家属的差旅费,调迁期间的工资,施工机械、设备、工具、用具和周转性材料的搬运费。 　　计算方法:施工机构迁移费应经建设项目的主管部门同意按实计算,但计算施工机构迁移费后,如施工机构迁移地点至新工地地点尚有部分距离,则工地转移费的距离,应以施工机构新地点为计算起点。
	供电贴费	供电贴费是指按照国家规定,建设项目应交付的供电工程贴费、施工临时用电贴费。 　　计算方法:按国家有关规定计列(目前停止征收)。

公路工程建设其他费用构成及计算(6)

项　目		构成及计算
工程建设其他费用	联合试运转费	联合试运转费是指新建、改(扩)建工程项目,在竣工验收前按照设计规定的工程质量标准,进行动(静)载荷载实验所需的费用,或进行整套设备带负荷联合试运转期间所需的全部费用抵扣试车期间收入的差额。该费用不包括应由设备安装工程项下开支的调试费的费用。 　　费用内容包括:联合试运转期间所需的材料、油燃料和动力的消耗,机械和检测设备使用费,工具用具和低值易耗品费用,参加联合试运转人员工资及其他费用等。 　　联合试运转费以建筑安装工程费总额为基数,独立特大型桥梁按 0.075%、其他工程按 0.05%计算。
	生产人员培训费	生产人员培训费是指新建、改(扩)建公路工程项目,为保证生产的正常运行,在工程竣工验收交付使用前对运营部门生产人员和管理人员进行培训所必需的费用。 　　费用内容包括:培训人员的工资、工资性补贴、职工福利费、差旅交通费、劳动保护费、培训及教学实习费等。 　　生产人员培训费按设计定员和 2000 元/人的标准计算。
	固定资产投资方向调节税	固定资产投资方向调节税是指为了贯彻国家产业政策,控制投资规模,引导投资方向,调整投资结构,加强重点建设,促进国民经济持续稳定协调发展,依照《中华人民共和国固定资产投资方向调节税暂行条例》规定,公路建设项目应缴纳的固定资产投资方向调节税。 　　计算方法:按国家有关规定计算(目前暂停征收)。

图名	公路工程建设其他费用构成及计算(6)	图号	1-9

公路工程建设其他费用构成及计算(7)

项　目		构成及计算
工程建设其他费用	建设期贷款利息	建设期贷款利息是指建设项目中分年度使用国内贷款或国外贷款部分,在建设期内应归还的贷款利息。费用内容包括各种金融机构贷款、企业集资、建设债券和外汇贷款等利息。 　　计算方法:根据不同的资金来源按需付息的分年度投资计算。 　　计算公式如下: 　　　　建设期贷款利息 = $\sum$(上年末付息贷款本息累计 + 本年度付息贷款额 ÷ 2) × 年利率 　　即　　　　$$S = \sum_{n=1}^{N}(F_{n-1} + b_n \div 2) \times i$$ 　　式中　S——建设期贷款利息(元); 　　　　　N——项目建设期(年); 　　　　　n——施工年度; 　　　F_{n-1}——建设期第($n-1$)年末需付息贷款本息累计(元); 　　　　b_n——建设期第 n 年度付息贷款额(元); 　　　　　i——建设期贷款年利率(%)。

图名	公路工程建设其他费用构成及计算(7)	图号	1—9

公路工程建设其他费计算资料

(1)公路工程建设单位管理费费率如表1所示。

建设单位管理费费率 表1

第一部分 建筑安装工程费(万元)	费率 (%)	算例(万元)	
		建筑安装工程费	建设单位(业主)管理费
500 以下	3.48	500	500 × 3.48% = 17.4
501 ~ 1000	2.73	1000	17.4 + 500 × 2.73% = 31.05
1001 ~ 5000	2.18	5000	31.05 + 4000 × 2.18% = 118.25
5001 ~ 10000	1.84	10000	118.25 + 5000 × 1.84% = 210.25
10001 ~ 30000	1.52	30000	210.25 + 20000 × 1.52% = 514.25
30001 ~ 50000	1.27	50000	514.25 + 20000 × 1.27% = 768.25
50001 ~ 100000	0.94	100000	768.25 + 50000 × 0.94% = 1238.25
100001 ~ 150000	0.76	150000	1238.25 + 50000 × 0.76% = 1618.25
150001 ~ 200000	0.59	200000	1618.25 + 50000 × 0.59% = 1913.25
200001 ~ 300000	0.43	300000	1913.25 + 100000 × 0.43% = 2343.25
300000 以上	0.32	310000	2 343.25 + 10000 × 0.32% = 2375.25

(2)公路工程监理费费率如表2所示。

工程监理费费率 表2

工程类别	高速公路	一级及二级公路	三级及四级公路	桥梁及隧道
费率(%)	2.0	2.5	3.0	2.5

(3)公路工程竣工验收试验检测费费率如表3所示。

竣(交)工验收试验检测费标准 表3

项目	路线(元/公路公里)				独立大桥(元/座)	
	高速公路	一级公路	二级公路	三、四级公路	一般大桥	技术复杂大桥
试验检测费	15000	12000	10000	5000	30000	100000

图名	公路工程建设其他费计算资料	图号	1-10

公路工程预备费构成和计算(1)

预备费构成与计算

表 1

项　　目		构成及计算
预备费	价差预备费	价差预备费是指设计文件编制年至工程竣工年期间,第一部分费用的人工费、材料费、机械使用费、其他工程费、间接费等以及第二、三部分费用由于政策、价格变化可能发生上浮而预留的费用及外资贷款汇率变动部分的费用。 　　(1)计算方法:价差预备费以概(预)算或修正概算第一部分建筑安装工程费总额为基数,按设计文件编制年始至建设项目工程竣工年终的年数和年工程造价增长率计算。计算公式如下: $$价差预备费 = P \times [(1 + i)^{n-1} - 1]$$ 式中　P——建筑安装工程费总额(元); 　　　i——年工程造价增长率(%); 　　　n——设计文件编制年至建设项目开工年 + 建设项目建设期限(年)。 　　(2)年工程造价增长率按有关部门公布的工程投资价格指数计算,或由设计单位会同建设单位根据该工程人工费、材料费、施工机械使用费、其他工程费、间接费以及第二、三部分费用可能发生的上浮等因素,以第一部分建安费为基数进行综合分析预测。 　　(3)设计文件编制至工程完工在一年以内的工程,不列此项费用。
	基本预备费	基本预备费系指在初步设计和概算中难以预料的工程和费用。其用途如下: 　　(1)在进行技术设计、施工图设计和施工过程中,在批准的初步设计和概算范围内所增加的工程费用。 　　(2)在设备订货时,由于规格、型号改变的价差,材料货源变更、运输距离或方式的改变以及规格不同而代换使用等原因发生的价差。

图名	公路工程预备费构成和计算(1)	图号	1-11

公路工程预备费构成和计算(2)

项　　目	构成及计算
预备费 / 基本预备费	(3)由于一般自然灾害所造成的损失和预防自然灾害所采取的措施费用。 (4)在项目主管部门组织竣(交)工验收时,验收委员会(或小组)为鉴定工程质量必须开挖和修复隐蔽工程的费用。 (5)投保的工程根据工程特点和保险合同发生的工程保险费用。 　　计算方法:以第一、二、三部分费用之和(扣除固定资产投资方向调节税和建设期贷款利息两项费用)为基数按下列费率计算: 　　设计概算按 5% 计列; 　　修正概算按 4% 计列; 　　施工图预算按 3% 计列。 　　采用施工图预算加系数包干承包的工程,包干系数为施工图预算中直接费与间接费之和的 3%。施工图预算包干费用由施工单位包干使用。 　　该包干费用的内容如下: 　　(1)在施工过程中,设计单位对分部分项工程修改设计而增加的费用,但不包括因水文地质条件变化造成的基础变更、结构变更、标准提高、工程规模改变而增加的费用。 　　(2)预算审定后,施工单位负责采购的材料由于货源变更、运输距离或方式的改变以及因规格不同而代换使用等原因发生的价差。 　　(3)由于一般自然灾害所造成的损失和预防自然灾害所采取的措施的费用(例如一般防台风、防洪的费用)等。

图名	公路工程预备费构成和计算(2)	图号	1-11

公路工程回收金额构成和计算

公路工程概、预算定额所列材料一般不计回收,只对按全部材料计价的一些临时工程项目和由于工程规模或工期限制达不到规定周转次数的拱盔、支架及施工金属设备的材料计算回收金额。回收率见表1。

回 收 率

表1

回收项目	使用年数或周转次数				计算基数
	一年或一次	二年或二次	三年或三次	四年或四次	
临时电力、电信线路	50%	30%	10%	-	
拱盔、支架	60%	45%	30%	15%	材料原价
施工金属设备	65%	65%	50%	30%	

注:施工金属设备指钢壳沉井、钢护筒等。

图名	公路工程回收金额构成和计算	图号	1-11

公路工程造价常见定额名词解释(1)

序号	类 别	常见定额名词解释
1	费用和成本	(1)费用:按照经济用途分类,首先要将费用分为应计入产品成本、劳务成本的费用和不应计入的费用两大类。对于计入产品成本、劳务成本的费用再继续划分为:直接费用和间接费用,其中直接费用包括直接材料、直接人工、其他直接费用,间接费用包括制造费用。对于不计入产品和劳务成本的费用继续划分为管理费用、财务费用和营业费用。 (2)直接材料:指企业在生产产品和提供劳务过程中所消耗的,直接用于产品生产,构成产品实体的原料、主要材料、外购半成品(外购件)、修理用配件(备用配件)、包装物、有助于产品形成的辅助材料以及其他直接材料。 (3)直接人工:指企业在生产产品和提供劳务过程中,直接从事产品生产的工人工资以及按生产工人工资总额和规定的比例计算提取的职工福利费。 (4)制造费用:是指企业为生产商品和提供劳务而发生的各项间接费用,分配计入生产经营成本,包括工资和福利费、折旧费、修理费、办公费、水电费、机物料消耗、劳动保护费、季节性和修理期间的停工损失等。 (5)期间费用:是指在一定会计期间发生的只与特定的会计期间联系而与产品生产无直接联系的各项费用,包括销售营业费用、管理费用和财务费用。 (6)销售营业费用:指企业在销售商品过程中发生的各项费用以及为销售本企业商品而专设的销售机构的经营费用。 (7)管理费用:指企业为组织和管理生产经营活动所发生的各种费用。包括企业的董事会和行政管理部门在企业的经营管理中发生的,或者应由企业同意负担的各项费用。 (8)财务费用:指企业为筹集生产经营所需资金而发生的费用,包括利息支出、汇兑损失以及相关手续费。 (9)成本:是指企业为实现生产经营目的而取得各种特定资产(固定资产、流动资产、无形资产、制造产品)或劳务所发生的费用支出。 (10)生产成本:是指为制造产品所发生的费用支出,包括为生产产品所耗费的直接人工、直接材料、其他直接费用及制造费用。 (11)完全成本法:是指将企业在生产经营过程中发生的所有费用都分摊到产品成本中去,形成产品的完全成本。 (12)制造成本:是指在计算产品成本时,只归集和分配与生产经营有密切关系的生产费用,而将与生产经营没有直接关系的费用直接计入当年损益。

图名	公路工程造价常见定额名词解释(1)	图号	1-12

公路工程造价常见定额名词解释(2)

序号	类别	常见定额名词解释
2	建筑安装工程费	(1)建筑工程费:是指建设项目设计范围内的建设场地平整、竖向布置土石方工程费;各类房屋建筑及其附属的室内供水、供热、卫生、电气、燃气、通风空调、弱电等设备及管线安装工程费;各类设备基础、地沟、水池、冷却塔、烟囱烟道、水塔、栈桥、管架、挡土墙、围墙、厂区道路、绿化等工程费;铁路专用线、厂外道路、码头等工程费。 (2)安装工程费:是指主要生产、辅助生产、公用等单项工程中需要安装的工艺、电气、自动控制、运输、供热、制冷等设备、装置安装工程费;各种工艺、管道安装及衬里、防腐、保温等工程费;供电、通信、自控等管线的安装工程费。 (3)直接费:是指施工过程中耗费的构成工程实体和有助于工程形成的各项费用,包括人工费、材料费、施工机械使用费。 (4)人工费:是指直接从事建筑安装工程施工的生产工人开支的各项费用,包括基本工资、工资性津贴、生产工人辅助工资、职工福利费、生产工人劳动保护费。 (5)基本工资:是指发放生产工人的基本工资。 (6)工资性补贴:是指按规定标准发放的物价补贴,煤、燃气补贴,交通费补贴,住房补贴,流动施工津贴,地区津贴等。 (7)生产工人辅助工资:是指生产工人年有效施工天数以外非作业天数的工资,包括职工学习、培训期间的工资,调动工作、探亲、休假期间的工资,因气候影响的停工工资,女工哺乳时间的工资,病假的六个月以内的工资及产、婚、丧假期的工资。 (8)职工福利费:是指按规定标准计提的职工福利费。 (9)生产工人劳动保护费:是指按规定标准发放的劳动保护用品的购置费及修理费,徒工服装补贴,防暑降温费,在有碍身体健康环境中施工的保健费用等。 (10)职工养老保险费及待业保险费:是指职工退休养老金的积累及按规定标准计提的职工待业保险费。 (11)保险费:是指企业财产保险、管理用车辆等保险费用。 (12)办公费:是指现场及企业管理办公用的文具、纸张、账表、印刷、邮电、书报、会议、水、电、烧水和集体取暖(包括现场临时宿舍取暖)用煤等费用。

图名	公路工程造价常见定额名词解释(2)	图号	1-12

公路工程造价常见定额名词解释(3)

序号	类 别	常见定额名词解释
2	建筑安装工程费	(13)差旅交通费:是指职工因公出差期间的旅费、住宿补助费,市内交通费和误餐补助费,职工探亲路费,劳动力招募费,职工离退休、退职一次性路费,工伤人员就医路费,工地转移费以及现场及企业管理使用的交通工具的油料、燃料、养路费及牌照费等。 (14)材料费:是指施工过程中耗用的构成工程实体的原材料、辅助材料、构配件、零件、半成品的费用和周转材料的摊销(或租赁)费用。 (15)材料预算价格:是指材料(包括构配件、成品及半成品等)从其来源地(或交货地点)到达施工工地仓库(或施工工地材料堆放点)的全部费用。 (16)材料预算价格由下列费用组成:材料原价、供销部门手续费、包装费、运输费、采购及保管费等。 (17)材料原价:指材料经销单位的供应价。 (18)供销部门手续费:是指材料不能直接向生产厂采购、订货,而必须经过物资部门或供销部门供应时按规定支付给物资部门或供销部门的附加手续费。计算公式为: 供销部门手续费 = 材料原价 × 供销部门手续费率 (19)包装费:是指为便于材料的运输或为保护材料免受损坏而进行包装所需要的费用。 (20)运输费:是指材料自来源地(交货地)起运至工地仓库或施工现场材料堆放点(包括自材料中仓库转运)的全部运输过程中所支出的一切费用。包括车船等的运输费、调车费、出入仓库费、装卸费及合理的运输损耗等。 (21)材料采购及保管费:是指材料供应部门(包括工地以上各级材料管理部门)在组织采购供应和保管材料过程中所需的各项费用。计算公式: 材料采购及保管费 = (原价 + 供销部门手续费 + 包装费 + 运输费) × 采购保管费率 (22)施工机械使用费:是指使用施工机械作业所发生的机械使用费以及机械安、拆和进出场费用。 (22)机械台班单价:是指一台施工机械,在正常运转条件下一个工作班中所发生的全部费用。 (23)折旧费:是指施工机械在规定使用期限内,每一台班所摊的机械原值及支付货款利息的费用。 (24)大修理费:是指施工机械按规定的大修间隔台班进行必需的大修,以恢复其正常功能所需的全部费用。 (25)经常修理费:是指机械在寿命期内除大修理以外的各级保养(包括一、二、三级保养)以及临时故障排除和机械停止期间的维护等所需各项费用;为保障机械正常运转所需替换设备,随机工具器具的摊销费用及机械日常保养所需润滑擦拭材料费之和,分摊到台班费中,即为台班经修费。

图名	公路工程造价常见定额名词解释(3)	图号	1-12

公路工程造价常见定额名词解释(4)

序号	类别	常见定额名词解释
2	建筑安装工程费	(26)安拆费:是指机械在施工现场进行安装、拆卸所需人工、材料、机械和试运转费用,包括机械辅助设施(如:基础、底座、固定锚桩、行走轨道、枕木等)的折旧、搭设、拆除等费用。 (27)场外运费:是指机械整体或分体自停置地点运至现场或某工地运至另一工地的运输、装卸、辅助材料以及架线等费用。 (28)燃料动力费:是指机械在运转或施工作业中所耗用的固体燃料(如煤炭、木材)、液体燃料(汽油、柴油)、电力、水和风力等费用。 (29)残值率:是指机械报废时回收的残值占机械原值(机械预算价格)的比率。 (30)耐用总台班:指机械在正常施工作业条件下,从投入使用直到报废止,按规定应达到的使用总台班数。 (31)机械技术使用寿命:是指机械在不实行总体更换的条件下,经过修理仍无法达到规定的性能指标的使用期限。 (32)机械经济使用寿命:是指从最佳经济效益的角度出发,机械使用投入费用(包括燃料动力费、润滑擦拭材料费、保养、修理费用等)最低时的使用期限。 (33)其他直接费:是指直接费以外施工过程中发生的其他直接费用,内容包括:冬雨期施工增加费,夜间施工增加费,材料二次搬运费,仪器仪表使用费,生产工具用具使用费,检验试验费,特殊工种培训费,工程定位复测、工程点交、场地清理费用,特殊地区施工增加费等费用。 (34)仪器仪表使用费:是指通信、电子等设备安装工程所需安装、测试仪器、仪表的摊销及维护费用。 (35)生产工具用具使用费:是指施工、生产所需的不属于固定资产的生产工具和检验、试验用具等的摊销费和维修费,以及支付给工人自备工具的补贴费。 (36)检验试验费:是指对建筑材料、构件和建筑物进行一般鉴定、检查所花的费用。 (37)特殊工程培训费:是指在承担某些特殊工程、新型建筑施工任务时,根据技术规范要求对某些特殊工种的培训费。

图名	公路工程造价常见定额名词解释(4)	图号	1-12

公路工程造价常见定额名词解释(5)

序号	类　别	常见定额名词解释
2	建筑安装工程费	(38)施工机械使用费:是指列入概、预算定额的施工机械台班数量,按相应的机械台班费用定额计算的施工机械使用费和小型机具使用费。 (39)冬期施工增加费:是指按照公路工程施工及验收规范所规定的冬期施工要求,为保证工程质量和安全生产所采取的防寒保温措施、工效降低和机械作业率降低以及技术操作过程的改变等所增加的有关费用。 (40)夜间施工增加费:是指根据设计、施工的技术要求和合理的施工进度要求,必须在夜间连续施工而发生的工效低下、夜班津贴及有关照明设施(包括所需照明的安拆、摊销、维修及油燃料、电)等增加的费用。 (41)行车干扰工程施工增加费:是指由于边施工边维护通车,受行车干扰的影响致使人工、机械效率降低而增加的费用。 (42)安全及文明施工措施费:是指工程施工期间为满足安全生产、文明施工、职工健康生活所发生的费用。 (43)临时设施费:是指施工企业为进行工程施工所必需的生活和生产用的临时建筑物、构筑物和其他临时设施的费用等。 (44)施工辅助费:施工辅助费包括生产工具用具使用费、检验试验费和工程定位复测、工程点交、场地清理等费用。 (45)工地转移费:是指施工企业根据建设任务的需要,由已竣工的工地或后方基地迁至新工地的搬迁费用。 (46)财务费用:是指施工企业为筹集资金而发生各项费用,包括企业经营期间发生的短期贷款利息净支出、汇兑净损失、调剂外汇手续费、金融机械手续费,以及企业筹集资金发生的其他财务费用。

图名	公路工程造价常见定额名词解释(5)	图号	1－12

公路工程造价常见定额名词解释(6)

序号	类 别	常见定额名词解释
3	设备、工具、器具及家具购置费	(1)工具、器具及生产家具购置费:是指新建、扩建项目初步设计规定的,保证初期正常生产必须购置的没有达到固定资产标准的设备、仪器、工卡模具、器具、生产家具和备品备件等的购置费用。 (2)设备购置费:是指为建设项目购置或自制的达到固定资产标准的各种国产或进口设备、工具、器具的购置费用。 (3)国产设备原价:一般指的是设备制造厂的交货价,即出厂价或订货合同价。 (4)国产标准设备:是指按照主管部门颁布的标准图纸和技术要求,由我国设备生产厂批量生产的,符合国家质量检测标准的设备。 (5)国产非标准设备:是指国家尚无定型标准,各设备生产厂不可能在工艺过程中采用批量生产,只能按一次订货,并根据具体的设计图纸制造的设备。 (6)进口设备原价:是指进口设备的抵岸价,即抵达买方边境港口或边境车站,且交完关税为止形成的价格。 (7)内陆交货:即卖方在出口国内陆地某个地点交货。 (8)目的地交货:即卖方在进口国的港口或内地交货,有目的港船上交货价、目的港船边交货价和目的港码头交货价(关税已付)及完税后交货价(进口国的指定地点)等几种交货价。 (9)装运港交货:即卖方在出口国装运港交货,主要有装运港船上交货价(FOB),习惯称离岸价格。 (10)货价:一般指装运港船上交货价(FOB)。 (11)国际运费:即从装运港(站)到达我国抵达港(站)的运费。 (12)运输保险费:对外贸易货物运输保险是由保险人(保险公司)与被保险人(出口人或进口人)订立保险契约,在被保险人交付议定的保险费后,保险人根据保险契约的规定对货物在运输过程中发生的承保责任范围内的损失给予经济上的补偿。 (13)银行财务费:一般是指中国银行手续费。 (14)外贸手续费:是指按对外经济贸易部规定的外贸手续费率计取的费用,外贸手续费率一般取1.5%。 (15)关税:由海关对进出国境或关境的货物和物品征收的一种税。 (16)增值税:是对从事进口贸易的单位和个人,在进口商品报关进口后征收的税种。

图名	公路工程造价常见定额名词解释(6)	图号	1-12

公路工程造价常见定额名词解释(7)

序号	类　别	常见定额名词解释
4	工程建设其他费用及预备费	(1)工程建设其他费用:是指从工程筹建起到工程竣工验收交付使用止的整个建设期间,除建筑安装工程费用和设备及工、器具购置费用以外的,为保证工程建设顺利完成和交付使用后能够正常发挥效用而发生的各项费用。 (2)土地征用及迁移补偿费:是指建设项目通过划拨方式取得无限期的土地使用权,依照《中华人民共和国土地管理法》等规定所支付的费用。 (3)土地使用权出让金:指建设项目通过土地使用权出让方式,取得有限期的土地使用权,依照《中华人民共和国城镇国有土地使用权出让和转让暂行条例》规定,支付的土地使用权出让金。 (4)建设项目管理费:是指建设项目从立项、筹建、建设、联合试运转、竣工验收交付使用及评估等全过程管理所需费用。包括建设单位(业主)管理费、工程质量监督费、工程监理费、工程定额测定费和设计文件审查费。 (5)建设项目前期工作费:指委托勘察设计、咨询单位对建设项目进行可行性研究、工程勘察设计、依照国家法律需进行评价评估、咨询及设计、监理、施工招标文件、施工招标标底文件编制时,按规定应支付的费用。 (6)研究试验费:是指为建设项目提供和验证设计参数、数据、资料等所进行的必要的试验费用以及设计规定在施工中必须进行试验、验证所需费用。 (7)建设单位临时设施费:是指建设期间建设单位所需临时设施的搭设、维修、摊销费用或租赁费用。 (8)工程监理费:是指建设单位委托工程监理单位对工程实施监理工作所需费用。 (9)工程保险费:是指建设项目在建设期间根据需要实施工程保险所需的费用。 (10)施工机构迁移费:是指施工机构根据建设任务的需要,经有关部门决定成建制地(指公司或公司所属工程处、工区)由原驻地迁移到另一个地区的一次性搬迁费用。 (11)引进技术及进口设备其他费用:指因引进技术和设备而发生的包括出国人员费用、国外工程技术人员来华费用、技术引进费、分期或延期付款利息、担保费以及进口设备检验鉴定费。 (12)出国人员费用:是指为引进技术和进口设备派出人员在国外培训和进行设计联络,设备检验等的差旅费、制装费、生活费等。 (13)国外工程技术人员来华费用:是指为安装进口设备,引进国外技术等聘用外国工程技术人员进行技术指导工作所发生的费用。

		图名	公路工程造价常见定额名词解释(7)	图号	1-12

公路工程造价常见定额名词解释(8)

序号	类别	常见定额名词解释
4	工程建设其他费用及预备费	(14)技术引进费:是指为引进国外先进技术而支付的费用。 (15)分期或延期付款利息:是指利用出口信贷引进技术或进口设备采用分期或延期付款的办法所支付的利息。 (16)担保费:指国内金融机构为买方出具保函的担保费。 (17)进口设备检验鉴定费用:指进口设备按规定付给商品检验部门的进口设备检验鉴定费。 (18)工程承包费:是指具有总承包条件的工程公司,对工程建设项目从开始建设至竣工投产全过程的总承包所需的管理费用。 (19)联合试运转费:是指新建企业或新增加生产工艺过程的扩建企业在竣工验收前,按照设计规定的工程质量标准,进行整个车间的负荷或无负荷联合试运转发生的费用支出大于试运转收入的亏损部分。 (20)生产准备费:是指新建企业或新增生产能力的企业,为保证竣工交付使用进行必要的生产准备所发生的费用。 (21)基本预备费:是指在初步设计及概算内难以预料的工程费用。 (22)涨价预备费:是指建设项目在建设期间内由于价格等变化引起工程造价变化的预测预留费用。 (23)建设期贷款利息:包括向国内银行或其他非银行金融机构贷款、出口信贷、外国政府贷款、国际商业银行贷款以及在境内外发行的债券等在建设期间内应偿还的贷款利息。
5	税	(1)税:是国家依照法律规定的标准,强制地、无偿地取得财政收入的一种手段,是国家凭借政治权力参与国民收入分配和再分配的一种方式。 (2)税法:是国家制定的用以调整国家与纳税人之间在征纳税方面的权利与义务关系的法律规范的总称。 (3)纳税主体:又称纳税人或纳税义务人,是指依照税法规定,对国家负有纳税义务的社会组织和自然人。 (4)税种:是指税收的种类如个人所得税、房产税等。 (5)税目:是各个税种所规定的具体征税项目,是征税对象的具体化。 (6)税率:是指应纳税额与征税对象之间的比例,是计算纳税的尺度。 (7)比例税率:是对同一征税对象不分数额大小,规定相同的征收比例。我国的增值税、营业税、资源税、企业所得税等采用比例税率。

图名	公路工程造价常见定额名词解释(8)	图号	1-12

公路工程造价常见定额名词解释(9)

序号	类别	常见定额名词解释
5	税	(8)超额累进税率:是把征税对象按数额的大小分成若干等级,每一等级规定一个税率,税率依次提高,但每一纳税人的征税对象则依所属等级同时使用几个税率分别计算,将计算结果相加后得出应纳税款的税率。我国目前的个人所得税采用这种税率。 (9)定额税率:是按征税对象确定的计算单位,直接规定一个固定的税额。目前资源税、车船使用税采用这种税率。 (10)超率累进税率:是以征税对象数额的相对率划分若干级距,分别规定相应的差别税率,相对率每超过一个级距的,对超过部分按高一级税率计算征税。目前土地增值税采用这种税率。 (11)免征额:是指在征税对象中免予征税的部分。 (12)纳税环节:是指税法规定的征税对象在生产、流通、消费等过程中,应当纳税的环节。 (13)增值税:是对在我国境内销售货物或者提供加工、修理修配劳务,以及进口货物的单位和个人,就其取得的货物或应税劳务销售额,以及进口货物金额计算税款,并实行税款抵扣制的一种流转税。 (14)营业税:营业税是对工商营利事业以营业额为征税对象征收的一种流转税。是对规定的提供商品或货物的全部收入征收的一种税。 (15)企业所得税:指国家对境内企业生产、经营所得和其他所得依法征收的一种税。 (16)外商投资企业和外国企业所得税:外商投资企业和外国企业所得税,以我国境内的外商投资企业和外国企业的生产经营所得和其他所得为征税对象。 (17)资源税:是为了体现国家的权益,促进合理开发利用资源,调节资源级差收入,对开采资源产品征收的一种税。 (18)城市维护建设税:是国家对缴纳增值税、消费税、营业税的单位和个人就其实际缴纳的"三税"税额为依据而征收的一种税。它属于特定目的税,是国家为加强城市的维护建设,扩大和稳定城市维护建设资金的来源而采取的一项税收措施。 (19)城镇土地使用税:是指国家按使用土地的等级和数量,对城镇范围内的土地使用者征收的一种税。 (20)固定资产投资方向调节税:是为了贯彻国家产业政策,控制投资规模,引导投资方向,调整投资结构,加强重点建设,促进国民经济持续、稳定、协调发展的一种税。 (21)房产税:在我国境内拥有房屋产权的单位和个人都是房产税的纳税人。

图名	公路工程造价常见定额名词解释(9)	图号	1-12

公路工程造价常见定额名词解释(10)

序号	类 别	常见定额名词解释
5	税	(22)土地增值税:对转让国有土地使用权、地上建筑物及其附着物并取得收入的单位和个人,就其转让房地产所取得的增值额征收的税种。 (23)流转税:是指对商品生产、商品流通和提供劳务的销售额或营业额征税种类的统称。 (24)教育费附加:是指为了发展地方教育事业,扩大地方教育经费来源而征收的一种附加税。
6	施工作业人员	(1)固定职工:是指经国家劳动部门或组织部门正式分配、安排和批准招收为固定职工的人员。包括出勤的、因故未出勤的;编制内的、编制外的;在国外工作的;试用期间的以及临时借到其他单位工作,但仍由原单位支付工资的人员。 (2)合同制职工:是指在用工制度改革中试行的在国家劳动计划以内,通过签订劳动合同,考核录用的职工。包括农民合同制工人,不包括1996年以前招用的合同工和1976年后不按照合同制规定办法招收的合同工。 (3)其他职工:包括临时工和计划外用工。 (4)临时职工:是指根据国家劳动计划,经多级劳动部门批准使用的,到期可以辞退的人员,包括从事季节性、临时性生产和服务工作的人员,以"民工"、"合同工"名义从农村中招用属于临时工性质的售货员。 (5)计划外用工:是指在国家劳动计划以外,通过各种形式吸收到全民所有制单位,由全民所有制单位直接组织安排生产或工作,并支付工资的人员。 (6)工人:是指企业内从事建筑生产活动的建筑安装工人,附属辅助生产工人和其他生产工人。 (7)建筑安装生产工人:是指在施工现场从事建筑安装工作和直接服务于施工过程的工人。包括参加现场建筑安装施工的工人;在施工现场的混凝土预制厂、木材加工厂、现场非标准设备制造的生产工人;使用自有机械或配合租赁机械进行施工的工人;施工现场的运输工人;从事施工前障碍物拆除和清理竣工后从事收尾工作的工人;从事临时设施施工的工人;从事防雨、保温、现场道路整修、工具修理,新机具试制及新技术试验的工人;不属于材料费开支的工地仓库工人。不包括施工现场的警卫、消防、通讯、炊事、理发等人员。 (8)附属辅助生产工人:是指为建筑安装施工活动服务的工人。包括企业所属混凝土预制厂,木材加工厂,钢筋加工厂,金属结构、机械修理制造厂等单位的生产工人;从事现场以外运输和装卸工作的工人;专门从事建筑材料生产、废料综合利用等的生产工人;为施工现场供水、供电、供气和进行机具修理,零配件加工的工人。

图名	公路工程造价常见定额名词解释(10)	图号	1－12

公路工程造价常见定额名词解释(11)

序号	类　别	常见定额名词解释
6	施工作业人员	(9)其他生产工人:是指不属于建筑安装和附属辅助生产范围的其他生产工人,如材料费开支的材料供应部门的工人、材料和工程试验机构的工人、工程质量检验机构的工人等。 (10)学徒:是指在熟练工人的指导下,在生产劳动中学习生产技术、领取学徒工待遇的人员。 (11)工程技术人员:是指担负工程技术工作,并具有工程技术能力的人员,包括: 已取得工程技术职称,并担负工程技术工作的人员。 无技术职称,但从大学、中专的理工科系毕业,已担负工程技术工作的人员。 已取得工程技术职称或具有大学、中专学历,在企业中担负工程技术管理(如:主管生产的经理、厂长、工程处的车间主任、施工队长,以及在计划调度、合同预算、施工准备、施工管理、勘察设计、施工技术、质量安全检查、劳动定额、机械动力、劳动保护等工作岗位)工作的人员。 工程技术人员中,不包括已取得工程技术职称或大学、中专理工科系毕业生,但未担负任何工程技术工作的人员。 (12)管理人员:是指在企业各职能机构及其在各基本车间与辅助车间(或辅助生产单位)从事行政、生产、经济管理和政治工作的人员。包括长期(六个月以上)脱离生产岗位从事管理工作的工人在内。 (13)服务人员:是指服务于职工生活或间接服务于生产的人员。包括食堂工作人员,哺乳室、托、幼工作人员,文化教育(如:职工文化技术教育、图书馆、俱乐部)工作人员,卫生保健(如:医务室、保健站)工作人员,警卫消防人员,住宅管理和维修人员,勤杂人员以及其他生活福利工作人员。 服务人员中,还包括社会性服务机构人员。社会性服务机构人员,是指某些与本企业生产无直接关系,从社会分工看,可以不由企业来办,而实际上由企业来办的服务性机构,如企业办中小学、大学、医院、商店、派出所、邮政代办所等的工作人员。 (14)其他人员:是指由企业开支工资,但与企业生产活动无关的人员。包括: 农副业生产人员,出国援外人员,长期(六个月以上)学习人员,长期(六个月以上)病、伤假人员,派出外单位工作人员等。 对于企业根据需要,从工人中选拔的干部,从事领导、技术、行政工作,在任职六个月以后,按从事工作性质分别统计为管理或工程技术人员;不担任干部时,不再统计为管理或工程技术人员。 (15)直接生产人员:主要指工人、学徒(含附属辅助生产单位的工人、学徒)和直接从事生产活动的管理人员、工程技术人员(包括工程处、施工队的管理人员,工程技术人员和企业的科研、设计人员)。

图名	公路工程造价常见定额名词解释(11)	图号	1-12

公路工程造价常见定额名词解释(12)

序号	类　别	常见定额名词解释
6	施工作业人员	直接生产人员比重 = $\dfrac{\text{直接生产人员}}{\text{全部职工人数}} \times 100\%$ (16)非直接生产人员:指管理人员、工程技术管理人员、服务人员和其他人员(包括脱离生产岗位从事非生产活动连续满六个月以上的工人和学徒)。 (17)期末全部职工人数:是指报告期末最后一天的实有人数。期末一般指月末、季末、年末、半年末(指六月末)。期末人数反映本期职工人数的变动结果。 (18)劳动生产率:是指劳动者在单位时间内所提供的劳动成果,是劳动消耗与劳动成果比值的经济指标,是反映生产力发展水平的重要标志。
7	定　额	(1)工程建设定额:是指在工程建设中单位产品上人工、材料、机械、资金消耗的规定额度。 (2)劳动消耗定额:是指完成一定的合格产品(工程实体或劳务)规定活动劳动消耗的数量标准。 (3)机械消耗定额:是以一台机械一个工作班为计量单位,所以又称为机械台班定额。 (4)材料定额:是指完成一定合格产品所需消耗材料的数量标准。 (5)施工定额:这是施工企业(建筑安装企业)组织生产和加强管理在企业内部使用的一种定额。 (6)概算指标:是在三阶段设计的初步设计阶段,编制工程概算、计算和确定工程的初步设计概算造价、计算劳动、机械台班、材料需要量时所采用的一种定额。 (7)投资估算指标:是指在项目建议书和可行性研究阶段编制投资估算、计算投资需要量时使用的一种定额。 (8)其他直接费用定额:是指预算定额分项内容以外,而与建筑安装施工生产直接有关的各项费用开支标准。 (9)现场经费定额:是指与现场施工直接有关,是施工准备、组织施工生产和管理所需的费用定额。 (10)间接费定额:是指与建筑安装施工生产的个别产品无关,而为企业生产全部产品所必需,为维持企业的经营管理活动所必需发生的各项费用开支的标准。 (11)工器具定额:是为新建或扩建项目投产运转首次配置的工、器具数量标准。 (12)工程建设其他费用定额:是独立于建筑安装工程、设备和工器具购置之外的其他费用开支的标准。 (13)全国统一定额:是由国家建设行政主管部门,综合全国工程建设中技术和施工组织管理的情况编制,并在全国范围内执行的定额,如全国统一安装工程预算定额。

图名	公路工程造价常见定额名词解释(12)	图号	1-12

公路工程造价常见定额名词解释(13)

序号	类别	常见定额名词解释
7	定额	(14)行业统一定额:是考虑到各行业部门专业工程技术特点以及施工生产和管理水平编制的。 (15)地区统一定额:是指依据省、自治区、直辖市施工生产和管理水平编制的定额。 (16)企业定额:是指由施工企业考虑本企业具体情况,参照国家、部门或地区定额的水平制定的定额。 (17)补充定额:是指随着设计、施工技术的发展现行定额不能满足需要的情况下,为了补充缺项所编制的定额。 (18)预算定额:是规定消耗在单位的工程基本构造要素上的劳动力、材料和机械的数量标准,是计算建筑安装产品价格的基础。 (19)概算定额:是在预算定额基础上以主要分项工程为准综合相关分项的扩大定额。
8	其他	(1)合同价:是指在工程招投标阶段通过签订总承包合同、建筑安装工程承包合同、设备材料采购合同,以及技术和咨询服务合同确定的价格。 (2)结算价:是指在合同实施阶段,在工程结算时按合同调价范围和调价方法,对实际发生的工程量增减、设备和材料价差等进行调整后计算和确定的价格。 (3)实际造价:是指竣工决算阶段,通过为建设项目编制竣工决算,最终确定的实际工程造价。 (4)工程造价资料:是指已建成竣工和在建的有使用价值和有代表性的工程设计概算、施工预算、工程竣工结算、竣工决算、单位工程施工成本以及新材料、新结构、新设备、新施工工艺等建筑安装工程分部分项的单价分析等资料。 (5)设计概算:是设计文件的重要组成部分,是在投资估算的控制下由设计单位根据初步设计(或技术设计)图纸及说明、概算定额(概算指标)、各项费用定额或取费标准(指标)、设备、材料预算价格等资料,编制和确定的建设项目从筹建至竣工交付使用所需全部费用的文件。 (6)建设项目总概算:是确定整个建设项目从筹建到竣工验收所需全部费用的文件,它是由各单项工程综合概算、工程建设其他费用概算、预备费和投资方向调节税等汇总编制而成的。 (7)商品价格:是指各类有形产品和无形资产的价格。 (8)服务价格:是指各类有偿服务的收费。 (9)市场调节价:是指由经营者自主制定,通过市场竞争形成的价格。

图名	公路工程造价常见定额名词解释(13)	图号	1-12

公路工程造价常见定额名词解释(14)

序号	类　别	常见定额名词解释
8	其　他	(10)政府指导价:是指依照价格法的规定,由政府价格主管部门或者其他有关部门,按照定价权限和范围规定基准价及其浮动幅度,指导经营者制定的价格。 (11)政府定价:是指依照价格法的规定,由政府价格主管部门或者其他有关部门按照定价权限和范围制定的价格。 (12)价格职能:是指在商品经济条件下价格在国民经济中所具有的功能作用。 (13)投资估算:是指在项目建议书和可行性研究阶段对拟建项目所需投资,通过编制估算文件预先测算和确定的过程。 (14)概算造价:是指在初步设计阶段,根据设计意图,通过编制工程概算文件预先测算和确定的工程造价。 (15)修正概算造价:是指在采用三阶段设计的技术设计阶段,根据技术设计的要求,通过编制修正概算文件预先测算和确定的工程造价。 (16)预算造价:是指在施工图设计阶段,根据施工图纸通过编制预算文件,预先测算和确定的工程造价。 (17)营业收入:是指企业在生产经营活动中,由于工程施工、提供劳务、作业及销售产品等所得的收入。 (18)工程价款收入:是指施工企业的基本业务收入,在企业营业收入总额中占有极大的比例。 (19)其他营业收入:是指除工程价款收入之外的施工企业其他各种营业收入,是对工程价款收入的补充,一般每笔业务金额较小、收入不太稳定、服务对象不十分固定。 (20)投资净收益:是指对外投资收益减去投资损失后的余额。 (21)营业外支净额:是指为营业外收入减去营业外支出后的差额。 (22)营业外收入:是指与企业营业收入相对应的,虽与企业生产经营活动没有直接因果关系,但与企业又有一定联系的收入。 (23)营业外支出:是指与企业生产经营没有直接关系,但却是企业必须负担的各项支出。 (24)工程造价指数:是反映一定时期由于价格变化对工程造价影响程度的一种指标,它是调整工程造价价差的依据。 (25)单项价格指数:是分别反映各类工程的人工、材料、施工机械及主要设备报告期价格对基期价格的变化程度的指标。 (26)综合造价指数:是综合反映各类项目或单项工程人工费、材料费、施工机械使用费和设备费等报告期价格对基期价格变化而影响工程造价程度的指标,是研究造价总水平变动趋势和程度的主要依据。

2 公路工程定额计价

公路工程定额简要说明(1)

序号	项 目	说　　明
1	定额的概念	在社会生产中,为了生产某一合格产品或完成某一工作成果,都要消耗一定数量的人力、物力和财力。从个别的生产工作过程来考察,这种消耗数量,受各种生产工作条件的影响,是各自不相同的。从总体的生产工作过程来考察,规定出社会平均必需的消耗数量标准,这种标准就称为定额。定额是一种标准,是衡量经济效果的尺度。由于定额是在正常施工条件下,完成规定计量单位的符合国家技术标准、技术规范(包括设计、施工、验收等技术规范)和计量评定标准,并反映一定时间施工技术和工艺水平所必需的人工、材料、施工机械台班(时)消耗量的额定标准,所以在建筑材料、设计、施工及相关规范等未有突破性的变化之前,定额具有相对的稳定性。 　　在我国,凡经国家或其授权机关颁发的定额,是具有法令性的一种指标,不得擅自修改和滥用。定额要保持相对的稳定性,但也要随着技术条件、管理条件的变化,及时地进行修订并补充,直到重新颁布新定额为止。
2	定额分类	公路工程定额一般可分为两类,即按生产因素分类和按定额用途分类。其中按生产因素分类是基本的,按用途分类的定额,实际上已经包括了按生产因素分类的基本因素。 　　(1)按生产因素分类 　　1)劳动定额,也称工时定额或人工定额,是指在合理的劳动组织条件下,工人以社会平均熟练程度和劳动强度在单位时间内生产合格产品的数量。 　　建筑安装工程劳动定额是反映建筑产品生产中活劳动消耗量的标准数量,是指在正常的生产(施工)组织和生产(施工)技术条件下,为完成单位合格产品或完成一定量的工作所预先规定的必要劳动消耗量的标准数额。 　　劳动定额是建筑安装工程定额的主要组成部分,反映建筑安装工人劳动生产率的社会平均先进水平。 　　劳动定额有两种基本表示形式。

图名	公路工程定额简要说明(1)	图号	2－1

公路工程定额简要说明(2)

序号	项　目	说　　明
2	定额分类	①时间定额:是指在一定的生产技术和生产组织条件下,某工种、某种技术等级的工人小组或个人,完成单位合格产品所必须消耗的工作时间。定额工作时间包括工人的有效工作时间(准备与结束时间、基本工作时间、辅助工作时间)、必要的休息与生理需要时间和不可避免的中断时间。定额工作时间以工日为单位。其计算公式如下 $$单位产品时间定额 = \frac{1}{每工产量}$$ ②产量定额:是指在一定的生产技术和生产组织条件下,某工种、某种技术等级的工人小组或个人,在单位时间内(工日)应完成合格产品的数量。其计算公式如下 $$每工产量 = \frac{1}{单位产品时间定额(工日)}$$ 现行统一使用的劳动定额中,有下列三种表示: ①单式表示法。仅列出时间定额,不列每工产量。在耗工量大,计算单位为台、件、座、套,不能再做量上分割的项目,以及一部分按工种分列的项目中,都采用单式表示法。 ②复式表示法。同时表示出时间定额和产量定额,以分子表示时间定额,分母表示产量定额。 ③综合表示法。就是为完成同一产品各单项(工序)定额的综合,定额表内以"综合"或"合计"来表示。 2)材料消耗定额,是指在生产(施工)组织和生产(施工)技术条件正常,材料供应符合技术要求,合理使用材料的条件下,完成单位合格产品,所需一定品种规格的建筑或构、配件消耗量的标准数量。包括净用在产品中的数量和在施工过程中发生的自然和工艺性质的损耗量。

图名	公路工程定额简要说明(2)	图号	2-1

公路工程定额简要说明(3)

序号	项　目	说　　明
2	定额分类	材料消耗定额包括材料净消耗定额、必要损耗量、材料产品定额和材料周转定额等几种。其中材料净消耗定额指在合理的施工条件下,生产单位合格产品所消耗的材料净用量,以材料的实物计量单位来表示,如 m,kg,t 等。必要损耗量指在施工过程中发生的自然和工艺性的损耗量。材料产品定额指一定规格的原材料,在合理的操作前提下,规定完成合格产品的数量。材料周转定额指周转性材料(如横板、支架的木料)在施工中合理使用的次数和用量标准。 　　3)机械使用台班定额,是指施工机械在正常的生产(施工)和合理的人机组合条件下,由熟悉机械性能、有熟练技术的工人或工人小组操纵机械时,该机械在单位时间内的生产效率或产品数量。也可以表述为该机械完成单位合格产品或某项工作所必需的工作时间。 　　机械台班定额有以下几种表现形式: 　　①机械台班产量定额:是指在合理的劳动组织和一定的技术条件下,工人操作机械在一个工作台班内应完成合格产品的标准数量。 　　②机械时间定额:是指在合理的劳动组织和一定的技术条件下,生产某一单位合格产品所必须消耗的机械台班数量。 　　③机械台班费用定额:指以机械的一个台班为单位,规定其所消耗的工时,燃料及费用等数量标准并可折算为货币形式表现的定额 　　劳动定额、材料消耗定额、机械使用台班定额反映了社会平均必需消耗的水平,它是制定各种实用性定额的基础,因此也称为基础定额。 　　(2)按定额的测定对象和用途分类 　　在公路基本建设活动中,工程建设工作所处的阶段不同,编制造价文件的主要依据是不同的。按定额的用途分为施工定额、预算定额、概算定额、投资估算指标等。见表1。

图名	公路工程定额简要说明(3)	图号	2-1

公路工程定额简要说明(4)

序号	项目	说明

定额的名称、性质、特征及作用　　表1

		工程定额名称	工程定额性质	主要特征	主要作用	编制和使用的顺序
2	定额分类	施工定额	企业生产定额	为了适应组织生产和管理的需要,施工定额的项目划分很细,是工程建设定额中分项最细、定额子目最多的一种定额	是工程建设定额中的基础性定额,是编制预算定额的重要依据	编制
		预算定额	计价性的定额	预算定额是在编制施工图预算时,计算工程造价和计算工程中劳动、机械台班、材料需要量使用的一种定额	在工程委托承包的情况下,它是确定工程造价的主要依据;在招标承包的情况下,它是计算标底和确定报价的主要依据;预算定额则是概算定额或估算指标的编制基础,可以说预算定额在计价中是基础性定额	
		概算定额	计价性的定额	概算定额是编制初步设计概算及修正设计概算时,计算和确定工程概算造价、计算劳动、机械台班、材料需要量所使用的定额。它的项目划分粗细,与初步设计的深度相适应。它是在预算定额基础上,对预算定额的综合扩大	概算定额是控制项目投资的重要依据,在工程建设的投资管理中有重要作用	
		投资估算指标	计价性的定额	投资估算指标是在项目建议书和可行性研究报告阶段编制投资估算、计算投资需要量时使用的一种定额。它非常概略,往往以独立的单项工程或完整的工程项目为计算对象。它的概略程度与项目建议书和可行性研究相适应	它的主要作用是为项目决策和投资控制提供依据。投资估算指标往往根据历史的预、决算资料和价格变动等资料编制,但其编制基础仍然离不开预算定额、概算定额	使用

图名	公路工程定额简要说明(4)	图号	2-1

公路工程定额简要说明(5)

序号	项 目	说 明
2	定额分类	(3)按制定单位和执行范围分类 1)全国统一定额,由国务院有关部门制定和颁发的定额。它不分地区,全国适用。 2)地方估价表,是由各省、自治区、直辖市在国家统一指导下,结合本地区特点编制的定额,只在本地区范围内执行。 3)行业定额,是由各行业结合本行业特点,在国家统一指导下编制的具有较强行业或专业特点的定额,一般只在本行业内部使用。 4)企业定额,是由企业自行编制,只限于本企业内部使用的定额,如施工企业及附属的加工厂、车间编制的用于企业内部管理、成本核算、投标报价的定额,以及对外实行独立经济核算的单位如预制混凝土和金属结构厂、大型机械化施工公司、机械租赁站等编制的不纳入建筑安装工程定额系列之内的定额标准、出厂价格、机械台班租赁价格等。 5)临时定额,也称一次性定额,它是因上述定额中缺项而又实际发生的新项目而编制的。一般由施工企业提出测定资料,与建设单位或设计单位协商议定,只作为一次使用,并同时报主管部门备查,以后陆续遇到此类项目时,经过总结和分析,往往成为补充或修订正式统一定额的基本资料。
3	定额的特点	(1)科学性特点 工程建设定额的科学性包括两重含义。一重含义是指工程建设定额和生产力发展水平相适应,反映出工程建设中生产消费的客观规律。另一重含义,是指工程建设定额管理在理论、方法和手段上适应现代科学技术和信息社会发展的需要。 工程建设定额的科学性,首先表现在用科学的态度制定定额,尊重客观实际,力求定额水平合理;其次表现在制定定额的技术方法上,利用现代科学管理的成就,形成一套系统的、完整的、在实践中行之有效的方法;第三表现在定额制定和贯彻的一体化。制定是为了提供贯彻的依据,贯彻是为了实现管理的目标,也是对定额的信息反馈。 工程建设定额科学性的约束条件主要是生产资料的公有制和社会主义市场经济。前者使定额超脱出资本主义条件下资本家赚取最大利润的局限;后者则使定额受到宏观和微观的两重检验。只有科学的定额才能使宏观调控得以顺利实现,才能适应市场运行机制的需要。

图名	公路工程定额简要说明(5)	图号	2-1

公路工程定额简要说明(6)

序号	项 目	说　　　　明
3	定额的特点	(2)系统性特点 　　工程建设定额是相对独立的系统。它是由多种定额结合而成的有机的整体。它的结构复杂,有鲜明的层次,有明确的目标。 　　工程建设定额的系统性是由工程建设的特点决定的。按照系统论的观点,工程建设就是庞大的实体系统。工程建设定额是为这个实体系统服务的。因而工程建设本身的多种类、多层次就决定了以它为服务对象的工程建设定额的多种类、多层次。从整个国民经济来看,进行固定资产生产和再生产的工程建设,是一个有多项工程集合体的整体。其中包括农林水利、轻纺、机械、煤炭、电力、石油、冶金、化工、建材工业、交通运输、邮电工程,以及商业物资、科学教育文化、卫生体育、社会福利和住宅工程等等。这些工程的建设都有严格的项目划分,如建设项目、单项工程、单位工程、分部分项工程;在计划和实施过程中有严密的逻辑阶段,如规划、可行性研究、设计、施工、竣工交付使用,以及投入使用后的维修。与此相适应必然形成工程建设定额的多种类、多层次。 (3)统一性特点 　　工程建设定额的统一性,主要是由国家对经济发展的有计划的宏观调控职能决定的。为了使国民经济按照既定的目标发展,就需要借助于某些标准、定额、参数等,对工程建设进行规划、组织、调节、控制。而这些标准、定额、参数必须在一定的范围内是一种统一的尺度,才能实现上述职能,才能利用它对项目的决策、设计方案、投标报价、成本控制进行比选和评价。 　　工程建设定额的统一性按照其影响力和执行范围来看,有全国统一定额,地区统一定额和行业统一定额等;按照定额的制定、颁布和贯彻使用来看,有统一的程序、统一的原则、统一的要求和统一的用途。 　　在生产资料私有制的条件下,定额的统一性是很难想象的,充其量也只是工程量计算规则的统一和信息提供。我国工程建设定额的统一性和工程建设本身的巨大投入和巨大产出有关。它对国民经济的影响不仅表现在投资的总规模和全部建设项目的投资效益等方面,而且往往还表现在具体建设项目的投资数额及其投资效益方面。因而需要借助统一的工程建设定额进行社会监督。这一点和工业生产、农业生产中的工时定额、原材料定额也是不同的。

| 图名 | 公路工程定额简要说明(6) | 图号 | 2-1 |

公路工程定额简要说明(7)

序号	项目	说明
3	定额的特点	(4)权威性特点 工程建设定额具有很大权威,这种权威在一些情况下具有经济法规性质。权威性反映统一的意志和统一的要求,也反映信誉和信赖程度以及反映定额的严肃性。 工程建设定额的权威性的客观基础是定额的科学性。只有科学的定额才具有权威。但是在社会主义市场经济条件下,它必然涉及到各有关方面的经济关系和利益关系。赋予工程建设定额以一定的权威性,就意味着在规定的范围内,对于定额的使用者和执行者来说,不论主观上愿意不愿意,都必须按定额的规定执行。在当前市场不规范的情况下,赋予工程建设定额以权威性是十分重要的。但是在竞争机制引入工程建设的情况下,定额的水平必然会受市场供求状况的影响,从而在执行中可能产生定额水平的浮动。 应该指出的是,在社会主义市场经济条件下,对定额的权威性不应该绝对化。定额毕竟是主观对客观的反映,定额的科学性会受到人们认识的局限。与此相关,定额的权威性也就会受到削弱核心的挑战。更为重要的是,随着投资体制的改革和投资主体多元化格局的形式,随着企业经营机制的转换,它们都可以根据市场的变化和自身的情况,自主的调整自己的决策行为。因此在这里,一些与经营决策有关的工程建设定额的权威性特征就弱化了。 (5)稳定性与时效性 工程建设定额中的任何一种都是一定时期技术发展和管理水平的反映,因而在一段时间内都表现出稳定的状态。稳定的时间有长有短,一般在 5 年至 10 年之间。保持定额的稳定性是维护定额的权威性所必需的,更是有效的贯彻定额所必要的。如果某种定额处于经常修改变动之中,那么必然造成执行中的困难和混乱,使人们感到没有必要去认真对待它,很容易导致定额权威性的丧失。工程建设定额的不稳定也会给定额的编制工作带来极大的困难。 但是工程建设定额的稳定性是相对的。当生产力向前发展了,定额就会与已经发展了的生产力不相适应。这样,它原有的作用就会逐步减弱以至消失,需要重新编制或修订。

图名	公路工程定额简要说明(7)	图号	2-1

公路工程定额简要说明(8)

序号	项　目	说　　　明
4	定额在现代管理中的地位	定额是管理科学的基础,也是现代管理科学中的重要内容和基本环节。我国要实现工业化和生产的社会化、现代化,就必须积极地吸收和借鉴世界上各发达国家的先进管理方法,必须充分认识定额在社会主义经济管理中的地位。 　　首先,定额是节约社会劳动、提高劳动生产率的重要手段。降低劳动消耗,提高劳动生产率,是人类社会发展的普遍要求和基本条件。节约劳动时间是最大的节约。定额为生产者和经营管理人员树立了评价劳动成果和经营效益的标准尺度,同时也使广大职工明确了自己在工作中应该达到的具体目标。从而增加责任感和自我完善意识,自觉地节约社会劳动和消耗,努力提高劳动生产率和经济效益。 　　其次,定额是组织和协调社会化大生产的工具。"一切规模较大的直接社会劳动或共同劳动,都或多或少地需要指挥,以协调个人活动,并执行生产总体的运动……所产生的各种一般职能。"随着生产力的发展,分工越来越细,生产社会化程度不断提高。任何一件产品都可以说是许多企业、许多劳动者共同完成的社会产品。因此必须借助定额实现生产要素的合理配置;以定额作为组织、指挥和协调社会生产的科学依据和有效手段,从而保证社会生产持续、顺利地发展。 　　第三,定额是宏观调控的依据。我国社会主义经济是以公有制为主体的,它既要充分发展市场经济,又要有计划的调节。这就需要利用一系列定额为预测、计划、调节和控制经济发展提供有技术根据的参数,提供出可靠的计量标准。 　　第四,定额在实现分配、兼顾效率与社会公平方面有巨大的作用。定额作为评价劳动成果和经营效益的尺度,也就成为资源分配的个人消费品分配的依据。

图名	公路工程定额简要说明(8)	图号	2－1

概算定额与估算指标的编制(1)

序号	项　目	说　明
1	概算定额的编制	概算定额是以预算定额为基础,根据通用设计和标准图等,经过适当综合扩大而编制的,它是确定一定计量单位扩大分项工程的工、料和机械台班消耗量的标准。 　　(1)概算定额的作用 　　1)概算定额是在扩大初步设计阶段编制概算,技术设计阶段编制修正概算的主要依据。 　　2)概算定额是编制工程主要材料申请计划的基础。 　　3)概算定额是进行设计方案技术经济比较和选择的依据。 　　4)概算定额是确定基本建设项目投资额、编制基本建设计划、实行基本建设大包干、控制基本建设投资和施工图预算造价的依据。 　　因此,正确合理地编制概算定额对提高设计概算的质量,加强基本建设经济管理,合理使用建设资金、降低建设成本,充分发挥投资效果等方面,都具有重要的作用。 　　(2)编制概算定额的指导思想和原则 　　为了提高设计概算质量,加强基本建设经济管理,合理使用国家建设资金,降低建设成本,充分发挥投资效果,在编制概算定额时必须遵循以下原则: 　　1)使概算定额适应设计、计划、统计和拨款的要求,更好地为基本建设服务。 　　2)概算定额水平的确定,应与预算定额的水平基本一致。必须是反映正常条件下大多数企业的设计、生产施工管理水平。 　　3)概算定额的编制深度,要适应设计深度的要求,项目划分,应坚持简化、准确和适用的原则。概算定额项目计量单位的确定,与预算定额要尽量一致;应考虑统筹法及应用电子计算机编制的要求,以简化工程量和概算的计算编制。

图名	概算定额与估算指标的编制(1)	图号	2-2

概算定额与估算指标的编制(2)

序号	项　目	说　明
1	概算定额的编制	4)为了稳定概算定额水平,统一考核尺度和简化计算工程量,编制概算定额时,原则上不留活口,对于设计和施工变化多而影响工程量多、价差大的,应根据有关资料进行测算,综合取定常用数值,对于其中还包括不了的个性数值,可适当留些活口。 　　(3)概算定额的编制依据 　　1)现行的全国通用的设计标准、规范和施工验收规范; 　　2)现行的预算定额; 　　3)标准设计和有代表性的设计图纸; 　　4)过去颁发的概算定额; 　　5)现行的人工工资标准、材料预算价格和施工机械台班单价。 　　6)有关施工图预算和结算资料。 　　(4)概算定额的编制方法 　　1)概算定额幅度差的确定　由于概算定额是在预算定额基础上适当综合扩大的,因而在工程量取值、工程标准和施工方法等进行综合取定时,概、预算定额之间必然会产生并允许预留一定的幅度差,以便依据概算定额编制的概算能够控制施工图预算。概算定额的幅度差应控制在 5% ~ 8%以内。 　　2)定额计量单位的确定　基本上按照预算定额规定的计量单位为准,但应将其扩大的计量单位化简为 1 单位,如长度为每延长米,面积为每平方米,体积为每立方米,重量为每吨等等。 　　3)公路工程概算定额幅度差系数取定　公路工程概算定额中,人工幅度差系数取值如下:路基工程 1.02;路面、其他工程及沿线设施、临时工程为 1.05;涵洞工程为 1.06;隧道、桥梁工程为 1.10。材料幅度差系数桥涵、隧道按 1.02 计算。机械幅度差系数一律为 1.05。

图名	概算定额与估算指标的编制(2)	图号	2-2

概算定额与估算指标的编制(3)

序号	项 目	说 明
2	估算指标的编制	工程建设投资估算指标(简称为估算指标)是一种比概算指标更为扩大的单位工程指标或单项工程指标。估算指标是编制建设项目建议书和设计任务书(或可行性研究报告)进行投资估算的依据,并可作为编制固定资产长远规划投资额的参考。估算指标中的主要材料消耗量也是一种扩大材料消耗指标,可作为计算建设项目主要材料消耗量的基础。 　　估算指标比概算定额、预算定额更综合、更扩大,适用于作为基本建设项目前期工作阶段估算工程投资的计价依据。而对于一个建设项目而言,所涉及到工程项目甚多,在估算指标中仅综合主要工程项目,将次要工程项目综合在其他工程指标内,不列工、料、机消耗量,以主要工程费的百分率计算。估算指标中所列的工、料、机品种不像概、预算定额那么多,是以人工、主要材料、其他材料费、机械使用费为表现形式。一般来讲,主要材料指在建设项目中用量较大、单价较高,对整个建设项目的工程造价影响较大的材料,如木材、钢材、水泥等。在建设项目中用量较少、单价较低,对整个建设项目的工程造价影响不大的材料,均归入其他材料费中,在指标中不列其消耗量,以其费用用"元"的形式表现。人工消耗量与概、预算定额相同,列直接生产工人的人工消耗。施工机械在指标中也不列具体消耗数量,而是以机械使用费"元"的形式表现。 　　(1)估算指标的编制原则。 　　1)除应遵循一般定额的编制原则外,还必须在投资估算指标项目的确定时,考虑以后几年编制建设项目建议书和可行性研究报告投资估算的需要; 　　2)指标的分类、项目划分、项目内容、表现形式等要结合各专业的特点,并且要与项目建议书、可行性研究报告的编制深度相适应; 　　3)指标的编制内容,典型工程的选择,必须遵循国家的有关建设方针政策,符合国家技术发展方向; 　　4)指标的编制要适应项目前期工作深度的需要,而且具有更大的综合性; 　　5)指标的编制要体现国家对固定资产投资实施间接调控作用的特点; 　　6)指标的编制要动静结合。

图名	概算定额与估算指标的编制(3)	图号	2-2

概算定额与估算指标的编制(4)

序号	项　目	说　　　　　　　明
2	估算指标的编制	(2)估算指标的编制方法。 估算指标的正确编制对提高投资估算的准确度,对建设项目的合理评估、正确决策具有重要意义。 估算指标的编制,是在收集整理已建成或在建的、符合现行技术政策和技术发展方向,有可能重复采用、有代表性的工程设计施工图、标准设计以及相应的竣工决算或施工图预算等,据以综合平衡、研究确定估算指标的分类及其项目划分;按照确定的项目划分,利用选定的工程竣工决算或施工图预算,按编制年度的现行价格等资料,对原工程量、设备、材料价格、预算定额和费用定额的水平进行必要的调整和计算的基础上确定的。 估算指标项目的确定,应考虑以后几年编制建设项目建议书、设计任务书(或可行性研究报告)投资估算的需要。估算指标的分类、项目划分、项目内容、表现形式等,要结合各专业的特点,并与项目建议书、设计任务书(或可行性研究报告)的编制深度相适应。 估算指标的编制要正确体现党和国家的有关建设方针政策,符合近期的技术发展方向,反映正常建设条件下的造价水平,并适当留有余地。估算指标要有粗、有细、有价、有量,有必要的调整、换算办法等,必须灵活使用,根据建设项目的具体情况,合理、准确地编制投资估算。 编制估算指标采用的数据和水平,要尽量结合国内近期建设的实际情况,确定"估算指标"要考虑通用性、实用性、选用性。 由于各个建设项目的情况不一,建设规模、产品品种、建设形式、设备选型、配套项目、新建、扩建、改建工程的建设内容与条件、地区、时间、价格水平等方面存在着各种差异;随着体制改革的深入、时间的推移、物价的变动等,确定投资的变化因素很多,因此"估算指标"只能作为指导性指标,在使用估算指标时不能生搬硬套,必须根据建设项目的具体情况和条件(如工艺流程、定额、价格及费用标准等)进行分析,经过实事求是的换算与调整后,才能提高其准确程度。

图名	概算定额与估算指标的编制(4)	图号	2-2

预算定额的编制(1)

序号	项目	说明
1	预算定额的概念	预算定额是确定一定计量单位分项工程或结构构件的人工、材料、施工机械台班消耗的数量标准。 预算定额的主要用途是作为编制施工图预算的主要依据,是编制施工图预算的基础,也是确定工程造价、控制工程造价的基础。在现阶段,预算定额是决定建设单位的工程费用支出和决定施工单位企业收入的重要因素。 预算定额是在施工定额的基础上进行综合扩大编制而成的。预算定额中的人工、材料和施工机械台班的消耗水平根据施工定额综合取定,定额子目的综合程度大于施工定额,从而可以简化施工图预算的编制工作。
2	预算定额编制依据	(1)现行劳动定额和施工定额; (2)现行设计规范、施工及验收规范、质量评定标准和安全操作规程; (3)具有代表性的典型工程; (4)施工图及有关标准图; (5)新技术、新结构、新材料和先进的施工方法; (6)有关科学实验、技术测定的统计、经验资料; (7)现行的预算定额、材料预算价格及有关文件规定等。
3	人工消耗量指标的确定	预算定额中人工消耗量水平和技工、普工比例,以劳动定额为基础,通过有关图纸规定,计算定额人工的工日数。 (1)人工消耗指标的组成。 预算定额中人工消耗量指标包括完成该分项工程必需的各种用工量。 1)基本用工。指完成分项工程的主要用工量。例如,砌筑各种墙体工程的砌砖、调制砂浆以及运输砖和砂浆的用工量。

图名	预算定额的编制(1)		图号	2-3

预算定额的编制(2)

序号	项 目	说　明
3	人工消耗量指标的确定	2)其他用工。指辅助基本用工消耗的工日。按其工作内容不同又分为以下三类： ①超运距用工。指超过劳动定额规定的材料、半成品运距的用工。 ②辅助用工。指材料须在现场加工的用工。如筛砂子、淋石灰膏等增加的用工量。 ③人工幅度差用工。指劳动定额中未包括的、而在一般正常施工情况下又不可避免的一些零星用工，其内容如下： 　a.为各种专业工种之间的工序搭接及交叉、配合施工中不可避免的停歇时间。 　b.为施工机械在场内单位工程之间变换位置及在施工过程中移动临时水电线路引起的临时停水、停电所发生的不可避免的间歇时间。 　c.为施工过程中水电维修用工。 　d.为隐蔽工程验收等工程质量检查影响的操作时间。 　e.为现场内单位工程之间操作地点转移影响的操作时间。 　f.为施工过程中工种之间交叉作业造成的不可避免的剔凿、修复、清理等用工。 　g.为施工过程中不可避免的直接少量零星用工。 (2)人工消耗指标的计算依据。 预算定额各种用工量,是根据测算后综合取定的工程数量和劳动定额计算。 预算定额是一项综合性定额,它是按组成分项工程内容的各工序综合而成的。 编制分项定额时,要按工序划分的要求测算、综合取定工程量,如砌墙工程除了主体砌墙外,还需综合砌筑门窗洞口、附墙烟囱、弧形及圆形旋、垃圾道、预留抗震柱孔等含量。综合取定工程量,是指按照一个地区历年实际设计房屋的情况,选用多份设计图纸,进行测算取定数量。 (3)人工消耗指标的计算方法。 1)人工消耗量的计算。 按照综合取定的工程量或单位工程量和劳动定额中的时间定额,计算出各种用工的工日数量。

| 图名 | 预算定额的编制(2) | 图号 | 2-3 |

预算定额的编制(3)

序号	项 目	说　明
3	人工消耗量指标的确定	①基本用工的计算 　　　基本用工日数量 = $\sum$(工序工程量 × 时间定额) ②超运距用工的计算 　　　超运距用工数量 = $\sum$(超运距材料数量 × 时间定额) 其中　　超运距 = 预算定额规定的运距 – 劳动定额规定的运距 ③辅助用工的计算 　　　辅助用工数量 = $\sum$(加工材料数量 × 时间定额) ④人工幅度差用工的计算 　　人工幅度差用工数量 = $\sum$(基本用工 + 超运距用工 + 辅助用工) × 人工幅度差系数 人工幅度差系数见表1所示。

人工幅度差系数表　　　　　　　表1

预算定额工程项目	系　数
准备工作、土方、石方、安全设施、材料采集加工、材料运输	1.04
路面、临时工程、纵向排水、整修路基、其他零星工程	1.06
砌筑、涵管、木作、支拱架、混凝土及钢筋混凝土、沿线房屋	1.08
隧道、基坑、围堰、打桩、造孔、沉井、安装、预应力、钢桥	1.10

2)计算预算定额用工的平均工资等级。
　　在确定预算定额项目的平均工资等级时,应首先计算出各种用工的工资等级系数和工资等级总系数,然后计算出定额项目各种用工的平均工资等级系数,再查对"工资等级系数表",最后求出预算定额用工的平均工资等级。

	图名	预算定额的编制(3)	图号	2－3

预算定额的编制(4)

序号	项　目	说　　　　明
3	人工消耗量指标的确定	其计算式如下： 劳动小组成员平均工资等级系数 = ∑(某一等级的工人数量×相应等级工资系数)÷小组工人总数 　　某种用工的工资等级总系数 = 某种用工的总工日×相应小组成员平均工资等级系数 　　幅度差平均工资等级系数 = 幅度差所含各种用工工资等级总系数之和÷幅度差总工日 幅度差工资等级总系数可根据某种用工的工资等级总系数计算式计算。 定额项目用工的平均工资等级系数 = $\dfrac{\text{基本用工工资等级总系数} + \text{其他用工工资等级总系数}}{\text{基本用工总工日数} + \text{其他用工总工日数}}$
4	材料消耗量指标的确定	(1)材料消耗量的确定。 材料耗用量指标是在节约和合理使用材料的条件下,生产单位合格产品所必需消耗的一定品种规格的材料、燃料、半成品或配件数量标准。 材料消耗量由材料的净用量和各种合理损耗组成,其中材料的净用量的计算在施工定额中已做介绍。各种合理损耗是指场内运输损耗和操作损耗,而场外运输损耗和工地仓库保管损耗则纳入材料预算价格之中。 (2)周转性材料消耗量的确定。 周转性材料即工具性材料,如挡土板、脚手架、模板等,这类材料在施工中不是一次消耗完,而是随着使用次数增多,逐渐消耗,多次使用,反复周转,故称作周转性材料。 列入预算定额中周转性材料消耗指标有两个:①一次使用量;②摊销量。 一次使用量是指周转材料一次使用的基本量(即一次投入量)。 摊销量是指定额规定的平均一次消耗量。 《公路工程预算定额》中对周转性材料采用了多次使用、平均摊销的方法,即不考虑替换,也不考虑回收。

图名	预算定额的编制(4)	图号	2－3

预算定额的编制(5)

序号	项　目	说　　明
5	机械台班消耗指标的确定	预算定额中的施工机械消耗指标,是以台班为单位进行计算,每一台班为 8h 工作制。预算定额的机械化水平,应以多数施工企业采用的和已推广的先进施工方法为标准。预算定额中的机械台班消耗量按合理的施工方法取定并考虑增加了机械幅度差。 (1)机械幅度差 机械幅度差是指在劳动定额(机械台班量)中未曾包括的,而机械在合理的施工组织条件下所必需的停歇时间,在编制预算定额时,应予以考虑。其内容包括: 1)施工机械转移工作面及配套机械互相影响损失的时间; 2)在正常的施工情况下,机械施工中不可避免的工序间歇; 3)检查工程质量影响机械操作的时间; 4)临时水、电线路在施工中移动位置所发生的机械停歇时间; 5)工程结尾时,工作量不饱满所损失的时间。 机械幅度差系数一般根据测定和统计资料取定。参见表 2 所示。

机械幅度差系数　　　　　　　　　　　　表 2

推土机	1.25	铲运机	1.33	挖掘机	1.33
装载机	1.43	平地机	1.54	拖拉机	1.33
羊足碾	1.43	压路机、拖式振动碾	1.43	夯土机	1.43
强夯机械	1.43	凿岩机	2.00	装岩机	1.54
锻钎机、磨钻机	2.00	稳定土拌和机	1.54	稳定土厂拌设备	1.33
沥青乳化机	1.33	沥青乳化设备	1.25	石屑撒布机	1.33

图名	预算定额的编制(5)	图号	2－3

预算定额的编制(6)

序号	项 目	说 明

续表

沥青油运输车	1.33	沥青洒布车	1.54	沥青混合料摊铺机	1.25
黑色粒料拌合机	1.43	沥青混合料拌合设备	1.25	混凝土抹平机	2.00
路面线车	1.33	水泥混凝土真空吸水机组	2.00	混凝土搅拌机(预制)	2.00
混凝土切缝机	1.33	混凝土搅拌机(现浇)	2.50	灰浆搅拌机	2.00
混凝土振捣器(现浇)	2.50	混凝土振捣器(预制)	2.00	灌浆机、压浆机	2.00
混凝土喷射机	2.00	水泥喷枪	2.00	混凝土输送泵	1.33
散装水泥车	1.33	混凝土搅拌运输车	1.33	预应力钢绞线拉伸设备	1.66
混凝土搅拌站	1.33	预应力拉伸机	1.66	波纹管卷制机	1.25
钢绞线压花机	1.66	钢绞线穿束机	1.66	平板拖车组	2.00
载重汽车	1.25	自卸汽车	1.33	轨道拖车头	1.66
洒水汽车	1.54	机动翻斗车	1.48	液压千斤顶	2.50
起重机、卷扬机	1.66	皮带运输机	1.54	振动打拔桩锤	1.43
柴油打桩机、重锤打桩机	1.43	振动打拔桩机	1.43	潜水钻井机	1.43
冲击钻机、回旋钻机	1.54	汽车式钻孔机	1.43	振冲器	1.43

序号 5 项目：机械台班消耗指标的确定

图名	预算定额的编制(6)	图号	2-3

预算定额的编制(7)

序号	项 目	说　　　明

<table>
<tr><td colspan="7" align="right">续表</td></tr>
<tr><td>全套管钻孔机</td><td>1.54</td><td>袋装砂井机</td><td>1.43</td><td>钢筋加工机械</td><td>1.66</td></tr>
<tr><td>水泵</td><td>2.00</td><td>泥装泵、砂泵</td><td>2.00</td><td>对焊机</td><td>2.00</td></tr>
<tr><td>木料加工机械</td><td>1.66</td><td>电焊机、点焊机</td><td>1.66</td><td>破碎机、筛分机</td><td>1.43</td></tr>
<tr><td>自动埋弧焊机</td><td>1.66</td><td>气焊设备</td><td>1.66</td><td>工业锅炉</td><td>1.33</td></tr>
<tr><td>柴油发电机组</td><td>1.25</td><td>空气压缩机</td><td>1.54</td><td>潜水设备</td><td>1.66</td></tr>
<tr><td>工程驳船</td><td>3.00</td><td>通风机</td><td>2.00</td><td></td><td></td></tr>
</table>

序号 **5**　项目 **机械台班消耗指标的确定**

(2)机械台班消耗指标的计算

1)小组产量计算法:按小组日产量大小来计算耗用机械台班多少。计算公式如下:

$$分项定额机械台班使用量 = \frac{分项定额计量单位值}{小组产量}$$

2)台班产量计算法:按台班产量大小来计算定额内机械消耗量大小。计算公式如下:

$$定额台班用量 = \frac{定额单位}{台班产量} \times 机械幅度差系数$$

图名	预算定额的编制(7)	图号	2-3

施工定额的编制(1)

序号	项　目	说　　明
1	施工定额的概念	施工定额是施工企业的生产定额,是施工企业管理工作的基础。施工定额是按照平均先进的水平制定的,它以同一性质的施工过程为测算对象,以工序定额为基础,规定某种建安单位产品的人工消耗量、材料消耗量和施工机械台班消耗量的数量标准。 　　施工定额是施工企业最基本的定额,它由劳动定额、材料消耗定额和施工机械台班消耗定额组成。但它不同于劳动定额,也不同于预算定额。它从水平上近似劳动定额,也考虑劳动定额分工种做法,但比劳动定额粗,步距大些,工作内容也有适当的综合扩大。从分部方法和包括内容上接近预算定额,但施工定额要比预算定额细些,要考虑劳动组合。 　　施工定额主要用于施工企业内部组织现场施工和进行经济核算。它是编制施工预算、施工作业计划、实行计件工资和内部经济承包、考核工程成本、计算劳动报酬和奖励的依据,也是编制预算定额和补充单位估价表的基础资料。制定先进合理的施工定额是企业管理的重要基础工作,它对有计划的组织生产,实行经济核算,提高劳动生产率及推进技术进步有着十分重要的促进作用。
2	施工定额的作用	施工定额为施工企业编制施工作业计划、施工组织设计和施工预算提供了必要技术依据,具体来说,它在施工企业起着如下的作用: 　　(1)施工定额是编制施工预算的依据 　　施工预算是用以确定为完成某一单位工程或分部工程施工中所需人工、材料和施工机械台班消耗数量或计划成本的文件。施工预算是按照施工图纸工程量、施工定额,并结合现场施工实际情况编制的。 　　(2)施工定额是编制施工组织设计的主要依据之一 　　在编制施工组织设计中,尤其是单位工程的作业设计,需要确定人工、材料和施工机械台班等资源消耗量,拟定使用资源的最佳时间安排,编制工程进度计划,以便于在施工中合理地利用时间、空间和资源。依靠施工定额能比较精确地计算出劳动力、材料、设备的需要量,以便于在开工前合理安排各基层的施工任务,做好人力、物力的综合平衡。

图名	施工定额的编制(1)	图号	2-4

施工定额的编制(2)

序号	项 目	说　　明
2	施工定额的作用	(3)施工定额是编制施工作业计划的依据 　编制施工作业计划,必须以施工定额和企业的实际施工水平为尺度,计算实物工程量和确定劳动力、材料、半成品的需要量,施工机械和运输力量,以此为依据来安排施工进度。 　(4)施工定额是编制预算定额和补充单位估价表的基础 　预算定额的编制要以施工定额为基础。以施工定额的水平作为确定预算定额水平的基础,不仅可以免除测定定额水平的大量繁琐的工作,而且可以使预算定额符合施工生产和经营管理的实际水平,并保证施工中的人力、物力消耗能够得到足够补偿。施工定额作为编制补充单位估价表的基础,是指由于新技术、新结构、新材料、新工艺的采用而预算定额中缺项时,编制补充预算定额和补充单位估价表时,要以施工定额作为基础。 　(5)施工定额是签发工程施工任务书的依据 　工程施工任务书是把施工作业计划具体落实到施工班组的主要手段,通过工程施工任务书的签发,向施工班组下达施工任务,通过它来记录班组完成施工任务情况,并据以计算劳动报酬和奖励。施工任务书中确定的人工消耗量、材料消耗量和施工机械台班消耗量等是通过编制施工预算来确定的。 　(6)施工定额是加强企业基层单位成本管理和经济核算的基础 　根据施工预算计算的成本,是工程的计划成本,它体现着施工中人工、材料、施工机械等直接费的开支水平,对间接费的开支也有着很大影响。因此,严格执行施工定额不仅可以控制工程成本,降低费用开支,同时也为贯彻经济核算制,加强班组核算,取得较好的经济效益创造条件。 　(7)施工定额是计算劳动报酬、实行按劳分配的依据 　目前,施工企业内部推行了多种形式的承包经济责任制,但无论采取何种形式,计算承包指标或衡量班组的劳动成果都要以施工定额为依据。完成定额好,劳动报酬就多,达不到定额,劳动报酬就少。这样,工人的劳动成果和报酬直接挂钩,体现了按劳分配的原则。

图名	施工定额的编制(2)	图号	2-4

施工定额的编制(3)

序号	项　目	说　　明
3	施工定额编制依据	(1)各项施工质量验收技术规范; (2)施工操作规程和安全操作规程; (3)建筑安装工人技术等级标准; (4)技术测定资料,经验统计资料,有关半成品配合比资料等。
4	劳动定额制定	劳动定额,也称人工定额。它是在正常的施工技术组织条件下,完成单位合格产品所必需的劳动消耗量标准。这个标准是国家和企业对工人在单位时间内完成产品数量、质量的综合要求。 (1)劳动定额的编制 编制劳动定额主要包括需拟定正常的施工条件以及拟定定额时间两项工作。 1)拟定正常的施工作业条件　拟定施工的正常条件,就是要规定执行定额时应该具备的条件,正常条件若不能满足,则就可能达不到定额中的劳动消耗量标准,因此,正确拟定施工的正常条件有利于定额的实施。拟定施工的正常条件包括:拟定施工作业的内容;拟定施工作业的方法;拟定施工作业地点的组织;拟定施工作业人员的组织等。 2)拟定施工作业的定额时间　施工作业的定额时间,是在拟定基本工作时间、辅助工作时间、准备与结束时间、不可避免的中断时间以及休息时间的基础上编制的。 　上述各项时间是以时间研究为基础,通过时间测定方法,得出相应的观测数据,经加工整理计算后得到的。 　计时测定的方法有许多种,如测时法、写时记录法、工作日写实法等。 (2)劳动定额的形式 劳动定额由于其表现形式不同,可分为时间定额和产量定额两种。

图名	施工定额的编制(3)	图号	2-4

施工定额的编制(4)

序号	项 目	说 明
4	劳动定额制定	1)时间定额　时间定额,就是某种专业、某种技术等级工人班组或个人,在合理的劳动组织和合理使用材料的条件下,完成单位合格产品所必需的工作时间,包括准备与结束时间、基本生产时间、辅助生产时间、不可避免的中断时间及工人必需的休息时间。时间定额以工日为单位,每一工日按八小时计算。其计算方法如下: $$单位产品时间定额(工日) = \frac{1}{每工产量}$$ $$或单位产品时间定额(工日) = \frac{小组成员工日数总和}{机械台班产量}$$ 2)产量定额　产量定额,就是在合理的劳动组织和合理使用材料的条件下,某种专业、某种技术等级的工人班组或个人在单位工日中所应完成的合格产品的数量。其计算方法如下: $$每工产量 = \frac{1}{单位产品时间定额(工日)}$$ 产量定额的计量单位有:米(m)、平方米(m²)、立方米(m³)、吨(t)、块、根、件、扇等。 时间定额与产量定额互为倒数,即 $$时间定额 \times 产量定额 = 1$$ $$时间定额 = \frac{1}{产量定额}$$ $$产量定额 = \frac{1}{时间定额}$$ 按定额的标定对象不同,劳动定额又分单项工序定额和综合定额两种,综合定额表示完成同一产品中的各单项(工序或工种)定额的综合。按工序综合的用"综合"表示,按工种综合的一般用"合计"表示。其计算方法如下: $$综合时间定额 = \sum 各单项(工序)时间定额$$ $$综合产量定额 = \frac{1}{综合时间定额(工日)}$$

图名	施工定额的编制(4)	图号	2-4

施工定额的编制(5)

序号	项　目	说　　　明
4	劳动定额制定	时间定额和产量定额都表示同一劳动定额项目,它们是同一劳动定额项目的两种不同的表现形式。时间定额以工日为单位,综合计算方便,时间概念明确。产量定额则以产品数量为单位表示,具体、形象,劳动者的奋斗目标一目了然,便于分配任务。劳动定额用复式表同时列出时间定额和产量定额,以便于各部门、企业根据各自的生产条件和要求选择使用。 　　复式表示法有如下形式: $$\frac{时间定额}{每工产量} \quad 或 \quad \frac{人工时间定额}{机械台班产量}$$
5	材料消耗定额制定	材料消耗定额是在合理和节约使用材料的条件下,生产单位质量合格产品所消耗的一定规格的材料、成品、半成品和水、电等资源的数量。 　　定额材料消耗指标的组成: 　　按其使用性质、用途和用量大小划分为四类,即 　　主要材料:是指直接构成工程实体的材料。 　　辅助材料:也是指直接构成工程实体但比重较小的材料。 　　周转性材料:又称工具性材料,是指施工中多次使用但并不构成工程实体的材料。如模板、脚手架等。 　　次要材料:是指用量小,价值不大,不便计算的零星用材料,可用估算法计算。 　　(1)主要材料消耗定额 　　主要材料消耗定额包括直接使用在工程上的材料净用量和在施工现场内运输及操作过程中的不可避免的废料和损耗。 　　1)材料净用量的确定 　　材料净用量的确定,一般有以下几种方法:

图名	施工定额的编制(5)	图号	2-4

施工定额的编制(6)

序号	项 目	说 明
5	材料消耗定额制定	①理论计算法。理论计算法是根据设计、施工验收规范和材料规格等,从理论上计算材料的净用量。如砖墙的用砖数和砌筑砂浆的用量可用下列理论计算公式计算各自的净用量: 用砖数: $$A = \frac{1}{墙厚 \times (砖长 + 灰缝) \times (砖厚 + 灰缝)} \times k$$ 式中 k——墙厚的砖数 $\times 2$(墙厚的砖数是 0.5 砖墙、1 砖墙、1.5 砖墙……) 砂浆用量: $$B = 1 - 砖数 \times (砖块体积)$$ ②测定法。即根据试验情况和现场测定的资料数据确定材料的净用量。 ③图纸计算法。根据选定的图纸,计算各种材料的体积、面积、延长米或重量。 ④经验法。根据历史上同类的经验进行估算。 2)材料损耗量的确定 材料的损耗一般以损耗率表示。材料损耗率可以通过观察法或统计法计算确定。材料损耗率可有两种不同定义,由此,材料消耗量计算有两个不同的公式: ①$$损耗率 = \frac{损耗量}{总消耗量} \times 100\%$$ $$总消耗量 = 净用量 + 损耗量 = \frac{净用量}{1 - 损耗率}$$ ②$$损耗率 = \frac{损耗量}{净用量} \times 100\%$$ $$总消耗量 = 净用量 + 损耗量 = 净用量 \times (1 + 损耗率)$$

图名	施工定额的编制(6)	图号 2-4

施工定额的编制(7)

序号	项　目	说　　明
5	材料消耗定额制定	(2)周转性材料消耗定额 　　周转性材料指在施工过程中多次使用、周转的工具性材料,如钢筋混凝土工程用的模板,搭设脚手架用的杆子、跳板,挖土方工程用的挡土板等。 　　周转性材料消耗一般与下列四个因素有关: 　　1)第一次制造时的材料消耗(一次使用量); 　　2)每周转使用一次材料的损耗(第二次使用时需要补充); 　　3)周转使用次数; 　　4)周转材料的最终回收及其回收折价。 　　定额中周转材料消耗量指标的表示,应当用一次使用量和摊销量两个指标表示。一次使用量是指周转材料在不重复使用时的一次使用量,供施工企业组织施工用,摊销量是指周转材料退出使用,应分摊到一定计量单位的结构构件的周转材料消耗量,供施工企业成本核算或预算用。 　　如捣制混凝土结构木模板用量计算: $$一次使用量 = 净用量 \times (1 + 操作损耗率)$$ $$周转使用量 = \frac{一次使用量 \times [1 + (周转次数 - 1) \times 补损率]}{周转次数}$$ $$回收量 = \frac{一次使用量 \times (1 - 补损率)}{周转次数}$$ $$摊销量 = 周转使用量 - 回收量 \times 回收折价率$$

图名	施工定额的编制(7)	图号	2-4

施工定额的编制(8)

序号	项　目	说　　明
5	材料消耗定额制定	在编制材料消耗定额时,应按多次使用、分次摊销的办法确定。为了使周转材料的周转次数确定接近合理,应根据工程类型和使用条件,采用各种测定手段进行实地观察,结合有关的原始记录、经验数据加以综合取定。影响周转次数的主要因素有以下几方面: 1)材质及功能对周转次数的影响,如金属制的周转材料比木制的周转次数多 10 倍,甚至百倍; 2)使用条件的好坏,对周转材料使用次数的影响; 3)施工速度的快慢,对周转材料使用次数的影响; 4)对周转材料的保管、保养和维修的好坏,也对周转材料使用次数有影响等。
6	机械台班使用定额制定	机械台班使用定额,也称机械台班定额。它反映了施工机械在正常的施工条件下,合理地、均衡地组织劳动和使用机械时该机械在单位时间内的生产效率。 (1)机械台班使用定额的编制 编制施工机械定额,主要包括以下内容: 1)拟定机械工作的正常施工条件。包括工作地点的合理组织,施工机械作业方法的拟定;确定配合机械作业的施工小组的组织以及机械工作班制度等。 2)确定机械净工作率。即确定出机械纯工作 1h 的正常劳动生产率。 机械纯工作时间,就是指机械的必需消耗时间。机械 1h 纯工作正常生产率,就是在正常施工组织条件下,具有必需的知识和技能的技术工人操纵机械 1h 的生产率。 根据机械工作特点的不同,机械 1h 纯工作正常生产率的确定方法,也有所不同。对于循环动作机械,确定机械纯工作 1h 正常生产率的计算公式如下:

图名	施工定额的编制(8)	图号	2-4

施工定额的编制(9)

序号	项　目	说　　明
6	机械台班使用定额制定	机械一次循环的正常延续时间 = $\sum$(循环各组成部分正常延续时间) – 交叠时间 $$机械纯工作 1h 循环次数 = \frac{60 \times 60(s)}{一次循环的正常延续时间}$$ 　　机械纯工作 1h 正常生产数 = 机械纯工作 1h 正常循环次数 × 一次循环生产的产品数量 　　从以上公式中可以看到,计算循环机械纯工作 1h 正常生产率的步骤是:根据现场观察资料和机械说明书确定各循环组成部分的延续时间;将各循环组成部分的延续时间相加,减去各组成部分之间的交叠间,求出循环过程的正常延续时间;计算机械纯工作 1h 的正常循环次数;计算循环机械纯工作 1h 的正常生产率。 　　对于连续运作机械,确定机械纯工作 1h 正常生产率要根据机械的类型和结构特征,以及工作过程的特点来进行。计算公式如下: $$连续动作机械纯工作 1h 正常生产率 = \frac{工作时间内生产的产品数量}{工作时间(h)}$$ 　　工作时间内的产品数量和工作时间的消耗,要通过多次现场观察和机械说明书来取得数据。 　　对于同一机械进行作业属于不同的工作过程,如挖掘机所挖土壤的类别不同,碎石机所破碎的石块硬度和粒径不同,均需分别确定其纯工作 1h 的正常生产率。 　　3)确定施工机械的正常利用系数　确定施工机械的正常利用系数,是指机械在工作班内对工作时间的利用率。机械的利用系数和机械在工作班内的工作状况有着密切的关系。所以,要确定机械的正常利用系数,首先要拟定机械工作班的正常工作状况,保证合理利用工时。

图名	施工定额的编制(9)	图号	2－4

施工定额的编制(10)

序号	项　目	说　　明
6	机械台班使用定额制定	确定机械正常利用系数,要计算工作班正常状况下准备与结束工作,机械启动、机械维护等工作所必需消耗的时间,以及机械有效工作的开始与结束时间。从而进一步计算出机械在工作班内的纯工作时间和机械正常利用系数。机械正常利用系数的计算公式如下: $$机械正常利用系数 = \frac{机械在一个工作班内纯工作时间}{一个工作班延续时间(8h)}$$ 4)计算施工机械定额台班。 $$施工机械台班产量定额 = 机械生产率 \times 工作班延续时间 \times 机械利用系数$$ $$施工机械时间定额 = \frac{1}{施工机械台班产量定额}$$ 5)拟定工人小组的定额时间。工人小组的定额时间是指配合施工机械作业的工人小组的工作时间总和: $$工人小组定额时间 = 施工机械时间定额 \times 工人小组的人数$$ (2)机械台班使用定额的形式 机械台班使用定额的形式按其表现形式不同,可分为时间定额和产量定额。 1)机械时间定额　机械时间定额是指在合理劳动组织与合理使用机械条件下,完成单位合格产品所必需的工作时间,包括有效工作时间(正常负荷下的工作时间和降低负荷下的工作时间)、不可避免的中断时间、不可避免的无负荷工作时间。机械时间定额以"台班"表示,即一台机械工作一个作业班时间。一个作业班时间为8h。 $$单位产品机械时间定额(台班) = \frac{1}{台班产量}$$ 由于机械必须由工人小组配合,所以完成单位合格产品的时间定额,同时列出人工时间定额。即 $$单位产品人工时间定额(工日) = \frac{小组成员总人数}{台班产量}$$

图名	施工定额的编制(10)	图号	2-4

施工定额的编制(11)

序号	项　目	说　　　明
6	机械台班使用定额制定	例如,斗容量 1m³ 正铲挖土机,挖四类土,装车,深度在 2m 内,小组成员两人,机械台班产量为 4.76(定额单位 100m³),则 挖 100m³ 的人工时间定额为　　$\dfrac{2}{4.76}=0.42$(工日) 挖 100m³ 的机械时间定额为　　$\dfrac{1}{4.76}=0.21$(台班) 2)机械产量定额　机械产量定额是指在合理劳动组织与合理使用机械条件下,机械在每个台班时间内应完成合格产品的数量: $$机械台班产量定额 = \dfrac{1}{机械时间定额(台班)}$$ 机械时间定额和机械产量定额互为倒数关系。 复式表示法有如下形式: $$\dfrac{时间定额(工日)}{每工产量}　或　\dfrac{时间定额(台班)}{台班产量}$$ 例如正铲挖土机每一台班劳动定额表中 $\dfrac{0.466}{4.29}$ 表示在挖一、二类土,挖土深度在 1.5m 以内,且需装车的情况下: 斗容量为 0.5m³ 的正铲挖土机的台班产量定额为 4.29(100m³/台班); 配合挖土机施工的工人小组的人工时间定额为 0.466(工日/100m³); 同时可以推算出挖土机的时间定额应为台班产量定额的倒数,即 $\dfrac{1}{4.29}=0.233$(台班/100m³); 还能推算出配合挖土机施工的工人小组的人数应为 $\dfrac{人工时间定额}{机械时间定额}$,即 $\dfrac{0.466}{0.233}=2$(人);或人工时间定额 × 机械台班产量定额,即 $0.466 × 4.29 = 2$(人)

	图名	施工定额的编制(11)	图号	2—4

企业定额的编制(1)

序号	项 目	说　明
1	企业定额的性质及作用	企业定额是施工企业根据本企业的施工技术和管理水平,以及有关工程造价资料制定的,并供本企业使用的人工、材料和机械台班消耗量标准,供企业内部进行经营管理、成本核算和投标报价的企业内部文件。 　　企业定额是企业直接生产工人在合理的施工组织和正常条件下,为完成单位合格产品或完成一定量的工作所耗用的人工、材料和机械台班作用量的标准数量。企业定额不仅能反映企业的劳动生产率和技术装备水平,同时也是衡量企业管理水平的标尺,是企业加强集约经营、精细管理的前提和主要手段,其主要作用有: 　　(1)是编制施工组织设计和施工作业计划的依据; 　　(2)是企业内部编制施工预算的统一标准,也是加强项目成本管理和主要经济指标考核的基础; 　　(3)是施工队和施工班组下达施工任务书和限额领料、计算施工工时和工人劳动报酬的依据; 　　(4)是企业走向市场参与竞争,加强工程成本管理,进行投标报价的主要依据。
2	企业定额的构成及表现形式	企业定额的编制应根据自身的特点,遵循简单、明了、准确、适用的原则。企业定额的构成及表现形式因企业的性质不同、取得资料的详细程度不同、编制的目的不同、编制的方法不同而不同。其构成及表现形式主要有以下几种: 　　(1)企业劳动定额。 　　(2)企业材料消耗定额。 　　(3)企业机械台班使用定额。 　　(4)企业施工定额。 　　(5)企业定额估价表。 　　(6)企业定额标准。 　　(7)企业产品出厂价格。 　　(8)企业机械台班租赁价格。

图名	企业定额的编制(1)	图号	2-5

企业定额的编制(2)

序号	项　目	说　　明
3	企业定额的确定	企业定额的确定实际就是企业定额的编制过程。企业定额的编制过程是一个系统而又复杂的过程,一般包括以下步骤: 　　(1)制定《企业定额编制计划书》。 　　《企业定额编制计划书》一般包括以下内容: 　　1)企业定额编制的目的。企业定额编制的目的一定要明确,因为编制目的决定了企业定额的适用性,同时也决定了企业定额的表现形式,例如,企业定额的编制目的如果是为了控制工耗和计算工人劳动报酬,应采取劳动定额的形式;如果是为了企业进行工程成本核算,以及为企业走向市场参与投标报价提供依据,则应采用施工定额或定额估价表的形式。 　　2)定额水平的确定原则。企业定额水平的确定,是企业定额能否实现编制目的的关键。定额水平过高,背离企业现有水平,使定额在实施工程中,企业内多数施工队、班组、工人通过努力仍然达不到定额水平,不仅不利于定额在本企业内推行,还会挫伤管理者和劳动者双方的积极性;定额水平过低,起不到鼓励先进和督促落后的作用,而且对项目成本核算和企业参与市场竞争不利。因此,在编制计划书中,必须对定额水平进行确定。 　　3)确定编制方法和定额形式。定额的编制方法很多,对不同形式的定额,其编制方法也不相同。例如:劳动定额的编制方法有:技术测定法、统计分析法、类比推算法、经验估算法等;材料消耗定额的编制方法有观察法、试验法、统计法等。因此,定额编制究竟采取哪种方法应根据具体情况而定。企业定额编制通常采用的方法一般有两种:定额测算法和方案测算法。 　　4)拟成立企业定额编制机构,提交需参编人员名单。企业定额的编制工作是一个系统性的工程,它需要一批高素质的专业人才,在一个高效率的组织机构统一指挥下协调工作,因此,在定额编制工作开始时,必须设置一个专门的机构,配置一批专业人员。

图名	企业定额的编制(2)	图号	2-5

企业定额的编制(3)

序号	项 目	说 明
3	企业定额的确定	5)明确应收集的数据和资料。定额在编制时要搜集大量的基础数据和各种法律、法规、标准、规程、规范文件、规定等,这些资料都是定额编制的依据。所以,在编制计划书中,要制定一份按门类划分的资料明细表。在明细表中,除一些必须采用的法律、法规、标准、规程、规范资料外,应根据企业自身的特点,选择一些能够取得适合本企业使用的基础性数据资料。 6)确定工期和编制进度。定额的编制是为了使用,具有时效性,所以,应确定一个合理的工期和进度计划表,这样,既有利于编制工作的开展,又能保证编制工作的效率和效益。 (2)搜集资料、调查、分析、测算和研究。 搜集的资料包括: 1)现行定额,包括基础定额和预算定额;工程量计算规则。 2)国家现行的法律、法规、经济政策和劳动制度等与工程建设有关的各种文件。 3)有关工程的设计规范、施工及验收规范、工程质量检验评定标准和安全操作规程。 4)现行的全国通用标准设计图集、定型设计图纸、具有代表性的设计图纸,并根据上述资料计算工程量,作为编制定额的依据。 5)有关工程的科学实验、技术测定和经济分析数据。 6)高新技术、新型结构、新研制的工程材料和新的施工方法等。 7)现行人工工资标准和地方材料预算价格。 8)现行机械效率、寿命周期和价格;机械台班租赁价格行情。 9)本企业近几年各工程项目的财务报表、公司财务总报表,以及历年收集的各类经济数据。 10)本企业近几年各工程项目的施工组织设计、施工方案,以及工程结算资料。

图名	企业定额的编制(3)	图号	2-5

企业定额的编制(4)

序号	项　目	说　　　明
3	企业定额的确定	11)本企业近几年所采用的主要施工方法。 12)本企业近几年发布的合理化建议和技术成果。 13)本企业目前拥有的机械设备状况和材料库存状况。 14)本企业目前工人技术素质、构成比例、家庭状况和收入水平。 　资料收集后,要对上述资料进行分类整理、分析、对比、研究和综合测算,提取可供使用的各种技术数据。内容包括:企业整体水平与定额水平的差异;现行法律、法规,以及规程规范对定额的影响;新材料、新技术对定额水平的影响等。 　(3)拟定编制企业定额的工作方案与计划。 　编制企业定额的工作方案与计划包括以下内容: 　1)根据编制目的,确定企业定额的内容及专业划分; 　2)确定企业定额的册、章、节的划分和内容的框架; 　3)确定企业定额的结构形式及步距划分原则。 　4)具体参编人员的工作内容、职责、要求。 　(4)企业定额初稿的编制。 　1)确定企业定额的定额项目及其内容。企业定额项目及其内容的编制,就是根据定额的编制目的及企业自身的特点,本着内容简明适用、形式结构合理、步距划分合理的原则,将一个单位工程,按工程性质划分为若干个分部工程。最后,确定分项工程的步距,并根据步距对分项工程进一步地详细划分为具体项目。步距参数的设定一定要合理,既不应过粗,也不宜过细。如可根据土质和挖掘深度作为步距参数,对人工挖土方进行划分。同时应对分项工程的工作内容做简明扼要的说明。

企业定额的编制(5)

序号	项 目	说 明
3	企业定额的确定	2)确定定额的计量单位。分项工程计量单位的确定一定要合理,设置时应根据分项工程的特点,本着准确、贴切、方便计量的原则设置。定额的计量单位包括自然计量单位如:台、套、个、件、组等,国际标准计量单位如:m、km、m^2、m^3、kg、t 等。一般说,当实物体的三个度量都会发生变化时,采用立方米为计量单位,如土方、混凝土等;如果实物体的三个度量中有两个度量不固定,采用平方米为计量单位;如果实物体截面积形状大小固定,则采用延长米为计量单位,如管道、电缆、电线等;不规则形状的,难以度量的则采用自然单位或重量单位为计量单位。 3)确定企业定额指标。确定企业定额指标是企业定额编制的重点和难点,企业定额指标的编制,应根据企业采用的施工方法、新材料的替代以及机械装备的装配和管理模式,结合搜集整理的各类基础资料进行确定。确定企业定额指标包括确定人工消耗指标、确定材料消耗指标、确定机械台班消耗指标等。 4)编制企业定额项目表。分项工程的人工、材料和机械台班的消耗量确定以后,接下来就可以编制企业定额项目表了。具体地说,就是编制企业定额表中的各项内容。 企业定额项目表是企业定额的主体部分,它由表头栏和人工栏、材料栏、机械栏组成。表头部分具以表述各分项工程的结构形式、材料做法和规格档次等;人工栏是以工种表示的消耗的工日数及合计,材料栏是按消耗的主要材料和消耗性材料依主次顺序分列出的消耗量。机械栏是按机械种类和规格型号分列出的机械台班使用量。

图名	企业定额的编制(5)	图号	2-5

企业定额的编制(6)

序号	项　目	说　　　明
3	企业定额的确定	5)企业定额的项目编排。定额项目表,是按分部工程归类,按分项工程子目编排的一些项目表格。也就是说,按施工的程序,遵循章、节、项目和子目等顺序编排。 定额项目表中,大部分是以分部工程为章,把单位工程中性质相近,且材料大致相同的施工对象编排在一起。每章(分部工程)中,按工程内容施工方法和使用的材料类别的不同,分成若干个节(分项工程)。在每节(分项工程)中,可以分成若干项目,在项目下边,还可以根据施工要求、材料类别和机械设备型号的不同,细分成不同子目。 6)企业定额相关项目说明的编制。企业定额相关项目的说明包括:前言、总说明、目录、分部(或分章)说明、工程量计算规则、分项工程工作内容等。 7)企业定额估价表的编制。企业根据投标报价工作的需要,可以编制企业定额估价表。企业定额估价表是在人工、材料、机械台班三项消耗量的企业定额的基础上,用货币形式表达每个分项工程及其子目的定额单位估价计算表格。 企业定额估价表的人工、材料、机械台班单价是通过市场调查,结合国家有关法律文件及规定,按照企业自身的特点来确定。 (5)评审及修改。 评审及修改主要是通过对比分析、专家论证等方法,对定额的水平、使用范围、结构及内容的合理性,以及存在的缺陷进行综合评估,并根据评审结果对定额进行修正。 (6)定稿、刊发及组织实施。

图名	企业定额的编制(6)	图号	2-5

公路工程估算指标(1)

序号	项　目	说　　明
1	概述	《公路工程估算指标》是全国公路专业工程估算指标,适用于公路基本建设新建、改建工程。公路工程估算指标根据基本建设前期工作的深度和要求,分为综合指标和分项指标两类。综合指标是编制建设项目项目建议书投资估算的依据,主要用于从经济角度研究建设项目的选择,研究某条公路或某座桥梁建设的合理性,研究全国公路网布局的合理性,以及研究建设规模和编制长远发展规划等。分项指标是编制建设项目可行性研究报告投资估算的依据,也可作为技术方案比较的参考。 　　公路工程估算指标是根据交通部对公路建设项目建议书和可行性研究报告的工作深度要求,以现行的《公路工程技术标准》、技术规范、《公路工程概算定额》、各项费用定额以及近几年公路建设项目的设计和竣工资料为依据制定的,反映了我国当前公路建设的实际情况。
2	公路工程估算指标的作用	公路工程投资估算指标是编制项目建议书和可行性研究报告投资估算的依据,具体的作用可以概括为: 　　(1)在编制项目建议书和可行性研究报告阶段,它是多方案比选、优化设计方案、正确编制投资估算、合理确定项目投资额的重要基础; 　　(2)在建设项目评价、决策过程中,它是评价建设项目投资可行性、分析投资效益的主要经济指标; 　　(3)在实施阶段,它是限额设计和工程造价确定与控制的依据。 　　(4)估算指标是固定资产投资管理和控制的重要手段,它为完成建设项目决策阶段的定价提供可靠的依据和科学的手段,其准确与否将直接影响到建设项目决策的科学化、规范化和准确度。 　　(5)估算指标,可以在宏观控制固定资产投资规模、引导投资方向、制订中长期投资计划工作中发挥重要的作用。 　　(6)在项目投资决策的实施阶段,利用估算指标可以强化投资项目的管理。

图名	公路工程估算指标(1)	图号	2-6

公路工程估算指标(2)

序号	项　目	说　　明
3	公路工程估算指标的分类	公路工程估算指标根据基本建设前期工作的深度和要求,分为综合指标和分项指标两部分(图1)。 估算指标 ┤ 综合指标 ┤ 高速公路、一级公路、二级汽车专用公路 一般二级公路、三级公路、四级公路 分项指标 ┤ 路基工程、路面工程、隧道工程、涵洞工程 小桥及标准跨径小于 20m 的中桥 标准跨径大于 20m 的中桥及大桥 交叉工程及沿线设施 **图 1　估算指标分类图** 　　综合指标是编制建设项目建议书投资估算的依据,主要用于在经济上研究建设项目的选择、研究某条公路或某桥梁建设的合理性、研究全国公路网布局的合理性,以及研究建设规模和编制长远发展规划等。分项指标是编制建设项目可行性研究报告投资估算的依据,也可作为技术方案比较的参考,主要用于在经济上确定近期建设方案和建设项目的成本,以便研究经济上是否可行。 　　除此而外,估算指标的内容还包括:总说明、各部分说明、附录(一)"综合指标及分项指标和其他工程指标表"、附录(二)"材料预算价格的规格取定表"、附录(三)"综合指标各等级公路路面的面层结构厚度、总厚度取值表"、附录(四)"分项指标路面压实厚度超过规定厚度机械费加倍取值表"、附录(五)"综合指标所含主要工程项目工程量"。 　　需要说明的是:估算指标仅包括主要工程项目的建筑安装工程费中的人工费、材料费和机械使用费,至于其他工程和各项费用指标中均不包括,其他工程的费用以主要工程费为基数按规定的费率计算,不列工、料、机消耗量。各项费用分别按《公路工程投资估算编制办法》中的规定计算。

图名	公路工程估算指标(2)	图号	2—6

公路工程估算指标(3)

序号	项 目	说 明
4	公路工程估算指标的表现形式	估算指标与概算定额、预算定额一样,是以人工、主要材料、其他材料费、机械使用费、基价等实物指标为表现形式。实物指标作为计算具体建设项目造价和提供人工、主要材料数量使用。估算指标也是一种扩大的定额。 根据公路工程的特点,选择对公路工程造价的变化影响较大的因素,指标中人工列生产工人的工日数;主要材料列原木、锯材、HPB235 级钢筋、HRB335 级钢筋、预应力粗钢筋、高强钢丝、钢绞线、钢材、加工钢材、波形钢板及型钢立柱、钢梁、钢板标志、铝合金标志、钢板网及铁丝编织网、水泥、石油沥青、生石灰、砂、砂砾、片石、碎(砾)石、块石、粉煤灰、矿渣等二十三种材料;其他材料费包括除上述主要材料以外的其他材料的费用以及概算定额内的"其他材料费"和"设备摊销费",以"元"表示;机械使用费按《公路工程机械台班费用定额》的规定计算,以"元"表示。 指标表头应写明指标名称、工程内容、计量单位、子目划分等内容。 因此,编制投资估算时应按指标的说明及附注(包括允许换算说明)正确使用指标,不要随意抽换指标内容,以免造成重算或漏算的失误。 对指标中缺少的项目可以编制地区补充指标。地区补充指标应按照指标的编制原则、方法进行编制,由各省、自治区、直辖市交通厅(局)批准执行,抄交通部公路工程定额站备案。 当项目建议书阶段的工作深度已达到可行性研究报告的深度时,可采用指标中的分项指标编制项目建议书投资估算。当可行性研究报告的工作深度已达到初步设计的深度时,可采用《公路工程概算定额》编制可行性研究报告投资估算。

图名	公路工程估算指标(3)	图号	2-6

公路工程概算定额(1)

序号	项　目	说　　　　明
1	概述	《公路工程概算定额》(JTG/T B06-01—2007)是全国公路专业统一定额,它是编制初步设计概算的依据,也是编制建设项目投资估算指标的基础。适用于公路基本建设新建、改建工程。对于公路养护的大中修工程,可参考使用。
2	公路工程概算定额的表现形式	正确、合理地使用概算定额,对确定工程造价、控制和节约建设投资、保证材料物资供应等各方面都有重要作用,因此必须明了概算定额的组成和表现形式,才能保证概算的编制质量。 　　(1)概算定额的总说明及各章、节说明 　　总说明的内容: 　　1)概算定额的适用范围及包括的内容。 　　2)对各章、节都适用的统一规定。 　　3)概算定额所采用的标准及抽换的统一规定。 　　4)概算定额的材料名称在预算定额的基础上综合情况的说明,以及对应于预算定额材料名称的统一规定。 　　5)概算定额中未包括的内容。 　　6)概算定额中未包括的项目,须编制补充定额的规定。 　　章、节说明:包括各章、节的工作内容、工作范围、工程项目的统一规定、工程量的计算规则等。 　　(2)概算定额项目表 　　1)工程项目名称及定额单位。 　　2)工程项目包括的工程内容。 　　3)完成定额单位工程的人工消耗量的单位、代号、数量,数量中包括预算定额综合为概算定额项目的人工幅度差。 　　4)完成定额单位工程的材料消耗量的名称、单位、代号、数量。其中主要材料以定额消耗量或周转使用量表示,主要材料中数量很小的材料及次要材料以其他材料费表示,吊装等金属设备的折旧费以设备摊销费表示。在桥涵及隧道工程中还包括预算定额综合为概算定额的材料幅度差。

图名	公路工程概算定额(1)	图号	2-7

公路工程概算定额(2)

序号	项目	说明
2	公路工程概算定额的表现形式	5)完成定额单位工程的机械名称、单位、代号、数量。其中主要机械以台班消耗数量表示,数量中包括预算定额综合为概算定额的机械幅度差。次要机械以小型机械使用费的形式表示。概算定额中还将机械的数量以费用的形式表示为机械使用费,以了解机械费占定额基价的比例。 6)完成定额单位工程的定额基价,定额基价是人工费、材料费、机械使用费的合计价值。定额基价可作为各项目间技术经济比较的参考。并作为计算其他直接费和现场经费的计算依据。
3	公路工程概算定额总说明	(1)定额是以人工、材料、机械台班消耗量表现的工程概算定额。编制概算时,人工费、材料费、机械使用费应按《公路工程基本建设项目概算预算编制办法》(JTG B06—2007)的规定计算。 (2)定额包括:路基工程、路面工程、隧道工程、涵洞工程、桥梁工程、交通工程及沿线设施、临时工程共七章。如需使用材料采集加工、材料运输定额,可采用《公路工程预算定额》(JTG/T B06-02—2007)中有关项目。 (3)定额是按照合理的施工组织和一般正常的施工条件编制的。定额中所采用的施工方法和工程质量标准是根据国家现行的公路工程施工技术及验收规范、质量评定标准及安全操作规程取定的,除定额中规定允许换算者外,均不得因具体工程的施工组织、操作方法和材料消耗与定额的规定不同而变更定额。 (4)定额是以部颁的现行标准设计图为依据编制的,没有标准设计图的定额项目,则选择有代表性的设计图,或施工组织设计图。不同载重标准和不同桥宽均可使用本定额。 (5)定额除潜水工作每工日 6h,隧道工作每工日 7h 外,其余均按每工日 8h 计算。 (6)定额中所列的工程内容,除扼要说明了综合的工程项目外,均包括各项目的全部施工过程的内容和辅助工日。 (7)建筑材料、成品、半成品从现场堆放地点或场内加工地点至操作或安装地点的场内水平或垂直运输所需的人工和机械消耗,已按一般正常合理的施工组织设计计算在定额项目内,并考虑了材料发生二次倒运费用和场内运输超运距工以及材料从工地仓库至施工现场用工。除定额另有说明者外,均不得另行增加。

图名	公路工程概算定额(2)	图号	2-7

公路工程概算定额(3)

序号	项 目	说　明
3	公路工程概算定额总说明	(8)定额中的材料消耗量系按现行材料标准的合格料和标准规格料计算的。定额内材料、成品、半成品均已包括场内运输及操作损耗。其场外运输损耗、仓库保管损耗应在材料预算价格内考虑。 (9)定额中周转性的材料、模板、支撑、脚手杆、脚手板和挡土板等的数量,已考虑了材料的正常周转次数并计入定额内。其中就地浇筑钢筋混凝土梁用的支架及拱圈用的拱盔、支架,如确因施工安排达不到规定的周转次数时,可根据具体情况进行换算并按规定计算回收,其余工程一般不予抽换。 (10)定额中列有的混凝土、砂浆的强度等级和用量,其材料用量已按预算定额附录中配合比表规定的数量列入定额,不得重算。如设计采用的混凝土、砂浆强度等级或水泥强度等级与定额所列强度等级不同时,可按预算定额附录所列的配合比进行换算。但实际施工配合比材料用量与定额配合比表用量不同时,除配合比表说明中允许换算者外,均不得调整。 (11)定额中各类混凝土均未考虑外掺剂的费用,如设计需要添加外掺剂时,可按设计要求另行计算外掺剂的费用并适当调整定额中的水泥用量。 (12)定额中各类混凝土均按施工现场拌和进行编制,当采用商品混凝土时,可将相关定额中的水泥、中(粗)砂、碎石的消耗量扣除,并按定额中所列的混凝土消耗量增加商品混凝土的消耗。 (13)定额中只列工程所需的主要材料用量和主要机械台班数量。次要、零星材料和小型机具均未一一列出,分别列入"其他材料费"及"小型机具使用费"内,以元计,编制概算即按此计算。 (14)定额中各项目的施工机械种类、规格是按一般合理的施工组织确定的,如施工中实际采用的机械种类、规格与定额规定的不同时,一律不得抽换。 (15)定额中的施工机械的台班消耗,已考虑了工地合理的停置、空转和必要的备用量等因素。 (16)定额未包括公路养护管理房屋等工程,如养路道班房、桥头看守房、收费站房等工程,这类工程应执行地区的建筑安装工程定额。

图名	公路工程概算定额(3)	图号	2-7

公路工程概算定额(4)

序号	项 目	说 明
3	公路工程概算定额总说明	(17)其他未包括的项目,各省、自治区、直辖市交通厅(局)可编制补充定额在本地区执行,并报交通部备案;还缺少的项目,各设计单位可编制补充定额,随同概算文件一并送审,并将编制依据送各省、自治区、直辖市公路(交通)工程定额(造价)站备查。所有补充定额均应按照本定额的编制原则、方法进行编制。 (18)定额有下列情况,可按《公路工程基本建设项目概算预算编制办法》(JTG B06—2007)中的有关规定办理。 1)冬、雨期施工的工程; 2)夜间施工的工程; 3)高原地区施工的工程; 4)边施工边维持通车的工程。 (19)定额表中注明"××以内"或"××以下"者,均包括"××"本身;而注明"××以外"或"××以上"者,则不包括"××"本身。定额内数量带"( )"者,则表示基价中未包括其价值。 (20)定额中凡定额名称中带有"※"号者,均为参考定额,使用定额时,可根据情况进行调整。 (21)定额的基价是人工费、材料费、机械使用费的合计价值。基价中的人工费、材料费基本上是按北京市2007年的人工、材料预算价格计算的,机械使用费是按2007年交通部公布的《公路工程机械台班费用定额》(JTG/T B06-03—2007)计算的。 (22)定额中的"工料机代号"系编制概算采用计算机计算时作为对工、料、机名称识别的符号,不可随意变动。编制补充定额时,遇有新增材料或机械名称,可取相近品种材料或机械代号间的空号。

图名	公路工程概算定额(4)	图号	2-7

公路工程预算定额(1)

序号	项　目	说　　明
1	公路工程预算定额总说明	(1)《公路工程预算定额》(JTG/T B02-02—2007)是全国公路专业定额。它是编制施工图预算的依据,也是编制工程概算定额(指标)的基础,适用于公路基本建设新建、改建工程,不适用于独立核算执行产品出厂价格的构件厂生产的构配件。对于公路养护的大、中修工程,可参考使用。 (2)定额是以人工、材料、机械台班消耗量表现的工程预算定额。编制预算时,其人工费、材料费、机械使用费,应按《公路工程基本建设项目概算预算编制办法》(JTG B06—2007)的规定计算。 (3)定额包括:路基工程、路面工程、隧道工程、桥涵工程、防护工程、交通工程及沿线设施、临时工程、材料采集及加工、材料运输共九章及附录。 (4)定额是按照合理的施工组织和一般正常的施工条件编制的。定额中所采用的施工方法和工程质量标准,是根据国家现行的公路工程施工技术及验收规范、质量评定标准及安全操作规程取定的,除定额中规定允许换算者外,均不得因具体工程的施工组织、操作方法和材料消耗定额与定额的规定不同而变更定额。 (5)定额除潜水工作每工日6h,隧道工作每工日7h,其余均按每工日8h计算。 (6)定额中的工程内容,均包括定额项目的全部施工过程。定额内除扼要说明施工的主要操作工序外,均包括准备与结束、场内操作范围内的水平与垂直运输、材料工地小搬运、辅助和零星用工、工具及机械小修、场地清理等工程内容。 (7)定额中的材料消耗消耗量系按现行材料标准的合格料和标准规格料计算的。定额内材料、成品、半成品均已包括场内运输及操作损耗,编制预算时,不得另行增加。其场外运输损耗、仓库保护损耗应在材料预算价格内考虑。 (8)定额中周转性的材料、模板、支撑、脚手杆、脚手板和挡土板等的数量,已考虑了材料的正常周转次数并计入定额内。其中,就地浇筑钢筋混凝土梁用的支架及拱圈用的拱盔、支架,如确因施工安排达不到规定的周转次数时,可根据具体情况进行换算并按规定计算回收,其余工程一般不予抽换。 (9)定额中列有的混凝土、砂浆的强度等级和用量,其材料用量已按附录中配合比表规定的数量列入定额,不得重算。如设计采用的混凝土、砂浆强度等级或水泥强度等级与定额所列强度等级不同时,可按配合比表进行换算。但实际施工配合比材料用量与定额配合比表用量不同时,除配合比表说明中允许换算者外,均不得调整。

图名	公路工程预算定额(1)	图号	2-8

公路工程预算定额(2)

序号	项 目	说 明
1	公路工程预算定额总说明	混凝土、砂浆配合比表的水泥用量,已综合考虑了采用不同品种水泥的因素,实际施工中不论采用何种水泥,不得调整定额用量。 (10)定额中各类混凝土均未考虑外掺剂的费用,如设计需要添加外掺剂时,可按设计要求另行计算外掺剂的费用并适当调整定额中的水泥用量。 (11)定额中各类混凝土均按施工现场拌和进行编制,当采用商品混凝土时,可将相关定额中的水泥、中(粗)砂、碎石的消耗量扣除,并按定额中所列的混凝土消耗量增加商品混凝土的消耗。 (12)水泥混凝土、钢筋、模板工程的一般规定列在第四章说明中,该规定同样适用于其他各章。 (13)定额中各项目的施工机械种类、规格是按一般合理的施工组织确定的,如施工中实际采用机械的种类、规格与定额规定的不同时,一律不得换算。 (14)定额中的施工机械的台班消耗,已考虑了工地合理的停置、空转和必要的备用量等因素。编制预算的台班单价,应按《公路工程机械台班费用定额》(JTG B06-03—2007)分析计算。 (15)定额中只列工程所需的主要材料用量和主要机械台班数量。次要、零星材料和小型施工机具均未一一列出,分别列入"其他材料费"及"小型机具使用费"内,以元计,编制预算即按此计算。 (16)定额中未包括公路养护管理房屋,如养路道班房、桥头看守房、收费站房等工程,这类工程应执行地区的建筑安装工程预算定额。 (17)其他未包括的项目,各省、自治区、直辖市交通厅(局、委)可编制补充定额在本地区执行,并报交通部备案;还缺少的项目,各设计单位可编制补充定额,随同预算文件一并送审,并将编制依据送各省、自治区、直辖市公路(交通)工程定额(造价管理)站备查。所有补充定额均应按照本定额的编制原则、方法进行编制。 (18)本定额遇有下列情况,可按《公路工程基本建设项目概算预算编制办法》(JTG B06—2007)中的有关规定办理: 1)冬、雨期施工的工程; 2)夜间施工的工程; 3)高原地区施工的工程; 4)边施工边维持通车的工程。

图名	公路工程预算定额(2)	图号	2-8

公路工程预算定额(3)

序号	项　目	说　　明
1	概　述	(19)定额表中注明"××以内"或"××以下"者,均包括"××"本身;而注明"××以外"或"以上"者,则不包括"××"本身。定额内数量带"( )"者,则表示基价中未包括其价值。 (20)凡定额名称中带有"※"号者,均为参考定额,使用定额时,可根据情况进行调整。 (21)本定额的基价是人工费、材料费、机械使用费的合计价值。基价中的人工费、材料费基本上是按北京市2007年的人工、材料预算价格计算的,机械使用费是按2007年交通部公布的《公路工程机械台班费用定额》(JTG/T B06-03—2007)计算的。 (22)定额中的"工料机代号"系编制概预算采用电子计算机计算时作为对工、料、机械名称识别的符号,不可随意变动。编制补充定额时,遇有新增材料或机械名称,可取相近品种材料或机械代号间的空号。
2	公路工程 预算定额内 容	(1)预算定额的总说明及各章、节说明 1)总说明的内容 预算定额的适用范围、指导思想及目的作用;预算定额的编制原则、主要依据及上级下达的有关定额修编文件;对各章、节都适用的统一规定;定额所采用的标准及允许抽换定额的原则;定额中包括的内容;对定额中未包括的项目需编制补充定额的规定。 2)章说明的内容 本章包括的内容;本章工程项目的统一规定;本章工程项目综合的内容及允许抽换的规定;本章工程项目的工程量计算规则。 3)节说明的内容 本节工程项目的统一规定;本节工程综合的内容及允许抽换的规定;本节工程项目的工程量计算规则。 (2)预算定额项目表 预算定额项目表主要内容包括: 1)工程项目名称及定额单位。

图名	公路工程预算定额(3)	图号	2-8

公路工程预算定额(4)

序号	项　目	说　　　明
2	公路工程预算定额内容	2)工程项目包括的工程内容。 3)完成定额单位工程的人工、单位、代号、数量。数量中包括施工定额综合为预算定额项目的人工幅度差。还包括材料工地小搬运的人工工日。 4)完成定额单位工程的材料名称、单位、代号、数量。 ①主要材料以实际使用量或周转使用量的消耗数量表示,材料消耗量包括施工过程中的场内运输及操作损耗。 ②次要材料及消耗量很少的材料以其他材料费的形式表示。 ③不以材料数量表示,而以使用时间来进行折旧的金属构件,以设备摊销费的形式表示。 5)完成定额单位工程的机械名称、单位、代号、数量。 ①主要机械以实际使用台班数量表示,定额的台班数量包括由施工定额综合为预算定额项目的机械幅度差。 ②次要机械及消耗量很少的机械以小型机具使用费的形式表示。 6)定额基价。将完成单位工程项目所需人工、材料、机械的数量以费用的形式表示,并作为计算其他工程费和间接费的计价依据。 7)有些定额项目下还列有在章、节说明中没有包括的,仅供本定额项目使用的注释。如路基工程洒水汽车洒水项目中注明,若水需计费时,水费另行计算。 (3)定额附录 定额附录是配合定额使用不可缺少的一个重要组成部分。定额附录的作用包括: 1)了解定额编制时采用的各种统一规定,如路面材料计算基础数据,预制构件混凝土与模板的接触面积,每 $10m^2$ 接触面积的模板所需的人工、机械及材料的周转使用量。 2)供抽换定额中混凝土强度等级、砂浆强度等级时使用的混凝土、砂浆配合比表。 3)编制补充预算定额所需的统一规定,如材料的周转次数、规格,单位重、代号、基价等。 4)便于使用单位经过施工实践核定定额水平,并对定额水平提出意见,作为修订定额的重要资料。

图名	公路工程预算定额(4)	图号	2-8

公路工程概（预）算文件的组成与编制（1）

序号	项　目	说　　　明
1	概（预）算文件封面及目录	封面和扉页应按《公路工程基本建设项目设计文件编制办法》中的规定制作,扉页的次页应有建设项目名称,编制单位,编制、复核人员姓名并加盖执业(从业)资格印章,编制日期及第几册共册等内容。 ×××公路初步设计概算 （K××+×××～K××+×××） 第　　册　共　　册 编制:[签字并加盖执业(从业)资格印章] 复核:[签字并加盖执业(从业)资格印章] （编制单位） 年　　月 目录应按概算表的表号顺序编排。 目　　录 （甲组文件） 1.编制说明 2.总概算汇总表(01-1表) 3.总概算人工、主要材料、机械台班数量汇总表(02-1表) 4.总概算表(01表) 5.人工、主要材料、机械台班数量汇总表(02表) 6.建筑安装工程费计算表(03表) 7.其他工程费及间接费综合费率计算表(04表) 8.设备、工具、器具购置费计算表(05表) 9.工程建设其他费用及回收金额计算表(06)表 10.人工、材料、机械台班单价汇总表(07表) ……

图名	公路工程（预）概算文件的组成与编制(1)	图号	2-9

公路工程概（预）算文件的组成与编制（2）

序号	项　目	说　　明
2	概(预)算表格	公路工程应按统一的概(预)算表格进行计算,表格见表1～表15所示。在完成这些表格时,应以《公路工程概算定额》、《公路工程预算定额》为依据,按《公路基本建设工程概算预算编制办法》的各项规定计算各项费用。

总概（预）算汇总表

建设项目名称：　　　　　　　　　　　　　　　　　　　　　　　　　　　第　页　共　页　01-1表

表1

项次	工程或费用名称	单位	总数量	概(预)算金额(元)		技术经济指标	各项费用比例（%）	备　注
					合计			

编制：　　　　　　　　　　　　　　　　　　　　　　　　　　　复核：

填表说明：

1. 一个建设项目分若干单项工程编制概(预)算时,应通过本表汇总全部建设项目概(预)算金额。

2. 本表反映一个建设项目的各项费用组成、概(预)算总值和技术经济指标。

3. 本表"项次"、"工程或费用名称"、"单位"、"总数量"、"概(预)算金额"应由各单项或单位工程总概(预)算表(01表)转来,"目"、"节"可视需要增减,"项"应保留。

4. "技术经济指标"以各项概(预)算金额汇总合计除以相应总数量计算;"各项费用比例"以汇总的各项目概(预)算金额合计除以总概(预)算金额合计计算。

图名	公路工程概（预）算文件的组成与编制(2)	图号	2－9

公路工程概（预）算文件的组成与编制（3）

序号	项目	说　　　明
2	概(预)算表格	**总概(预)算人工、主要材料、机械台班数量汇总表**　　　　表2 建设项目名称：　　　　　　　　　　　　　第 页 共 页 02-1表 （表格） 编制：　　　　　　　　　　　　　　　　　　　　　　复核： 填表说明： 　1. 一个建设项目分若干个单项工程编制概(预)算时,应通过本表汇总全部建设项目的人工、主要材料、机械台班数量。 　2. 本表各栏数据均由各单项或单位工程概(预)算中的人工、主要材料、机械台班数量汇总表(02表)转来,"编制范围"指单项或单位工程。

表格内部表头：

序号	规格名称	单位	总数量	编 制 范 围						

图名	公路工程概（预）算文件的组成与编制(3)	图号	2－9

公路工程概（预）算文件的组成与编制（4）

序号	项 目	说　　　　明
2	概(预)算表格	**总概(预)算表**　　　　　　　　　　　　　　　　　表3 建设项目名称： 编 制 范 围：　　　　　　　　　　　　　　第 页 共 页 01表 <table><tr><th>项</th><th>目</th><th>节</th><th>细目</th><th>工程或费用名称</th><th>单位</th><th>数量</th><th>概(预)算金额(元)</th><th>技术经济指标</th><th>各项费用比例(%)</th><th>备注</th></tr><tr><td></td><td></td><td></td><td></td><td></td><td></td><td></td><td></td><td></td><td></td><td></td></tr><tr><td></td><td></td><td></td><td></td><td></td><td></td><td></td><td></td><td></td><td></td><td></td></tr></table> 编制：　　　　　　　　　　　　　　　　　　复核： 填表说明： 1. 本表反映一个单项或单位工程的各项费用组成、概(预)算金额、技术经济指标等。 2. 本表"项"、"目"、"节"、"细目"、"工程或费用名称"、"单位"等应按概(预)算项目表的序列及内容填写。"目"、"节"、"细目"可视需要增减，但"项"应保留。 3. "数量"、"概(预)算金额"由建筑工程费计算表(03表)，设备、工具、器具购置费计算表(05表)、工程建设其他费用及回收金额计算表(06表)转来。 4. "技术经济指标"以各项目概(预)算金额除以相应数量计算；"各项费用比例"以各项概(预)算金额除以总概(预)算金额计算。

图名	公路工程概（预）算文件的组成与编制(4)	图号	2-9

公路工程概（预）算文件的组成与编制（5）

序号	项 目	说　　　明
2	概(预)算表格	**人工、主要材料、机械台班数量汇总表**　　　　　表4 建设项目名称： 编 制 范 围：　　　　　　　　　第 页 共 页 02表

<table>
<tr><td colspan="5">　</td><td colspan="6">分 项 统 计</td><td colspan="3">场外运输损耗</td></tr>
<tr><td>序号</td><td>规格名称</td><td>单位</td><td>总数量</td><td></td><td></td><td></td><td></td><td></td><td></td><td></td><td></td><td>%</td><td>数　量</td></tr>
<tr><td></td><td></td><td></td><td></td><td></td><td></td><td></td><td></td><td></td><td></td><td></td><td></td><td></td><td></td></tr>
<tr><td></td><td></td><td></td><td></td><td></td><td></td><td></td><td></td><td></td><td></td><td></td><td></td><td></td><td></td></tr>
<tr><td></td><td></td><td></td><td></td><td></td><td></td><td></td><td></td><td></td><td></td><td></td><td></td><td></td><td></td></tr>
<tr><td></td><td></td><td></td><td></td><td></td><td></td><td></td><td></td><td></td><td></td><td></td><td></td><td></td><td></td></tr>
</table>

编制：　　　　　　　　　　　　　　　　　　　　复核：

填表说明：

1. 本表各栏数据由分项工程概算表(08-2 表)及辅助生产工、料、机械台班单位数量表(12 表)统计而来。

2. 发生的冬、雨期及夜间施工增工及临时设施用工,根据有关规定计算后列入本表有关项目内。

图名	公路工程概（预）算文件的 组成与编制(5)	图号	2-9

公路工程概（预）算文件的组成与编制（6）

序号	项 目	说 明
2	概(预)算表格	（见下表及填表说明）

建筑安装工程费计算表　　　　　　　　　　　　　　　　　表5

建设项目名称：

编 制 范 围：　　　　　　　　　　　　　　　　　　　　第 页 共 页 03表

序号	工程名称	单位	工程量	直接费(元)						间接费(元)	利润(元)费率(%)	税金(元)综合税率(%)	建安工程费	
				直接工程费				其他工程费	合计				合计(元)	单价(元)
				人工费	材料费	机械使用费	合计							
1	2	3	4	5	6	7	8	9	10	11	12	13	14	15

编制：　　　　　　　　　　　　　　　　　　　　　　　　复核：

填表说明：

　　本表各栏数据之间关系,5～7均由08表经计算转来;8 = 5 + 6 + 7;9 = 8×9 的费率或(5 + 7)×9 的费率;10 = 8 + 9;11 = 5×规费综合费率 + 10×企业管理费综合费率;12 = (10 + 11 − 规费)×12 的费率;13 = (10 + 11 + 12)×综合税率;14 = 10 + 11 + 12 + 13;15 = 14÷4。

图名	公路工程概（预）算文件的组成与编制(6)	图号	2-9

公路工程概（预）算文件的组成与编制（7）

序号	项　目	说　　明
2	概(预)算表格	**其他工程费及间接费综合费率计算表**　　　　　表6 建设项目名称： 编制范围：　　　　　　　　　　　第　页　共　页　04表 （见下表） 编制：　　　　　　　　　　　　　　复核： 填表说明： 本表应根据建设工程项目具体情况,按概(预)算编制办法有关规定填入数据计算。其中：14＝3＋4＋5＋8＋10＋11＋12＋13；15＝6＋7＋9；21＝16＋17＋18＋19＋20；27＝22＋23＋24＋25＋26。

其他工程费及间接费综合费率计算表：

序号	工程类别	其他工程费费率(%)												综合费率		间接费费率(%)											
		冬季施工增加费	雨季施工增加费	夜间施工增加费	高原地区施工增加费	风沙地区施工增加费	沿海地区施工增加费	行车干扰工程施工增加费	安全及时施工措施费	临时设施费	施工辅助费	工地转移费		Ⅰ	Ⅱ	规费						企业管理费					
																养老保险费	失业保险费	医疗保险费	住房公积金	工伤保险费	综合费率	基本费用	主副食运费补贴	职工探亲路费	职工取暖补贴	财务费用	综合费率
1	2	3	4	5	6	7	8	9	10	11	12	13		14	15	16	17	18	19	20	21	22	23	24	25	26	27

图名	公路工程概（预）算文件的组成与编制(7)	图号	2-9

公路工程概（预）算文件的组成与编制（8）

序号	项 目	说 明
2	概(预)算表格	**设备、工具、器具购置费计算表**　　　　　　　表7 建设项目名称： 编制范围：　　　　　　　　　　　　　　第 页 共 页 05表 （表格如下） 编制：　　　　　　　　　　　　　　　复核： 填表说明： 本表应根据具体的设备、工具、器具购置清单进行计算,包括设备规格、单位、数量、单价以及需要说明的有关问题。

表7内嵌表格：

序号	设备、工具、器具规格名称	单位	数量	单价(元)	金额(元)	说 明

图名	公路工程概（预）算文件的 组成与编制(8)	图号	2-9

公路工程概（预）算文件的组成与编制（9）

序号	项　目	说　　明
2	概(预)算表格	**工程建设其他费用及回收金额计算表**　　　　　　　　　表8 建设项目名称： 编 制 范 围：　　　　　　　　　　　　　　　　第 页 共 页 06表 （表格） 编制：　　　　　　　　　　　　　　　　　　　复核： 填表说明： 　　本表按具体发生的工程建设其他费用项目填写,需要说明和具体计算的费用项目依次相应在说明及计算式栏内填写或具体计算,各项费用具体填写如下: 　　1．土地征用及拆迁补偿费应填写土地补偿单价、数量和安置补助费标准、数量等,列式计算所需费用,填入金额栏。 　　2．建设项目管理费包括建设单位(业主)管理费、工程质量监督费、工程监理费、工程定额测定费、设计文件审查费、竣(交)工验收试验检测费,按"建筑安装工程×费率"或有关定额列式计算。 　　3．研究试验费应根据设计需要进行研究试验的项目分别填写项目名称及金额,或列式计算或进行说明。 　　4．建设项目前期工作费按国家有关规定填入本表,列式计算。 　　5．其余有关工程建设其他费用的填入和计算方式,根据规定以此类推

表格部分：

序号	费用名称及回收金额项目	说明及计算式	金额(元)	备　注

图名	公路工程概（预）算文件的 组成与编制(9)	图号	2—9

公路工程概（预）算文件的组成与编制（10）

序号	项　目	说　明
2	概(预)算表格	**人工、材料、机械台班单价汇总表**　　表9 建设项目名称： 编 制 范 围：　　　　　　　　　　　第 页 共 页 07表 <table><tr><td>序号</td><td>名称</td><td>单位</td><td>代号</td><td>预算金额(元)</td><td>备　注</td></tr><tr><td></td><td></td><td></td><td></td><td></td><td></td></tr><tr><td></td><td></td><td></td><td></td><td></td><td></td></tr></table> 编制：　　　　　　　　　　　　　　　　复核： 填表说明:本表预算单价主要由材料预算单价计算表(09表)和机械台班单价计算表(11表)转来。 目　录 （乙组文件） (1)建筑安装工程费计算数据表(08-1表)； (2)分项工程概(预)算表(08-2表)； (3)材料预算单价计算表(09表)； (4)自采材料料场价格计算表(10表)； (5)机械台班单价计算表(11表)； (6)辅助生产工、料、机械台班单位数量表(12表)。 ……

图名	公路工程概（预）算文件的 组成与编制(10)	图号	2－9

公路工程概（预）算文件的组成与编制（11）

序号	项　目	说　　明
2	概(预)算表格	**建筑安装工程费计算数据表**　　　　　　　　表10 建设项目名称：　　　编制范围：　　　数据文件编号：　　　公路等级： 路线或桥梁长度(km)：　　　路基或桥梁宽度(m)：　　　第　页　共　页　　08-1表 （见下表） 编制：　　　　　　　　　　　　　　　　　　　　　复核： 填表说明： 1. 本表应逐行从左到右横向跨栏填写。 2.“项”、“目”、“节”、“细目”、“定额”等的代号应根据实际需要按前述“概、预算项目表”及现行《公路工程概算定额》(JTG/T B06－01)、《公路工程预算定额》(JTG/T B06－02)的序列及内容填写。 3. 本表主要是为利用计算机软件编制概、预算提供基础数据，具体填表规则由软件用户手册详细制定

项的代号	本项目数	目的代号	本目节数	节的代号	本节细目数	细目的代号	费率编号	定额个数	定额代号	项或目或节或细目或定额的名称	单位	数量	定额调整情况

图名	公路工程概（预）算文件的 组成与编制(11)	图号	2－9

公路工程概（预）算文件的组成与编制（12）

序号	项 目	说 明
2	概(预)算表格	分项工程概(预)算表 表11

分项工程概(预)算表 表11

编制范围：
工程名称：　　　　　　　　　　　　　　　　　　　　　第 页 共 页 08-2表

编	工程项目													合计	
	工程细目														
	定额单位														
	工程数量														
	定额表号														
号	工、料、机名称	单位	单价(元)	定额	数量	金额(元)	定额	数量	金额(元)	定额	数量	金额(元)		数量	金额(元)
1	人工	工日													
2	……														
	定额基价	元													
	其他工程费	元													
—	直接工程费 Ⅰ	元													
	Ⅱ	元													
	间接费 规费	元													
	企业管理费	元													
—	利润及税金	元													
	建筑安装工程费	元													

编制：　　　　　　　　　　　　　　　　　　　　　　复核：

填表说明：
1. 本表按具体分项工程项目数量、对应概(预)算定额子目填写，单价由07表转来，金额＝工、料、机各项的单位×定额×数量。
2. 其他工程费按相应项目的直接工程费或人工费与施工机械使用费之和×规定费率计算。
3. 规费按相应项目的人工费×规定费率计算。
4. 企业管理费按相应项目的直接费×规定费率计算。
5. 利润按相应项目的(直接费＋间接费－规费)×利润率计算。
6. 税金按相应项目的(直接费＋间接费＋利润)×税率计算

图名	公路工程概（预）算文件的组成与编制(12)	图号	2—9

公路工程概（预）算文件的组成与编制（13）

序号	项 目	说 明
2	概(预)算表格	（见下）

材料预算单价计算表　　　　　　　　　　　　　　表12

建设项目名称：

编制范围：　　　　　　　　　　　　　　　　　　　第 页 共 页　　09表

序号	规格名称	单位	原价(元)	运 杂 费					原价运费合计(元)	场外运输损耗		采购及保管费		预算单价(元)
				供应地点	运输方式、比重及运距	毛重系数或单位毛重	运杂费构成说明或计算式	单位运费(元)		费率(%)	金额(元)	费率(%)	金额(元)	

编制：　　　　　　　　　　　　　　　　　　　　　　　　复核：

填表说明：

1. 本表计算各种材料自供应地点或料场至工地的全部运杂费与材料原价及其他费用组成的预算单价。

2. 运输方式按火车、汽车、船舶等及所占运输比重填写。

3. 毛重系数、场外运输损耗、采购及保管费按规定填写。

4. 根据材料供应地点、运输方式、运输单价、毛重系数等，通过运杂费构成说明或计算式，计算得出材料单位运费。

5. 材料原价与单位运费、场外运输损耗、采购及保管费组成材料预算单价

图名	公路工程概（预）算文件的组成与编制(13)	图号	2-9

公路工程概（预）算文件的组成与编制（14）

序号	项 目	说　　　　明
2	概(预)算表格	**自采材料料场价格计算表**　　　　　　　　　　　　　表13 建设项目名称： 编 制 范 围：　　　　　　　　　　　　　　　　　　第 页 共 页 10表 *[详见下表]* 编制：　　　　　　　　　　　　　　　　　　　复核： 填表说明： 1. 本表主要用于分析计算自采材料料场价格,应将选用的定额人工、材料、机械台班数量全部列出,包括相应的工、料、机单价。 2. 材料规格用途相同而生产方式(如人工捶石、机械轧碎石)不同时,应分别计算单价,再以各种生产方式所占比重根据合计价格加权平均计算料场价格。 3. 定额中机械台班有调整系数时,应在本表内计算

自采材料料场价格计算表

序号	定额号	材料规格名称	单位	料场价格(元)	人工(工日)单价(元)		间接费(元)(占人工费 %)	( )单价(元)		( )单价(元)		( )单价(元)		( )单价(元)	
					定额	金额		定额	金额	定额	金额	定额	金额	定额	金额

公路工程概（预）算文件的组成与编制（15）

序号	项　目	说　　　　明

机械台班单价计算表　　　　　　　　　　　　表 14

编制范围：

工程名称：　　　　　　　　　　　　　　　　第　页　共　页　　11 表

序号	定额号	机械规格名称	台班单价(元)	不变费用(元)		可变费用(元)								合计
				调整系数：		人工：(元/工日)		汽油：(元/kg)		柴油：(元/kg)		……	
				定额	调整值	定额	金额	定额	金额	定额	金额	定额	金额	

编制：　　　　　　　　　　　　　　　　　　　　　　　　复核：

填表说明：

1. 本表应根据公路工程机械台班费用定额进行计算。不变费用如有调整系数应填入调整值；可变费用各栏填入定额数量。

2. 人工、动力燃料的单价由"材料预算单价计算表(09 表)"转来。

辅助生产工、料、机械台班单位数量表　　　　表 15

建设项目名称：

编制范围：　　　　　　　　　　　　　　　　第　页　共　页　　12 表

序号	规格名称	单位	人工(工日)

编制：　　　　　　　　　　　　　　　　　　　　　　　　复核：

填表说明：

本表各栏数据由"自采材料料场价格计算表"(10 表)统计而来

图名	公路工程概（预）算文件的组成与编制(15)	图号	2-9

公路工程概（预）算文件的组成与编制（16）

序号	项　目	说　　明
3	概(预)算表格计算顺序及相互关系	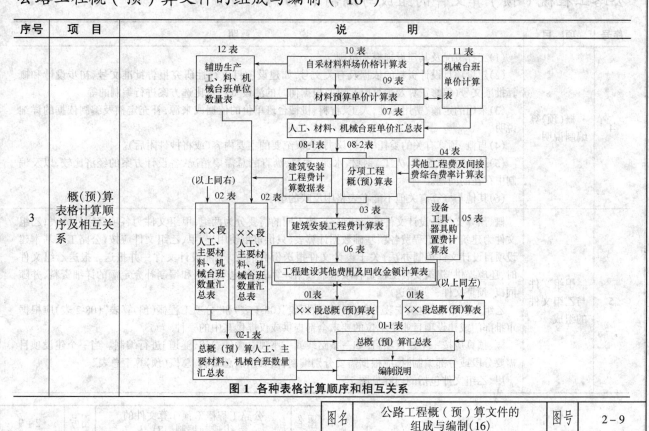

图 1 各种表格计算顺序和相互关系

图名	公路工程概（预）算文件的组成与编制(16)	图号	2-9

公路工程概（预）算文件的组成与编制（17）

序号	项目	说明
4	概（预）算编制说明	（1）工程概况及其建设规模和范围。 （2）建设项目设计资料的依据及有关文号，如建设项目可行性研究报告批准文号、初步设计和概算批准文号（编修正算及预算时），以及根据何时的测设资料及比选方案进行编制的等。 （3）采用的定额、费用标准，人工、材料、机械台班单价的依据或来源，补充定额及编制依据的详细说明。 （4）与概、预算有关的委托书、协议书、会议纪要的主要内容（或将抄件附后）。 （5）总概、预算金额，人工、钢材、水泥、木料、沥青的总需要情况，各设计方案的经济比较，以及编制中存在的问题。 （6）其他与概算有关但不能在表格中反映的事项。
5	甲组文件与乙组文件的组成	概、预算文件是设计文件的组成部分，按不同的需要分为两组，甲组文件为各项费用计算表，乙组文件为建筑安装工程费各项基础数据计算表（只供审批使用）。甲、乙组文件应按《公路工程基本建设项目设计文件编制办法》关于设计文件报送份数的要求，随设计文件一并报送。报送乙组文件时，还应提供"建筑安装工程费各项基础数据计算表"的电子文档和编制补充定额的详细资料，并随同概、预算文件一并报送。 乙组文件中的"建筑安装工程费计算数据表"（08-1表）和"分项工程概（预）算表"（08-2表）应根据审批部门或建设项目业主单位的要求全部提供或仅提供其中的一种。 概、预算应按一个建设项目[如一条路线或一座独立大（中）桥、隧道]进行编制。当一个建设项目需要分段或分部编制时，应根据需要分别编制，但必须汇总编制"总概（预）算汇总表"。 甲、乙组文件包括的内容见图2。

图名	公路工程概（预）算文件的 组成与编制(17)	图号	2-9

公路工程概、预算文件表格填写顺序(1)

序号	项目	内　　　容
1	公路工程建设各项费用的计算程序与方式	公路工程建设各项费用的计算程序及计算方式　　　表1

公路工程建设各项费用的计算程序及计算方式　　　表1

代号	项目	说明及计算式
(一)	直接工程费(即工、料、机费)	按编制制工程所在地的预算价格计算
(二)	其他工程费	(一)×其他工程费综合费率或各类工程人工费和机械费之和×其他工程费综合费率
(三)	直接费	(一)+(二)
(四)	间接费	各类工程人工费×规费综合费率+(三)×企业管理费综合费率
(五)	利润	[(三)+(四)－规费]×利润率
(六)	税金	[(三)+(四)+(五)]×综合税率
(七)	建筑安装工程费	(三)+(四)+(五)+(六)
(八)	设备、工具、器具购置费(包括备品备件)	∑(设备、工具、器具购置数量×单价+运杂费)×(1+采购保管费率)
	办公及生活用家具购置费	按有关规定计算
(九)	工程建设其他费用	
	土地征用及拆迁补偿费	按有关规定计算
	建设单位(业主)管理费	(七)×费率
	工程质量监督费	(七)×费率
	工程监理费	(七)×费率

图名	公路工程概、预算文件表格填写顺序(1)	图号	2－10

公路工程概、预算文件表格填写顺序(2)

序号	项目	内容		

续表

		代号	项 目	说明及计算式
1	公路工程建设各项费用的计算程序与方式		工程定额测定费	(七)×费率
			竣(交)工验收试验检测费	按有关规定计算
			研究试验费	按批准的计划编制
			前期工作费	按有关规定计算
			专项评价(估)费	按有关规定计算
			施工机构迁移费	按实计算
			供电站费	按有关规定计算
			联合试运转费	(七)×费率
			生产人员培训费	按有关规定计算
			固定资产投资方向调节税	按有关规定计算
			建设期贷款利息	按实际贷款数及利率计算
		(十)	预备费	包括价差预备费和基本预备费两项
			价差预备费	按规定的公式计算
			基本预备费	[(七)+(八)+(九)-固定资产投资方向调节税-建设期贷款利息]×费率
			预备费中施工图预算包干系数	[(三)+(四)]×费率
		(十一)	建设项目总费用	(七)+(八)+(九)+(十)

图名	公路工程概、预算文件表格填写顺序(2)	图号	2－10

公路工程概、预算文件表格填写顺序(3)

序号	项　目	内　　　　容
2	公路工程概预算文件编制步骤及表格填写顺序	(1)当一个建设项目由几个设计单位共同承担时,各设计单位应负责编制所承担设计的单项或单位工程概、预算,主管部门应指定主体设计单位负责统一概、预算的编制原则和依据,汇编总概、预算,并对全部概、预算的编制质量负责。对实行设计招标的项目、概、预算由中标单位负责编制。 (2)编制施工图预算要考虑承包商的施工能力和整个工程施工组织设计的工期安排,合理的划分施工标段,一般以 10～20 公里为一个标段为宜,每个标段的划分要考虑和当地的行政区划相联系,路段的起讫点最好是当地市、地、县行政区划的分界点。 (3)对概、预算的编制,无论是采用手工或应用计算机软件进行,都必须熟悉设计图纸资料,核对主要工程量。同时还应考虑由于施工方法的改变以及施工组织设计的需要等具体情况而引起的工程量变化,并且要注意工程量的计算单位和计算方法必须与定额的规定一致。 (4)其他工程费间接费是以各类工程类别为依据,分别制定其费率。因此,根据费率定额的要求,在编制概、预算时,应结合工程建设的实际情况,严格按照国家有关规定,经过分析之后,正确取定适用费率。

图名	公路工程概、预算文件表格 填写顺序(3)	图号	2－10

3 公路工程工程量清单格式及总则

公路工程工程量清单格式(1)

A. 说 明

1. 工程量清单应与投标人须知、合同条款、计量规则、技术规范及图纸等文件结合起来查阅与理解。

2. 工程量清单中所列工程数量是估算的或设计的预计数量,仅作为投标的共同基础,不能作为最终结算与支付的依据。实际支付应按实际完成的工程量,由承包人按计量规则、技术规范规定的计量方法,以监理人认可的尺寸、断面计量,按工程量清单的单价和总额价计算支付金额;或者,根据具体情况,按合同条款第52条的规定,由监理人确定的单价或总额价计算支付额。

3. 除非合同另有规定,工程量清单中有标价的单价和总额价均已包括了为实施和完成合同工程所需的劳务、材料、机械、质检(自检)、安装、缺陷修复、管理、保险(工程一切险和第三方责任险除外)、税费、利润等费用,以及合同明示或暗示的所有责任、义务和一般风险。

4. 工程一切险的投保金额为工程量清单第100章(不含工程一切险及第三方责任险的保险费)至第800章的合计金额,保险费率为_____‰;第三方责任险的投保金额为_____元,保险费率为_____‰。工程量清单第100章内列有上述保险费的支付细目,投标人根据上述保险费率计算出保险费,填入工程量清单。除上述工程一切险及第三方责任险以外,所投其他保险的保险费均由承包人承担并支付,不在报价中单列。

5. 工程量清单中本合同工程的每一个细目,都需填入单价;对于没有填入单价或总额价的细目,其费用应视为已包括在工程量的其他单价或总额价中,承包人必须按监理人指令完成工程量清单中未填入单价或总额价的工程细目,但不能得到结算与支付。

6. 符合合同条款规定的全部费用应认可已被计入有标价的工程量清单所列各细目之中,未列细目不予计量的工作,其费用应视为已分摊在本合同工程的有关细目的单价或总额价之中。

图名	公路工程工程量清单格式(1)	图号	3-1

公路工程工程量清单格式(2)

7. 工程量清单各章是按计量规则、技术规范相应章次编号的,因此,工程量清单中各章的工程细目的范围与计量等应与计量规则、技术规范相应章节的范围、计量与支付条款结合起来理解或解释。

8. 对作业和材料的一般说明或规定,未重复写入工程量清单内,在给工程量清单各细目标价前,应参阅招标文件中计量规则、技术规范的有关部分。

9. 对于符合要求的投标文件,在签订合同协议书前,如发现工程量清单中有计算方面的算术性差错,应按投标人须知的规定予以修正。

10. 工程量清单中所列工程量的变动,丝毫不会降低或影响合同条款的效力,也不免除承包人按规定的标准进行施工和修复缺陷的责任。

11. 承包人用于本合同工程的各类装备的提供运输、维护、拆卸、拼装等支付的费用,已包括在工程量清单的单价与总额价之中。

12. 在工程量清单中标明的暂定金额,除合同另有规定外,应由监理人按合同条款第 52 条和第 58 条的规定,结合工程具体情况,报经业主批准后指令全部或部分地使用,或者根本不予动用。

13. 计量方法

a. 用于支付已完工程的计量方法,应符合计量规则、技术规范中相应章节的"计量与支付"条款的规定。

b. 图纸中所列的工程数量表及数量汇总表仅是提供资料,不是工程量清单的外延。当图纸与工程量清单所列数量不一致时,以工程量清单所列数量作为报价的依据。

14. 工程量清单中各项金额均以人民币(元)结算。

| 图名 | 公路工程工程量清单格式(2) | 图号 | 3-1 |

公路工程工程量清单格式(3)

B. 工程细目

工程量清单

清单　第100章　总则

细目号	项　目　名　称	单　位	数　量	单　价	合　价
101－1	保险费				
－a	建筑工程一切险	总额			
－b	第三方责任险	总额			
102－1	竣工文件	总额			
102－2	施工环保费	总额			
103－1	临时道路修建、养护与拆除(包括原道路的养护维护费)	总额			
103－2	临时工程用地	m²			
103－3	临时供电设施	m²			
103－4	电讯设施提供、维修与拆除	总额			
104－1	承包人驻地建设	总额			

清单　第100章合计　人民币＿＿＿＿＿＿

清单　第200章　路基

细目号	项　目　名　称	单　位	数　量	单　价	合　价
202－1	清理与掘除				
－a	清理现场	m²			
－b	砍树、挖根	棵			
202－2	挖除旧路面				

图名	公路工程工程量清单格式(3)	图号	3－1

公路工程工程量清单格式(4)

续表

清单　第200章　路基

细目号	项　目　名　称	单　位	数　量	单　价	合　价
－ a	水泥混凝土路面	m²			
－ b	沥青混凝土路面	m²			
－ c	碎(砾)石路面	m²			
202 － 3	拆除结构物				
－ a	钢筋混凝土结构	m³			
－ b	混凝土结构	m³			
－ c	砖、石及其他砌体结构	m³			
203 － 1	路基挖方				
－ a	挖土方	m³			
－ b	挖石方	m³			
－ c	挖除非适用材料(包括淤泥)	m³			
203 － 2	改路、改河、改渠挖方				
－ a	挖土方	m³			
－ b	挖石方	m³			
－ c	挖除非适用材料(包括淤泥)	m³			
204 － 1	路基填筑(包括填前压实)				
－ a	回填土	m³			
－ b	土方	m³			
－ c	石方	m³			

图名	公路工程工程量清单格式(4)	图号	3 － 1

公路工程工程量清单格式(5)

清单 第200章 路基

细目号	项 目 名 称	单 位	数 量	单 价	合 价
204－2	改路、改河、改渠填筑				
－a	回填土	m³			
－b	土方	m³			
－c	石方	m³			
204－3	结构物台背回填及锥坡填筑				
－a	涵洞、通道台背回填	m³			
－b	桥梁台背回填	m³			
－c	锥坡填筑	m³			
205－1	软土地基处理				
－a	抛石挤淤	m³			
－b	砂垫层、砂砾垫层	m³			
－c	灰土垫层	m³			
－d	预压与超载预压	m³			
－e	袋装砂井	m			
－f	塑料排水板	m			
－g	粉喷桩	m			
－h	碎石桩	m			
－i	砂桩	m			
－j	土工布	m²			

图名	公路工程工程量清单格式(5)	图号	3－1

公路工程工程量清单格式(6)

续表

清单　第200章　路基

细目号	项 目 名 称	单 位	数 量	单 价	合 价
－ k	土工格栅	m²			
－ l	土工格室	m²			
205 － 2	滑坡处理	m³			
205 － 3	岩溶洞回填	m³			
205 － 4	改良土				
－ a	水泥	t			
－ b	石灰	t			
205 － 5	黄土处理				
－ a	陷穴	m³			
－ b	湿陷性黄土	m²			
205 － 6	盐渍土处理				
－ a	厚…mm	m²			
207 － 1	边沟				
－ a	浆砌片石边沟	m³			
－ b	浆砌混凝土预制块边沟	m³			
207 － 2	排水沟				
－ a	浆砌片石排水沟	m³			
－ b	浆砌混凝土预制块排水沟	m³			
207 － 3	截水沟				

图名	公路工程工程量清单格式(6)	图号	3－1

公路工程工程量清单格式(7)

清单　第 200 章　路基

细目号	项　目　名　称	单 位	数　量	单 价	合　价
− a	浆砌片石截水沟	m³			
− b	浆砌混凝土预制块截水沟	m³			
207 − 4	浆砌片石急流槽(沟)	m³			
207 − 5	暗沟(…mm×…mm)	m³			
207 − 6	渗沟				
− a	带 PVC 管的渗沟	m			
− b	无 PVC 管的渗沟	m			
208 − 1	植草				
− a	播种草籽	m²			
− b	铺(植)草皮	m²			
− c	挂镀锌网客土喷播植草	m²			
− d	挂镀锌网客土喷混植草	m²			
− e	土工格室植草	m²			
− f	植生袋植草	m²			
− g	土壤改良喷播植草	m²			
208 − 2	浆砌片石护坡				
− a	满砌护坡	m³			
− b	骨架护坡	m³			
208 − 3	预制(现浇)混凝土护坡				
− a	预制块满铺护坡	m³			

图名	公路工程工程量清单格式(7)	图号	3−1

公路工程工程量清单格式(8)

续表

清单　第 200 章　路基

细目号	项 目 名 称	单 位	数 量	单 价	合 价
– b	预制块骨架护坡	m³			
– c	现浇骨架护坡	m³			
208 – 4	护面墙				
– a	浆砌片(块)石	m³			
– b	混凝土	m³			
209 – 1	挡土墙				
– a	浆砌片(块)石挡土墙	m³			
– b	混凝土挡土墙	m³			
– c	钢筋混凝土挡土墙	m³			
– d	砂砾(碎石)垫层	m³			
210 – 1	锚杆挡土墙				
– a	混凝土立柱(C…)	m³			
– b	混凝土挡板(C…)	m³			
– c	钢筋	kg			
– d	锚杆	kg			
211 – 1	加筋土挡土墙				
– a	钢筋混凝土带挡土墙	m³			
– b	聚丙烯土工带挡土墙	m³			
212 – 1	挂网喷浆护坡边坡				
– a	挂铁丝网喷浆防护	m²			

图名	公路工程工程量清单格式(8)	图号	3 – 1

公路工程工程量清单格式(9)

续表

清单　第200章　路基

细目号	项　目　名　称	单　位	数　量	单　价	合　价
－b	挂土工格栅喷浆防护	m²			
212－2	挂网锚喷混凝土　防护边坡(全坡面)				
－a	挂钢筋网喷混凝土防护	m²			
－b	挂铁丝网喷混凝土防护	m²			
－c	挂土工格栅喷混凝土防护	m²			
－d	锚杆	kg			
212－3	坡面防护				
－a	喷射水泥砂浆	m²			
－b	喷射混凝土	m²			
213－1	预应力锚索	kg			
213－2	锚杆	kg			
213－3	锚固板	m³			
214－1	混凝土抗滑桩				
－a	…m×…m 钢筋混凝土抗滑桩	m			
－b	钢筋混凝土挡板	m³			
215－1	浆砌片石河床铺砌	m³			
215－2	浆砌片石坝	m³			
215－3	浆砌片石护坡	m³			
216－1	浆砌片石挡土墙	m³			
216－2	浆砌片石水沟	m³			

图名	公路工程工程量清单格式(9)	图号	3－1

公路工程工程量清单格式(10)

续表

	清单 第200章 路基				
细目号	项 目 名 称	单 位	数 量	单 价	合 价
216-3	播种草籽	m²			
216-4	铺(植)草皮	m²			
216-5	人工种植乔木	棵			

清单 第200章合计 人民币＿＿＿＿＿

	清单 第300章 路面				
细目号	项 目 名 称	单 位	数 量	单 价	合 价
302-1	碎石垫层	m²			
302-2	砂砾垫层	m²			
303-1	石灰稳定土(或粒料)底基层	m²			
303-2	水泥稳定土(或粒料)底基层	m²			
303-3	石灰粉煤灰稳定土(或粒料)底基层	m²			
303-4	级配碎(砾)石底基层	m²			

图名	公路工程工程量清单格式(10)	图号	3-1

公路工程工程量清单格式(11)

清单 第 300 章 路面

细目号	项 目 名 称	单 位	数 量	单 价	合 价
304 – 1	水泥稳定粒料基层	m²			
304 – 2	石灰粉煤灰稳定基层	m²			
304 – 3	级配碎(砾)石基层	m²			
304 – 4	贫混凝土基层	m²			
304 – 5	沥青稳定碎石基层	m²			
307 – 1	透层	m²			
307 – 2	粘层	m²			
307 – 3	封层				
– a	沥青表处封层	m²			
– b	稀浆封层	m²			
308 – 1	细粒式沥青混凝土面层	m²			
308 – 2	中粒式沥青混凝土面层	m²			
308 – 3	粗粒式沥青混凝土面层	m²			
309 – 1	沥青表面处治				
– a	沥青表面处治(层铺)	m²			
– b	沥青表面处治(拌和)	m²			
309 – 2	沥青贯入式面层	m²			
309 – 3	泥结碎(砾)石路面	m²			
309 – 4	级配碎(砾)石面层	m²			
309 – 5	天然砂砾面层	m²			
310 – 1	改性沥青面层	m²			
310 – 2	SMA 面层	m²			

图名	公路工程工程量清单格式(11)	图号	3 – 1

公路工程工程量清单格式(12)

续表

清单　第 300 章　路面

细目号	项　目　名　称	单　位	数　量	单　价	合　价
311－1	水泥混凝土面层	m²			
311－2	连续配筋混凝土面层	m²			
311－3	钢筋	kg			
312－1	培土路肩	m³			
312－2	中央分隔带填土	m³			
312－3	现浇混凝土加固土路肩	m			
312－4	混凝土预制块加固土路肩	m			
312－5	混凝土预制块路缘石	m			
313－1	中央分隔带排水				
－a	沥青油毡防水层	m²			
－b	中央分隔带渗沟	m			
313－2	超高排水				
－a	纵向雨水沟(管)	m			
－b	混凝土集水井	座			
－c	横向排水管	m			
313－3	路肩排水				
－a	沥青混凝土拦水带	m			
－b	水泥混凝土拦水带	m			
－c	混凝土路肩排水沟	m			
－d	砂砾(碎石)垫层	m³			
－e	土工布	m²			

清单　第 300 章合计　人民币＿＿＿＿＿＿＿＿＿＿

图名	公路工程工程量清单格式(12)	图号	3－1

公路工程工程量清单格式(13)

续表

清单　第 400 章　桥梁涵洞

细目号	项 目 名 称	单 位	数 量	单 价	合 价
401－1	桥梁荷载试验(暂定工程量)	总额			
401－2	补充地质勘探及取样钻探(暂定工程量)	总额			
401－3	钻取混凝土芯样(暂定工程量)	总额			
401－4	无破损检测	总额			
403－1	基础钢筋				
－a	光圆钢筋	kg			
－b	带肋钢筋 HRB335、HRB400	kg			
403－2	下部结构钢筋				
－a	光圆钢筋	kg			
－b	带肋钢筋	kg			
403－3	上部构造钢筋				
－a	光圆钢筋	kg			
－b	带肋钢筋	kg			
403－4	钢管拱钢材	kg			
404－1	干处挖土方	m³			
404－2	干处挖石方	m³			
404－3	水中挖土方	m³			
404－4	水中挖石方	m³			
405－1	水中钻孔灌注桩	m			
405－2	陆上钻孔灌注桩	m			

图名	公路工程工程量清单格式(13)	图号	3－1

公路工程工程量清单格式(14)

续表

清单　第400章　桥梁涵洞

细目号	项　目　名　称	单　位	数　量	单　价	合　价
405-3	人工挖孔灌注桩	m			
406-1	钢筋混凝土沉桩	m			
406-2	预应力钢筋混凝土沉桩	m			
409-1	混凝土或钢筋混凝土沉井				
-a	井壁混凝土	m³			
-b	顶板混凝土	m³			
-c	填心混凝土	m³			
-d	封底混凝土	m³			
409-2	钢沉井				
-a	钢壳沉井	t			
-b	顶板混凝土	m³			
-c	填心混凝土	m³			
-d	封底混凝土	m³			
410-1	基础				
-a	混凝土基础	m³			
410-2	下部构造混凝土				
-a	斜拉桥索塔	m³			
-b	重力式U型桥台	m³			
-c	肋板式桥台	m³			
-d	轻型桥台	m³			

图名	公路工程工程量清单格式(14)	图号	3-1

公路工程工程量清单格式(15)

清单　第 400 章　桥梁涵洞

细目号	项　目　名　称	单　位	数　量	单　价	合　价
－ e	柱式桥墩	m³			
－ f	薄壁式桥墩	m³			
－ g	空心桥墩	m³			
410 － 3	上部构造混凝土				
－ a	连续刚构	m³			
－ b	混凝土箱型梁	m³			
－ c	混凝土 T 型梁	m³			
－ d	钢管拱	m³			
－ e	混凝土拱	m³			
－ f	混凝土空心板	m³			
－ g	混凝土矩形板	m³			
－ h	混凝土肋板	m³			
410 － 6	现浇混凝土附属结构				
－ a	人行道	m³			
－ b	防撞墙(包括金属扶手)	m³			
－ c	护栏	m³			
－ d	桥头搭板	m³			
－ e	抗震挡块	m³			
－f	支座垫石	m³			
410 － 7	预制混凝土附属结构(栏杆、护栏、人行道)				

图名	公路工程工程量清单格式(15)	图号	3－1

公路工程工程量清单格式(16)

清单　第400章　桥梁涵洞

细目号	项　目　名　称	单　位	数　量	单　价	合　价
－ a	缘石	m³			
－ b	人行道	m³			
－ c	栏杆	m³			
411 － 1	先张法预应力钢丝	kg			
411 － 2	先张法预应力钢绞线	kg			
411 － 3	先张法预应力钢筋	kg			
411 － 4	后张法预应力钢线	kg			
411 － 5	后张法预应力钢绞线	kg			
411 － 6	后张法预应力钢筋	kg			
411 － 7	斜拉索	kg			
413 － 1	浆砌片石	m³			
413 － 2	浆砌块石	m³			
413 － 3	浆砌料石	m³			
413 － 4	浆砌预制混凝土块	m³			
415 － 1	沥青混凝土桥面铺装	m²			
415 － 2	水泥混凝土桥面铺装	m²			
415 － 3	防水层	m²			
416 － 1	矩形板式橡胶支座				
－ a	固定支座	dm³			
－ b	活动支座	dm³			

图名	公路工程工程量清单格式(16)	图号	3－1

公路工程工程量清单格式(17)

清单 第400章 桥梁涵洞

细目号	项 目 名 称	单 位	数 量	单 价	合 价
416－2	圆形板式橡胶支座				
－a	固定支座	dm³			
－b	活动支座	dm³			
416－3	球冠圆板式橡胶支座				
－a	固定支座	dm³			
－b	活动支座	dm³			
416－4	盆式支座				
－a	固定支座	套			
－b	单向活动支座	套			
－c	双向活动支座	套			
417－1	橡胶伸缩装置	m			
417－2	模数式伸缩装置	m			
417－3	填充式伸缩装置	m			
419－1	单孔钢筋混凝土圆管涵	m			
419－2	双孔钢筋混凝土圆管涵	m			
419－3	倒虹吸管涵				
－a	不带套箱	m			
－b	带套箱	m			
420－1	钢筋混凝土盖板涵	m			
420－2	钢筋混凝土箱涵	m			

图名	公路工程工程量清单格式(17)	图号	3－1

公路工程工程量清单格式(18)

清单　第400章　桥梁涵洞

细目号	项　目　名　称	单　位	数　量	单　价	合　价
421 – 1	石砌拱涵	m			
421 – 2	混凝土拱涵	m			
421 – 3	钢筋混凝土拱涵	m			
422 – 1	钢筋混凝土盖板通道	m			
422 – 2	现浇混凝土拱形通道	m			

清单　第400章合计　人民币＿＿＿＿＿＿＿＿

清单　第500章　隧道

细目号	项　目　名　称	单　位	数　量	单　价	合　价
502 – 1	洞口、明洞开挖				
– a	挖土方	m^3			
– b	挖石方	m^3			
– c	弃方超运	$m^3 \cdot km$			
502 – 2	防水与排水				
– a	浆砌片石边沟、截水沟、排水沟	m^3			
– b	浆砌混凝土预制块水沟	m^3			
– c	现浇混凝土水沟	m^3			

图名	公路工程工程量清单格式(18)	图号	3 – 1

公路工程工程量清单格式(19)

清单　第 500 章　隧道

细目号	项　目　名　称	单　位	数　量	单　价	合　价
－ d	渗沟	m^3			
－ e	暗沟	m^3			
－ f	排水管	m			
－ g	混凝土拦水块	m^3			
－ h	防水混凝土	m^3			
－ i	黏土隔水层	m^3			
－ j	复合防水板	m^2			
－ k	复合土工膜	m^2			
502 － 3	洞口坡面防护				
－ a	浆砌片石	m^3			
－ b	浆砌混凝土预制块	m^3			
－ c	现浇混凝土	m^3			
－ d	喷射混凝土	m^3			
－ e	锚杆	m			
－ f	钢筋网	kg			
－ g	植草	m^2			
－ h	土工格室草皮	m^2			
－ i	洞顶防落网	m^2			
502 － 4	洞口建筑				
－ a	浆砌片石	m^3			

图名	公路工程工程量清单格式(19)	图号	3－1

公路工程工程量清单格式(20)

清单　第500章　隧道

细目号	项　目　名　称	单　位	数　量	单　价	合　价
− b	浆砌料(块)石	m³			
− c	片石混凝土	m³			
− d	现浇混凝土	m³			
− e	镶面	m³			
− f	光圆钢筋	kg			
− g	带肋钢筋	kg			
− h	锚杆	m			
502 − 5	明洞衬砌				
− a	浆砌料(块)石	m³			
− b	现浇混凝土	m³			
− c	光圆钢筋	kg			
− d	带肋钢筋	kg			
502 − 6	遮光棚(板)				
− a	现浇混凝土	m³			
− b	光圆钢筋	kg			
− c	带肋钢筋	kg			
502 − 7	洞顶(边墙墙背)回填				
− a	回填土石方	m³			
502 − 8	洞外挡土墙				
− a	浆砌片石	m³			

图名	公路工程工程量清单格式(20)	图号	3 − 1

公路工程工程量清单格式(21)

清单 第500章 隧道

细目号	项 目 名 称	单 位	数 量	单 价	合 价
503－1	洞身开挖				
－a	挖土方	m^3			
－b	挖石方	m^3			
－c	弃方超运	$m^3 \cdot km$			
503－2	超前支护				
－a	注浆小导管	m			
－b	超前锚杆	m			
－c	自钻式锚杆	m			
－d	管棚	m			
－e	型钢	kg			
－f	光圆钢筋	kg			
－g	带肋钢筋	kg			
503－3	喷锚支护				
－a	喷射钢纤维混凝土	m^3			
－b	喷射混凝土	m^3			
－c	注浆锚杆	m			
－d	砂浆锚杆	m			
－e	预应力注浆锚杆	m			
－f	早强药包锚杆	m			
－g	钢筋网	kg			
－h	型钢	kg			
－i	连接钢筋	kg			

图名	公路工程工程量清单格式(21)	图号	3－1

公路工程工程量清单格式(22)

清单 第500章 隧道

细目号	项目名称	单位	数量	单价	合价
−j	连接钢管	kg			
503−4	木材	m³			
504−1	洞身衬砌				
−a	砖墙	m³			
−b	浆砌粗料石(块石)	m³			
−c	现浇混凝土	m³			
−d	光圆钢筋	kg			
−e	带肋钢筋				
504−2	仰拱、铺底混凝土				
−a	仰拱混凝土	m³			
−b	铺底混凝土	m³			
−c	仰拱填充料	m³			
504−3	管沟				
−a	现浇混凝土	m³			
−b	预制混凝土	m³			
−c	(钢筋)混凝土盖板	m³			
−d	级配碎石	m³			
−e	干砌片石	m³			
−f	铸铁管	m			
−g	镀锌钢管	m			

图名	公路工程工程量清单格式(22)	图号	3−1

公路工程工程量清单格式(23)

清单 第 500 章 隧道

细目号	项 目 名 称	单 位	数 量	单 价	合 价
– h	铸铁盖板	套			
– i	无缝钢管	kg			
– j	钢管	kg			
– k	角钢	kg			
– l	光圆钢筋	kg			
– m	带肋钢筋	kg			
504 – 4	洞门				
– a	消防室洞门	个			
– b	通道防火匣门	个			
– c	风机启动柜洞门	个			
– d	卷帘门	个			
– e	检修门	个			
– f	双制铁门	个			
– g	格栅门	个			
– h	铝合金骨架墙	m²			
– i	无机材料吸音板	m²			
504 – 5	洞内路面				
– a	水泥稳定碎石	m²			
– b	贫混凝土基层	m²			
– c	沥青封层	m²			
– d	混凝土面层	m²			
– e	光圆钢筋	kg			

图名	公路工程工程量清单格式(23)	图号	3－1

公路工程工程量清单格式(24)

续表

清单　第500章　隧道

细目号	项　目　名　称	单　位	数　量	单　价	合　价
– f	带肋钢筋	kg			
504 – 6	消防设施				
– a	阀门井	个			
– b	集水池	座			
– c	蓄水池	座			
– d	取水泵房	座			
– e	滚水坝	座			
505 – 1	防水与排水				
– a	复合防水板	m²			
– b	复合土工防水层	m²			
– c	止水带	m			
– d	止水条	m			
– e	压注水泥 – 水玻璃浆液(暂定工程量)	m³			
– f	压注水泥浆液(暂定工程量)	m³			
– g	压浆钻孔(暂定工程量)	m			
– h	排水管	m			
– i	镀锌铁皮	m²			
506 – 1	洞内防火涂料				
– a	喷涂防火涂料	m²			
506 – 2	洞内装饰工程				

图名	公路工程工程量清单格式(24)	图号	3–1

公路工程工程量清单格式(25)

清单　第 500 章　隧道

细目号	项　目　名　称	单　位	数　量	单　价	合　价
－ a	镶贴瓷砖	m²			
－ b	喷涂混凝土专用漆	m²			
508 － 2	监控量测				
－ a	必测项目(项目名称)	总额			
－ b	选测项目(项目名称)	总额			
509 － 1	地质预报	总额			

清单　第 500 章合计　人民币　_____

清单　第 600 章　安全设施及预埋管线工程

细目号	项　目　名　称	单　位	数　量	单　价	合　价
602 － 1	浆砌片石护栏	m			
602 － 2	混凝土护栏	m			
602 － 3	单面波形梁钢护栏	m			
602 － 4	双面波形梁钢护栏	m			
602 － 5	活动式钢护栏	m			
602 － 6	波形梁钢护栏起、终端头				
－ a	分设型圆头式	个			
－ b	分设型锚式	个			
－ c	组合型圆头式	个			

图名	公路工程工程量清单格式(25)	图号	3 － 1

公路工程工程量清单格式(26)

清单　第600章　安全设施及预埋管线工程

细目号	项 目 名 称	单 位	数 量	单 价	合 价
602－7	钢缆索护栏	m			
602－8	混凝土基础	m³			
603－1	铁丝编织网隔离栅	m			
603－2	刺铁丝隔离栅	m			
603－3	钢板网隔离栅	m			
603－4	电焊网隔离栅	m			
603－5	桥上防护网	m			
603－6	钢筋混凝土立柱	根			
603－7	钢立柱	根			
603－8	隔离墙工程				
－a	水泥混凝土隔离墙	m			
－b	砖砌隔离墙	m			
604－1	单柱式交通标志	个			
604－2	双柱式交通标志	个			
604－3	三柱式交通标志	个			
604－4	门架式交通标志	个			
604－5	单悬臂式交通标志	个			
604－6	双悬臂式交通标志	个			
604－7	悬挂式交通标志	个			

图名	公路工程工程量清单格式(26)	图号	3－1

公路工程工程量清单格式(27)

清单　第600章　安全设施及预埋管线工程

细目号	项　目　名　称	单　位	数　量	单　价	合　价
604－8	里程碑	个			
604－9	公路界碑	个			
604－10	百米桩	个			
604－11	示警桩	根			
605－1	热熔型涂料路面标线				
－a	1号标线	m²			
－b	2号标线	m²			
605－2	溶剂常温涂料路面标线				
－a	1号标线	m²			
－b	2号标线	m²			
605－3	溶剂加热涂料路面标线				
－a	1号标线	m²			
－b	2号标线	m²			
605－4	突起路标	个			
605－5	轮廓标				
－a	柱式轮廓标	个			
－b	附着式轮廓标	个			
605－6	立面标记	处			
606－1	防眩板	m			
606－2	防眩网	m			

图名	公路工程工程量清单格式(27)	图号	3－1

公路工程工程量清单格式(28)

清单 第600章 安全设施及预埋管线工程

细目号	项 目 名 称	单 位	数 量	单 价	合 价
607-1	人(手)孔	个			
607-2	紧急电话平台	个			
607-3	管道工程				
-a	铺设…孔φ…塑料管(钢管)管道	m			
-b	铺设…孔φ…塑料管(钢管)管道	m			
-c	铺设…孔φ…塑料管(钢管)管道	m			
-d	铺设…孔φ…塑料管(钢管)管道	m			
-e	制作安装过桥管箱(包括两端接头管箱)	m			
608-1	收费亭				
-a	单人收费亭	个			
-b	双人收费亭	个			
608-2	收费天棚	m²			
608-3	收费岛				
-a	单向收费岛	个			
-b	双向收费岛	个			
608-4	地下通道(高×宽)	m			
608-5	预埋管线				
-a	(管线规格)	m			
-b	(管线规格)	m			
608-6	架设管线				
-a	(管线规格)	m			
-b	(管线规格)	m			

图名	公路工程工程量清单格式(28)	图号	3-1

公路工程工程量清单格式(29)

续表

清单 第600章 安全设施及预埋管线工程

细目号	项 目 名 称	单 位	数 量	单 价	合 价
608－7	收费广场高杆灯				
－a	杆高…m	m			
－b	杆高…m	m			

清单 第600章合计 人民币_____

清单 第700章 绿化及环境保护

细目号	项 目 名 称	单 位	数 量	单 价	合 价
703－1	撒播草种	m²			
703－2	铺(植)草皮				
－a	马尼拉草皮	m²			
－b	美国二号草皮	m²			
－c	麦冬草草皮	m²			
－d	台湾青草皮	m²			
703－3	绿地喷灌管道	m			
704－1	人工种植乔木				
－a	香樟	棵			
－b	大叶樟	棵			
－c	杜英	棵			
－d	圆柏	棵			
－e	广玉兰	棵			
－f	桂花	棵			

图名	公路工程工程量清单格式(29)	图号	3－1

公路工程工程量清单格式(30)

清单　第700章　绿化及环境保护

细目号	项　目　名　称	单　位	数　量	单　价	合　价
- g	奕树	棵			
- h	意大利杨树	棵			
704 - 2	人工种植灌木				
- a	夹竹桃	棵			
- b	木芙蓉	棵			
- c	春杜鹃	棵			
- d	月季	棵			
- e	小叶女贞	棵			
- f	红檵木	棵			
- g	大叶黄杨	棵			
- h	龙柏球	棵			
- i	法国冬青	棵			
- j	海桐	棵			
- k	凤尾兰	棵			
704 - 3	栽植攀缘植物	棵			
704 - 4	人工种植竹类				
- a	楠竹	丛			
- b	早园竹	丛			
- c	孝须竹	丛			
- d	凤尾竹	丛			

图名	公路工程工程量清单格式(30)	图号	3 - 1

公路工程工程量清单格式(31)

细目号	项 目 名 称	单 位	数 量	单 价	合 价
	清单 第700章 绿化及环境保护				
– e	青皮竹	丛			
– f	凤尾竹球	丛			
704 – 5	人工栽植棕榈类				
– a	蒲葵	株			
– b	棕榈	株			
– c	五福棕榈	株			
– d	爬山虎	株			
– e	鸡血藤	株			
– f	五叶地锦	株			
704 – 6	栽植绿篱	m			
704 – 7	栽植绿色带	m²			
706 – 1	消声板声屏障				
– a	H2.5m 玻璃钢消声板	m			
– b	H3.0m 玻璃钢消声板	m			
706 – 2	吸声砖声屏障	m³			
706 – 3	砖墙声屏障	m³			

清单 第700章合计 人民币＿＿＿＿＿＿＿＿

图名	公路工程工程量清单格式(31)	图号	3 – 1

公路工程工程量清单格式(32)

清单　第800章　房建工程

细目号	项　目　名　称	单　位	数　量	单　价	合　价
801－1	建筑基坑				
－a	挖土方	m^3			
－b	挖石方	m^3			
－c	回填土	m^3			
802－1	地基				
－a	混凝土垫层	m^3			
－b	砾(碎)石、砂及砾(碎)石灌浆垫层	m^3			
－c	灰土垫层	m^3			
－d	混凝土灌注桩	m			
－e	砂石灌注桩	m			
－f	桩基承台基础	m^3			
－g	桩基检测	根			
－h	砖基础	m^3			
－i	混凝土带形基础	m^3			
－j	混凝土独立基础	m^3			
－k	混凝土满堂基础	m^3			
－l	设备基础	m^3			
802－2	地下防水工程				
－a	卷材防水	m^2			
－b	涂膜防水	m^2			

图名	公路工程工程量清单格式(32)	图号	3－1

公路工程工程量清单格式(33)

清单　第 800 章　房建工程

细目号	项　目　名　称	单　位	数　量	单　价	合　价
- c	砂浆防水(潮)	m²			
- d	变形缝	m			
803 - 1	混凝土工程				
- a	混凝土方柱	m³			
- b	混凝土构造柱	m³			
- c	混凝土圆柱	m³			
- d	混凝土梁	m³			
- e	混凝土基础梁	m³			
- f	混凝土圈梁	m³			
- g	混凝土有梁板	m³			
- h	预应力空心混凝土板	m³			
- i	混凝土无梁板	m³			
- j	混凝土平板	m³			
- k	混凝土天沟、挑檐板	m³			
- l	雨篷、阳台板	m²			
- m	钢筋混凝土小型构件	m³			
- n	混凝土直形墙	m³			
- o	混凝土楼梯	m³			
- p	台阶	m³			
- q	现浇混凝土钢筋(种类)	t			
- r	预制混凝土钢筋(种类)	t			
- s	钢筋网片	t			

图名	公路工程工程量清单格式(33)	图号	3 - 1

公路工程工程量清单格式(34)

清单　第800章　房建工程

细目号	项 目 名 称	单 位	数 量	单 价	合 价
－ t	钢筋笼	t			
－ u	预埋铁件(螺栓)	t			
804－1	砖砌体工程				
－ a	实心砖墙	m³			
－ b	填充墙	m³			
－ c	空斗墙	m³			
－ d	实心砖柱	m³			
－ e	砖窨井、检查井	m³			
－ f	砖水池、化粪池	m³			
－ g	砖地沟、明沟	m			
－ h	砖散水、地坪	m²			
804－2	石砌体				
－ a	石挡土墙	m³			
－ b	石护坡	m³			
－ c	石台阶	m³			
－ d	石地沟、明沟	m			
805－1	金属门				
－ a	铝合金平开门	樘			
－ b	铝合金推拉门	樘			
－ c	铝合金地弹门	樘			

图名	公路工程工程量清单格式(34)	图号	3－1

公路工程工程量清单格式(35)

续表

清单　第 800 章　房建工程

细目号	项　目　名　称	单 位	数 量	单 价	合 价
– d	塑钢门	樘			
– e	防盗门	樘			
– f	金属卷闸门	樘			
– g	防火门	樘			
805 – 2	木质门				
– a	镶木板门	樘			
– b	企口木板门	樘			
– c	实木装饰门	樘			
– d	胶合板门	樘			
– e	夹板装饰门	樘			
805 – 3	金属窗				
– a	铝合金窗(平开窗)	樘			
– b	铝合金推拉窗	樘			
– c	铝合金固定窗	樘			
– d	塑钢窗	樘			
– e	金属防盗窗	樘			
– f	铝合金纱窗	樘			
805 – 4	门窗套				
– a	实木门窗套	m²			
805 – 5	电动门				
– a	不锈钢电动伸缩门	套			
806 – 1	地面				

图名	公路工程工程量清单格式(35)	图号	3 – 1

公路工程工程量清单格式(36)

续表

清单　第800章　房建工程

细目号	项 目 名 称	单 位	数 量	单 价	合 价
－ a	细石混凝土地面	m²			
－ b	水泥砂浆地面	m³			
－ c	块料楼地面	m²			
－ d	石材楼地面	m²			
－ e	防静电活动地板	m²			
－ f	竹木地板	m²			
806 － 2	楼地面层				
－ a	块料楼梯面层	m²			
－ b	石材楼梯面层	m²			
806 － 3	扶手、栏杆				
－ a	硬木扶手带栏杆、栏板	m			
－ b	金属扶手带栏杆、栏板	m			
806 － 4	台阶面层				
－ a	块料台阶面层	m			
－ b	石料台阶面层	m			
807 － 1	屋面				
－ a	瓦屋面	m²			
－ b	型材屋面	m²			
－ c	屋面卷材防水	m²			
－ d	屋面涂膜防水	m²			

图名　公路工程工程量清单格式(36)　图号　3－1

公路工程工程量清单格式(37)

清单　第800章　房建工程

细目号	项　目　名　称	单　位	数　量	单　价	合　价
－e	屋面刚性防水	m²			
－f	屋面排水管	m²			
－g	屋面天沟、沿沟	m²			
808－1	钢结构工程				
－a	钢网架	m²			
－b	钢楼梯	t			
－c	钢管柱	t			
－d	围墙大门	樘			
－e	阳台晾衣架	个			
－f	室外晾衣棚	m²			
809－1	抹灰、勾缝				
－a	墙面一般抹灰	m²			
－b	墙面装饰抹灰	m²			
－c	墙面勾缝	m²			
－d	柱面一般抹灰	m²			
－e	柱面装饰抹灰	m²			
－f	柱面勾缝	m²			
809－2	墙面				
－a	石材墙面	m²			
－b	块料墙面	m²			
－c	干挂石材钢骨架	m²			
－d	石材柱面	m²			

图名	公路工程工程量清单格式(37)	图号	3－1

公路工程工程量清单格式(38)

清单　第800章　房建工程

细目号	项　目　名　称	单　位	数　量	单　价	合　价
– e	块料柱面	m²			
809 – 3	装饰墙面				
– a	装饰墙面	m²			
– b	装饰柱(梁)面	m²			
809 – 4	幕墙				
– a	带骨架幕墙	m²			
– b	全玻璃幕墙	m²			
809 – 5	抹灰				
– a	天棚抹灰	m²			
– b	天棚饰面吊顶	m²			
– c	灯带	m²			
810 – 1	路面				
– a	垫层	m²			
– b	石灰稳定土	m²			
– c	水泥稳定土	m²			
– d	石灰、粉煤灰、土	m²			
– e	石灰、碎(砾)石、土	m²			
– f	水泥稳定碎(砂砾)石	m²			
– g	水泥混凝土	m²			
– h	块料面层	m²			

图名	公路工程工程量清单格式(38)	图号	3 – 1

公路工程工程量清单格式(39)

续表

清单 第800章 房建工程

细目号	项 目 名 称	单 位	数 量	单 价	合 价
- i	现浇混凝土人行道	m²			
810 - 2	树池砌筑	个			
811 - 1	管道				
- a	镀锌钢管	m			
- b	焊接钢管	m			
- c	钢管	m			
- d	塑料管(UPVC、PP - C、PP - R 管)	套			
- e	塑料复合管	套			
811 - 2	阀门				
- a	螺纹阀门	个			
- b	螺纹法兰阀门	个			
- c	焊接法兰阀门	个			
- d	安全阀	个			
- e	法兰	副			
- f	水表	副			
811 - 3	卫生器具				
- a	洗脸盆	组			
- b	洗手盆	组			
- c	洗涤盆	组			
- d	淋浴器	组			
- e	大便器	套			
- f	小便器	套			

图名	公路工程工程量清单格式(39)	图号	3 - 1

公路工程工程量清单格式(40)

清单 第800章 房建工程

细目号	项 目 名 称	单 位	数 量	单 价	合 价
-g	排水栓	组			
-h	小龙头	个			
-i	地漏	个			
-j	热水器	台			
811-4	防火器材				
-a	消火栓	套			
-b	干粉灭火器	台			
-c	消防水箱制作安装	座			
-d	探测器(感烟)	套			
-e	探测器(感温)	套			
-f	水喷头	个			
-g	警报装置	套			
812-1	电气工程				
-a	电力变压器(箱式变电站)	台			
-b	避雷器	组			
-c	隔离开关	组			
-d	成套配电柜	台			
-e	动力(空调)配电箱	台			
-f	照明配电箱	台			
-g	插座箱	台			

图名	公路工程工程量清单格式(40)	图号	3-1

公路工程工程量清单格式(41)

清单　第800章　房建工程

细目号	项　目　名　称	单　位	数　量	单　价	合　价
－ h	液位控制装置	套			
812 － 2	电缆及支架				
－ a	电缆敷设	m			
－ b	电缆保护管	m			
－ c	电缆桥架	m			
－ d	支架	t			
812 － 3	高压线路				
－ a	电杆组立	根			
－ b	导线架设	km			
812 － 4	室内供电线路				
－ a	电气配管	m			
－ b	线槽	m			
－ c	电气配线	m			
812 － 5	灯柱、灯座				
－ a	座灯、筒灯、吸顶灯	套			
－ b	双管荧光灯	套			
－ c	单管荧光灯	套			
－ d	工矿灯、应急灯、防爆灯	套			
－ e	柱顶灯	套			
－ f	庭园灯	套			
－ g	路灯	套			
－ h	草坪灯	套			

图名	公路工程工程量清单格式(41)	图号	3 － 1

公路工程工程量清单格式(42)

清单　第800章　房建工程

细目号	项　目　名　称	单　位	数　量	单　价	合　价
－ i	圆球灯	套			
812 － 6	开关				
－ a	开关(单联、双联、三联)	套			
－ b	带开关插座(防溅型)	套			
812 － 7	吊风扇	套			
812 － 8	发电机设备				
－ a	发电机组	套			
812 － 9	防雷及接地装置				
－ a	室内外接地线安装	m			
－ b	避雷装置	套			

清单　第800章合计　人民币＿＿＿＿＿＿＿＿

C. 专项暂定金额汇总表

清　单　编　号	细　目　号	名　　称	估计金额(元)
400	401 － 1	桥梁荷载试验(举例)	60000
……	……	……	……
……	……	……	……
专项暂定金额小计(结转工程量清单汇总表)			

图名	公路工程工程量清单格式(42)	图号	3 － 1

公路工程工程量清单格式(43)

D. 计日工明细表

一、总　则

1. 本节应参照合同通用条款第52.4款一并理解。

2. 未经监理人书面指令,任何工程不得按计日工施工;接到监理人按计日工施工的书面指令,承包人也不得拒绝。

3. 投标人应在本节计日工单价表中填列计日工细目的基本单价或租价,该基本单价或租价适用于监理人指令的任何数量的计日工的结算与支付。计日工的劳务、材料和施工机械由招标人(或业主)列出正常的估计数量,投标人报出单价,计算出日工总额后列入工程量清单汇总表并进入评标价。

4. 计日工不调价。

二、计日工劳务

5. 在计算应付给承包人的计日工工资时,工时应从工人到达施工现场,并开始从事指定的工作算起,到返回原出发地点为止,扣去用餐和休息的时间。只有直接从事指定的工作,且能胜任该工作的工人能计工,随同工人一起做工的班长应计算在内,但不包括领工(工长)和其他质检管理人员。

6. 承包人可以得到用于计日工劳务的全部工时的支付,此支付按承包人填报的"计日工劳务单价表"所列单价计算,该单价应包括基本单价及承包人的管理费、税费、利润等所有附加费,说明如下:

a. 劳务基本单价包括:承包人劳务的全部直接费用,如:工资、加班费、津贴、福利费及劳动保护费等。

| 图名 | 公路工程工程量清单格式(43) | 图号 | 3-1 |

公路工程工程量清单格式(44)

b. 承包人的利润、管理、质检、保险、税费;易耗品的使用、水电及照明费、工作台、脚手架、临时设施费、手动机具与工具的使用及维修,以及上述各项伴随而来的费用。

三、计日工材料

7. 承包人可以得到计日工使用的材料费用(上述 6b 已计入劳务费内的材料费用除外)的支付,此费用按承包人"计日工材料单价表"中所填报的单价计算,该单价应包括基本单价及承包人的管理费、税费、利润等所有附加费,说明如下:

a. 材料基本单价按供货价加运杂费(到达承包人现场仓库)、保险费、仓库管理费以及运输损耗等计算。

b. 承包人的利润、管理、质检、保险、税费及其他附加费;

c. 从现场运至使用地点的人工费和施工机械使用费不包括在上述基本单价内。

四、计日工施工机械

8. 承包人可以得到用于计日工作业的施工机械费用的支付,该费用按承包人填报的"计日工施工机械单价表"中的租价计算。该租价应包括施工机械的折旧、利息、维修、保养、零配件、油燃料、保险和其他消耗品的费用以及全部有关使用这些机械的管理费、税费、利润和司机与助手的劳务费等费用。

9. 在计工作业时,承包人计算所用的施工机械费用时,应按实际工作小时支付。除非经监理人的同意,计算的工作小时才能将施工机械从现场某处运到监理人指令的计日工作业的另一现场往返运送时间包括在内。

| 图名 | 公路工程工程量清单格式(44) | 图号 | 3-1 |

公路工程工程量清单格式(45)

计日工劳务单价表

合同段：

细目号	名 称	估计数量(小时)	单价(元/小时)	合价(元)
101	班长			
102	普通工			
103	焊工			
104	电工			
105	混凝土工			
106	木工			
107	钢筋工			
	……			

计日工劳务(结转计日工汇总表)

　注：根据具体工程情况，也可用天数作为计日工劳务单位。

计日工材料单价表

合同段：

细目号	名 称	单 位	估 计 数 量	单 价 (元)	合 价 (元)
201	水泥	t			
202	钢筋	t			
203	钢绞丝	t			
204	沥青	t			
205	木材	m³			
206	砂	m³			
207	碎石	m³			
208	片石	m³			
	……				

计日工材料小计(结转计日工汇总表)

图名	公路工程工程量清单格式(45)	图号	3-1

公路工程工程量清单格式(46)

计日工施工机械单价表

合同段：

细目号	名　称	估计数量(小时)	租价(元/小时)	合价(元)
301	装载机			
301 – 1	1.5m³ 以下			
301 – 2	1.5 ~ 2.5m³			
301 – 3	2.5m³ 以上			
302	推土机			
302 – 1	90kW 以下			
302 – 2	90 ~ 180kW			
302 – 3	180kW 以上			
	……			

计日工施工机械小计(结转计日工汇总表)

计日工汇总表

合同段：

名　　　　称	金额(元)
计日工：	
1. 劳务	
2. 材料	
3. 施工机械	
计日工合计(结转工程量清单汇总表)	

图名	公路工程工程量清单格式(46)	图号	3 – 1

公路工程工程量清单格式(47)

E. 工程量清单汇总表

合同段:_____

序 号	章 次	科 目 名 称	金 额(元)
1	100	总则	
2	200	路基	
3	300	路面	
4	400	桥梁、涵洞	
5	500	隧道	
6	600	安全设施及预埋管线	
7	700	绿化及环境保护	
8	800	房建工程	
9		第 100 章至第 800 章清单合计	
10		已包含在清单合计中的专项暂定金额小计(同上表 C)	
11		清单合计减去专项暂定金额(即 9 - 10) = 11	
12		计日工合计	
13		不可预见费(暂定金额 = 11 × %)	总额
14		投标价(9 + 12 + 13) = 14	

图名	公路工程工程量清单格式(47)	图号	3 - 1

公路工程工程量清单计量规则总说明(1)

　　为了统一公路工程工程量清单的项目号、项目名称、计算单位、工程量计算规则和界定工程内容,特制定《公路工程工程量清单计量规则》。

　　(1)《公路工程工程量清单计量规则》是《公路基本建设工程造价计价规范》的组成部分,是编制工程量清单的依据。

　　(2)《公路工程工程量清单计量规则》主要依据交通部《公路工程国内招标文件范本》(2003年版)*中的技术规范,结合公路建设项目内容编制。《公路工程工程量清单计量规则》与技术规范相互补充,若有不明确或不一致之处,以《公路工程工程量清单计量规则》为准。

　　(3)《公路工程工程量清单计量规则》共分八章,第一章总则,第二章路基工程,第三章路面工程,第四章桥梁涵洞工程,第五章隧道工程,第六章安全设施及预埋管线工程,第七章绿化及环境保护工程,新增第八章房建工程是依据公路建设项目房建工程内容增编。

　　(4)《公路工程工程量清单计量规则》由项目号、项目名称、项目特征、计量单位、工程量计算规则和工程内容构成。

　　1)《公路工程工程量清单计量规则》项目号的编写分别按项、目、节、细目表达,根据实际情况可按厚度、标号、规格等增列细目或子细目,与工程量清单细目号对应方式示例如下:

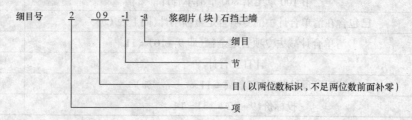

```
细目号      2    09    -1    -a    浆砌片(块)石挡土墙
                              └─────── 细目
                        └──────────── 节
                  └──────────────── 目(以两位数标识,不足两位数前面补零)
            └──────────────────── 项
```

---

*《公路工程国内招标文件范本》(2003年版)现已作废,替代文件为《公路工程标准施工招标文件》(2009年版)。

图名	公路工程工程量清单计量规则总说明(1)	图号	3-2

公路工程工程量清单计量规则总说明(2)

2)项目名称以工程和费用名称命名,如有缺项,招标人可按《公路工程工程量清单计量规则》的原则进行补充,并报工程造价管理部门核备。

3)项目特征是按不同的工程部位、施工工艺或材料品种、规格等对项目作的描述,是设置清单项目的依据。

4)计量单位采用基本单位,除各章另有特殊规定外,均按以下单位计量:

以体积计算的项目——m^3

以面积计算的项目——m^2

以重量计算的项目——t、kg

以长度计算的项目——m

以自然体计算的项目——个、棵、根、台、套、块……

没有具体数量的项目——总额

5)工程量计算规则是对清单项目工程量的计算规定,除另有说明外,清单项目工程量均按设计图示以工程实体的净值计算;材料及半成品采备和损耗、场内二次转运、常规的检测、试验等均包括在相应工程项目中,不另行计量。

6)工程内容是为完成该项目的主要工作,凡工程内容中未列的其他工作,为该项目的附属工作,应参照各项目对应的招标文件范本技术规范章节的规定或设计图纸综合考虑在报价中。

(5)施工现场交通组织、维护费,应综合考虑在各项目内,不另行计量。

(6)为满足项目管理成本核算的需要,对于第四章桥梁、涵洞工程,第五章隧道工程,应按特大桥、大桥、中小桥、分离式立交桥和隧道单洞、连洞分类使用《公路工程工程量清单计量规则》的计量项目。

(7)《公路工程工程量清单计量规则》在具体使用过程中,可根据实际情况,补充个别项目的技术规范内容与工程量清单配套使用。

图名	公路工程工程量清单计量规则总说明(2)	图号	3-2

公路工程工程量清单计量总则(1)

(1)总则包括:保险费、竣工文件、施工环保、临时道路、临时用地、临时供电设施、电讯设施、承包人驻地建设费用。

(2)有关问题的说明及提示:

1)保险费分为工程一切险和第三方责任险。

工程一切险是为永久工程、临时工程和设备及已运至施工工地用于永久工程的材料和设备所投的保险。

第三方责任险是对因实施本合同工程而造成的财产(本工程除外)的损失和损害或人员(业主和承包人雇员除外)的死亡或伤残所负责任进行的保险。

保险费率按议定保险合同费率办理。

2)竣工文件编制费是承包人对承建工程,在竣工后按交通部发布的《公路工程竣工验收办法》的要求,编制竣工图表、资料所需的费用。

3)施工环保费是承包人在施工过程中采取预防和消除环境污染措施所需的费用。

4)临时道路(包括便道、便桥、便涵、码头)是承包人为实施与完成工程建设所必须修建的设施,包括工程竣工后的拆除与恢复。

5)临时用地费是承包人为完成工程建设,临时占用土地的租用费。工程完工后承包人应自费负责恢复到原来的状况,不另行计量。

6)临时供电设施、电讯设施费是承包人为完成工程建设所需要的临时电力、电讯设施的架设与拆除的费用,不包括使用费。

7)承包人的驻地建设费是指承包人为工程建设必须临时修建的承包人住房、办公房、加工车间、仓库、试验室和必要的供水、卫生、消防设施所需的费用,其中包括拆除与恢复到原来的自然状况的费用。

| 图名 | 公路工程工程量清单计量总则(1) | 图号 | 3-3 |

公路工程工程量清单计量总则(2)

工程量清单计量规则

项目	目	节	细目	项目名称	项目特征	计量单位	工程量计算规则	工程内容
一				总则				第100章
	1			保险费				第101节
		1		保险费				
			a	建筑工程一切险	工程一切险	总额	按规定以总额计算	按招标文件规定内容
			b	第三方责任险	第三方责任险			
	2			工程管理				第102节、第107节
		1		竣工文件	1. 规定 2. 文件资料 3. 图表	总额	按规定以总额计算	1. 原始记录 2. 施工记录 3. 竣工图表 4. 变更设计文件 5. 施工文件 6. 工程结算资料 7. 进度照片 8. 录像等资料

图名	公路工程工程量清单计量总则(2)	图号	3-3

公路工程工程量清单计量总则(3)

续表

项目	目	节	细目	项目名称	项目特征	计量单位	工程量计算规则	工程内容
			2	施工环保费	1. 施工期 2. 环保措施	总额	按规定以总额计算	1. 施工场地硬化 2. 控制扬尘 3. 降低噪声 4. 施工水土保持 5. 施工供水、合理排污等一切与施工环保有关的设施及作业
		3		临时工程与设施			第103节	
			1	临时道路修建、养护与拆除(包括原道路的养护费、交通维护费)	1. 类型 2. 性质 3. 规格 4. 时间	总额	按规定以总额计算	1. 为工程建设过程中必须修建的临时道路、桥涵、码头及与此相关的安全设施的修建养护 2. 原有道路的养护、交通维护 3. 拆除清理
			2	临时工程用地	1. 类型 2. 性质 3. 时间	亩	按设计标准的临时用地图,以亩计算	1. 承包人办公和生活用地 2. 仓库与料场用地 3. 预制场、拌和场用地 4. 借土场用地 5. 弃土场用地 6. 工地试验室用地 7. 临时道路、桥梁用地 8. 临时堆料场、机械设备停放场等用地

图名	公路工程工程量清单计量总则(3)	图号	3-3

公路工程工程量清单计量总则(4)

续表

项目	目	节	细目	项目名称	项目特征	计量单位	工程量计算规则	工程内容
		3		临时供电设施	1. 规格 2. 性质 3. 时间	总额	按规定以总额计算	设备的安装、维护、维修与拆除
		4		电信设施提供、维修与拆除	1. 规格 2. 性质 3. 时间	总额	按规定以总额计算	1. 电话、传真、网络等设施的安装 2. 维修与拆除
	4			承包人驻地建设				第104节
		1		承包人驻地建设	1. 规格 2. 性质 3. 时间	总额	按规定以总额计算	1. 承包人办公室、住房及生活区修建 2. 车间与工作场地、仓库修建 3. 工地试验室修建 4. 供水与排污设施、医疗卫生与消防设施安装 5. 维护与拆除

图名	公路工程工程量清单计量总则(4)	图号	3-3

《技术规范》*关于总则工程量计量与支付的内容(1)

节次及节名	项　目	编　号	内　　　　容
第 101 节 通则	范　围	101.01	(1)《技术规范》适用于新建、扩建或改建高等级公路项目及其他公路项目的施工及管理。 (2)《技术规范》对工程在施工中使用的原材料、半成品或成品,隐蔽工程以及施工原始资料和记录,均进行一系列的控制与检查,使工程质量符合规定的质量标准。在每一章节的施工要求中均对质量标准、质量等级、检验内容和方法等提出了要求。如有未写明之处,应按照国家和交通部现行有关规范规定且经监理人批准后执行。 (3)《技术规范》仅为方便起见划分为若干章节,阅读时应将其视作一个整体。 (4)凡《技术规范》或与《技术规范》有关的其他规范及图纸中未规定的细节,或在涉及到任何条款的细节没有明确的规定时,都应认为指的是需经监理人同意的我国公路工程的常规做法。
	工程量 的计量	101.06	(1)一般要求 1)《技术规范》所有工程项目,除个别注明者外,均采用中国法定的计量单位,即国际单位及国际单位制导出的辅助单位进行计量。 2)《技术规范》的计量与支付,应与合同条款、工程量清单以及图纸同时阅读,工程量清单中的支付项目号和《技术规范》的章节编号是一致的。 3)任何工程项目的计量,均应按《技术规范》规定或监理人书面指示进行。 4)按合同提供的材料数量和完成的工程量所采用的测量与计算方法,应符合《技术规范》的规定。所有这些方法,应经监理人批准或指令。承包人应提供一切计量设备和条件,并保证其设备精度符合要求。 5)除非监理人另有准许,一切计量工作都应在监理人在场的情况下,由承包人测量、记录。有承包人签名的计量记录原本,应提交给监理人审查和保存。 6)工程量应由承包人计算,由监理人审核。工程量计算的副本应提交给监理人并由监理人保存。 7)全部必需的模板、脚手架、装备、机具、螺栓、垫圈和钢制件等其他材料,应包括在工程量清单中所列的有关支付项目中,均不单独计量。 8)除监理人另有批准外,凡超过图纸所示的面积或体积,都不予计量与支付。

*《技术规范》指《公路工程标准施工招标文件》(2009 年版)中的第三卷第七章《技术规范》,该《技术规范》中列有工程范围、材料要求、施工要求、质量验收标准及计量与支付细则等内容,本书中因限于篇幅,只节录了其中的部分内容,下同。

图名	《技术规范》关于总则工程量计量 与支付的内容(1)	图号	3-4

《技术规范》关于总则工程量计量与支付的内容(2)

节次及节名	项 目	编 号	内 容
第101节 通则	工程量 的计量	101.06	9)承包人应严格标准计量基础工作和材料采购检验工作。沥青混凝土、沥青碎石、水泥混凝土、高强度水泥砂浆的施工现场必须使用电子计量设备称重。因不符合计量规定引发的质量问题,所发生的费用由承包人承担。 10)如《技术规范》规定的任何分项工程或其子目未在工程量清单中出现,则应被认为是其他相关工程的附属工作,不再另行计量。 (2)重量 1)凡以重量计量或以重量作为配合比设计的材料,都应在精确与批准的磅秤上,由称职合格的人员在监理人指定或批准的地点进行称重。 2)称重计量时应满足以下条件:监理人在场;称重记录;载有包装材料、支撑装置、垫块、捆束物等重量的说明书在称重前提交给监理人作为称重依据。 3)钢筋、钢板或型钢计量时,应按图纸或其他资料标示的尺寸和净长计算。搭接、接头套筒、焊接材料、下脚料和定位架立钢筋等,则不予计量。钢筋、钢板或型钢应以千克计量,四舍五入,不计小数。钢筋、钢板或型钢由于理论单位重量与实际单位重量的差异而引起材料重量与数量不相匹配的情况,计量时不予考虑。 4)金属材料的重量不得包括施工需要加放或使用的灰浆、楔块、填缝料、垫衬物、油料、接缝料、焊条、涂敷料等的重量。 5)承运按重量计量的材料的货车,应每天在监理人指定的时间和地点称出空车重量,每辆货车还应标示清晰易辨的标记。 6)对有规定标准的项目,例如钢筋、金属线、钢板、型钢、管材等,均有规定的规格、重量、截面尺寸等指标,这类指标应视为通常的重量或尺寸。除非引用规范中的允许偏差值加以控制,否则可用制造商所示的允许偏差。 (3)面积 除非另有规定,计算面积时,其长、宽应按图纸所示尺寸线或按监理人指示计量。对于面积在$1m^2$以下的固定物(如检查井等)不予扣除。

	图名	《技术规范》关于总则工程量计量 与支付的内容(2)	图号	3-4

《技术规范》关于总则工程量计量与支付的内容(3)

节次及节名	项 目	编 号	内 容
第101节 通则	工程量 的计量	101.06	(4)结构物 1)结构物应按图纸所示净尺寸线,或根据监理人指示修改的尺寸线计量。 2)水泥混凝土的计量应按监理人认可的并已完工工程的净尺寸计算,钢筋的体积不扣除,倒角不超过0.15m×0.15m时不扣除,体积不超过0.03m³的开孔及开口不扣除,面积不超过0.15m×0.15m的填角部分也不增加。 　3)所有以延米计量的结构物(如管涵等),除非图纸另有表示,应按平行于该结构物位置的基面或基础的中心方向计量。 (5)土方 1)土方体积可采用平均断面积法计算,但与似棱体公式(Prismoidal formula)计算结果比较,如果误差超过±5%时,监理人可指示采用似棱体公式。 2)各种不同类别的挖方与填方计量,应以图纸所示界线为限,而且应在批准的横断面图上标明。 3)用于填方的土方量,应按压实后的纵断面高程和路床面为准来计量。承包人报价时,应考虑在挖方或运输过程中引起的体积差。 4)在现场钉桩后56d内,承包人应将设计和进场复测的土方横断图连同土方的面积与体积计算表,一并提交监理人批准。所有横断面图,都应标有图题框,其大小由监理人指定。一旦横断面图得到最后批准,承包人应交给监理人原版图及三份复制图。 (6)运输车辆体积 1)用体积计量的材料,应以经监理人批准的车辆装运,并在运到地点进行计量。 2)用于体积运输的车辆,其车厢的形状和尺寸应使其容量能够容易而准确地测定并应保证精确度。每辆车都应有明显标记。每车所运材料的体积应于事前由监理人与承包人相互达成书面协议。

图名	《技术规范》关于总则工程量计量与支付的内容(3)	图号	3-4

《技术规范》关于总则工程量计量与支付的内容(4)

节次及节名	项　目	编　号	内　　　　容
第101节 通则	工程量 的计量	101.06	3)所有车辆都应装载成水平容积高度,车辆到达送货点时,监理人可以要求将其装载物重新整平,对超过定量运送的材料将不予支付。运量达不到定量的车辆,应被拒绝或按监理人确定减少的体积接收。根据监理人的指示,承包人应在货物交付点,随机将一车材料刮平,在刮平后如发现货车运送的材料少于定量时,从前一车起所有运到的材料的计量都按同样比率减为目前的车载量。 　　(7)重量与体积换算 　　1)如承包人提出要求并得到监理人的书面批准,已规定要用立方米计量的材料可以称重,并将此重量换算为立方米计量。 　　2)从重量计量换算为体积计量的换算系数应由监理人确定,并应在此种计量方法使用之前征得承包人的同意。 　　(8)沥青和水泥 　　1)沥青和水泥应以千克(kg)计量。 　　2)如用货车或其他运输工具装运沥青材料,可以按经过检定的重量或体积计算沥青材料的数量,但要对漏失或泡沫进行校正。 　　3)水泥可以以袋作为计量的依据,但一袋的标准应为50kg。散装水泥应称重计量。 　　(9)成套的结构单元 　　如规定的计量单位是一成套的结构物或结构单元(实际上就是按"总额"或称"一次支付"计的工程细目),该单元应包括了所有必需的设备、配件和附属物及相关作业。 　　(10)标准制品项目 　　1)如规定采用标准制品(如护栏、钢丝、钢板、轧制型材、管子等),而这类项目又是以标准规格(单位重、截面尺寸等)标示的,则这种标示可以作为计量的标准。 　　2)除非采用标准制品的允许误差比规范要求的允许误差要求更严格,否则,生产厂确定的制造允许误差将不予认可。

图名	《技术规范》关于总则工程量计量 与支付的内容(4)	图号	3-4

《技术规范》关于总则工程量计量与支付的内容(5)

节次及节名	项 目	编 号	内 容
第101节 通则	图纸	101.07	(1)发包人提供的图纸中的工程数量表内数值,仅供施工作业时参考,并不代表支付项目,因此不能作为计量与支付的依据。 (2)承包人施工时应核对图中标注的构造物尺寸和标高。发现错误时,应立即和监理人联系,按照监理人批准的尺寸及标高实施。 (3)合同授予后,监理人(业主)可提供进一步的详细图纸或补充图纸,供完成施工工艺图参考。但这并不免除承包人完成施工工艺图和对施工质量负责的任何义务。承包人应向监理人提出图纸使用计划,以保证施工进度不被延误。
	工程变更	101.08	工程实施过程中的工程变更应按照合同条款的相关规定执行。
	税金和保险	101.09	(1)承包人应根据中华人民共和国税法的规定和地方政府的规定缴纳有关税费。 (2)在施工期及缺陷责任期内,承包人应按照合同条款要求办理保险,包括建筑工程一切险和第三者责任保险。 (3)承包人应按照合同条款要求为其履行合同所雇用的全部人员缴纳工伤保险费,在整个施工期间为其现场机构雇用的全部人员投保人身意外伤害险并为其施工设备办理保险,其费用由承包人负担。
	各支付项的范围	101.10	(1)承包人应得到并接受合同条款规定的报酬,作为实施各工程项目(不论是临时的或永久性的)与缺陷修复中需提供的一切劳务(包括劳务的管理)、材料、施工机械及其他事务的充分支付。 (2)除非另有规定,工程量清单中各支付子目所报的单价或总额,都应认为是该支付子目全部作业的全部报酬。包括所有劳务,材料和设备的提供、运输、安装和临时工程的修建、维护与拆除,责任和义务等费用,均应认为已计入工程量清单标价的各工程子目中。 (3)工程量清单未列入的子目,其费用应认为已包括在相关的工程子目的单价和费率中,不再另行支付。

图名	《技术规范》关于总则工程量计量 与支付的内容(5)	图号 3-4

《技术规范》关于总则工程量计量与支付的内容(6)

节次及节名	项 目	编 号	内　　　容
第101节 通则	计量与 支付	101.11	属履行第101节中各项要求的,除第101.09小节按下述规定办理外,其他不单独计量与支付。 (1)计量 1)承包人按合同条款办理的建筑工程一切险和第三者责任保险,按总额计量。 2)承包人应交缴纳的所有税金(包括营业税、城市维护建设税和教育费附加)和工伤事故险保险费、人身意外伤害险保险费以及施工设备保险费,由承包人摊入各相关工程子目的单价和费率之中,不单独计量。 (2)支付 合同条款中规定的建筑工程一切险和第三者责任险的保险费,将根据保险公司的保单经监理人签证后支付。如果由发包人统一与保险公司办理上述两项保险,则由发包人扣回。 (3)支付子目

子目号	子 目 名 称	单　　位
101－1	保险费	
－a	按合同条款规定,提供建筑工程一切险	总　额
－b	按合同条款规定,提供第三者责任险	总　额

图名	《技术规范》关于总则工程量计量 与支付的内容(6)	图号	3－4

《技术规范》关于总则工程量计量与支付的内容(7)

节次及节名	项 目	编 号	内 容
第102节 工程管理	计量与 支付	102.14	(1)计量 1)第102.08小节的工作内容及与此有关的一切作业经监理人审查批准后,以总额计量。 2)第102.11小节的工作内容包括施工场地砂石化、控制扬尘、降低噪声、合理排污等一切与此有关的作业经监理人检查验收后以总额计量。 3)第102.13小节安全生产费用按投标价(不含安全生产费及建筑工程一切险及第三者责任险的保险费)的1%(若招标人公布了投标控制价上限时,按投标控制价上限的1%计)以固定金额形式计入工程量清单支付子目102-3中。第102.13小节所发生的施工安全生产费用,应用于施工安全防护用具及设施的采购和更新、安全施工措施的落实、安全生产条件的改善,不得挪作他用。施工安全设施费及与此有关的一切作业经监理人,对工程安全生产情况审查批准后,以总额计量。如承包人在此基础上增加安全生产费用以满足项目施工需要,则承包人应在本项目工程量清单其他相关子目的单价或总额价中予以考虑,发包人不再另行支付。 4)工程管理软件按第102.01-4条要求安装运行,工程管理软件费用由发包人估定,以暂估价的形式按总额计入工程总价内。其费用包括系统操作人员的培训、劳务和计算机配置、维护、备份管理及网络构筑等一切与此相关的费用。 (2)支付 102-1子目在监理人验收合格后一次支付。

图名	《技术规范》关于总则工程量计量 与支付的内容(7)	图号	3-4

《技术规范》关于总则工程量计量与支付的内容(8)

节次及节名	项 目	编 号	内 容
第102节 工程管理	计量与 支付	102.14	102-2子目费用每三分之一工期支付总额的30%。交工验收证书签发之后,支付总额的10%。 102-3子目费用由监理人发出开工通知后支付总额的50%;在承包人的施工进度计划和施工方案说明被监理人批复后支付总额的25%;按规范要求及监理人的指示落实安全生产措施后支付剩余的25%。 102-4子目经监理人验收后,支付监理人确认的实际金额的90%;交工验收证书签发之后,支付剩余的10%。 (3)支付子目 子目表
第103节 临时工程 与设施	计量与 支付	103.05	(1)计量 1)临时道路、电信设施及供水与排污设施的修建、维修及拆除等临时工程,根据施工过程中已完成的经监理人现场验收合格分别以总额计量。 2)临时工程用地经监理人批准,以总额计量。 3)临时供电设施的修建及拆除经监理人现场验收合格后以总额计量;临时供电设施的维修以月为单位计量。 4)为完成上述各项设施所需的一切材料、机械设备、人员及与此有关的一切作业费用均含入相关子目单价或总额价之中不另行计量。

子目表:

子 目 号	子 目 名 称	单 位
102-1	竣工文件	总 额
102-2	施工环保费	总 额
102-3	安全生产费	总 额
102-4	工程管理软件(暂估价)	总 额

图名	《技术规范》关于总则工程量计量 与支付的内容(8)	图号	3-4

《技术规范》关于总则工程量计量与支付的内容(9)

节次及节名	项　目	编　号	内　　　容
第 103 节 临时工程 设施	计量与 支付	103.05	(2)支付 临时工程完工后,由监理人验收合格后分期支付,所报总额的 80%,应在第 1 次至第 4 次进度付款证书中,以 4 次等额予以支付;所报总价中余下的 20%,待交工验收证书颁发后支付。 (3)支付子目 子目号 / 子目名称 / 单位 103-1 / 临地道路修建、养护与拆除(包括原道路的养护费) / 总额 103-2 / 临时占地 / 总额 103-3 / 临时供电设施 -a / 设施架设、拆除 / 总额 -b / 设施维修 / 月 103-4 / 电信设施的提供、维修与拆除 / 总额 103-5 / 供水与排污设施 / 总额
第 104 节 承包人 驻地建设	计量与 支付	104.07	(1)计量 驻地建设完成后,经监理人现场核实,以总额计量。 (2)支付 104-1 子目所报总价的 90%,应在第 1~3 次进度付款证书中,以 3 次等额支付;余下的 10%,应在承包人驻地建设已经移走和清除,并经监理人验收合格时予以支付。 (3)支付子目 子目号 / 子目名称 / 单位 104-1 / 承包人驻地建设 / 总额

图名	《技术规范》关于总则工程量计量 与支付的内容(9)	图号	3-4

4 道路工程工程量清单计价

公路工程路线平面图识读(1)

序号	项 目	内 容	
1	路线平面图制图一般规定	(1)平面图中常用的图线应符合下列规定: 1)设计路线应采用加粗粗实线表示,比较线应采用加粗粗虚线表示; 2)道路中线应采用细点画线表示; 3)中央分隔带边缘线应采用细实线表示; 4)路基边缘线应采用粗实线表示; 5)导线、边坡线、护坡道边缘线、边沟线、切线、引出线、原有通路边线等,应采用细实线表示; 6)用地界线应采用中粗点画线表示; 7)规划红线应采用粗双点画线表示。 (2)里程桩号的标注应在道路中线上从路线起点至终点,按从小到大,从左到右的顺序排列。公里桩宜标注在路线前进方向的左侧;百米桩宜标注在路线前进方向的右侧,用垂直于路线的短线表示。也可在路线的同一侧,均采用垂直于路线的短线表示公里桩和百米桩。 (3)平曲线特殊点如第一缓和曲线起点、圆曲线起点,圆曲线中点、第二缓和曲线终点、第二缓和曲线起点、圆曲线终点的位置,宜在曲线内侧用引出线的形式表示,并应标注点的名称和桩号。 (4)在图纸的适当位置,应列表标注平曲线要素:交点编号、交点位置、圆曲线半径、缓和曲线长度、切线长度、曲线总长度、外距等。高等级公路应列出导线点坐标表。 (5)缩图(示意图)中的主要构造物可按图1标注。 (6)图中的文字说明除"注"外,宜采用引出线的形式标注(图2)。 (7)图中原有管线应采用细实线表示,设计管线应采用粗实线表示,规划管线应采用虚线表示。 (8)边沟水流方向应采用单边箭头表示。 (9)水泥混凝土路面的胀缝应采用两条细实线表示;假缝应采用细虚线表示,其余应采用细实线表示。	示意图 名称 细实线 **图 1 构造物的标注** 来向桩号 = 去向桩号 断链减短或增长 ××m **图 2 文字的标注**

公路工程路线平面图识读(2)

序号	项 目	内　　　　容
2	路线平面图的识读	路线平面图中包含有大量信息,在读图中,应着重注意判读图中的以下数据: (1)里程桩号。里程桩号的表示如下:"K"表示千米,K后面的数字表示距路线起点的整千米数,如K88,表示该点距路线起点距离为88km;整千米桩后面的"+"号表示整千米加上某一距离,该距离单位为米,如K88+688,表示该点距路线起点距离为88km688m;两个整千米桩之间标有百米桩,以数字1、2、3……9表示,表明至前一个整千米桩的距离,如标示为6的百米桩,表明至前一个整千米桩的距离为600m。 (2)在公路路线平面图中常常存在断链情况的标注。例如,假定在图中交点JD$_{185}$与JD$_{186}$之间标有"K66+500=K64+350断链2150m长"的桩点,该桩点称为断链桩;该桩点具有两个里程数,前一个里程数用于该桩点以前路线里程的计量,后一个里程数用于该桩点以后路线里程的计量。计量的有效范围为至前或至后一个断链桩点为止,如无前、后断链桩点存在,则顺延至路线起点或终点。 　　路线局部改线后,路线长度发生增减,计量路线长度的里程会发生变化,为了将里程数的变化限制在改线范围之内而设置断链桩;断链桩前的里程按改线后的实测里程,而断链桩以后的里程仍按改线前的里程不变。 　　断链桩点位标注的两个里程数,当"="号前面的里程数大于后面的里程数时称为"长链";当"="前面的里程数小于后面的里程数时称为"短链"。 (3)路线平面图中绘有等高线,沿等高线梯度方向标注的数字,例如280、290、300等,为该等高线的高程,标于每10m高差的等高线上。 (4)平面图的空余位置列有曲线表,表中的符号为汉语拼音字母,其含义可查设计文件常用符号表。在路线平面图中,主要符号有JD(交点)、$\triangle Z$(左偏角,表示路线沿前进方向左偏的角度,$\triangle$即为新的路线前进方向与原来的路线前进方向的夹角)、$\triangle Y$(右偏角,表示路线沿前进方向右偏的角度;$\triangle$即为新的路线前进方向与原来的路线前进方向的夹角);R(平曲线半径)、T(切线长)、L(曲线长)、E(外矢距)、ZY(直圆点——直线段与圆曲线的交点)、YZ(圆直点——圆曲线与直线段的交点)、ZH(直缓点——直线段与缓和曲线的交点)、HZ(缓直点——缓和曲线与直线段的交点)、HY(缓圆点——缓和曲线与圆曲线的交点)、YH(圆缓点——圆曲线与缓和曲线的交点)、QZ(曲线中点)、BM(水准点)等。 (5)图中还用相应的图示示出了桥梁、隧道、涵洞等构造物,请参阅有关图例。 (6)图中路线两侧地形、地物的判读,在具备基本的地形图的读图知识后就很容易读懂。

图名	公路工程路线平面图识读(2)	图号	4-1

公路工程路线纵断面图识读(1)

序号	项 目	内 容
1	路线纵断面图制图一般规定	(1)纵断面图的图样应布置在图幅上部。测设数据应采用表格形式布置在图幅下部。高程标尺应布置在测设数据表的上方左侧(图1)。 测设数据表宜按图1的顺序排列,表格可根据不同设计阶段和不同道路等级的要求而增减,纵断面图中的距离与高程宜按不同比例绘制。 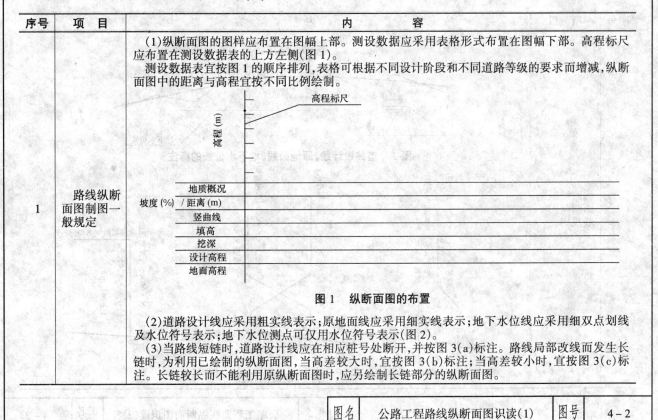 **图1 纵断面图的布置** (2)道路设计线应采用粗实线表示;原地面线应采用细实线表示;地下水位线应采用细双点划线及水位符号表示;地下水位测点可仅用水位符号表示(图2)。 (3)当路线短链时,道路设计线应在相应桩号处断开,并按图3(a)标注。路线局部改线而发生长链时,为利用已绘制的纵断面图,当高差较大时,宜按图3(b)标注;当高差较小时,宜按图3(c)标注。长链较长而不能利用原纵断面图时,应另绘制长链部分的纵断面图。

公路工程路线纵断面图识读(2)

序号	项 目	内　　　容
1	路线纵断面图制图一般规定	图 2　道路设计线、原地面线、地下水位线的标注 图 3　断链的标注

| 图名 | 公路工程路线纵断面图识读(2) | 图号 | 4-2 |

公路工程路线纵断面图识读(3)

序号	项　目	内　　容
1	路线纵断面图制图一般规定	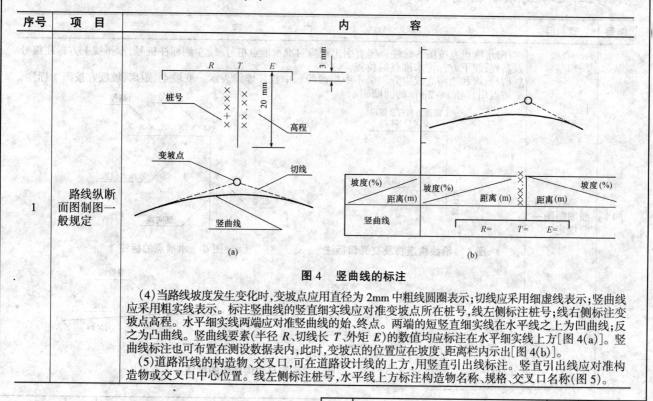 图4　竖曲线的标注

（4）当路线坡度发生变化时，变坡点应用直径为 2mm 中粗线圆圈表示；切线应采用细虚线表示；竖曲线应采用粗实线表示。标注竖曲线的竖直细实线应对准变坡点所在桩号，线左侧标注桩号；线右侧标注变坡点高程。水平细实线两端应对准竖曲线的始、终点。两端的短竖直细实线在水平线之上为凹曲线；反之为凸曲线。竖曲线要素（半径 R、切线长 T、外矩 E）的数值均应标注在水平细实线上方[图4(a)]。竖曲线标注也可布置在测设数据表内，此时，变坡点的位置应在坡度、距离栏内示出[图4(b)]。

（5）道路沿线的构造物、交叉口，可在道路设计线的上方，用竖直引出线标注。竖直引出线应对准构造物或交叉口中心位置。线左侧标注桩号，水平线上方标注构造物名称、规格、交叉口名称（图5）。

图名	公路工程路线纵断面图识读(3)	图号	4-2

公路工程路线纵断面图识读(4)

序号	项 目	内　　　容
1	路线纵断面图制图一般规定	(6)水准点宜按图6标注。竖直引出线应对准水准点桩号,线左侧标注桩号,水平线上方标注编号及高程;线下方标注水准点的位置。 (7)盲沟和边沟底线应分别采用中粗虚线和中粗长虚线表示。变坡点、距离、坡度宜按图7标注,变坡点用直径1~2mm的圆圈表示。 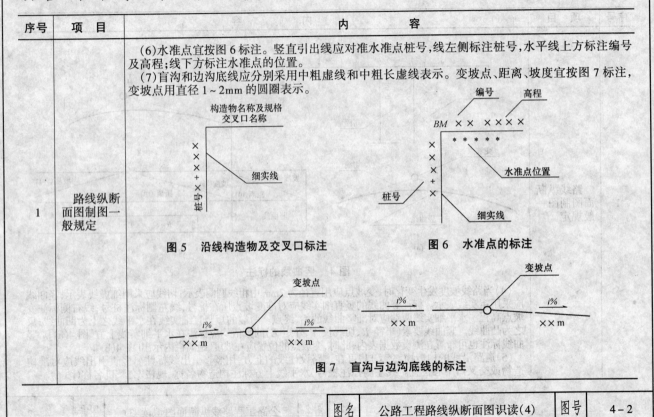 图5　沿线构造物及交叉口标注　　　　图6　水准点的标注 图7　盲沟与边沟底线的标注

公路工程路线纵断面图识读(5)

序号	项 目	内 容
1	路线纵断面图制图一般规定	(8)在纵断面图中可根据需要绘制地质柱状图,并表示出岩土图例或代号。各地层高程应与高程标尺对应。 探坑应按宽为0.5cm、深为1:100的比例绘制,在图样上标注高程及土壤类别图例。 钻孔可按宽0.2cm绘制,仅标注编号及深度,深度过长时可采用折断线表示出。 (9)纵断面图中,给排水管涵应标注规格及管内底的高程。地下管线横断面应采用相应图例。无图例时可自拟图例,并应在图纸中说明。 (10)在测设数据表中,设计高程、地面高程、填高、挖深的数值应对准其桩号,单位以米计。 (11)里程桩号应由左向右排列。应将所有固定桩及加桩桩号示出。桩号数值的字底应与所表示桩号位置对齐。整公里桩应标注"K",其余桩号的公里数可省略(图8)。 (12)在测设数据表中的平曲线栏中,道路左、右转弯应分别用凹、凸折线表示。当不设缓和曲线段时,按图9(a)标注;当设缓和曲线段时,按图9(b)标注。在曲线的一侧标注交点编号、桩号、偏角、半径、曲线长。 图 8 里程桩号的标注

图名	公路工程路线纵断面图识读(5)	图号	4-2

公路工程路线纵断面图识读(6)

序号	项　目	内　　容
1	路线纵断面图制图一般规定	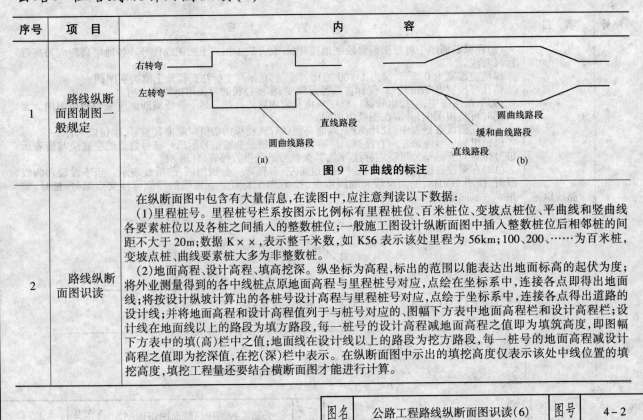 图9　平曲线的标注
2	路线纵断面图识读	在纵断面图中包含有大量信息,在读图中,应注意判读以下数据: (1)里程桩号。里程桩号栏系按图示比例标有里程桩位、百米桩位、变坡点桩位、平曲线和竖曲线各要素桩位以及各桩之间插入的整数桩位;一般施工图设计纵断面图中插入整数桩位后相邻桩的间距不大于20m;数据 K×× ,表示整千米数,如 K56 表示该处里程为 56km;100、200、……为百米桩,变坡点桩、曲线要素桩大多为非整数桩。 (2)地面高程、设计高程、填高挖深。纵坐标为高程,标出的范围以能表达出地面标高的起伏为度;将外业测量得到的各中线桩点原地面高程与里程桩号对应,点绘在坐标系中,连接各点即得出地面线;将按设计纵坡计算出的各桩号设计高程与里程桩号对应,点绘于坐标系中,连接各点得出道路的设计线;并将地面高程和设计高程值列于与桩号对应的、图幅下方表中地面高程栏和设计高程栏;设计线在地面线以上的路段为填方路段,每一桩号的设计高程减地面高程之值即为填筑高度,即图幅下方表中的填(高)栏中之值;地面线在设计线以上的路段为挖方路段,每一桩号的地面高程减设计高程之值即为挖深值,在挖(深)栏中表示。在纵断面图中示出的填挖高度仅表示该处中线位置的填挖高度,填挖工程量还要结合横断面图才能进行计算。

	图名	公路工程路线纵断面图识读(6)	图号	4-2

公路工程路线纵断面图识读(7)

序号	项 目	内 容
2	路线纵断面图识读	(3)坡度、坡长。坡度、坡长栏中之值系纵坡设计(拉坡)的最终结果值,在纵坡设计中,通常将变坡点设置在直线段的整桩号上,故坡长一般为整数;在图幅下方表中的坡长、坡度栏中,沿路线前进方向其向上倾斜的斜线段表示上坡、向下倾斜的斜线段表示下坡;在斜线段的上方示出的值是坡度值(百分数表示,下坡为负),斜线段下方示出的值为坡长值(单位为 m)。 (4)平曲线。平曲线栏中示出的是平曲线设置情况,沿路线前进方向向左(表示左偏)或向右(表示右偏)的台阶垂直短线仅次于曲线起点和终点,并用文字标出了该曲线的交点编号(如 JD119)、平曲线半径(如 $R = 1200$)、曲线长(如 $L = 190$)。 (5)土壤地质概况。图幅下方土壤地质概况栏中分段示出了道路沿线的土壤地质概况。 (6)竖曲线。在纵断面图上用两端带竖直短线的水平线表示竖曲线,竖直短线在水平线上方的表示凹竖曲线,竖直短线在水平线下方的表示凸竖曲线;竖直短线分别要与竖曲线起点和终点对齐,并标出 R(竖曲线半径)、T(竖曲线切线长)、E(竖曲线外距);在工程量计算中,会涉及到竖曲线的里程桩号、设计高程、地面高程。 (7)结构物。在纵断面图上用竖直线段标示出了桥梁、涵洞的位置;在竖直线段左边标出了结构物的结构形式、跨(孔)径、跨(孔)数,如"6~30m 预应力混凝土 T 型梁桥",表示设置有 6 跨,每跨 30m 的预应力混凝土 T 型梁桥;在竖直线段右边示出的,如 K66 + 180,表示该结构物的中心桩号为 K66 + 180;有隧道时,标出了隧道的进、出口位置、里程桩号、隧道名称。 (8)长、短链。若路线存在长链或短链的情况,在纵断面图中的相应桩点亦标出了长链、短链的数据。

图名	公路工程路线纵断面图识读(7)	图号	4-2

公路工程路线横断面图识读(1)

序号	项　目	内　　　　　容
1	路线横断面图制图一般规定	（1）路面线、路肩线、边坡线、护坡线均应采用粗实线表示；路面厚度应采用中粗实线表示；原有地面线应采用细实线表示，设计或原有道路中线应采用细点划线表示(图1)。 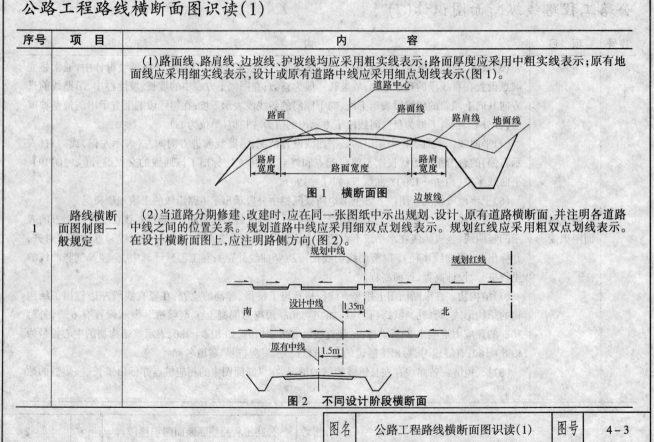 图1　横断面图 （2）当道路分期修建、改建时，应在同一张图纸中示出规划、设计、原有道路横断面，并注明各道路中线之间的位置关系。规划道路中线应采用细双点划线表示。规划红线应采用粗双点划线表示。在设计横断面图上，应注明路侧方向(图2)。 图2　不同设计阶段横断面

图名	公路工程路线横断面图识读(1)	图号	4-3	

公路工程路线横断面图识读(2)

序号	项　目	内　　容
1	路线横断面图制图一般规定	(3)横断面图中,管涵、管线的高程应根据设计要求标注。管涵、管线横断面应采用相应图例(图3)。 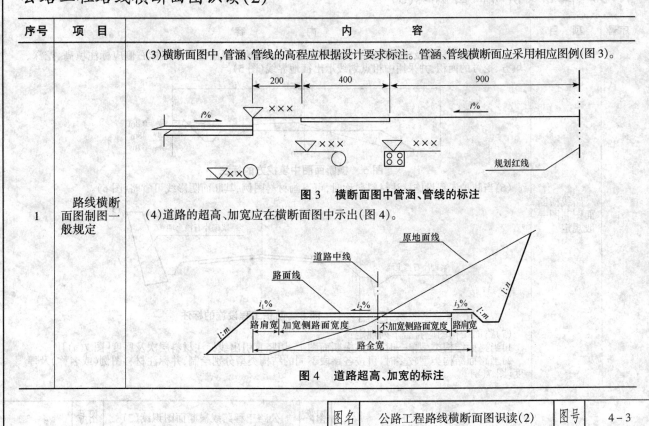 **图3　横断面图中管涵、管线的标注** (4)道路的超高、加宽应在横断面图中示出(图4)。 **图4　道路超高、加宽的标注**

图名	公路工程路线横断面图识读(2)	图号	4-3

公路工程路线横断面图识读(3)

序号	项 目	内 容
1	路线横断面图制图一般规定	(5)用于施工放样及土方计算的横断面图应在图样下方标注桩号。图样右侧应标注填高、挖深、填方、挖方的面积,并采用中粗点划线示出征地界线(图5)。 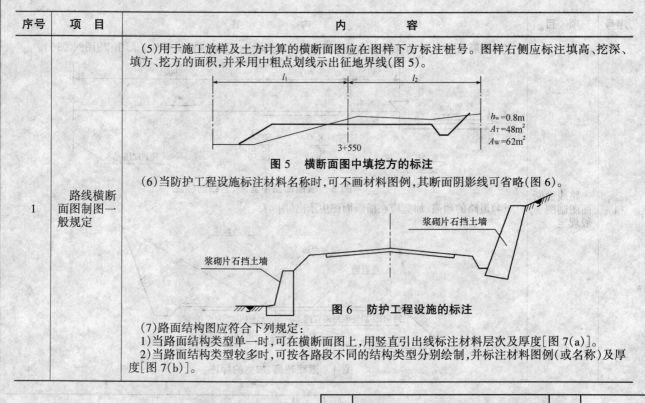 **图5 横断面图中填挖方的标注** (6)当防护工程设施标注材料名称时,可不画材料图例,其断面阴影线可省略(图6)。 **图6 防护工程设施的标注** (7)路面结构图应符合下列规定: 1)当路面结构类型单一时,可在横断面图上,用竖直引出线标注材料层次及厚度[图7(a)]。 2)当路面结构类型较多时,可按各路段不同的结构类型分别绘制,并标注材料图例(或名称)及厚度[图7(b)]。

图名	公路工程路线横断面图识读(3)	图号	4-3

公路工程路线横断面图识读(4)

序号	项 目	内　　　容
1	路线横断面图制图一般规定	沥青表面处治 2cm 沥青碎石 10cm 石灰土厚 15cm (a)　　图 7　路面结构的标注　(b) (8)在路拱曲线大样图的垂直和水平方向上,应按不同比例绘制(图 8)。 100 200 300 400 500 600 700 750 0.91 2.16 3.58 5.13 6.78 8.51 10.32 11.25 B/2 = 750 图 8　路拱曲线大样

图名	公路工程路线横断面图识读(4)	图号	4−3

公路工程路线横断面图识读(5)

序号	项　目	内　　容
1	路线横断面图制图一般规定	(9)当采用徒手绘制实物外形时,其轮廓应与实物外形相近。当采用计算机绘制此类实物时,可用数条间距相等的细实线组成与实物外形相近的图样(图9)。 (10)在同一张图纸上的路基横断面,应按桩号的顺序排列,并从图纸的左下方开始,先由下向上,再由左向右排列(图10)。 图9　实物外形的绘制 (a)徒手绘制;(b)计算机绘制 图10　横断面的排列顺序
2	路线横断面图识读	(1)路基标准横断面图。通常,设计图中的路基标准横断面图上标注有各细部尺寸,如行车道宽度、路肩宽度、分隔带宽度、填方路堤边坡坡度、挖方路堑边坡坡度、台阶宽度、路基横坡坡度、设计高程位置、路中线位置、超高旋转轴位置、截水沟位置、公路界、公路用地范围等。标准横断面图中的数据仅表示该道路路基在通常情况下的横断面设计情况,在特定情况下,比如存在超高、加宽等时的路基横断面的有关数据应在路基横断面图中查找。 (2)路基横断面图。路基横断面图是按照路基设计表中的每一桩号和参数绘制出的路基横断面图。图中除表示出了该横断面的形状外,还标明了该横断面的里程桩号,中桩处的填(高)挖(深)值,填、挖面积,以中线为界的左、右路基宽度等数据。

图名	公路工程路线横断面图识读(5)	图号	4-3

公路工程路线横断面图识读(6)

序号	项 目	内　　　容
3	路面结构设计图识读	(1)路面类型 按路面面层的使用性质、材料组成类型以及结构强度和稳定性的不同,路面可分为四个等级,如表1所示。

路面等级分类表
表1

路面等级	面 层 类 型	适用于单车道昼夜交通量(辆)	适用等级
高 级	水泥混凝土、沥青混凝土、厂拌沥青碎石、整齐石块或条石头	> 5000	高速公路,一级、二级路
次高级	沥青贯入碎(砾)石、路拌沥青碎(砾)石、沥青表面处治、半整齐石块	300～5000	二级或三级路
中 级	泥结或级配碎(砾)石、不整齐石块、其他粒料	50～300	三级或四级路
低 级	粒料加固土、其他当地材料加固或改善土	< 50	四级路

(2)路面结构的层次划分
路面结构的层次划分如表2所示。

图名	公路工程路线横断面图识读(6)	图号	4-3

公路工程路线横断面图识读(7)

序号	项 目	内　　　容

路面结构层次划分　　　　　　　　　　　　表2

层次	组成及名称	特　　　点
面层	磨耗层	路面结构的最上层,应具有较高的结构强度、刚度、稳定性、耐久性、耐磨性,表层还应具有不透水、耐磨性等性能要求;面层可由一层或数层组成,水泥混凝土面层通常由一层或两层(上层、下层)组成,沥青混凝土面层常由数层(表面层、中面层、下面层等)组成,有的在基层顶面设置了联结层或封水层。
	面层上层	
	面层下层	
	联结层	
基层	上基层	位于面层之下和垫层或土基之上,基层起承载和传力的作用,应具有较高的强度、刚度和足够的水稳定性;路面基层通常分两层(上基层、底基层)铺筑。
	底基层	
垫层	垫层	介于基层与土基之间,可起隔水、排水、隔温、传递和扩散荷载作用;要求材料强度不一定很高,但水稳定性要好;材料的隔温、隔水和隔土性能应较好。

序号3　项目:路面结构设计图识读

(3)路面结构设计图的判读
在路面结构设计图的判读中,应重点读懂并弄清:
1)路面结构层的设置与层次划分;
2)每一结构层的组成;
3)各结构层的尺寸、用材(料)与施工技术、施工工艺要求;
4)工程量的计算规则、方法与计算结果及其与造价编制中对工程量计算的要求的一致性。
在读图过程中,应将图、表结合起来阅读和理解。

公路工程道路平交与立交图识读(1)

序号	项 目	内 容
1	道路平交与立交图制图一般规定	(1)交叉口竖向设计高程的标注应符合下列规定: 1)较简单的交叉口可仅标注控制点的高程、排水方向及其坡度[图1(a)];排水方向可采用单边箭头表示。 2)用等高线表示的平交路口,等高线宜用细实线表示,并每隔四条细实线绘制一条中粗实线[图1(b)]。 3)用网格高程表示的平交路口,其高程数值宜标注在网格交点的右上方,并加括号。若高程整数值相同时,可省略。小数点前可不加"0"定位。高程整数值应在图中说明。网格应采用平行于设计道路中线的细实线绘制[图1(c)]。 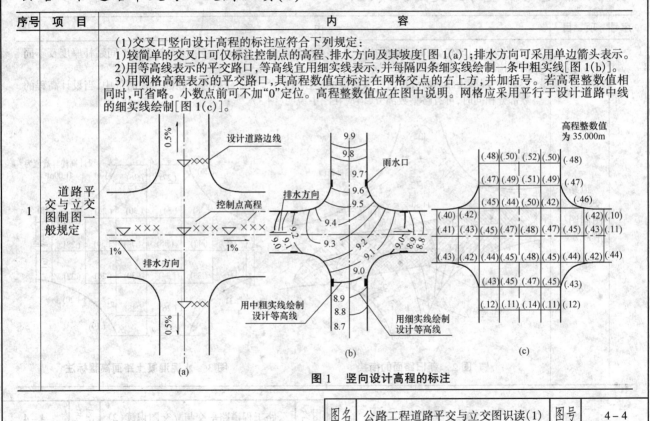 图 1 竖向设计高程的标注

图名	公路工程道路平交与立交图识读(1)	图号	4－4

公路工程道路平交与立交图识读(2)

序号	项　目	内　　容
1	道路平交与立交图制图一般规定	(2)当交叉口改建(新旧道路衔接)及旧路面加铺新路面材料时,可采用图例表示不同贴补厚度及不同路面结构的范围(图2)。 (3)水泥混凝土路面的设计高程数值应标注在板角处,并加注括号。在同一张图纸中,当设计高程的整数部分相同时,可省略整数部分,但应在图中说明(图3)。 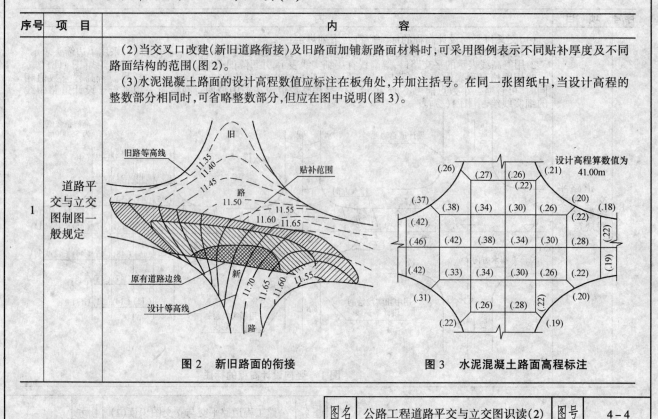 图2　新旧路面的衔接　　　　　图3　水泥混凝土路面高程标注

公路工程道路平交与立交图识读(3)

序号	项目	内　　　容
1	道路平交与立交图制图一般规定	(4)在立交工程纵断面图中,机动车与非机动车的道路设计线均应采用粗实线绘制,其测设数据可在测设数据表中分别列出。 (5)在立交工程纵断面图中,上层构造物宜采用图例表示,并示出其底部高程,图例的长度为上层构造物底部全宽(图4)。 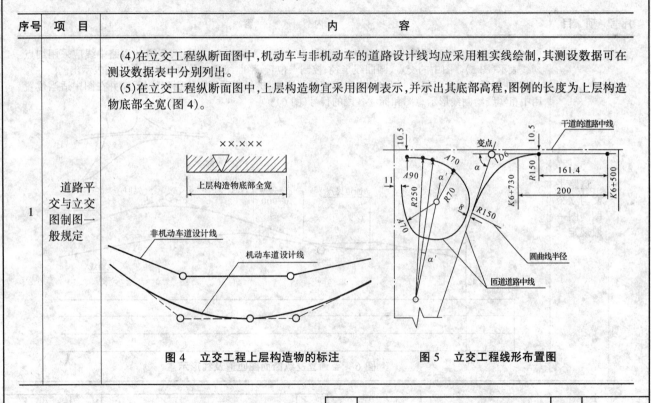 图4　立交工程上层构造物的标注　　图5　立交工程线形布置图

图名	公路工程道路平交与立交图识读(3)	图号	4-4

公路工程道路平交与立交图识读(4)

序号	项　目	内　　　　　容
1	道路平交与立交图制图一般规定	(6)在互通式立交工程线形布置图中,匝道的设计线应采用粗实线表示,干道的道路中线应采用细点划线表示(图5)。图中的交点、圆曲线半径、控制点位置、平曲线要素及匝道长度均应列表示出。 (7)在互通式立交工程纵断面图中,匝道端部的位置、桩号应采用竖直引出线标注,并在图中适当位置用中粗实线绘制线形示意图和标注各段的代号(图6)。 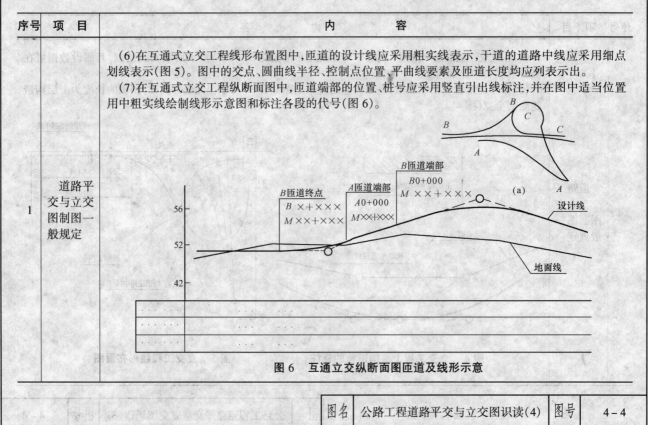 图6　互通立交纵断面图匝道及线形示意

公路工程道路平交与立交图识读(5)

序号	项 目	内 容
1	道路平交与立交图制图一般规定	(8)在简单立交工程纵断面图中,应标注低位道路的设计高程,其所在桩号用引出线标注。当构造物中心与道路变坡点在同一桩号时,构造物应采用引出线标注(图7)。 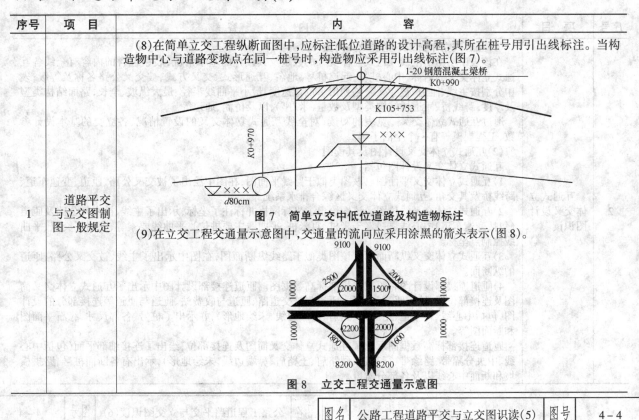 图7　简单立交中低位道路及构造物标注 (9)在立交工程交通量示意图中,交通量的流向应采用涂黑的箭头表示(图8)。 图8　立交工程交通量示意图

图名	公路工程道路平交与立交图识读(5)	图号	4-4

公路工程道路平交与立交图识读(6)

序号	项 目	内 容
2	互通立体交叉设计图识读	(1)互通式立体交叉一览表及其阅读 在该表中示出了全线互通式立体交叉的数量及其设计的基本情况,表中包含的内容有全线各互通式立体交叉的名称、中心桩号、起讫桩号、地名、互通形式、交叉方式、被交叉公路名称及等级;表中分别按主线、匝道、被交叉公路列出了设计速度、最小平曲线半径、最大纵坡、全长,路面结构类型及厚度,跨线桥、匝道桥结构类型及数量(米/座),以及桥涵、通道等。 通过互通式立体交叉一览表的阅读,对全线互通式立体交叉的设置情况,各立交的基本设计参数、工程规模等有一个全面了解。 (2)互通式立体交叉设计图及其读图 互通式立体交叉设计图包括: 1)互通式立体交叉平面图。该图类似于路线平面图,在图中绘出了被交叉公路、匝道、变速车道、跨线桥及其交角,互通式立体交叉区综合排水系统等。 2)互通式立体交叉线位图。该图绘出了坐标网格并标注了坐标,示出了主线、被交叉公路及匝道(包括变速车道)中心线、桩号(千米桩、百米桩、平曲线主要桩位)、平曲线要素等,列出了交点、平曲线控制点坐标。 3)互通式立体交叉纵断面图。该图类似于路线纵断面图,在图中示出了主线、被交叉公路、匝道的纵断面。 4)匝道连接部设计图和匝道连接部标高数据图。匝道连接部设计图中示出了互通式立体交叉简图及连接部位置,绘有匝道与主线、匝道与被交道路、匝道与收费站、匝道与匝道等连接部分的设计图(包括中心线、行车道、路缘带、路肩、鼻端边线,未绘地形),并示出了桩号、各部尺寸、缘石平面图和断面图等。 匝道连接部标高数据图示出了互通式立体交叉简图及连接部位,绘出了连接细部平面(包括中心线、中央分隔带、路缘带、行车道、硬路肩、土路肩、鼻端边线,未绘地形),示出有各断面桩号、路拱横坡和断面中心线以及各部分宽度。

图名	公路工程道路平交与立交图识读(6)	图号	4-4

公路工程道路平交与立交图识读(7)

序号	项　目	内　　容
2	互通式立体交叉设计图识读	5)互通式立体交叉区内路基、路面及排水设计图表。该部分图表中有路基标准横断面图、路基横断面设计图、路面结构图、排水工程设计图、防护工程设计图等,并附有相应的表格。 6)主线及匝道跨线桥桥型布置图表。 7)主线及跨线桥结构设计图表。 8)通道设计图表、涵洞设计图表。 9)管线设计图。管线设计图中示出了管线的布置(包括平面位置、标高、形式、孔径等),检查井的布置、结构形式等。 10)附属设施设计图。在该部分设计图中示出了立体交叉范围内的其他各项工程,如挡土墙、交通工程、沿线设施预埋管道、阶梯、绿化等工程的位置、形式、结构、尺寸、采用的材料、工程数量等方面的内容。 互通式立体交叉设计图包含的图纸内容较多,既有道路方面的,也有桥涵结构方面的,还有防护、排水等方面的设计图。在读图时,要系统地阅读;要将各部分图纸的有机联系、相互之间的关系弄清楚,特别要注意核定其位置关系、构造关系、尺寸关系的正确性及其施工方面的协调性、施工方法的可行性等。
3	分离式立体交叉设计图识读	(1)分离式立体交叉一览表及其阅读 分离式立体交叉一览表中,给出了各分离式立体交叉的中心桩号及各被交公路名称及等级、交叉方式及与主线的交角、设计荷载、孔数与孔径、桥面净宽、桥梁总长度、上部构造、下部构造、被交公路改建长度、最大纵坡等。 通过该一览表的阅读,可以掌握本工程所含分离式立体交叉的数量、各分立式立体交叉的设计形式(上跨或下穿)、立交桥的桥梁结构形式及工程规模、被交公路的情况等方面内容。

图名	公路工程道路平交与立交图识读(7)	图号	4-4

公路工程道路平交与立交图识读(8)

序号	项　目	内　　　容
3	分离式立体交叉设计图识读	(2)分离式立体交叉设计图及其阅读 分离式立体交叉设计图册包括: 　1)分离式立体交叉平面图。该图的范围包括桥梁两端的全部引道在内,图中示出了主线、被交叉公路或铁路、跨线桥及其交角、里程桩号和平曲线要素,护栏、防护网、管道及排水设施位置等。 　2)分离式立体交叉纵断面图。该图与路线纵断面图类似;有时该图与平面图合并绘制在一幅图面上。 　3)被交叉公路横断面图和路基、路面设计图。该图中示出了被交叉公路的标准横断面图、路基各横断面图、路面结构设计图等。 　4)分离式立体交叉桥的桥型布置图。该图示出了分离式立体交叉桥的桥型布置,图中示出了设计的桥梁的结构形式,桥的平面、纵断面(立面)、横断面,墩台设计情况、地质情况、里程桩号、设计高程,路线的平曲线、竖曲线设计要素等。 　5)分离式立体交叉桥结构设计图。该图中示出了桥的上部结构、下部结构、基础等各部分结构的细部构造、尺寸、所用材料以及对施工方法、施工工艺方面的要求等。 　6)其他构造物设计图。若被交叉公路内有挡土墙、涵洞、管线等其他构造物时,则在该图中示出。 　由于分离式立体交叉设计图包含的图册较多,涉及的工程内容包括道路、桥梁、涵洞、支挡结构等,因此,应系统地阅读,将各部分图纸之间的关系、相互之间的联系弄清楚,特别是与造价编制有关的,如工程数量、所用材料及数量、施工方法、技术措施等。
4	平面交叉工程设计图识读	平面交叉工程设计图表包括: 　(1)平面交叉工程数量表。在该表中列出了除交通工程及沿线设施以外的、在平面交叉区内(包括交叉区内主线)的所有工程量及材料数量等。 　(2)平面交叉布置图。在该图中绘出了地形、地物、主线、被交叉公路或铁路、交通岛等;并注明了交叉点桩号及交角,水准点位置、编号及高程,管线及排水设施的位置等。 　(3)平面交叉设计图。该图中示出了环形和渠化交叉的平面、纵断面和横断面及标高数据图等。 　对该部分图表的阅读主要是结合平面交叉布置图和设计图核定其工程数量表中的数量。

	图名	公路工程道路平交与立交图识读(8)	图号	4-4

公路工程道路平交与立交图识读(9)

序号	项 目	内 容
5	管线交叉工程设计图识读	管线交叉工程设计图表包括: (1)管线工程数量表。该表中列出了管线交叉桩号、地名、交叉方式、交角、被交叉的管线长度及管线类型、管线上跨或下穿、净空或埋深,以及工程数量、材料数量等。 (2)管线交叉设计图。管线交叉处如果设计有人工构造物的,在该图中示出,包括其细部构造。
6	人行天行工程设计图识读	人行天桥是专供行人通行的、由道路上方跨越的桥梁。人行天桥设计图表包括: (1)人行天桥工程数量表。在该表中列出了除交通工程及沿线设施外的人行天桥的数量、每座天桥的工程量或材料数量。 (2)人行天桥设计图。人行天桥设计图与桥梁设计图同,在该图中示出了人行天桥的结构形式,立面图、平面图、横断面图,各细部结构和尺寸、所用材料、高程等。 由于人行天桥结构通常比较简单,因此读懂该部分图表较容易,只需要对照设计图,核对人行天桥工程数量表中的数据即可。
7	通道工程设计图识读	通道是专供行人通行的,由道路路面以下穿越的构造物。通道工程设计图表包括: (1)通道工程数量表。该表中列出了除交通工程及沿线设施以外的、通道范围内的所有工程数量或材料数量。 (2)通道设计图。通道设计图包括通道布置图和通道结构设计图。通道布置图中示出了全部引道在内的平面、纵断面、横断面、地质断面、地下水位等;通道结构设计图中示出了通道的结构形式、细部构造、尺寸、设计高程、地质情况、所用材料等,该图与小桥、涵洞结构设计图类似。

图名	公路工程道路平交与立交图识读(9)	图号	4-4

道路工程常用名词解释(1)

序号	类 别	名 词 解 释
1	道路工程标准规范常见名词解释	道路:供各种车辆和行人等通行的工程设施。按其使用特点分为公路、城市道路、厂矿道路、林区道路及乡村道路等。 公路:联结城市、乡村,主要供汽车行驶的具备一定技术条件和设施的道路。 城市道路:在城市范围内,供车辆及行人通行的具备一定技术条件和设施的道路。 厂矿道路:主要供工厂、矿山运输车辆通行的道路。 林区道路:建在林区,主要供各种林业运输工具通行的道路。 乡村道路:建在乡村、农场,主要供行人及各种农业运输工具通行的道路。 道路工程:以道路为对象而进行的规划、勘测、设计、施工等技术活动的全过程及其所从事的工程实体。 道路网:在一定区域内,由各种道路组成的相互联络、交织成网状分布的道路系统,全部由各级公路组成的称公路网。在城市范围内由各种道路组成的称城市道路网。 道路(网)密度:在一定区域内,道路网的总里程与该区域面积的比值。 道路技术标准:根据道路的性质、交通量及其所处地点的自然条件,确定道路应达到的各项技术指标和规定。 道路建筑限界:为保证车辆和行人正常通行,规定在道路的一定宽度和高度范围内不允许有任何设施及障碍物侵入的空间范围。 净空:道路上无任何障碍物侵入的空间范围。其高度称净高,其宽度称净宽。 等级道路:技术条件和设施符合道路技术标准的道路。 辅道:设在道路的一侧或两侧,供不允许驶入或准备由出入口驶入该道路的车辆或拖拉机等行驶道路。 高速公路:具有四个或四个以上车道,设有中央分隔带,全部立体交叉并全部控制出入的专供汽车高速行驶的公路。 等级公路:技术条件和设施符合国家标准或部标准的公路。

图名	道路工程常用名词解释(1)	图号
		4-5

道路工程常用名词解释(2)

序号	类 别	名 词 解 释
1	道路工程标准规范常见名词解释	干线公路:在公路网中起骨架作用的公路。 支线公路:在公路网中起连接作用的公路。 国家干线公路(国道):在国家公路网中,具有全国性的政治、经济、国防意义,并经确定为国家干线的公路。 省干线公路(省道):在省公路网中,具有全省性的政治、经济、国防意义,并经确定为省级干线的公路。 公路自然区划:根据全国各地气候、水文、地质、地形等条件对公路工程的影响而划分的地理区域。 (城市)快速路:城市道路中设有中央分隔带,具有四条以上的车道,全部或部分采用立体交叉与控制出入,供车辆以较高的速度行驶的道路。 (城市)主干路:在城市道路网中起骨架作用的道路。 (城市)次干路:城市道路网中的区域性干路,与主干路相连接,构成完整的城市干路系统。 (城市)支路:城市道路网中干路以外联系次干路或供区域内部使用的道路。 街道:在城市范围内,全路或大部分地段两侧建有各式建筑物,设有人行道和各种市政公用设施的道路。 郊区道路:位于城市郊区的城市道路。 居住区道路:以住宅建筑为主体的区域内的道路。 工业区道路:以工业为主体的区域内的道路。 厂外道路:厂矿围墙(厂矿区)范围外的道路,包括对外道路、联络道路等。 厂内道路:厂矿围墙(厂矿区)范围内的道路(露天矿山道路除外),包括主干道、次干道、支道、车间引道和人行道。 (厂内)主干道:连接厂内主要出入口的道路和运输繁忙的全厂性道路。 车道:在车行道上供单一纵列车辆行驶的部分。

图名	道路工程常用名词解释(2)	图号	4-5

道路工程常用名词解释(3)

序号	类 别	名 词 解 释
1	道路工程标准规范常见名词解释	内侧车道:多车道的车行道上紧靠道路中线的车道。 中间车道:多车道的车行道上位于中部的车道。 外侧车道:多车道的车行道上紧靠路边侧的车道。 附加车道:道路上局部路段增辟专供某种需要使用的车道。包括变速车道、爬坡车道等。 变速车道:高速公路、城市快速路等道路上的加速车道和减速车道的总称。 人行道:道路中用路缘石或护栏及其他类似设施加以分隔的专供行人通行的部分。 分隔带:沿道路纵向设置的分隔车行道用的带状设施,位于路中线位置的称中央分隔带;位于路中线两侧的称外侧分隔带。 路缘带:位于车行道两侧与车道相衔接的用标线或不同的路面颜色划分的带状部分。其作用是保障行车安全。 路肩:位于车行道外缘至路基边缘,具有一定宽度的带状部分(包括硬路肩与土路肩),为保持车行道的功能和临时停车使用,并作为路面的横向支承。 硬路肩:与车行道相邻并铺以具有一定强度路面结构的路肩部分(包括路缘带)。 路缘石:设在路面边缘的界石,简称缘石。 平缘石:顶面与路面平齐的路缘石。有标定路面范围、整齐路容、保护路面边缘的作用。 平石:铺砌在路面与立缘石之间的平缘石。 街沟(偏沟):城市街道路面边缘处,由立缘石与平石或铺装路面形成的侧沟。 路侧带:街道外侧立缘石的内缘与建筑线之间的范围。 交通安全设施:为保障行车和行人的安全,充分发挥道路的作用,在道路沿线所设置的人行地道、人行天桥、照明设备、护栏、标柱、标志、标线等设施的总称。 人行横道:在车行道上用斑马线等标线或其他方法标示的、规定行人横穿车道的步行范围。 人行地道:专供行人横穿道路用的地下通道。 人行天桥:专供行人跨越道路用的桥梁。

图名	道路工程常用名词解释(3)	图号	4-5

道路工程常用名词解释(4)

序号	类别	名 词 解 释
1	道路工程标准规范常见名词解释	护栏:沿危险路段的路基边缘设置的警戒车辆驶离路基和沿中央分隔带设置的防止车辆闯入对向车行道的防护设施,以及为使行人与车辆隔离而设置的保障行人安全的设施。 护墙:在道路的急弯、陡坡等危险路段,沿路肩修筑的矮墙。 隔声墙:为减轻行车噪声对附近居民的影响而设置在公路侧旁的墙式构造物。 踏勘:对道路建设的方案进行野外勘察和技术经济调查并估算投资等的作业。 施工测量:工程开工前及施工中,根据设计图在现场进行恢复道路中线、定出构造物位置等测量放样的作业。 竣工测量:工程竣工后,为编制工程竣工文件,对实际完成的各项工程进行的一次全面量测的作业。 路堤:高于原地面的填方路基。 路堑:低于原地面的挖方路基。 半填半挖式路基:在一个横断面内,部分为路堤、部分为路堑的路基。 台口式路基:在山坡上,以山体自然坡面为下边坡,全部开挖而成的路基。 路基宽度:在一个横断面上两路肩外缘之间的宽度。 路基设计高程:指路基外缘、路中心线或中央分隔带边缘线的设计高程。 (路基)最小填土高度:为保证路基稳定,根据土质、气候和水文地质条件所规定的路肩边缘至原地面的最小高度,边坡的高度与宽度之比。 (边)坡顶:路基边坡的最高点。挖方路基为边坡与原地面相接处,填方路基为路肩外缘。 (边)坡脚:路基边坡的最低点。填方路基为边坡与原地面相接处,挖方路基为边坡底。 护坡道:当路堤较高时,为保证边坡稳定,在取土坑与坡脚之间,沿原地面纵向保留的有一定宽度的平台。 边坡平台:当路堤较高时,为保证边坡稳定,在边坡坡面上沿纵向做成的有一定宽度的平台。 碎落台:在路堑边坡坡脚与边沟外侧边缘之间或边坡上,为防止碎落物落入边沟而设置的有一定宽度的纵向平台。

| | 图名 | 道路工程常用名词解释(4) | 图号 | 4-5 |

道路工程常用名词解释(5)

序号	类 别	名 词 解 释
1	道路工程标准规范常见名词解释	护坡:为防止边坡受冲刷,在坡面上所做的各种铺砌和栽植的统称。 挡土墙:为防止路基填土或山坡岩土坍塌而修筑的、承受土体侧压力的墙式构造物。 重力式挡土墙:依靠墙身自重抵抗土体侧压力的挡土墙。 衡重式挡土墙:利用衡重台上部填土的重力和墙体重心后移而抵抗土体侧压力的挡土墙。 悬臂式挡土墙:由立壁、趾板、踵板三个钢筋混凝土悬臂构件组成的挡土墙。 扶壁式挡土墙:沿悬臂式挡土墙的立臂,每隔一定距离加一道扶壁,将立壁与踵板连接起来的挡土墙。 柱板式挡土墙:由立柱、挡板、腰梁、腰板、基座和拉杆组成,借助腰板上部填土的重力平衡土体侧压力的挡土墙。 锚杆式挡土墙:由钢筋混凝土板和锚杆组成,依靠锚固在岩土层内的锚杆的水平拉力以承受土体侧压力的挡土墙。 锚锭板式挡土墙:由钢筋混凝土墙板、拉杆和锚锭板组成,借埋置在破裂面后部稳定土层内的锚锭板和拉杆的水平拉力,以承受土体侧压力的挡土墙。 加筋土挡土墙:由填土、拉带和镶面砌块组成的加筋土承受土体侧压力的挡土墙。 石笼:为防止河岸或构造物受水流冲刷而设置的装填石块的笼子。 抛石:为防止河岸或构造物受水流冲刷而抛填较大石块的防护措施。 路基排水:为保证路基稳定而采取的汇集,排除地表或地下水的措施。 边沟:为汇集和排除路面、路肩及边坡的流水,在路基两侧设置的水沟。 截水沟:为拦截山坡上流向路基的水,在路堑坡顶以外设置的水沟。 排水沟:将边沟、截水沟和路基附近低洼处汇集的水引向路基以外的水沟。 盲沟:在路基或地基内设置的充填碎、砾石等粗粒材料并铺以倒滤层(有的其中埋设透水管)的排水、截水暗沟。

图名	道路工程常用名词解释(5)	图号	4-5

道路工程常用名词解释(6)

序号	类别	名 词 解 释
1	道路工程标准规范常见名词解释	渗水井:为将边沟排不出的水渗到地下透水层中而设置的充填碎、砾石等粗粒材料并铺以倒滤层的竖井。 过水路面:通过平时无水或流水很少的宽浅河流而修筑的在洪水期间容许水流漫过的路面。 街道排水:为排除街道路面上的降水而采取的排水措施。 管道排水:利用设在地下的相互连通的管道及相应设施,汇集和排除道路的地表水。 检查井:在地下管线位置上每隔一定距离修建的竖井。主要供检修管道、清除污泥及用以连接不同方向、不同高度的管线使用。 泄水口:道路管道排水系统或渠道排水系统的出水口。 填方:路基表面高于原地面时,从原地面填筑至路基表面部分的土石体积。 挖方:路基表面低于原地面时,从原地面至路基表面挖去部分的土石体积。 借土:为填筑路基,在沿线或路线以外选定的地点所取的土。 弃土:利用挖方填筑路基所剩余的土或不适宜筑路而废弃的土。 取土坑:在道路沿线挖取土方填筑路基或用于养护所留下的整齐土坑。 回填土:工程施工中,完成基础等地面以下工程后,再返还填实的土。 排水砂垫层:为加速软弱地基的固结,保证路基的强度和稳定,在路堤底部铺设的砂层。 路面:用各种筑路材料铺筑在道路上直接承受车辆荷载的层状构造物。 刚性路面:刚度较大、抗弯拉强度较高的路面。一般指水泥混凝土路面。 柔性路面:刚度较小、抗弯拉强度较低,主要靠抗压、抗剪强度来承受车辆荷载作用的路面。 高级路面:用水泥混凝土、沥青混凝土、热拌沥青碎石或整齐石块作面层的路面。 钢筋混凝土路面:配置有纵横向钢筋或钢筋网的水泥混凝土路面。 块料路面:用石块、水泥混凝土块等铺砌而成的路面之统称。

图名	道路工程常用名词解释(6)	图号	4-5

道路工程常用名词解释(7)

序号	类别	名 词 解 释
1	道路工程标准规范常见名词解释	沥青路面:用沥青作结构料铺筑面层的路面之统称。 再生沥青路面:用再生沥青混合料作面层的路面。 沥青混凝土路面:用沥青混凝土作面层的路面。 泥结碎石路面:以碎石为骨料,经碾压后灌泥浆,依靠碎石的嵌锁和黏土的粘结作用形成的路面。 水结碎石路面:石灰岩类碎石层经洒水碾压,依靠碎石的嵌锁和石粉的粘结作用形成的路面。 路槽:为铺筑路面,在路基上按照设计要求修筑的浅槽。分挖槽、培槽、半挖半培槽三种形式。 路床:路槽底部一定深度的部分称路床。土质路床又称土基。 面层:直接承受车辆荷载及自然因素的影响,并将荷载传递到基层的路面结构层。 企口缝:相邻两块水泥混凝土路面板,一侧板的中间榫头与邻板板边的榫槽吻接以传递荷载的接缝。 道床:支承和固定轨枕,并将其支承的荷载传布于铁路路基面的轨道组成部分。 道岔:将一条铁路轨道分支为两条或两条以上的设备。 垫层:设于基层以下的结构层。其主要作用是隔水、排水、防冻以改善基层和土基的工作条件。 隔温层:为防止或减轻土基的冻害,在基层和土基之间用导温性低的材料铺筑的垫层。 层铺法:集料与结合料分层摊铺、洒布、压实的路面施工方法。 拌和法:集料与结合料按一定配比拌和均匀、摊铺、压实的路面施工方法。 厂拌法:在固定的拌和工厂或移动式拌和站拌制混合料的施工方法。 路拌法:在路上或沿线就地拌和混合料的施工方法。 热拌法:按一定比例的集料和沥青分别加热至规定温度,然后拌和均匀的施工方法。 冷拌法:将一定配比的集料和液体沥青在常温下进行拌和的施工方法。 热铺法:沥青混合料加热拌和后,在规定温度下摊铺、压实的路面施工方法。 冷铺法:沥青混合料拌和后,在常温下摊铺、压实的路面施工方法。 贯入法:在初步压实的碎石层上浇筑沥青,再分层撒铺嵌缝料和洒布沥青,并分层压实的路面施工方法。 铺砌法:用手工或机械铺筑块料路面的施工方法。

图名	道路工程常用名词解释(7)	图号 4-5

道路工程常用名词解释(8)

序号	项目	内容
2	路基定额名词解释	路基(又称路槽、路床、路胎、道胎):是指按照路线位置和一定技术要求修筑的作为路面基础的带状构筑物。 路床整形:按设计要求和规定标高,将边沟、边坡、路基起高垫低、夯实、碾压成形。整形路床的平均厚度一般在 10cm 以内。 路基盲沟:为路基设置的充填碎石、砾石等组粒材料并辅以过滤层(有的其中埋设透水管)的排水、截水暗沟。 软土路基及软土路基处理:主要指由天然含水量大、压缩性高、承载能力低的土构成。软土路基处理的主要方法有:改变土壤结构、做石灰砂桩、打塑料排水板桩、铺设土工布、用水泥稳定土、铺设垫层料、打粉喷桩等,以确保路基的强度和稳定性,达到设计要求。 石灰砂桩:为加速软弱地基的固结,在地基上钻孔并灌入生石灰(或中粗砂)而形成的吸水柱体。 塑料排水板桩:为加速软弱地基的固结,使用带门架(或不带门架)的打桩设备将装有塑料排水板的钢管打入地基中,通过塑料排水板的纵、横向的排水,加速沉降,提高路基强度。 铺设土工布:为增加路基的稳定性和基层的刚度,在路基的底层铺设土工布,并折向边坡作防护。 水泥稳定土:在软土地基中掺入一定量的低强度等级水泥,通过拌和、摊铺、碾压等工序实现土壤的固结。 砂垫层:在软土层上增加一个排水面,通过砂垫层的密度预压造成地基的排水沉降,以提高地基的强度和稳定性,砂垫层的厚度在 0.6~1m。 铺设垫层料:垫层料分为砂垫层、石硝垫层和炉渣垫层,都是以 5cm 为起点,每增减 1cm,造价随之增减,主要作为地基找平层之用。 粉喷桩:是软土地基处理方法之一,用钻机打孔将石灰、水泥(或其他材料)用粉体发送器和空压机压送到土壤中,形成加固柱体,实现地基的固结。

道路工程常用名词解释(9)

序号	项 目	内 容
3	道路基层定额名词解释	基层:基层(又称基础、垫层、过滤层、隔离层、扎根层、主料层)是指设在面层以下的结构层,主要承受由面层传递的车辆荷载,并将荷载分布到垫层或路基上。当基层为多层时,最下面的一层为底基层。基层可分为:白灰土基层;石灰炉渣土基层;石灰粉煤灰土基层;石灰粉煤灰砂砾基层;石灰粉煤灰碎石基层;石灰土碎石基层以及以粉煤灰为主要材料的多种混合料基层。底基层可分为:砂砾石(天然级配)、卵石、碎石、块石、混石、矿渣、山皮石以及沥青稳定碎石等。按一定的配合比,经过路拌或厂拌均匀后用机械或人工摊铺到路基上,经碾压、养生后形成的基层。 石灰炉渣土基层:按设计厚度要求,将消石粉、炉渣与土按一定的配比,经过路拌或厂拌均匀后,用机械或人工摊铺到路基上,经碾压、养生后形成的基层。 石灰粉煤灰砂砾基层:按设计厚度要求,将消石粉、粉煤灰、砂砾按一定的配合比,加入适量的水,经过路拌或厂拌均匀后,用机械或人工摊铺到路基上,经碾压、养生后形成的基层。 石灰粉煤灰碎石基层:按设计厚度要求,将消石灰与粉煤灰、碎石按一定的配合比,经过路拌或厂拌均匀后,用机械或人工摊铺到路基上,经碾压、养生后形成的基层。 石灰土碎石基层:按设计厚度要求,将消石灰土、碎石按一定的配合比,经过路拌或厂拌均匀后,用机械或人工摊铺到路基上,经碾压、养生后形成的基层。 粉煤灰基层:按设计厚度要求,将粉煤灰用机械或人工摊铺到路基上,经碾压、养生后形成的基层。 砂砾石(天然级配)基层:按设计厚度要求,将砂砾石用机械或人工摊铺到路基上,经碾压、养生后形成的基层。 卵石底基层:按设计厚度要求,将卵石用机械或人工摊铺到路基上,经碾压、养生后形成的基层。 碎石底基层:按设计厚度要求,将碎石用机械或人工摊铺到路基上,经碾压、养生后形成的基层。 块石底基层:按设计厚度要求,人工将块石铺筑在路基上,灌浆、养生后形成的基层。 混石底基层:按设计厚度要求,人工将块石、片石等混合石料铺筑到路基上,经灌浆、养生后形成的基层。 矿渣底基层:按设计厚度要求,将矿渣用机械或人工摊铺到路基上,经碾压、养生后形成的基层。 山皮石底基层:按设计厚度要求,将山皮石用机械或人工摊铺到路基上,经碾压、养生后形成的基层。 沥青稳定碎石基层:在摊铺好的碎石层上用热沥青洒布法固结形成的基层。

图名	道路工程常用名词解释(9)	图号	4-5

道路工程常用名词解释(10)

序号	项　目	内　　　　容
4	道路面层定额名词解释	简易路面(同低级路面):用各种材料改善土的路面。 沥青表面处治:用沥青和集料按层铺法或拌和法铺筑而成的厚度不超过3cm的沥青面层。 沥青灌入式路面:用沥青灌入碎石(砾石)作面层的路面。 喷洒沥青油料:将液化沥青(结合油、透层油、乳化沥青、油皮等)混合材料采取人工或汽车洒布机按层均匀地喷洒在路面上,以达到耐磨、封闭表面、除尘和防滑的目的,延长路面使用年限。 沥青碎石路面:沥青碎石路面也称碎石路面,是由一定级配颗粒的矿料(有少量矿粉或不掺矿粉)用沥青作结合料,按一定配合比,均匀拌和经机械或人工摊铺,压实成形的路面。 粗粒式沥青混凝土:用于沥青混凝土面层下层,摊铺厚度在6～8cm,骨料最大粒径在30～35mm的沥青混凝土。 细粒式沥青混凝土:用于沥青混凝土面层上层(或磨耗层、沥青碎石面层的封层),摊铺厚度在1.5～3cm,骨料最大粒径在13～15mm的沥青混凝土。 水泥混凝土路面:用水泥混凝土作的路面。 缩缝:在水泥混凝土路面板上设置的伸缩缝,其作用是使水泥混凝土板在伸缩时,不致产生不规则的裂缝,一般采用真缝。 涨缝:涨缝也称伸缝,在水泥混凝土路面板上设置的膨胀缝,其作用是使水泥混凝土板在温度升高时,能自由伸展,应采用假缝。 水泥混凝土养生:采用围土洒水、塑料薄膜覆盖、锯末草帘覆盖、洒水等方法,使浇筑成活的水泥混凝土路面板达到设计强度。
5	人行道侧缘石及其他定额名词解释	人行道板安砌:人行道板又称步道砖,即将一定规格的预制水泥混凝土板(块、砖)按设计要求砌筑成各形构筑物。 侧缘石安砌:将缘石沿路边高出路面砌筑。 平缘石安砌:将缘石沿路边与路面水平砌筑。 砌筑树池:用各种砌筑材料将沿树围砌的构筑物。 消解石灰:水化或加工生石灰的过程。

图名	道路工程常用名词解释(10)	图号	4-5

路基工程工程量清单计量规则(1)

(1)路基工程包括:清理与挖除、路基挖方、路基填方、特殊地区路基处理、排水设施、边坡防护、挡土墙、挂网坡面防护、预应力锚索及锚固板、抗滑桩、河床及护坡铺砌工程。

(2)有关问题的说明及提示:

1)路基石方的界定。用不小于 165kW(220 匹马力)推土机单齿松土器无法勾动,须用爆破、钢楔或气钻方法开挖,且体积大于或等于 1m³ 的孤石为石方。

2)土石方体积用平均断面积法计算。但与似棱体公式计算方式计算结果比较,如果误差超过 5%时,采用似棱体公式计算。

3)路基挖方以批准的路基设计图纸所示界限为限,均以开挖天然密实体积计量。其中包括边沟、排水沟、截水沟、改河、改渠、改路的开挖。

4)挖方作业应保持边坡稳定,应做到开挖与防护同步施工,如因施工方法不当,排水不良或开挖后未按设计及时进行防护而造成的塌方,则塌方的清除和回填由承包人负责。

5)借土挖方按天然密实体积计量,借土场或取土坑中非适用材料的挖除、弃运及场地清理、地貌恢复、施工便道便桥的修建与养护、临时排水与防护作为借土挖方的附属工程,不另行计量。

6)路基填料中石料含量等于或大于 70%时,按填石路堤计量;小于 70%时,按填土路堤计量。

7)路基填方以批准的路基设计图纸所示界限为限,按压实后路床顶面设计高程计算。应扣除跨径大于 5m 的通道、涵洞空间体积,跨径大于 5m 的桥则按桥长的空间体积扣除。为保证压实度两侧加宽超填的增加体积,零填零挖的翻松压实,均不另行计量。

8)桥涵台背回填只计按设计图纸或工程师指示进行的桥涵台背特殊处理数量。但在路基土石方填筑计量中应扣除涵洞、通道台背及桥梁桥长范围外台背特殊处理的数量。

9)回填土指零挖以下或填方路基(扣除 10～30cm 清表)路段挖除非适用材料后好土的回填。

10)填方按压实的体积以立方米计量,包括挖台阶、摊平、压实、整型,其开挖作业在挖方中计量。

11)项目未明确指出的工程内容如:养护、场地清理、脚手架的搭拆、模板的安装、拆除及场地运输等均包含在相应的工程项目中,不另行计量。

12)排水、防护、支挡工程的钢筋、锚杆、锚索除锈制作安装运输及锚具、锚垫板、注浆管、封锚、护套、支架等,包括在相应的工程项目中,不另行计量。

13)取弃土场的防护、排水及绿化在相应工程项目中计量。

| 图名 | 路基工程工程量清单计量规则(1) | 图号 | 4－6 |

路基工程工程量清单计量规则(2)

工程量清单计量规则

项目	节	细目	项目名称	项目特征	计量单位	工程量计算规则	工程内容
二			路基				第 200 章
	2		场地清理				第 202 节
		1	清理与掘除				
		a	清理现场	1. 表土 2. 深度	m²	按设计图表所示，以投影平面面积计算	1. 清除路基范围内所有垃圾 2. 清除草皮或农作物的根系与表土(10~30cm 厚) 3. 清除灌木、竹林、树木(胸径小于 150mm)和石头 4. 废料运输及堆放 5. 坑穴填平夯实
		b	砍树、挖根	胸径	棵	按设计图所示胸径(离地面 1.3m 处的直径)大于 150mm 的树木,以累计棵数计算	1. 砍树、截锯、挖根 2. 运输堆放 3. 坑穴填平夯实
		2	挖除旧路面				
		a	水泥混凝土路面	厚度	m²	按设计图所示,以面积计算	1. 挖除、坑穴回填、压实 2. 装卸、运输、堆放
		b	沥青混凝土路面				
		c	碎(砾)石路面				

图名	路基工程工程量清单计量规则(2)	图号 4-6

路基工程工程量清单计量规则(3)

项目	节	细目	项目名称	项目特征	计量单位	工程量计算规则	工程内容
		3	拆除结构物				
		a	钢筋混凝土结构				
		b	混凝土结构	形状	m³	按设计图所示,以体积计算	1. 拆除、坑穴回填、压实 2. 装卸、运输、堆放
		c	砖、石及其他砌体结构				
	3		挖方				第203节、第206节
		1	路基挖方				
		a	挖土方	1. 土壤类别 2. 运距	m³	按路线中线长度乘以核定的断面面积(扣除10～30cm厚清表土及路面厚度),以开挖天然密实体积计算	1. 施工防、排水 2. 开挖、装卸、运输 3. 路基顶面挖松压实 4. 整修边坡 5. 弃方和剩余材料的处理(包括弃土堆的堆置、整理)
		b	挖石方	1. 岩石类别 2. 爆破要求 3. 运距	m³	按路线中线长度乘以核定的断面面积(扣除10～30cm厚清表土及路面厚度),以开挖天然密实体积计算	1. 施工防、排水 2. 石方爆破、开挖、装卸、运输 3. 岩石开凿、解小、清理坡面危石 4. 路基顶面凿平或填平压实 5. 整修路基 6. 弃方和剩余材料的处理(包括弃土堆的堆置、整理)

图名	路基工程工程量清单计量规则(3)	图号	4－6

路基工程工程量清单计量规则(4)

项目	节	细目	项目名称	项目特征	计量单位	工程量计算规则	工程内容
		c	挖除非适用材料(包括淤泥)	1. 土壤类别 2. 运距	m³	按设计图所示,以体积计算(不包括清理原地面线以下10~30cm以内的表土)	1. 围堰排水 2. 挖装 3. 运弃(包括弃土堆的堆置、整理)
	2		改路、改河、改渠挖方				
		a	挖土方	1. 土壤类别 2. 运距	m³	按路线中线长度乘以核定的断面面积(扣除10~30cm厚清表土及路面厚度),以开挖天然密实体积计算	1. 施工防、排水 2. 开挖、装运、堆放、分理填料 3. 路基顶面挖松压实 4. 整修边坡 5. 弃方和剩余材料的处理(包括弃土堆的堆置、整理)
		b	挖石方	1. 岩石类别 2. 爆破要求 3. 运距	m³		1. 施工防、排水 2. 石方爆破、开挖、装运、堆放、分理填料 3. 岩石开凿、解小、清理坡面危石 4. 路基顶面凿平或填平压实 5. 弃方和剩余材料的处理(包括弃土堆的堆置、整理)

图名	路基工程工程量清单计量规则(4)	图号	4-6

路基工程工程量清单计量规则(5)

项目	目	节	细目	项目名称	项目特征	计量单位	工程量计算规则	工程内容
			c	挖除非适用材料(包括淤泥)	1. 土壤类别 2. 运距	m³	按设计图所示,以体积计算(不包括清理原地面线以下 10～30cm 以内的表土)	1. 围堰排水 2. 挖装 3. 运弃(包括弃土堆的堆置、整理)
		3		借土挖方				
			a	借土(石)方	1. 土壤类别 2. 爆破要求 3. 运距(图纸规定)	m³	按设计图所示经监理人验收的取土场借土或经监理人批准由于变更引起增加的借土,以体积计算(不包括借土场表土及不适宜材料)	1. 借土场的表土清除、移运、整平、修坡 2. 土方开挖(或石方爆破)、装运、堆放、分理填料 3. 岩石开凿、解小、清理坡面危石
			b	借土(石)方增(减)运费	1. 土壤类别 2. 超运里程	m³·km	按设计图所示,经监理人批准变更或增加的取土场导致借方超过(或低于)图纸规定运距,则增加或减少借方的运量,按该部分借土的数量乘以增加或减少超运里程计算	借方增(减)运距

图名	路基工程工程量清单计量规则(5)	图号	4-6

路基工程工程量清单计量规则(6)

项目	节	细目	项目名称	项目特征	计量单位	工程量计算规则	工程内容
4			填方				第204节、第206节
	1		路基填筑				
		a	回填土	1. 土壤类别 2. 压实度	m³	按设计图表所示,以压实体积计算	回填好土的摊平、压实
		b	土方	1. 土壤类别 2. 粒径 3. 碾压要求	m³	按路线中线长度乘以核定的断面面积(含 10～30cm 清表回填不含路面厚度),以压实体积计算(为保证压实度路基两侧加宽超填的土石方不予计量)	1. 施工防、排水 2. 填前压实或挖台阶 3. 摊平、洒水或晾晒压实 4. 整修路基和边坡
		c	石方				1. 施工防、排水 2. 填前压实或挖台阶 3. 人工码砌嵌锁、改碴 4. 摊平、洒水或晾晒压实 5. 整修路基和边坡
	2		改路、改河、改渠填筑				
		a	回填土	1. 土壤类别 2. 运距 3. 压实度	m³	按设计图所示,以压实体积计算	回填好土的摊平、压实

图名	路基工程工程量清单计量规则(6)	图号	4—6

路基工程工程量清单计量规则(7)

项目	目	节	细目	项目名称	项目特征	计量单位	工程量计算规则	工程内容
			b	土方	1. 土壤类别 2. 粒径 3. 碾压要求	m³	按设计图所示,以压实体积计算	1. 施工防、排水 2. 填前压实或挖台阶 3. 摊平、洒水或晾晒压实 4. 整修路基和边坡
			c	石方				1. 施工防、排水 2. 填前压实或挖台阶 3. 人工码砌嵌锁、改碴 4. 摊平、洒水或晾晒压实 5. 整修路基和边坡
		3		结构物台背及锥坡填筑				
			a	涵洞、通道台背回填	1. 材料规格、类别 2. 压实度 3. 碾压要求	m³	按设计图所示,以压实体积计算	1. 挖运、掺配、拌和 2. 摊平、压实 3. 洒水、养护 4. 整形
			b	桥梁台背回填				
			c	锥坡填筑				
	5			特殊地区路基处理				第205节
		1		软土地基处理				

图名	路基工程工程量清单计量规则(7)	图号	4-6

路基工程工程量清单计量规则(8)

项目	目	节	细目	项目名称	项目特征	计量单位	工程量计算规则	工程内容
			a	抛石挤淤				1. 排水清淤 2. 抛填片石 3. 填塞垫平、压实
			b	干砌片石	材料规格			1. 干砌片石 2. 填塞垫平、压实
			c	砂(砂砾)垫层、碎石垫层		m³	按设计图所示,以体积计算	1. 运料 2. 铺料、整平 3. 压实
			d	灰土垫层	1. 材料规格 2. 配合比			1. 拌和 2. 摊铺、整形 3. 碾压 4. 养生
			e	浆砌片石	1. 材料规格 2. 强度等级			1. 浆砌片石 2. 养生
			f	预压与超载预压	1. 材料规格 2. 时间			1. 布载 2. 卸载 3. 清理场地

图名	路基工程工程量清单计量规则(8)	图号	4-6

路基工程工程量清单计量规则(9)

续表

项目	目	节	细目	项目名称	项目特征	计量单位	工程量计算规则	工程内容
			g	袋装砂井	1. 材料规格 2. 桩径		按设计图所示,按不同孔径以长度计算(砂及砂袋不单独计量)	1. 轨道铺设 2. 装砂袋 3. 定位 4. 打钢管 5. 下砂袋 6. 拔钢管 7. 桩机移位 8. 拆卸
			h	塑料排水板	材料规格	m	按设计图所示,按不同宽度以长度计算(不计伸入垫层内长度)	1. 轨道铺设 2. 定位 3. 穿塑料排水板 4. 按桩靴 5. 打拔钢管 6. 剪断排水板 7. 桩机移位 8. 拆卸
			i	粉喷桩	1. 材料规格 2. 桩径 3. 喷粉量		按设计图所示,按不同桩径以长度计算	1. 场地清理 2. 设备安装、移位、拆除 3. 成孔喷粉 4. 二次搅拌

图名	路基工程工程量清单计量规则(9)	图号	4-6

路基工程工程量清单计量规则(10)

项目	节	细目	项目名称	项目特征	计量单位	工程量计算规则	工程内容
		j	碎石桩	1. 材料规格 2. 桩径	m	按设计图所示,按不同桩径以长度计算	1. 设备安装、移位、拆除 2. 试桩 3. 冲孔填料
		k	砂桩				
		l	松木桩			按设计图所示,以桩打入土的长度计算	1. 打桩 2. 锯桩头
		m	土工布	材料规格	m²	按设计图所示尺寸,以净面积计算(不计入按规范要求的搭接卷边部分)	1. 铺设 2. 搭接 3. 铆固或缝接或粘接
		n	土工格栅				1. 铺设 2. 搭接
		o	土工格室				1. 铺设 2. 搭接 3. 铆固
	2		滑坡处理	1. 土质 2. 运距	m³	按实际量测的体积计算	1. 排水 2. 挖、装、运、卸
	3		岩溶洞回填	1. 材料规格 2. 填实	m³	按实际量测验收的填筑体积计算	1. 排水 2. 挖装运回填 3. 夯实
	4		改良土				
		a	水泥	1. 标号 2. 掺配料剂量 3. 含水量		按设计图所示,以掺配料重量计算	1. 掺配、拌和 2. 养护
		b	石灰				

图名	路基工程工程量清单计量规则(10)	图号	4-6

路基工程工程量清单计量规则(11)

项目	节	细目	项目名称	项目特征	计量单位	工程量计算规则	工程内容
	5		黄土处理				
		a	陷穴	1. 体积 2. 压实度	m³	按实际回填体积计算	1. 排水 2. 开挖 3. 运输 4. 取料回填 5. 压实
		b	湿陷性黄土	1. 范围 2. 压实度	m²	按设计图所示强夯处理合格面积计算	1. 排水 2. 开挖运输 3. 设备安装及拆除 4. 强夯等加固处理 5. 取料回填压实
	6		盐渍土处理				
		a	厚…mm	1. 含盐量 2. 厚度 3. 压实度	m²	按设计图所示,按规定的厚度以换填面积计算	1. 清除 2. 运输 3. 取料换填 4. 压实
	7		水沟				第 207 节
		1	边沟				

图名	路基工程工程量清单计量规则(11)	图号	4-6

路基工程工程量清单计量规则(12)

项目	节	细目	项目名称	项目特征	计量单位	工程量计算规则	工程内容
		a	浆砌片石边沟	1. 材料规格 2. 垫层厚度 3. 断面尺寸 4. 强度等级	m³	按设计图所示以体积计算	1. 扩挖整形 2. 砌筑勾缝或预制混凝土块、铺砂砾垫层、砌筑 3. 伸缩缝填塞 4. 抹灰压顶 5. 预制安装(钢筋)混凝土盖板
		b	浆砌混凝土预制块边沟				
	2		排水沟				
		a	浆砌片石排水沟	1. 材料规格 2. 垫层厚度 3. 断面尺寸 4. 强度等级	m³	按设计图所示,以体积计算	1. 扩挖整形 2. 砌筑勾缝或预制混凝土块、铺砂砾垫层、砌筑 3. 伸缩缝填塞 4. 抹灰压顶 5. 预制安装(钢筋)混凝土盖板
		b	浆砌混凝土预制块排水沟				
	3		截水沟				
		a	浆砌片石截水沟	1. 材料规格 2. 垫层厚度 3. 断面尺寸 4. 强度等级	m³	按设计图所示,以体积计算	1. 扩挖整形 2. 砌筑勾缝或预制混凝土块、铺砂砾垫层、砌筑 3. 伸缩缝填塞 4. 抹灰压顶 5. 预制安装(钢筋)混凝土盖板
		b	浆砌混凝土预制块截水沟				

路基工程工程量清单计量规则(13)

项目	目	节	细目	项目名称	项目特征	计量单位	工程量计算规则	工程内容
			4	浆砌片石急流槽(沟)	1. 材料规格 2. 断面尺寸 3. 强度等级	m³	按设计图所示,以体积计算(包括消力池、消力槛、抗滑台等附属设施)	1. 挖基整形 2. 砌筑勾缝 3. 伸缩缝填塞 4. 抹灰压顶
			5	暗沟(…mm×…mm)		m³	按设计图所示,以体积计算	1. 挖基整形 2. 铺设垫层 3. 砌筑 4. 预制安装(钢筋)混凝土盖板 5. 铺砂砾反滤层 6. 回填
			6	渗(盲)沟				
			a	带PVC管的渗(盲)沟	1. 材料规格 2. 断面尺寸	m	按设计图所示,以长度计算	1. 挖基整形 2. 混凝土垫层 3. 埋PVC管 4. 渗水土工布包碎砾石填充 5. 出水口砌筑 6. 试通水 7. 回填
			b	无PVC管的渗(盲)沟				1. 挖基整形 2. 混凝土垫层 3. 渗水土工布包碎砾石填充 4. 出水口砌筑 5. 回填

图名	路基工程工程量清单计量规则(13)	图号	4-6

路基工程工程量清单计量规则(14)

项目	节	细目	项目名称	项目特征	计量单位	工程量计算规则	工程内容
8			边坡防护				第208节
	1		植草				
		a	播种草籽	1.草籽种类 2.养护期	m²	按设计图所示,按合同规定成活率,以面积计算	1.修整边坡、铺设表土 2.播草籽 3.洒水覆盖 4.养护
		b	铺(植)草皮	1.草皮种类 2.铺设形式			1.修整边坡、铺设表土 2.铺设草皮 3.洒水 4.养护
		c	挂镀锌网客土喷播植草	1.镀锌网规格 2.草籽种类 3.养护期			1.镀锌网、种子、客土等采购、运输 2.边坡找平、拍实 3.挂网、喷播 4.清理、养护
		d	挂镀锌网客土喷混植草	1.镀锌网规格 2.混植草种类 3.养护期			1.材料采购、运输 2.混合草籽 3.边坡找平、拍实 4.挂网、喷播 5.清理、养护

| 图名 | 路基工程工程量清单计量规则(14) | 图号 | 4-6 |

路基工程工程量清单计量规则(15)

续表

项目	节	细目	项目名称	项目特征	计量单位	工程量计算规则	工程内容
		e	土工格室植草	1. 格室尺寸 2. 植草种类 3. 养护期	m²	按设计图所示,按合同规定成活率,以面积计算	1. 挖槽、清底、找平、混凝土浇筑 2. 格室安装、铺种植土、播草籽、拍实 3. 清理、养护
		f	植生袋植草	1. 植生袋种类 2. 草种种类 3. 营养土类别			1. 找坡、拍实 2. 灌袋、摆放、拍实 3. 清理、养护
		g	土壤改良喷播植草	1. 改良种类 2. 草种种类			1. 挖土、耙细 2. 土、改良剂、草籽拌和 3. 喷播改良土 4. 清理、养护
	2		浆砌片石护坡				
		a	满砌护坡	1. 材料规格 2. 断面尺寸 3. 强度等级	m³	按设计图所示,以体积计算	1. 整修边坡 2. 挖槽 3. 铺垫层、铺筑滤水层、制作安装沉降缝、伸缩缝、泄水孔 4. 砌筑、勾缝
		b	骨架护坡				
	3		预制(现浇)混凝土护坡				

图名	路基工程工程量清单计量规则(15)	图号	4－6

路基工程工程量清单计量规则(16)

项	目	节	细目	项目名称	项目特征	计量单位	工程量计算规则	工程内容
			a	预制块满铺护坡	1. 材料规格 2. 断面尺寸 3. 强度等级 4. 垫层厚度	m³	按设计图所示,以体积计算	1. 整修边坡 2. 预制、安装混凝土块 3. 铺筑砂砾垫层、铺设滤水层、制作安装沉降缝、泄水孔 4. 预制安装预制块
			b	预制块骨架护坡				
			c	现浇骨架护坡				1. 整修边坡 2. 浇筑 3. 铺筑砂砾垫层、铺设滤水层、制作安装沉降缝、泄水孔
		4		护面墙				
			a	浆砌片(块)石	1. 材料规格 2. 断面尺寸 3. 强度等级	m³	按设计图所示,以体积计算	1. 整修边坡 2. 基坑开挖、回填 3. 砌筑、勾缝、抹灰压顶 4. 铺筑垫层、铺设滤水层、制作安装沉降缝、伸缩缝、泄水孔
			b	混凝土				1. 整修边坡 2. 浇筑 3. 铺筑垫层、铺设滤水层、制作安装沉降缝、泄水孔

图名	路基工程工程量清单计量规则(16)	图号	4-6

路基工程工程量清单计量规则(17)

续表

项目	节	细目	项目名称	项目特征	计量单位	工程量计算规则	工程内容
9			挡土墙				第 209 节
	1		挡土墙				
		a	浆砌片(块)石挡土墙	1. 材料规格 2. 断面尺寸 3. 强度等级	m³	按设计图所示,以体积计算	1. 围堰排水 2. 挖基、基底清理 3. 砌石、勾缝 4. 沉降缝、伸缩缝填塞、铺设滤水层、制作安装泄水孔 5. 抹灰压顶 6. 基坑及墙背回填
		b	混凝土挡土墙				1. 围堰排水 2. 挖基、基底清理 3. 浇筑、养生 4. 沉降缝、伸缩缝填塞、铺筑滤水层、制作安装泄水孔 5. 基坑及墙背回填
		c	钢筋混凝土挡土墙				1. 围堰排水 2. 挖基、基底清理 3. 钢筋制作安装 4. 浇筑、养生 5. 沉降缝、伸缩缝填塞、铺筑滤水层、制作安装泄水孔 6. 基坑及墙背回填

图名	路基工程工程量清单计量规则(17)	图号	4-6

路基工程工程量清单计量规则(18)

续表

项	目	节	细目	项目名称	项目特征	计量单位	工程量计算规则	工程内容
			d	砂砾(碎石)垫层	1.材料规格 2.厚度	m³	按设计图所示,以体积计算	1.运料 2.铺料整平 3.夯实
	10			锚杆挡土墙				第210节
		1		锚杆挡土墙				
			a	混凝土立柱(C…)	1.材料规格 2.断面尺寸 3.强度等级	m³	按设计图所示,以体积计算	1.挖基、基底清理 2.模板制作安装 3.现浇混凝土或预制安装构件 4.墙背回填
			b	混凝土挡板(C…)				
			c	钢筋				钢筋制作安装
			d	锚杆	1.材料规格 2.抗拉强度等级	kg	按设计图所示,以重量计算	1.钻孔、清孔 2.锚杆制作安装 3.注浆 4.张拉 5.抗拔力试验
	11			加筋土挡土墙				第211节
		1		加筋土挡土墙				

路基工程工程量清单计量规则(19)

项目	节	细目	项目名称	项目特征	计量单位	工程量计算规则	工程内容
		a	钢筋混凝土带挡土墙	1. 材料规格 2. 断面尺寸 3. 加筋用量 4. 强度等级	m³	按设计图所示,以体积计算	1. 围堰排水 2. 挖基、基底清理 3. 浇筑或砌筑基础 4. 预制安装墙面板 5. 铺设加筋带 6. 沉降缝填塞、铺设滤水层、制作安装泄水孔 7. 填筑与碾压 8. 墙面封顶
		b	聚丙烯土工带挡土墙				
12			喷射混凝土和喷浆边坡防护				第212节
	1		挂网喷浆防护边坡				
		a	挂铁丝网喷浆防护	1. 材料规格 2. 厚度 3. 强度等级	m³	按设计图所示,以面积计算	1. 整修边坡 2. 挂网、锚固 3. 喷浆 4. 养生
		b	挂土工格栅喷浆防护				
	2		挂网锚喷混凝土防护边坡(全坡面)				

路基工程工程量清单计量规则(20)

项目	节	细目	项目名称	项目特征	计量单位	工程量计算规则	工程内容
		a	挂钢筋网喷混凝土防护	1. 结构形式 2. 材料规格 3. 厚度 4. 强度等级	m²	按设计图所示,以面积计算	1. 整修边坡 2. 挂网、锚固 3. 喷射混凝土 4. 养生
		b	挂铁丝网喷混凝土防护				
		c	挂土工格栅喷混凝土防护				
		d	锚杆	1. 材料规格 2. 抗拉强度	kg	按设计图所示,以重量计算	1. 清理边坡 2. 钻孔、清孔 3. 注浆 4. 放入锚杆、安装端头垫板 5. 抗拔力试验
	3		坡面防护				
		a	喷射水泥砂浆	1. 材料规格 2. 厚度 3. 强度等级	m²	按设计图所示,以面积计算	1. 整修边坡 2. 喷砂浆 3. 养生
		b	喷射混凝土				1. 整修边坡 2. 喷射混凝土 3. 养生
	13		边坡加固				第213节

图名	路基工程工程量清单计量规则(20)	图号	4-6

路基工程工程量清单计量规则(21)

项目	节	细目	项目名称	项目特征	计量单位	工程量计算规则	工程内容
		1	预应力锚索		kg	按设计图所示,以重量计算	1. 整修边坡 2. 钻孔、清孔 3. 锚索制作安装 4. 张拉 5. 注浆 6. 锚固、封端 7. 抗拔力试验
		2	锚杆	1. 材料规格 2. 抗拉强度			
		3	锚固板		m³	按设计图所示,以体积计算	1. 整修边坡 2. 钢筋制作安装 3. 现浇混凝土或预制安装构件 4. 养护
	14		混凝土抗滑桩				第214节
		1	混凝土抗滑桩				
		a	…m×…m 钢筋混凝土抗滑桩	1. 材料规格 2. 断面尺寸 3. 强度等级	m	按设计图所示,按不同桩尺寸,以长度计算	1. 挖运土石方 2. 通风排水 3. 支护 4. 钢筋制作安装 5. 灌注混凝土 6. 无破损检验

图名	路基工程工程量清单计量规则(21)	图号	4-6

路基工程工程量清单计量规则(22)

续表

项目	节	细目	项目名称	项目特征	计量单位	工程量计算规则	工程内容
		b	钢筋混凝土挡板	1. 材料规格 2. 强度等级	m³	按设计图所示,以体积计算	1. 钢筋制作安装 2. 现浇混凝土或预制安装挡板
15			河道防护				第215节
	1		浆砌片石河床铺砌	1. 材料规格 2. 强度等级	m³	按设计图所示,以体积计算	1. 围堰排水 2. 挖基、铺垫层 3. 砌筑(或抛石)、勾缝 4. 回填、夯实
	2		浆砌片石坝				
	3		浆砌片石护坡				
	4		抛片石				
16			取弃土场恢复				第203节、第204节
	1		浆砌片石挡土墙	1. 材料规格 2. 断面尺寸 3. 强度等级	m³	按设计图所示,以体积计算	1. 围堰排水 2. 挖基、基底清理 3. 砌石、勾缝 4. 沉降缝填塞、铺设滤水层、制作安装泄水孔 5. 抹灰压顶 6. 墙背回填
	2		浆砌片石水沟				1. 挖基整形 2. 砌筑勾缝 3. 伸缩缝填塞 4. 抹灰压顶

图名	路基工程工程量清单计量规则(22)	图号	4-6

路基工程工程量清单计量规则(23)

项目	节	细目	项目名称	项目特征	计量单位	工程量计算规则	工程内容
		3	播种草籽	1. 草籽种类 2. 养护期	m²	按设计图所示,以面积计算	1. 修整边坡、铺设表土 2. 播草籽 3. 洒水覆盖 4. 养护
		4	铺(植)草皮	1. 草皮种类 2. 铺设形式			1. 修整边坡、铺设表土 2. 铺设草皮 3. 洒水 4. 养护
		5	人工种植乔木	1. 胸径(离地1.2m处树干直径) 2. 高度	棵	按累计株数计算	1. 挖坑 2. 苗木运输 3. 施肥 4. 栽植 5. 清理、养护

图名	路基工程工程量清单计量规则(23)	图号	4-6

《技术规范》关于路基工程工程量计量与支付的内容(1)

节次及节名	项　目	编　号	内　　　容
第202节 场地清理	范围	202.01	本节为公路用地范围及借土场范围内施工场地的清理、拆除和挖掘,以及必要的平整场地等有关作业。
	计量与支付	202.04	(1)计量 1)施工场地清理的计量应按监理人书面指定的范围(路基范围以外临时工程用地清场等除外)进行验收。现场实地测量的平面投影面积,以平方米计量。现场清理包括路基范围内的所有垃圾、灌木、竹林及胸径小于100mm的树木、石头、废料、表土(腐殖土)、草皮的铲除与开挖,借土场的场地清理与拆除(包括临时工程)均应列入土方单价之内,不另行计量。 2)砍伐树木仅计胸径(即离地面1.3m高处的直径)大于100mm的树木,以棵计量,包括砍伐后的截锯、移运(移运至监理人指定的地点)、堆放等一切有关的作业;挖除树根以棵计量,包括挖除、移运、堆放等一切有关的作业。 3)挖除旧路面(包括路面基层)应按各种不同结构类型的路面分别以平方米计量;拆除原有公路结构物应分别按结构物的类型,以监理人现场指示的范围和量测方法量测,以立方米计量。 4)所有场地清理、拆除与挖掘工作的一切挖方、挖穴的回填、整平、压实,以及适用材料的移运、堆放和废料的移运处理等作业费用均含入相关子目单价中,不另行计量。 (2)支付 　　按上述规定计量,以监理人验收并列入工程量清单的以下支付子目的工程量,其每一计量单位,将以合同单价支付。此项支付包括材料、劳力、设备、运输等及其为完成此项工程所必需的全部费用。

图名	《技术规范》关于路基工程工程量 计量与支付的内容(1)	图号	4-7

《技术规范》关于路基工程工程量计量与支付的内容(2)

节次及节名	项　目	编　号	内　　容		
第202节 场地清理	计量与 支付	202.04	(3)支付子目		
			细 目 号	子 目 名 称	单　位
			202 – 1	清理与掘除	
			– a	清理现场	m^2
			– b	砍伐树木	棵
			– c	挖除树根	棵
			202 – 2	挖除旧路面	
			– a	水泥混凝土路面	m^2
			– b	沥青混凝土路面	m^2
			– c	碎石路面	m^2
			202 – 3	拆除结构物	
			– a	钢筋混凝土结构	m^3
			– b	混凝土结构	m^3
			– c	砖、石及其他砌体结构	m^3

图名	《技术规范》关于路基工程工程量 计量与支付的内容(2)	图号	4 – 7

《技术规范》关于路基工程工程量计量与支付的内容(3)

节次及节名	项 目	编 号	内 容
第203节 挖方路基	范围	203.01	本节工作内容为挖方路基施工和边沟、截水沟、排水沟以及改河、改渠、改路等开挖有关作业。
	计量与支付	203.05	(1)计量 1)路基土石方开挖数量包括边沟、排水沟、截水沟,应以经监理人校核批准的横断面地面线和土石分界的补充测量为基础,按路线中线长度乘以经监理人核准的横断面面积进行计算,以立方米计量。 2)挖除路基范围内非适用材料(不包括借土场)的数量,应以承包人测量,并经监理人审核批准的断面或实际范围为依据的计算数量,以立方米计量。 3)除非监理人另有指示,凡超过图纸或监理人规定尺寸的开挖,均不予计量。 4)石方爆破安全措施、弃方的运输和堆放、质量检验、临时道路和临时排水等均含入相关子目单价或费率之中,不另行计量。 5)在挖方路基的路床顶面以下,土方断面应挖松深300mm再压实;石方断面应辅以人工凿平或填平压实,作为承包人应做的附属工作,均不另行计量。 6)改河、改渠、改路的开挖工程按合同图纸施工,计量方法可按上述1)款进行。改路挖方线外工程的工作量计入203-2子目内。 (2)支付 1)按上述规定计量,经监理人验收并列入工程量清单的以下支付细目的工程量,每一计量单位,将以合同单价支付。此项支付包括材料、劳力、设备、运输等及其为完成此项工程所必需的全部费用。 2)土方和石方的单价费用,包括开挖、运输、堆放、分理填料、装卸、弃方和剩余材料的处理,以及其他有关的全部施工费用。

图名	《技术规范》关于路基工程工程量 计量与支付的内容(3)	图号	4-7

《技术规范》关于路基工程工程量计量与支付的内容(4)

节次及节名	项 目	编 号	内　　　容
第203节 挖方路基	计量与 支付	203.05	**(3)支付子目** 表见下
第204节 填方路基	范围	204.01	本节工作内容为填筑路基和结构物处的台背回填以及改路填筑等有关的施工作业
	计量与 支付	204.06	**(1)计量** 1)填筑路堤的土石方数量,应以承包人的施工测量和补充测量经监理人校核批准的横断面地面线为基础,以监理人批准的横断面图为依据,由承包人按不同来源(包括利用土方、利用石方和借方等)分别计算,经监理人校核认可的工程数量作为计量的工程数量。

第203节支付子目表:

子 目 号	子 目 名 称	单　位
203 – 1	路基挖方	
– a	挖土方	m³
– b	挖石方	m³
– c	挖除非适用材料(不含淤泥)	m³
– d	挖淤泥	m³
203 – 2	改河、改渠、改路挖方	
– a	开挖土方	m³
– b	开挖石方	m³
– c	……	

图名	《技术规范》关于路基工程工程量 计量与支付的内容(4)	图号	4–7

《技术规范》关于路基工程工程量计量与支付的内容(5)

节次及节名	项 目	编 号	内 容
第204节 填方路基	计量与 支付	204.06	2)零填挖路段的翻松、压实含入报价中,不另计量。 3)零填挖路段的换填土、按压实的体积,以立方米计量。计价中包括表面不良土的翻挖、运弃(不计运距)、换填好土的挖运、摊平、压实等一切与此有关作业的费用。 4)利用土、石填方及土石混合填料的填方,按压实的体积,以立方米计量。计价中包括挖台阶、摊平、压实、整型等一切与此有关作业的费用。利用土、石方的开挖作业在第203节路基挖方中计量。承包人不得因为土石混填的工艺、压实标准及检测方法的变化而要求增加额外费用。 5)借土填方,按压实的体积,以立方米计量。计价中包括借土场(取土坑)中非适用材料的挖除、弃运及借土场的资源使用费、场地清理、地貌恢复、施工便道、便桥的修建与养护、临时排水与防护等和填方材料的开挖、运输、挖台阶、摊平、压实、整型等一切与此有关作业的费用。 6)粉煤灰路堤按压实体积,以立方米计量,计价中包括材料储运(含储灰场建设)、摊铺、晾晒、土质护坡、压实、整型以及试验路段施工等一切与此有关的作业费用。土质包边土在本节支付子目号204-1-e中计量。 7)结构物台背回填按压实体积,以立方米计量,计价中包括:挖运、摊平、压实、整型等一切与此有关的作业费用。 8)锥坡及台前溜坡填土,按图纸要求施工,经监理人验收的压实体积,以立方米计量。 9)临时排水以及超出图纸要求以外的超填,均不计量。 10)改造其他公路的路基土方填筑的计量方法同本条1)款。 (2)支付 按上述规定计量,经监理人验收并列入工程量清单的以下支付子目的工程量,其每一计量单位,将以合同单价支付。此项支付包括材料、劳力、设备、运输等及其为完成此项工程所必需的全部费用。

图名	《技术规范》关于路基工程工程量 计量与支付的内容(5)	图号	4-7

《技术规范》关于路基工程工程量计量与支付的内容(6)

节次及节名	项　目	编　号	内　　容		
第204节 填方路基	计量与 支付	204.06	(3)支付子目		
			子目号	子目名称	单　位
			204-1	路基填筑(包括填前压实)	
			-a	换填土	m³
			-b	利用土方	m³
			-c	利用石方	m³
			-d	利用土石混填	m³
			-e	借土填方	m³
			-f	粉煤灰路堤	m³
			-g	结构物台背回填	m³
			-h	锥坡及台前溜坡填土	m³
			204-2	改河、改渠、改路填筑	
			-a	利用土方	m³
			-b	利用石方	m³
			-c	借土填筑	m³

图名	《技术规范》关于路基工程工程量 计量与支付的内容(6)	图号	4－7

《技术规范》关于路基工程工程量计量与支付的内容(7)

节次及节名	项目	编号	内容
第205节特殊地区路基处理	范围	205.01	本节工作内容包括:软土地区路基、滑坡地段路基、岩溶地区路基、膨胀土地区路基、黄土地区路基、盐渍土地区路基、风积沙及沙漠地区路基、季节性冻土地区路基和河、塘、湖、海地区路基的处理及其有关的工程作业。
	计量与支付	205.11	(1)计量 本节所完成的工程,经验收后,由承包人计算经监理人校核的数量作为计量的工程数量。 1)挖除换填 挖除原路基一定深度及范围内淤泥以立方米计量;列入《技术规范》第203节相应的支付子目中。 换填的填方,包括由于施工过程中地面下沉而增加的填方量以立方米计量,列入《技术规范》第204节相应的支付子目中。 2)抛石挤淤 按图纸或验收的尺寸计算抛石体积的片石数量,以立方米计量,包括有关的一切作业。 3)砂垫层、砂砾垫层及灰土垫层 按垫层类型分别以立方米计量,包括材料、机械及有关的一切作业。 4)预压和超载预压 按图纸或监理人要求的预压宽度和高度以立方米计量,包括材料、机械及有关的一切作业。 5)真空预压、真空堆载联合预压 应以图纸或监理人所要求预压范围(宽度、高度、长度)经监理人验收合格,预压后体积以立方米为单位计量;计量中包括预压所用垫层材料、密封膜、滤管及密封沟与围堰等一切相关的材料、机械、人工费用。 6)袋装砂井 按不同直径及深(长)度分别以米计量。砂及砂袋不单独计量。

图名	《技术规范》关于路基工程工程量计量与支付的内容(7)	图号 4-7

《技术规范》关于路基工程工程量计量与支付的内容(8)

节次及节名	项目	编号	内容
第 205 节 特殊地区 路基处理	计量与 支付	205.11	7)塑料排水板 按规格及深(长)度分别以米计量,不计伸入垫层内长度,包括材料、机械及有关的一切作业。 8)砂桩、碎石桩、加固土桩、CFG 桩 按不同桩径及桩深(长)度以图纸为依据经验收合格按米为单位计量,包括材料、机械及有关的一切作业。 9)土工织物 铺设土工织物以图纸为依据,经监理人验收合格以设计图为依据计算单层净面积数量(不计搭接及反包边增加量),包括材料、机械及与此有关的一切作业。 10)滑坡处理 按实际发生的挖除及回填体积,经监理人验收合格后以立方米计量。计价中包括施工中所采取的安全保护措施、采取措施截断流向滑体的地表水、地下水及临时用水,以及采取措施封闭滑体上的裂隙等全部作业。 滑坡处理采用抗滑支挡工程施工时所发生工程量按不同工程项目,分别在相关支付子目下计量。 11)岩溶洞按实际填筑体积,经监理人验收合格后以立方米计量。经批准采取其他处理措施时,经验收合格后,参照类似项目的规定进行计量。

图名	《技术规范》关于路基工程工程量 计量与支付的内容(8)	图号 4-7

《技术规范》关于路基工程工程量计量与支付的内容(9)

节次及节名	项 目	编 号	内 容
第205节 特殊地区 路基处理	计量与 支付	205.11	12)膨胀土路基按图纸及监理人指示进行铺筑,经监理人验收合格,按不同厚度以平方米计量,其内容仅指石灰土改良费用,包括石灰的购置、运输、消解、拌和及有关辅助作业等一切有关费用;土方的挖运、填筑及压实等作业含入第203节、第204节相关子目之中。 13)黄土陷穴按实际开挖和回填体积,经监理人验收合格后以立方米计量。 14)采用强夯处理,以图纸为依据经监理人验收合格后以平方米为单位计量,包括施工前的地表处理、拦截地表和地下水、强夯及强夯后的标准贯入、静力触探测试等相关作业。 15)盐渍土路基处理换填,经监理人验收合格后按不同厚度以平方米计量,其内容包括铲除过盐渍土、材料运输、分层填筑、分层压实等相关作业。 16)风积沙填筑路基以图纸为依据,经验收合格以立方米为单位计量,包括材料、运输、摊平、碾压等相关作业。 17)季节性冻土地区路基施工以图纸为依据,经验收合格按不同填料规格,以立方米计量,其内容包括清除软层、材料运输、分层填筑、分层压实等相关作业。 18)工地沉降观测作为承包人应做的工作,不予计量与支付。 19)临时排水与防护设施认为已包括在相关工程中,不另行计量。 (2)支付 按上述规定计量,经监理人验收,第一次支付按完成工程数量的85%支付,其余部分经监理人核准承包人递交的沉降监测报告后再支付15%。此项支付包括材料、劳力、设备、运输等及其他为完成安装工程所必需的全部费用。

图名	《技术规范》关于路基工程工程量 计量与支付的内容(9)	图号	4-7

《技术规范》关于路基工程工程量计量与支付的内容(10)

节次及节名	项　目	编　号	内　　　容

			(3)支付子目

节次及节名	项　目	编　号	子目号	子目名称	单　位
第205节 特殊地区 路基处理	计量与 支付	205.11	205-1	软土地基处理	
			-a	抛石挤淤	m^3
			-b	砂垫层、砂砾垫层	m^3
			-c	灰土垫层	m^3
			-d	预压与超载预压	m^3
			-e	真空预压与真空堆载预压	m^3
			-f	袋装砂井	m
			-g	塑料排水板	m
			-h	加固土桩	m
			-i	碎石桩	m
			-j	砂桩	m
			-k	CFG桩	m
			-l	土工织物	m^2
			-m	强夯	m^2
			-n	强夯置换	m^3
			205-2	滑坡处理	m^3
			205-3	岩溶洞回填	m^3
			205-4	膨胀土处理	m^3
			-a	厚…mm 石灰土改良	m^2
			205-5	黄土处理	
			-a	陷穴	m^3
			206-6	盐渍土处理	
			-a	厚…mm	m^2
			205-7	风积沙填筑	m^3
			205-8	季节性冻土改性处理	m^3

图名	《技术规范》关于路基工程工程量 计量与支付的内容(10)	图号	4－7

《技术规范》关于路基工程工程量计量与支付的内容(11)

节次及节名	项 目	编 号	内 容
第206节 路基整修	范围	206.01	本节内容包括按规范规定进行路堤整修和路堑边坡的修整,以符合图纸所示的线形、纵坡、边坡、边沟和路基断面的有关作业。
	计量与支付	206.05	本节工作内容均不作计量与支付,其所涉及的费用应包括在其相关的工程子目的单价或费率之中。
第207节 坡面排水	范围	207.01	本节工作为坡面排水和路界内地表水排除,包括边沟、排水沟、跌水与急流槽、盲沟和截水沟等结构物的施工及有关的作业。
	计量与支付	207.06	(1)计量 1)边沟、排水沟、截水沟的加固铺砌,按图纸施工经监理人验收合格的实际长度,分不同结构类型以米计量。由于边沟、排水沟、截水沟加固铺砌而需扩挖部分的开挖,均作为承包人应做的附属工作,不另计量与支付。 2)改沟、改渠护坡铺砌按图纸施工,经监理人验收合格的不同圬工体积,以立方米计量。 3)急流槽按图纸施工,经验收合格的断面尺寸计算体积(包括消力池、消力槛、抗滑台等附属设施),以立方米计量。 4)路基盲沟按图纸施工,经验收合格的断面尺寸及所用材料,按长度以米计量。 5)所用砂砾垫层或基础材料、填缝材料、钢筋以及地基平整夯实及回填等土方工程均含入相关子目单价之中,不另行计量与支付。 6)土工合成材料的计量、支付按第205节规定执行。 7)渗井、检查井、雨水井的计量、支付按第314节规定执行。 (2)支付 按上述规定计量,经监理人验收的列入工程量清单的以下工程子目的工程量,其每一计量单位将以合同单价支付。此项支付包括材料、劳力、设备、运输等及其他为完成地面排水工程所必需的所有费用,是对完成工程的全部偿付。

图名	《技术规范》关于路基工程工程量 计量与支付的内容(11)	图号	4-7

《技术规范》关于路基工程工程量计量与支付的内容(12)

节次及节名	项 目	编 号	内　　容
第207节 坡面排水	计量与 支付	207.06	(3)支付子目 <table><tr><td>子目号</td><td>子 目 名 称</td><td>单　位</td></tr><tr><td>207-1</td><td>M…浆砌片石边沟</td><td>m</td></tr><tr><td>207-2</td><td>M…浆砌片石排水沟</td><td>m</td></tr><tr><td>207-3</td><td>M…浆砌片石截水沟</td><td>m</td></tr><tr><td>207-4</td><td>M…浆砌片石急流槽</td><td>m³</td></tr><tr><td>207-5</td><td>…mm×…mm 路基盲沟</td><td>m</td></tr><tr><td>207-6</td><td>涵洞上下游改沟、改渠铺砌</td><td>m³</td></tr><tr><td>207-7</td><td>现浇混凝土坡面排水结构物</td><td>m³</td></tr><tr><td>207-8</td><td>预制混凝土坡面排水结构物</td><td>m³</td></tr></table>注:当尺寸类别较多时,可自行按顺序增加。
第208节 护坡、护面墙	范围	208.01	本节工作内容包括:植物护坡、浆砌片(块)石或预制混凝土块护坡、护面墙、封面等有关的施工作业。
	计量与 支付	208.05	(1)计量 1)干砌片石、浆砌片石护坡、护面墙等工程的计量,应以图纸所示和监理人的指示为依据,按实际完成并经验收的数量按不同的工程子目的不同的砂浆砌体分别以立方米计量。 2)预制空心砖和拱形及方格骨架护坡,按其铺筑的实际体积以立方米计量。所有垫层、嵌缝材料、砂浆勾缝、泄水孔、滤水层、回填种植土以及基础的开挖和回填等有关作业,均作为承包人应做的附属工作,不另行计量与支付。 3)种草、铺草皮、三维植被网、客土喷播等应以图纸要求和所示面积为依据实施,经监理人验收的实际面积以平方米计量。整修坡面、铺设表土、三维土工网、锚钉、客土、草种(灌木籽)、草皮、苗木、混合料、水、肥料、土壤稳定剂等(含运输)及其作业均作为承包人应做的附属工作,不另行计量。

图名	《技术规范》关于路基工程工程量 计量与支付的内容(12)	图号	4-7

《技术规范》关于路基工程工程量计量与支付的内容(13)

节次及节名	项 目	编 号	内 容
第208节 护坡、护面墙	计量与 支付	208.05	4)封面、捶面施工以图纸为依据,经监理人验收合格,以平方米为单位计量,该项支付包括了上述工作相关的工料机全部费用。 (2)支付 按上述规定计量,经监理人验收并列入了工程量清单的以下支付子目的工程量,其每一计量单位,将以合同单价支付。此项支付包括材料、劳力、设备、运输等及其为完成防护工程所必需的费用,是对完成工程的全部偿付。 (3)支付子目

子目号	子目名称	单 位
208-1	植物护坡	
-a	种草	m²
-b	三维植被网护坡	m²
-c	客土喷播护坡	m²
208-2	干砌片石	m²
208-3	M…浆砌片石护坡	
-a	拱形护坡	m³
-b	方格护坡	m³
208-4	预制混凝土块护坡	
-a	预制空心砖护坡	m³
-b	拱形骨架护坡	m³
-c	方格护坡	m³
-d	预制六棱砖护坡	m³
208-5	护面墙	
-a	M…浆砌片(块)石	m³
-b	C…级混凝土	m³
208-6	封面	m²
208-7	捶面	m²

《技术规范》关于路基工程工程量计量与支付的内容(14)

节次及节名	项　目	编　号	内　　　容		
第 209 节 挡土墙	范围	209.01	本节工作内容包括砌体挡土墙、干砌挡土墙及混凝土挡土墙的施工及其相关作业		
	计量与 支付	209.05	(1)计量 1)砌体挡土墙、干砌挡土墙和混凝土挡土墙工程应以图纸所示或监理人的指示为依据,按实际完成并经验收的数量,按砂浆强度等级及混凝土强度等级分别以立方米计量。 2)混凝土挡土墙的钢筋,按图纸所示经监理人验收后,以千克(kg)计量。 3)嵌缝材料、砂浆勾缝、泄水孔及其滤水层,混凝土工程的脚手架、模板、浇筑和养生、表面修整,基础开挖、运输与回填等有关作业,均作为承包人应做的附属工作,不另行计量与支付。 (2)支付 按上述规定计量,经监理人验收并列入了工程量清单的以下支付子目的工程量,其每一计量单位,将以合同单价支付。此项支付包括材料、劳力、设备、运输等及其为完成防护工程所必需的费用,是对完成工程的全部偿付。 (3)支付子目		
			子目号	子目名称	单　位
			209-1	砌体挡土墙	
			-a	M…浆砌片(块)石	m³
			-b	M…浆砌混凝土块	m³
			-c	M…浆砌料石	m³
			-d	砂砾垫层	m³
			209-2	干砌挡土墙	
			-a	片(块)石	m³
			-b	砂砾垫层	m³
			209-3	混凝土挡土墙	
			-a	C…混凝土	m³
			-b	钢筋	kg
			-c	砂砾垫层	m³

图名	《技术规范》关于路基工程工程量 计量与支付的内容(14)	图号	4-7

《技术规范》关于路基工程工程量计量与支付的内容(15)

节次及节名	项 目	编 号	内 容
	范围	210.01	本节工作内容为锚杆挡土墙的施工及有关的施工作业
第210节 锚杆挡土墙	计量与 支付	210.05	(1)计量 1)锚杆挡土墙、锚定板挡土墙工程计量应以图纸所示和监理人的指示为依据,按实际完成并经验收的数量,混凝土挡板和立柱以立方米为单位计量,钢筋及锚杆为千克(kg)为单位计量。 2)锚孔的钻孔、锚杆的制作和安装、锚孔灌浆、钢筋混凝土立柱和挡土板的制作安装、墙背回填、防排水设置及锚杆的抗拔力试验等,以及一切未提及的相关工作均为完成锚杆挡土墙及锚定板挡土墙所必须的工作,均含入相关支付子目单价之中,不单独计量。 (2)支付 按上述规定计量,经监理人验收并列入工程量清单的以下支付子目的工程量,其每一计量单位将以合同单价支付,此项支付包括材料、劳力、设备、运输、试验等及其他为完成本项工程所必需的费用,是对完成工程的全部偿付。 (3)支付子目

子目号	子 目 名 称	单 位
210-1	锚杆挡土墙	
-a	混凝土立柱	m^3
-b	混凝土挡板	m^3
-c	锚杆	kg
-d	钢筋	kg
210-2	锚定板挡土墙	
-a	混凝土锚定板	m^3
-b	钢筋混凝土肋柱	m^3
-c	混凝土挡板	m^3
-d	拉杆	m^3
-e	钢筋	kg

图名	《技术规范》关于路基工程工程量 计量与支付的内容(15)	图号	4-7

《技术规范》关于路基工程工程量计量与支付的内容(16)

节次及节名	项　目	编　号	内　　　　容
第211节加筋土挡土墙	范围	211.01	本节工作内容包括在公路填方路段修建加筋土挡土墙及其有关的全部作业
	计量与支付	211.05	(1)计量 1)加筋土挡墙的墙面板、钢筋混凝土带、混凝土基础以及混凝土帽石,经监理人验收合格,以立方米计量。浆砌片石基础以立方米计量。 2)铺设聚丙烯土工带,按图纸及验收数量以千克(kg)计量。 3)基坑开挖与回填、墙顶抹平层、沉降缝的填塞、泄水管的设置及钢筋混凝土带的钢筋等,均作为承包人的附属工作,不另计量。 4)加筋土挡墙的路堤填料按图纸的规定和要求,在《技术规范》第204节计量。 (2)支付 按上述规定计量,经监理人验收并列入了工程量清单的以下支付子目的工程量,其每一计量单位,将以合同单价支付。此项支付包括材料、劳力、设备、运输等及其他为完成加筋挡土墙工程所必需的费用,是对完成工程的全部偿付。 (3)支付子目

子目号	子目名称	单　位
211-1	加筋土挡墙	
-a	M…砂浆砌片石基础	m^3
-b	C…混凝土基础	m^3
-c	C…混凝土帽石	m^3
-d	C…混凝土墙面板	m^3
-e	C…钢筋混凝土带	m^3
-f	聚丙烯土工带	kg

图名	《技术规范》关于路基工程工程量 计量与支付的内容(16)	图号	4—7

《技术规范》关于路基工程工程量计量与支付的内容(17)

节次及节名	项 目	编 号	内 容
第212节 喷射混凝土和喷浆边坡防护	范围	212.01	本节工作内容包括在挖方边坡上进行喷射素混凝土、喷浆防护、锚杆挂网喷射混凝土和喷浆防护以及土钉支护等有关的施工作业
	计量与支付	212.05	(1)计量 1)锚杆按图纸或监理人指示为依据,经验收合格的实际数量,以米为单位计量。 2)喷射混凝土和喷射水泥砂浆边坡防护的计量,应以图纸所示和监理人的指示为依据,按实际完成并经验收的数量,以平方米计量;钢筋网、铁丝网以千克(kg)计量;土工格栅以平方米计量。 3)喷射前的岩面清洁、锚孔钻孔、锚杆制作以及钢筋网和铁丝网编织及挂网土工格栅的安装铺设等工作,均为承包人为完成锚杆喷射混凝土和喷射砂浆边坡防护工程应做的附属工作,不另行计量与支付。 4)土钉支护施工以图纸为依据,经监理人验收合格,分不同类型组合的工程项目按下列内容分别计量: ①土钉钻孔桩、击入桩分别按米为单位计量; ②含钢筋网或土工格栅网的喷射混凝土面层区分不同厚度按平方米为单位计量; ③钢筋、钢筋网以千克(kg)为单位计量; ④土工格栅以净面积为单位计量; ⑤网格梁、立柱、挡土板以立方米(m³)为单位计量; ⑥永久排水系统依结构形式参照第207节规定计量; ⑦土钉支护施工中的土方工程、临时排水工程以及未提及的其他工程均作为土钉支付施工的附属工作,不予单独计量,其费用含入相关工程子目单价之中。 (2)支付 同《技术规范》第208.05-2条。 (3)支付子目

图名	《技术规范》关于路基工程工程量计量与支付的内容(17)	图号	4-7

《技术规范》关于路基工程工程量计量与支付的内容(18)

节次及节名	项 目	编 号	内 容		
			子目号	子目名称	单 位
第212节 喷射混凝土和 喷浆边坡防护	计量与 支付	212.05	212-1	挂网土工格栅喷浆防护坡	
			-a	厚…mm 喷浆防护边坡	m²
			-b	铁丝网	kg
			-c	土工格栅	m²
			-d	锚杆	m
			212-2	挂网锚喷混凝土防护边坡(全坡面)	
			-a	厚…mm 喷混凝土防护边坡	m²
			-b	钢筋网	kg
			-c	铁丝网	kg
			-d	土工格栅	m²
			-e	锚杆	m
			212-3	坡面防护	
			-a	厚…mm 喷射混凝土	m²
			-b	厚…mm 喷射水泥砂浆	m²
			212-4	土钉支护	
			-a	土钉钻孔桩	m
			-b	土钉预制击入桩	m
			-c	厚…mm 喷射混凝土	m²
			-d	钢筋	kg
			-e	钢筋网	kg
			-f	网格梁、立柱、挡土板	m³
			-g	土工格栅	m²
第213节 预应力锚索 边坡加固	范围	213.01	本节工作为开挖边坡的加固,其内容包括钻孔、锚索制作、锚索安装、注浆、张拉、锚固 及检验等有关施工作业。		

图名	《技术规范》关于路基工程工程量 计量与支付的内容(18)	图号	4-7

《技术规范》关于路基工程工程量计量与支付的内容(19)

节次及节名	项 目	编 号	内 容
第213节 预应力锚索 边坡加固	计量与 支付	213.05	(1)计量 1)预应力锚索长度按图纸要求,经监理人验收合格以米为单位计量。 2)混凝土锚固板按图纸要求,经监理人验收合格以立方米为单位计量。 3)钻孔、清孔、锚索安装、注浆、张拉、锚头、锚索护套、场地清理以及抗拔力试验等均为锚索的附属工作,不另行计量。 4)混凝土的立模、浇筑、养生等锚固板的附属工作,不另行计量。 (2)支付 按上述规定计量,经监理人验收并列入工程量清单的以下支付细目的工程量,其每一计量单位将以合同单价支付,此项支付包括材料、劳力、设备、运输、试验等及其他为完成锚索工程所必需的费用,是对完成工程的全部偿付。 (3)支付项目

项 目 号	项 目 名 称	单 位
213－1	预应力锚索(钢绞线规格)	m
213－2	混凝土锚固板(C…)	m³

节次及节名	项 目	编 号	内 容
第214节 抗 滑 桩	范围	214.01	本节工作内容包括设置抗滑桩及其有关的施工作业。

《技术规范》关于路基工程工程量计量与支付的内容(20)

节次及节名	项　目	编　号	内　　容
第214节 抗滑桩	计量与 支付	214.05	(1)计量 1)抗滑桩按图纸规定尺寸及深度为依据,现场实际完成并验收合格的实际桩长以米计量,设置支撑和护壁、挖孔、清孔、通风、钎探、排水及浇筑混凝土以及无破损检验,均作为抗滑桩的附属工程,不另行计量。 2)抗滑桩用钢筋按图纸规定及经监理人验收的实际数量,以 kg 计量。 3)桩板式抗滑挡墙应按图纸要求进行施工,经监理人验收合格,挡土板以立方米为单位计量。桩板式抗滑挡墙施工中的挖孔桩按第214.05-1(1)款规定计量。钻孔灌注桩、锚杆、锚索等项工作按实际发生参照第405节、第212节、第213节相关规定进行计量。 4)土方工程、临时排水等相关工作均作为辅助工作不予计量,费用含入相关工程报价中。 (2)支付 按上述规定计量,经监理人验收并列入了工程量清单的以下支付子目的工程量,其每一计量单位,将以合同单价支付。此项支付包括材料、劳力、设备、运输等及其为完成抗滑桩工程所必需的费用,是对完成工程的全部偿付。 (3)支付子目

子目号	子目名称	单　位
214-1	混凝土抗滑桩	
-a	…m×…m,C…混凝土抗滑桩	m
-b	…m×…m,C…混凝土抗滑桩	m
-c	钢筋(带肋钢筋)	kg
214-2	桩板式抗滑挡墙	
-a	挡土板	m³
-b	……	

图名	《技术规范》关于路基工程工程量 计量与支付的内容(20)	图号	4-7

《技术规范》关于路基工程工程量计量与支付的内容(21)

节次及节名	项 目	编 号	内 容
第215节 河道防护	范围	215.01	本节工作内容包括:河床加固铺砌及顺坝、丁坝、调水坝及锥坡等砌筑工程及其有关的施工作业。
	计量 与 支付	215.05	(1)计量 1)河床铺砌、顺坝、丁坝、调水坝及锥坡砌筑等工程及抛石防护,应分别按图纸尺寸和监理人的指示,按实际完成并经验收的数量,以立方米计量。砂砾(碎石)垫层以立方米计量。 2)砌体的基础开挖、回填、夯实、砌体勾缝等工作,均作为承包人应做的附属工作,不另行计量与支付。 (2)支付 按上述规定计量,经监理人验收并列入了工程量清单的以下支付细目的工程量,其每一计量单位,将以合同单价支付。此项支付包括材料、劳力、设备、运输等及其为完成防护工程所必需的费用,是对完成工程的全部偿付。 (3)支付子目

子 目 号	子 目 名 称	单 位
215 – 1	…级浆砌片石河床铺砌	m³
215 – 2	…级浆砌片石顺坝	m³
215 – 3	…级浆砌片石丁坝	m³
215 – 4	…级浆砌片石调水坝	m³
215 – 5	…级浆砌片石锥坡	m³

图名	《技术规范》关于路基工程工程量计量与支付的内容(21)	图号	4–7

公路工程概算定额路基工程部分的应用(1)

序号	项 目	内 容
1	路基工程定额总说明	(1)路基工程定额包括伐树、挖根、除草、清除表土,土方工程,机械碾压路基,石方工程,洒水汽车洒水,路基零星工程,路基排水工程,软土地基处理,砌石防护工程,混凝土防护工程,抛石防护工程,各式挡土墙,铺草皮、编篱及铁丝(木、竹)笼填石护坡,防风固沙,防雪、防沙设施,抗滑桩等项目。 (2)土壤岩石类别 定额按开挖的难易程度将土壤、岩石分为六类。 土壤分为三类:松土、普通土、硬土。 岩石分为三类:软石、次坚石、坚石。 《公路工程概算定额》土、石分类与六级土、石分类和十六级土、石分类对照表见表1所示:

表1

定额分类	松 土	普 通 土	硬 土	软 石	次 坚 石	坚 石
六级分类	I	II	III	IV	V	VI
十六级分类	I ~ II	III	IV	V ~ VI	VII ~ IX	X ~ XVI

序号	项 目	内 容
2	路基土、石方工程定额说明	(1)土石方体积的计算。 除定额中另有说明者外,土方挖方按天然密实体积计算,填方按压(夯)实后的体积计算;石方爆破按天然密实体积计算。当以填方压实体积为工程量,采用以天然密实方为计量单位的定额时,所采用的定额应乘以表2中的系数。

表2

公路等级 \ 土 类	土 方			石 方
	松 土	普 通 土	硬 土	
二级及以上等级公路	1.23	1.16	1.09	0.92
三、四级公路	1.11	1.05	1.0	0.84

图名	公路工程概算定额路基工程部分的应用(1)	图号	4-8

公路工程概算定额路基工程部分的应用(2)

序号	项 目	内 容
2	路基土、石方工程定额说明	表2中推土机、铲运机施工土方的增运定额按普通土栏目的系数计算;人工挖运土方的增运定额和机械翻斗车、手扶拖拉机运输土方、自卸汽车运输土方的运输定额在表2的基础上增加0.03的土方运输损耗,但弃方运输不应计算运输损耗。 (2)下列数量应由施工组织设计提出,并入路基填方数量内计算。 1)清除表土或零填方地段的基底压实、耕地填前夯(压)实后,回填至原地面标高所需的土、石方数量。 2)因路基沉陷需增加填筑的土、石方数量。 3)为保证路基边缘的压实度须加宽填筑时,所需的土、石方数量。 (3)路基土石方开挖定额中,已包括开挖边沟消耗的工、料和机械台班数量,因此开挖边沟的数量应合并在路基土、石方数量内计算。 (4)路基土石方机械施工定额中,已根据一般路基施工情况,综合了一定比例的因机械达不到而由人工施工的因素,使用定额时,机械施工路段的工程量应全部采用机械施工定额。 (5)各种开炸石方定额中,均已包括清理边坡工作。 (6)抛坍爆破定额中,已根据一般地面横坡的变化情况,进行了适当的综合,其工程量按抛坍爆破设计计算。抛坍爆破的石方清运及增运定额,系按设计数量乘以(1−抛坍率)编制。 (7)自卸汽车运输路基土、石方定额项目,仅适用于平均距离在15km以内的土、石方运输,当平均运距超过15km时,应按社会运输的有关规定计算其运输费用。当运距超过第一个定额运距单位时,其运距尾数不足一个增运定额单位的半数时不计,等于或超过半数时按一个增运定额运距单位计算。 (8)路基零星工程项目已根据公路工程施工的一般含量综合了整修路拱、整修路基边坡、挖土质台阶、填前压实以及其他零星回填土方等工程,使用定额时,不得因具体工程的含量不同而变更定额。

		图名	公路工程概算定额路基工程部分的应用(2)	图号	4−8

公路工程概算定额路基工程部分的应用(3)

序号	项 目	内　　　　容
3	路基排水工程定额说明	(1)路基盲沟的工程量为设计设置盲沟的长度。 (2)轻型井点降水定额按50根井管为一套,不足50根的按一套计算。井点使用天数按日历天数计算,使用时间按施工组织的设计来确定。 (3)砌筑工程的工程量为砌体的实际体积,包括构成砌体的砂浆体积。 (4)预制混凝土构件的工程量为预制构件的实际体积,不包括预制构件空心部分的体积。 (5)雨水算子的规格与定额不同时,可按设计用量抽换定额中铸铁算子的消耗
4	路基防护工程定额说明	(1)未列出的其他结构形式的砌石防护工程,需要时按"桥涵工程"项目的有关定额计算。 (2)除注明者外,均不包括挖基,基础垫层的工程内容,需要时按"桥涵工程"项目的有关定额计算。 (3)除注明者外,均已包括按设计要求需要设置的伸缩缝、沉降缝的费用。 (4)除注明者外,均已包括水泥混凝土的拌和费用。 (5)植草护坡定额中均已综合考虑黏结剂、保水剂、营养土、肥料、覆盖薄膜等的费用,使用定额时不得另行计算。 (6)现浇拱形骨架护坡可参考现浇框格(架)式护坡进行计算。 (7)预应力锚索护坡定额中的脚手架系按钢管脚手架编制的,脚手架宽度按2.5m考虑。 (8)工程量计算规则。 1)铺草皮工程量按所铺边坡的坡面面积计算。 2)护坡定额中以100㎡或1000㎡为计量单位的子目的工程量,按设计需要防护的边坡坡面面积计算。 3)木笼、竹笼、铁丝笼填石护坡的工程量按填石体积计算。 4)砌筑工程的工程量为砌体的实际体积,包括构成砌体的砂浆体积。

图名	公路工程概算定额路基工程 部分的应用(3)	图号	4-8

公路工程概算定额路基工程部分的应用(4)

序号	项 目	内 容
4	路基防护工程定额说明	5)预制混凝土构件的工程量为预制构件的实际体积,不包括预制构件中空心部分的体积。 6)预应力锚索的工程量为锚索(钢绞线)长度与工作长度的质量之和。 7)加筋土挡土墙及现浇锚碇板式挡土墙的工程量为墙体混凝土的体积。加筋土挡土墙墙体混凝土体积为混凝土面板、基础垫板及檐板的体积之和。现浇锚碇板式挡土墙墙体混凝土体积为墙体现浇混凝土的体积,定额中已综合了锚碇板的数量,使用定额时不得将锚碇板的数量计入工程量内。 8)抗滑桩挖孔工程量按护壁外缘所包围的面积乘设计孔深计算
5	路基软基处理工程定额说明	(1)袋装砂井及塑料排水板处理软土地基,工程量为设计深度,定额材料消耗中已包括砂袋或塑料排水板的预留长度。 (2)振冲碎石桩定额中不包括污泥排放处理的费用,需要时另行计算。 (3)挤密砂桩和石灰砂桩处理软土地基定额的工程量为设计桩断面积乘以设计桩长。 (4)粉体喷射搅拌桩和高压旋喷桩处理软土地基定额的工程量为设计桩长。 (5)粉体喷射搅拌桩定额中的固化材料的掺入比是按水泥15%、石灰25%计算的,当掺入比或桩径不同时,可按下式调整固化材料的消耗。 $$Q = \frac{D^2 \times m}{D_0^2 \times m_0} \times Q_0$$ 式中　Q——设计固化材料消耗; 　　　Q_0——定额固化材料消耗; 　　　D——设计桩径; 　　　D_0——定额桩径; 　　　m——设计固化材料掺入比; 　　　m_0——定额固化材料掺入比。

图名	公路工程概算定额路基工程 部分的应用(4)	图号	4-8

公路工程概算定额路基工程部分的应用(5)

序号	项　目	内　　　容
5	路基软基处理工程定额说明	(6)高压旋喷桩定额中的浆液是按普通水泥浆编制的,当设计采用添加剂或水泥用量与定额不同时,可按设计确定的有关参数计算水泥浆。按下式计算水泥的消耗量: $$M_c = \frac{\rho_w \times d_c}{1 + \alpha \times d_c} \times \frac{H}{v} \times q \times (1 + \beta)$$ 式中　M_c——水泥用量(kg); 　　　　ρ_w——水的密度(kg/m³); 　　　　d_c——水泥的相对密度,可取 3.0; 　　　　H——喷射长度(m); 　　　　v——提升速度(m/min); 　　　　q——单位时间喷浆量; 　　　　α——水灰比; 　　　　β——损失系数,一般取 0.1~0.2。 (7)CDG桩处理软土地基定额的工程量为设计桩长乘以设计桩径的混凝土体积。定额中已综合考虑了扩孔、桩头清除等因素的增加量,使用定额时,不应将这部分数量计入工程量内。 (8)土工布的铺设面积为锚固沟外边缘所包围的面积,包括锚固沟的底面积和侧面积。定额中不包括排水内容,需要时另行计算。 (9)强夯定额适用于处理松、软的碎石土、砂土、低饱和度的粉土与黏性土、湿陷性黄土、杂填土和素填土等地基。定额中已综合考虑夯坑的排水费用,使用定额时不得另行增加费用。夯击遍数应根据地基土的性质由设计确定,低能量满夯不能作为夯击遍数计算。

	图名	公路工程概算定额路基工程 部分的应用(5)	图号	4-8

公路工程概算定额路基工程部分的应用(6)

序号	项 目	内　　　　容
5	路基软基处理工程定额说明	(10)堆载预压定额中包括了堆载四面的放坡、沉降观测、修坡道增加的工、料、机消耗以及施工中测量放线、定位的工、料消耗,使用定额时均不得另行计算。 (11)软土地基垫层的工程量为设计体积。 (12)抛石挤淤的工程量为设计抛石体积。 (13)路基填土掺灰的工程量为需进行处理的填土的压实体积。 (14)软基处理工程定额中均包括机具清洗及操作范围内的料具搬运。
6	应用举例	【例1】 某路路基工程施工,土方量为810000m³,均属硬土。采用2.0m³挖掘机挖土方,8t自卸汽车配合挖掘机运土,运距4.0km的施工方法,求概算中的工、料、机消耗量。 解:查《公路工程概算定额》1－1－6,1－1－8则 (1)挖掘机: 人工:19.6×810000÷1000＝15876工日 75kW以内履带式推土机:0.27×81000÷1000＝218.7台班 2m³以内单计挖掘机:1.24×810000÷1000＝1004.4台班 (2)自卸式汽车配合挖掘机运土 8t以内自卸汽车 (10.28＋1.29×3÷0.5)×810000÷1000＝14596.2台班 【例2】 某四级公路路段挖方1800m³(其中松土400m³,普通土1000m³,硬土400m³),填方数量为2300m³。本断面挖方可利用方量1500m³(松土300m³,普通土1000m³,硬土200m³),远运利用方量为普通土500m³(天然方)。求本段利用方、远运利用方、借方、弃方及若采用12t自卸汽车配合运输,运距3km时的工、料、机消耗量。

图名	公路工程概算定额路基工程部分的应用(6)	图号	4－8

公路工程概算定额路基工程部分的应用(7)

序号	项 目	内 　　容
6	应用举例	根据《公路工程概算定额》第一章第一节的相关说明 **解:**本段利用方(压实方): $300 \div 1.11 + 1000 \div 1.05 + 200 \div 1 = 1423 \text{m}^3$ 远运利用方(压实方):$500 \div 1.05 = 476 \text{m}^3$ 借方(压实方):$2300 - 1423 - 476 = 401 \text{m}^3$ 弃方(压实方):$1800 - 1500 = 300 \text{m}^3$ 采用自卸汽车配合运输,查概算定额 $1 - 1 - 8$ 及相关说明得 借方部分:12t 以内自卸汽车:$401 \times (1 + 0.03) \div 1000 \times (6.69 + 0.89 \times 2 \div 0.5) \times 1.08 = 4.23$ 台班 弃方部分:12t 以内自卸汽车:$300 \div 1000 \times (6.69 + 0.89 \times 2 \div 0.5) = 3.08$ 台班 **【例3】** 某地区修建一条三级公路,该工程中有一段路基工程,全部是借土填方,共计松土 734000m^3,在指定取土范围取土,使用 240kW 以内推土机集土 50m,2m^3 以内装载机装土,求概算定额下的工、料、机消耗量。 **解:**查概算定额 $1 - 1 - 9$ 推土机推土及 $1 - 7$ 相关说明 人工:$734000 \div 1000 \times [11.7 \times 0.8 + (50 - 40) \div 10 \times 0.4] = 7163.84$ 工日 240kW 推土机:$734000 \div 1000 \times [1.14 \times 0.8 + (50 - 40) \div 10 \times 0.24] \times 1.11 = 938.58$ 台班 查概算定额 $1 - 1 - 7$ 装载机装土石方 2m^3 以内轮式载装机:$734000 \div 1000 \times 1.11 \times 2.62 = 2134.62$ 台班 **【例4】** 某路基工程,土方量 350000m^3,全部为普通土,采用人工开挖,手扶拖拉机配合运输的方法进行施工,运距 400m,求概算定额下的工、料、机消耗量。 **解:**查概算定额 $1 - 1 - 2$ 人工挖运土方 人工:$350000 \div 1000 \times (206.6 - 42) = 57610$ 工日 查概算定额 $1 - 1 - 5$ 手扶拖拉机:$350000 \div 1000 \times [41.87 + (400 - 100) \div 100 \times 2.21] = 16975$ 台班

图名	公路工程概算定额路基工程 部分的应用(7)	图号	4-8

公路工程预算定额路基工程部分的应用(1)

序号	项　目	内　　　　　容
1	定额总说明	(1)土壤岩石类别 《公路工程预算定额》按开挖的难易程度将土壤、岩石分为六类。 土壤分为三类:松土、普通土、硬土。 岩石分为三类:软石、次坚石、坚石。 《公路工程预算定额》土、石分类与六级土、石分类和十六级土、石分类对照表见表1所示: 表1 (2)定额工程内容除注明者外,均包括: 1)各种机械1km内由停车场至工作地点的往返空驶; 2)工具小修; 3)钢钎淬火。
2	路基土、石方工程定额说明	(1)"人工挖运土方"、"人工开炸石方"、"机械打眼开炸石方"、"抛坍爆破石方"等定额中,已包括开挖边沟消耗的人工、材料和机械台班数量,因此,开挖边沟的数量应合并在路基土、石数量内计算。 (2)各种开炸石方定额中,均已包括清理边坡工作。 (3)机械施工土、石方,挖方部分因机械达不到而需由人工完成的工程量应由施工组织设计确定。其中,人工操作部分,按相应定额乘以1.15的系数。

表1

定额分类	松　　土	普 通 土	硬　　土	软　石	次 坚 石	坚　　石
六级分类	Ⅰ	Ⅱ	Ⅲ	Ⅳ	Ⅴ	Ⅵ
十六级分类	Ⅰ～Ⅱ	Ⅲ	Ⅳ	Ⅴ～Ⅵ	Ⅶ～Ⅸ	Ⅹ～ⅩⅥ

图名	公路工程预算定额路基工程 部分的应用(1)	图号	4-9

公路工程预算定额路基工程部分的应用(2)

序号	项 目	内　　　　容
2	路基土、石方工程定额说明	(4)抛坍爆破石方定额按地面横坡坡度划分,地面横坡变化复杂,为简化计算,凡变化长度在20m以内,以及零星变化长度累计不超过设计长度的10%时,可并入附近路段计算。 (5)自卸汽车运输路基土、石方定额项目和洒水汽车洒水定额项目,仅适用于平均运距在15km以内的土、石方或水的运输,当平均运距超过15km时,应按社会运输的有关规定计算其运输费用。当运距超过第一个定额运距单位时,其运距尾数不足一个增运定额单位的半数时不计算,等于或超过半数时按一个增运定额运距单位计算。 (6)路基加宽填筑部分如需清除时,按刷坡定额中普通土子目计算;清除的土方如需远运,按土方运输定额计算。 (7)下列数量应由施工组织设计提出,并入路基填方数内计算。 1)清除表土或零填方地段的基底压实、耕地填前夯(压)实后,回填至原地面标高所需的土、石方数量。 2)因路基沉陷需增加填筑的土、石方数量。 3)为保证路基边缘的压实度须加宽填筑时,所需的土、石方数量。 (8)工程量计算规则。 1)土石方体积的计算。除定额中另有说明者外,土方挖方按天然密实体积计算,填方按压(夯)实后的体积计算,石方爆破按天然密实体积计算。当以填方压实体积为工程量,采用以天然密实方为计量单位的定额时,所采用的定额应乘以表2中的系数。

图名	公路工程预算定额路基工程部分的应用(2)	图号	4-9

公路工程预算定额路基工程部分的应用(3)

序号	项 目	内 容

<table>
<tr><td colspan="4" align="center">定额系数</td><td align="right">表2</td></tr>
</table>

公路等级 ＼ 土类	土 方			石 方
	松 土	普通土	硬 土	
二级及以上等级公路	1.23	1.16	1.09	0.92
三、四级公路	1.11	1.05	1.0	0.84

序号 2　路基土、石方工程定额说明

其中推土机、铲运机施工土方的增运定额按普通土栏目的系数计算,人工挖运土方的增运定额和机械翻斗车、手扶拖拉机运输土方、自卸车运输土方的运输定额在表2的基础上增加0.03的土方运输损耗,但弃方运输不应计算运输损耗。

2)零填及挖方地段基底压实面积等于路槽底面宽度(m)和长度(m)的乘积。

3)抛坍爆破的工程量,按抛坍爆破设计计算。

4)整修边坡的工程量,按公路路基长度计算。

序号 3　排水工程定额说明

(1)边沟、排水沟、截水沟的挖基费用按人工挖截水沟、排水沟定额计算,其他排水工程的挖基费用按土、石方工程的相关定额计算。

(2)边沟、排水沟、截水沟、急流槽定额均未包括垫层的费用,需要时按有关定额另行计算。

(3)雨水箅子的规格与定额不同时,可按设计用量抽换定额中铸铁箅子的消耗。

(4)工程量计算规则。

1)砌筑工程的工程量为砌体的实际体积,包括构成砌体的砂浆体积。

图名	公路工程预算定额路基工程部分的应用(3)	图号	4-9

公路工程预算定额路基工程部分的应用(4)

序号	项　目	内　　容
3	排水工程定额说明	2)预制混凝土构件的工程量为预制构件的实际体积,不包括预制构件中空心部分的体积。 3)挖截水沟、排水沟的工程量为设计水沟断面积乘以水沟长度与水沟圬工体积之和。 4)路基盲沟的工程量为设计设置盲沟的长度。 5)轻型井点降水定额按50根井管为一套,不足50根的按一套计算。井点使用天数按日历天数计算,使用时间按施工组织的设计来确定。
4	软基处理工程定额说明	(1)袋装砂井及塑料排水板处理软土地基,工程量为设计深度,定额材料消耗中已包括砂袋或塑料排水板的预留长度。 (2)振冲碎石桩定额中不包括污泥排放处理的费用,需要时另行计算。 (3)挤密砂桩和石灰砂桩处理软土地基定额的工程量为设计桩断面积乘以设计桩长。 (4)粉体喷射搅拌桩拌合高压旋喷桩处理软土地基定额的工程量为设计桩长。 (5)高压旋喷桩定额中的浆液是按普通水泥浆编制的,当设计采用添加剂或水泥用量与定额不同时,可按设计要求进行抽换。 (6)土工布的铺设面积为锚固沟外边缘所包围的面积,包括锚固沟的底面积和侧面积。定额中不包括排水内容,需要时另行计算。 (7)强夯定额适用于处理松、软的碎石土、砂土、低饱和度的粉土与黏性土、湿陷性黄土、杂填土和素填土等地基。定额中已综合考虑夯坑的排水费用,使用定额时不得另行增加费用。夯击遍数应根据地基土的性质由设计确定,低能量满夯不能作为夯击遍数计算。 (8)堆载预压定额中包括了堆载四面的放坡、沉降观测、修坡道增加的工、料、机消耗以及施工中测量放线、定位的工、料消耗,使用定额时均不得另行计算。

图名	公路工程预算定额路基工程 部分的应用(4)	图号	4-9

公路工程预算定额路基工程部分的应用(5)

序号	项　目	内　　　　　容
5	其他需说明的部分	关于乘系数及增减定额值调整部分见表3。 　　　　　　　　　　　　　　　　　　　　　表3 表格见下

关于乘系数及增减定额值调整部分见表3。

表3

需调整定额表号	调整条件及调整内容	系数及增减量值
1-1-1	挖芦苇使用挖竹根定额时	乘0.73
1-1-6	当采用人工挖、装,机动翻斗车运输时	挖、装人工按第一个20m挖运定额减30.0工日
1-1-9	挖掘机挖装土方,不需装车时	乘0.87
1-1-10	装载机装土方如需推土机配合推松、集土时	人工、推土机台班的数量按推土机推运土方第一个20m定额乘以0.8
1-1-13	采用自行式铲运机铲运土方时	铲运机台班数量应乘以0.7系数
1-1-14	当采用人工开炸、装车,机动翻斗车运输时	开炸、装车所需的工、料消耗按第一个20m开炸运定额减5.0工日
1-3-1	袋装砂井处理软土地基定额按砂井直径7cm编制,如砂井直径不同时	按砂井截面积的比例关系调整中(粗)砂的用量,其他不作变动

图名	公路工程预算定额路基工程部分的应用(4)	图号	4-9

公路工程预算定额路基工程部分的应用(6)

序号	项目	内　　容
6	应用举例	【例1】　某公路采用塑料排水板处理软土地基,使用不带门架的袋装砂井机,试求2300m砂井工料机消耗。 **解**:查预算定额1-3-2,得: 人工:$2300 \div 1000 \times 3.5 = 8.05$工日 塑料排水板:$2300 \div 1000 \times 1071 = 2463.3$m 其他材料费:$2300 \div 1000 \times 83.5 = 192.05$元 15t以内履带式起重机:$2300 \div 1000 \times 1.02 = 2.35$台班 　袋装砂井机:$2300 \div 1000 \times 1.11 = 2.55$台班 【例2】　某一级公路其中一段路基工程全部采用借土填方,工程量为280000m³,平均运距为3.5km,试确定定额消耗量指标。 **解**:　根据土方数量,采用135kW推土机集土,3m³以内轮胎式装载机装土。 (1)推土机集土 查预算定额1-1-12推土机推土(假设推土机距离为20m,土类为普通土) 人工:$280000 \div 1000 \times 4.5 \times 0.8 = 1008$工日 13kW以内履带式推土机:$280000 \div 1000 \times 1.34 \times 0.8 = 300.16$台班 (2)装载机装土 查预算定额1-1-10,则 3m³以内轮式装载机:$280000 \div 1000 \times 1.09 = 305.2$台班

图名	公路工程预算定额路基工程 部分的应用(6)	图号	4-9

公路工程预算定额路基工程部分的应用(7)

序号	项目	内　　容
6	应用举例	(3)载重汽车运输土方 　根据定额建议的装载机与自卸载重汽车配重,采用15t自卸载重汽车运输,并考虑土方运输时的损耗,则 　　15t以内自卸载重车:$[5.57 + 0.7 \times (3.5 - 1) \div 0.5] \times 280000 \times (1 + 0.03) \div 1000 = 2615.79$ 台班 (4)填方压实 查预算定额 $1 - 1 - 18$($18 \sim 21t$ 光轮压路机碾压),120kW 以内自行式平地机推土: 　　人工:$28000 \div 1000 \times 3.0 = 840$ 工日 　　120kW 以内自行式平地机:$280000 \div 1000 \times 1.63 = 288.4$ 台班 　　$6 \sim 8t$ 光轮压路机:$280000 \div 1000 \times 1.55 = 431$ 台班

图名	公路工程预算定额路基工程 部分的应用(7)	图号	4-9

路面工程工程量清单计量规则(1)

(1)路面工程包括垫层、底基层、基层、沥青混凝土面层、水泥混凝土面层、其他面层、透层、粘层、封层、路面排水、路面其他工程。

(2)有关问题的说明及提示:

1)水泥混凝土路面模板制作安装及缩缝、胀缝的填灌缝材料、高密度橡胶板,均包含在浇筑不同厚度水泥混凝土面层的工程项目中,不另行计量。

2)水泥混凝土路面养生用的养护剂、覆盖的麻袋、养护器材等,均包含在浇筑不同厚度水泥混凝土面层的工程项目中,不另行计量。

3)水泥混凝土路面的钢筋包括传力杆、拉杆、补强角隅钢筋及结构受力连续钢筋、支架钢筋。

4)沥青混凝土路面和水泥混凝土路面所需的外掺剂不另行计量。

5)沥青混合料、水泥混凝土和(底)基层混合料拌和场站、贮料场的建设、拆除、恢复均包括在相应工程项目中,不另行计量。

6)钢筋的除锈、制作安装、成品运输,均包含在相应工程的项目中,不另行计量。

工程量清单计量规则

项	目	节	细目	项目名称	项目特征	计量单位	工程量计算规则	工程内容
三				路面				第300章
	2			路面垫层				第302节

图名	路面工程工程量清单计量规则(1)	图号	4-10

路面工程工程量清单计量规则(2)

项目	节	细目	项目名称	项目特征	计量单位	工程量计算规则	工程内容
		1	碎石垫层	1. 材料规格 2. 厚度 3. 强度等级	m²	按设计图所示,按不同厚度以顶面面积计算	1. 清理下承层、洒水 2. 配运料 3. 摊铺、整形 4. 碾压 5. 养护
		2	砂砾垫层				
	3		路面底基层				第303节、第304节、第305节、第306节
		1	石灰稳定土(或粒料)底基层	1. 材料规格 2. 配比 3. 厚度 4. 强度等级	m²	按设计图所示,按不同厚度以顶面面积计算	1. 清理下承层、洒水 2. 拌和、运输 3. 摊铺、整形 4. 碾压 5. 养护
		2	水泥稳定土(或粒料)底基层				
		3	石灰粉煤灰稳定土(或粒料)底基层				
		4	级配碎(砾)石底基层	1. 材料规格 2. 级配 3. 厚度 4. 强度等级			

图名	路面工程工程量清单计量规则(2)	图号	4-10

路面工程工程量清单计量规则(3)

续表

项目	节	细目	项目名称	项目特征	计量单位	工程量计算规则	工程内容
4			路面基层				第304节、第305节、第306节
	1		水泥稳定粒料基层	1. 材料规格 2. 掺配量 3. 厚度 4. 强度等级	m²	按设计图所示,以顶面面积计算	1. 清理下承层、洒水 2. 拌和、运输 3. 摊铺、整形 4. 碾压 5. 养护
	2		石灰粉煤灰稳定基层				
	3		级配碎(砾)石基层	1. 材料规格 2. 级配 3. 厚度 4. 强度等级			
	4		贫混凝土基层	1. 材料规格 2. 厚度 3. 强度等级			
	5		沥青稳定碎石基层	1. 材料规格 2. 沥青含量 3. 厚度 4. 强度等级			1. 清理下承层 2. 铺碎石 3. 洒铺沥青 4. 碾压
7			透层、粘层、封层				第307节
	1		透层	1. 材料规格 2. 沥青用量	m²	按设计图所示以面积计算	1. 清理下承层 2. 沥青加热、掺配运油 3. 洒油、撒矿料 4. 养护
	2		粘层				

图名	路面工程工程量清单计量规则(3)	图号	4-10

路面工程工程量清单计量规则(4)

项目	节	细目	项目名称	项目特征	计量单位	工程量计算规则	工程内容
	3		封层				
		a	沥青表处封层	1. 材料规格 2. 厚度 3. 沥青用量	m²	按设计图所示,按不同厚度以面积计算	1. 清理下承层 2. 沥青加热、运输 3. 洒油、撒矿料 4. 碾压 5. 养护
		b	稀浆封层				1. 清理下承层 2. 拌和 3. 摊铺 4. 碾压 5. 养护
	8		沥青混凝土面层				第308节
		1	细粒式沥青混凝土面层	1. 材料规格 2. 配合比 3. 厚度 4. 压实度	m²	按设计图所示,按不同厚度以面积计算	1. 清理下承层 2. 拌和、运输 3. 摊铺、整形 4. 碾压
		2	中粒式沥青混凝土面层				
		3	粗粒式沥青混凝土面层				
	9		表面处治及其他面层				第309节
		1	沥青表面处治				

图名	路面工程工程量清单计量规则(4)	图号	4-10

路面工程工程量清单计量规则(5)

项目	目	节	细目	项目名称	项目特征	计量单位	工程量计算规则	工程内容
			a	沥青表面处治(层铺)	1. 材料规格 2. 沥青用量 3. 厚度	m²	按设计图所示,按不同厚度以面积计算	1. 清理下承层 2. 沥青加热、运输 3. 铺矿料 4. 洒油 5. 整形 6. 碾压 7. 养护
			b	沥青表面处治(拌和)	1. 材料规格 2. 配合比 3. 厚度 4. 压实度			1. 清理下承层 2. 拌和、运输 3. 摊铺、整形 4. 碾压
		2		沥青贯入式面层	1. 材料规格 2. 沥青用量 3. 厚度			1. 清理下承层 2. 沥青加热、运输 3. 铺矿料 4. 洒油 5. 整形 6. 碾压 7. 养护

图名	路面工程工程量清单计量规则(5)	图号	4-10

路面工程工程量清单计量规则(6)

项目	节	细目	项目名称	项目特征	计量单位	工程量计算规则	工程内容
		3	泥结碎(砾)石路面	1. 材料规格 2. 厚度	m²	按设计图所示,按不同厚度以面积计算	1. 清理下承层 2. 铺料整平 3. 调浆、灌浆 4. 撒嵌缝料 5. 洒水 6. 碾压 7. 铺保护层
		4	级配碎(砾)石面层	1. 材料规格 2. 级配 3. 厚度			1. 清理下承层 2. 配运料 3. 摊铺 4. 洒水 5. 碾压
		5	天然砂砾面层	1. 材料规格 2. 厚度			1. 清理下承层 2. 运输铺料、整平 3. 洒水 4. 碾压
	10		改性沥青混凝土面层			·	第310节

图名	路面工程工程量清单计量规则(6)	图号	4-10

路面工程工程量清单计量规则(7)

续表

项目	目	节	细目	项目名称	项目特征	计量单位	工程量计算规则	工程内容
			1	改性沥青面层	1. 材料规格 2. 配合比 3. 外掺材料品种、用量 4. 厚度 5. 压实度	m²	按设计图所示,按不同厚度以面积计算	1. 清理下承层 2. 拌和、运输 3. 摊铺、整形 4. 碾压 5. 养护
			2	SMA面层				
	11			水泥混凝土面层				第311节
			1	水泥混凝土面层	1. 材料规格 2. 配合比 3. 外掺剂品种、用量 4. 厚度 5. 强度等级	m²	按设计图所示,按不同厚度以面积计算	1. 清理下承层、湿润 2. 拌和、运输 3. 摊铺、抹平 4. 压(刻)纹 5. 胀缝制作安装 6. 切缝、灌缝 7. 养生
			2	连续配筋混凝土面层				1. 清理下承层、湿润 2. 拌和、运输 3. 摊铺、抹平 4. 压(刻)纹 5. 胀缝制作安装 6. 灌缝 7. 养生

图名	路面工程工程量清单计量规则(7)	图号	4-10

路面工程工程量清单计量规则(8)

项目	节	细目	项目名称	项目特征	计量单位	工程量计算规则	工程内容
		3	钢筋	1. 材料规格 2. 抗拉强度	kg	按设计图所示,各规格钢筋按有效长度(不计入规定的搭接长度)以重量计算	钢筋制作安装
	12		培土路肩、中央分隔带回填土、土路肩加固及路缘石				第312节
		1	培土路肩	1. 土壤类别 2. 压实度	m³	按设计图所示,按压实体积计算	1. 挖运土 2. 培土、整形 3. 压实
		2	中央分隔带填土				
		3	现浇混凝土加固土路肩	1. 材料规格 2. 断面尺寸 3. 垫层厚度 4. 强度等级	m	按设计图所示,沿路肩表面量测,以长度计算	1. 清理下承层 2. 配运料 3. 浇筑 4. 接缝处理 5. 养生
		4	混凝土预制块加固土路肩				
		5	混凝土预制块路缘石	1. 断面尺寸 2. 强度等级		按设计图所示,以长度计算	1. 预制构件 2. 运输 3. 砌筑、勾缝

图名	路面工程工程量清单计量规则(8)	图号	4—10

路面工程工程量清单计量规则(9)

续表

项目	节	细目	项目名称	项目特征	计量单位	工程量计算规则	工程内容
13			路面及中央分隔带排水				第313节
	1		中央分隔带排水				
		a	沥青油毡防水层	材料规格	m²	按设计图所示,以铺设的净面积计算(不计入按规范要求的搭接卷边部分)	1. 挖运土石方 2. 粘贴沥青油毡 3. 接头处理 4. 涂刷沥青 5. 回填
		b	中央分隔带渗沟	1. 材料规格 2. 断面尺寸	m	按设计图所示,按不同断面尺寸以长度计算	1. 挖运土石方 2. 土工布铺设 3. 埋设PVC管 4. 填碎石(砾石) 5. 回填
	2		超高排水				

图名	路面工程工程量清单计量规则(9)	图号	4—10

路面工程工程量清单计量规则(10)

项	目	节	细目	项目名称	项目特征	计量单位	工程量计算规则	工程内容
			a	纵向雨水沟(管)	1. 材料规格 2. 断面尺寸 3. 强度等级	m	按设计图所示,按不同断面尺寸以长度计算	1. 挖运土石方 2. 现浇(预制)沟管或安装 PVC 管 3. 伸缩缝填塞 4. 现浇或预制安装端部混凝土 5. 栅形盖板预制安装 6. 回填
			b	混凝土集水井		座	按设计图所示,按不同尺寸以座数计算	1. 挖运土石方 2. 现浇或预制混凝土 3. 钢筋混凝土盖板预制安装 5. 回填
			c	横向排水管	材料规格	m	按设计图所示,按不同孔径以长度计算	1. 挖运土石方 2. 铺垫层 3. 安装排水管 4. 接头处理 5. 回填

图名	路面工程工程量清单计量规则(10)	图号	4－10

路面工程工程量清单计量规则(11)

续表

项	目	节	细目	项目名称	项目特征	计量单位	工程量计算规则	工程内容
		3		路肩排水				
			a	沥青混凝土拦水带	1. 材料规格 2. 断面尺寸 3. 配合比	m	按设计图所示,沿路肩表面量测以长度计算	1. 拌和、运输 2. 铺筑
			b	水泥混凝土拦水带	1. 材料规格 2. 断面尺寸 3. 强度等级			1. 配运料 2. 现浇或预制混凝土 3. 砌筑(包括漫槽) 4. 勾缝
			c	混凝土路肩排水沟				
			d	砂砾(碎石)垫层	1. 材料规格 2. 厚度	m³	按设计图所示,以压实体积计算	1. 运料 2. 铺料、整平 3. 夯实
			e	土工布	材料规格	m²	按设计图所示,以铺设净面积计算(不计入按规范要求的搭接卷边部分)	1. 下层整平 2. 铺设土工布 3. 搭接及锚固土工布

图名	路面工程工程量清单计量规则(11)	图号	4—10

《技术规范》关于路面工程工程量计量与支付的内容(1)

节次及节名	项 目	编 号	内　容
第301节 通　则	范围	301.01	本章工作内容包括在已完成并经监理人验收合格的路基上铺筑各种垫层、底基层、基层和面层;路面及中央分隔带排水施工;培土路肩、中央分隔带回填及路缘石设置,以及修筑路面附属设施及其有关的作业。
	计量与支付	301.08	本节工作内容均不作计量与支付,其所涉及的费用应包括在与其相关的工程子目的单价或费率之中。
第302节 垫　层	范围	302.01	本节工作内容是在完成和验收合格,经监理人批准的路基上铺筑碎石、砂砾、煤渣、矿渣和水泥稳定土、石灰土稳定土垫层。它包括所需的设备、劳力和材料,以及施工、试验等全部作业。
	计量与支付	302.05	(1)计量 1)碎石、砂砾垫层应按图纸和监理人指示铺筑、经监理人验收合格的面积,按不同厚度以平方米计量。 2)水泥稳定土、石灰稳定土垫层应按图纸和监理人指示铺筑、经监理人验收合格的面积,按不同厚度以平方米计量。 3)对个别特殊形状的面积,应采用适当计算方法计量,并经监理人批准以平方米计量。除监理人另有指示外,超过图纸所规定的面积,均不予计量。 (2)支付 1)费用的支付,主要包括: ①承包人提供工程所需的材料、机具、设备和劳力等; ②原材料的检验、级配颗粒组成与塑性指数的试验或混合料设计与试验,以及经监理人批准的按照规范所要求的试验路段的全部作业; ③铺筑前对下承层的检查和清扫、材料的运输、拌和、摊铺、整型、压实、养护等; ④质量检验所要求的检测、取样和试验等工作。 2)按上述规定计量,经监理人验收并列入工程量清单的以下支付子目的工程量,其每一计量单位,将以合同单价支付。此项支付包括一切为完成本项工程所必需的全部费用。 (3)支付子目

图名	《技术规范》关于路面工程工程量 计量与支付的内容(1)	图号	4-11

《技术规范》关于路面工程工程量计量与支付的内容(2)

节次及节名	项　目	编　号	内　　容		
第 302 节 垫　层	计量与 支付	302.05	子目号	子目名称	单　位
			302-1	碎石垫层	
			-a	厚…mm	m²
			302-2	砂砾垫层	
			-a	厚…mm	m²
			302-3	水泥稳定土垫层	
			-a	厚…mm	m²
			302-4	石灰混凝土垫层	
			-a	厚…mm	m²
第 303 节 石灰稳定 土底基层	范围	303.01	本节工作内容是在已完成并经监理人验收合格的路基或垫层上,铺筑石灰稳定土底基层。它包括所需的设备、劳力和材料,以及施工、试验等全部作业。		
	计量与 支付	303.06	(1)计量 1)石灰稳定土底基层应按图纸所示和监理人指示铺筑的平均面积,经监理人验收合格,按不同厚度以平方米计量。 2)对个别特殊形状的面积,应采用监理人认可的计算方法计费。除监理人另有指示外,超过图纸所规定的计算面积或体积均不予计量。 3)桥梁和明涵处的搭板、埋板下变截面石灰稳定土底基层按图纸所示和监理人的指示铺筑,经监理人验收合格后,以立方米计量。 (2)支付 1)费用的支付,主要包括以下内容: ①承包人提供工程所需的材料、机具、设备和劳力等。 ②原材料的检验、混合料设计与试验,以及经监理人批准的按照规范所要求的试验路段的全部作业。 ③铺筑前对下承层的检查和清扫、材料的拌和、运输、摊铺、压实、整型、养护等。 ④质量检验所要求的检测、取样和试验等工作。		

图名	《技术规范》关于路面工程工程量 计量与支付的内容(2)	图号	4－11

《技术规范》关于路面工程工程量计量与支付的内容(3)

节次及节名	项　目	编　号	内　　　容
第303节 石灰稳定 土底基层	计量与 支付	303.06	2)按上述规定计量,经监理人验收,并列入工程量清单的以下支付子目的工程量,其每一计量单位,将以合同单价支付。此项支付包括一切为完成本项工程所必需的全部费用。 (3)支付子目 <table><tr><td>子目号</td><td>子目名称</td><td>单位</td></tr><tr><td>303-1</td><td>石灰稳定土底基层</td><td></td></tr><tr><td>-a</td><td>厚…mm</td><td>m²</td></tr><tr><td>303-2</td><td>搭板、埋板下石灰稳定土底基层</td><td>m³</td></tr></table>
第304节 水泥稳定 土底基层、 基层	范围	304.01	本节工作内容是在完成并经监理人验收合格的路基或垫层上,铺筑水泥稳定土底基层或在底基层上铺筑水泥稳定土基层,包括所需的设备、劳力和材料,以及施工、试验等全部作业。
	计量与 支付	304.06	(1)计量 1)水泥稳定土底基层、基层按图纸所示和监理人指示铺筑,经监理人验收合格的平均面积,按不同厚度以平方米计量。 2)对个别特殊形状的面积,应采用监理人认可的计算方法计量。除监理人另有指示外,超过图纸所规定的计算面积或体积均不予计量。 3)桥梁及明涵的搭板、埋板下变截面水泥稳定土义层按图纸所示和监理人指示铺筑,经监理人验收合格后,以立方米计量。 (2)支付 1)费用的支付,主要包括以下内容: ①承包人提供工程所需的材料、机具、设备和劳力等。 ②原材料的检验、混合料设计与试验,以及经监理人批准的按照规范所要求的试验路段的全部作业。 ③铺筑前对下承层的检查和清扫、混合料的拌和、运输、摊铺、压实、整型、养护等。

图名	《技术规范》关于路面工程工程量 计量与支付的内容(3)	图号	4-11

《技术规范》关于路面工程工程量计量与支付的内容(4)

节次及节名	项 目	编 号	内　　　　容
第 304 节 水泥稳定 土底基层、 基层	计量与 支付	304.06	④质量检验所要求的检测、取样和试验等工作。 2)按上述规定计量,经监理人验收,并列入工程量清单的以下支付子目的工程量,其每一计量单位,将以合同单价支付。此项支付包括一切为完成本项工程所必需的全部费用。 (3)支付子目

子目号	子 目 名 称	单　　位
304-1	水泥稳定土底基层	
-a	厚…mm	m²
304-2	搭板、埋板下水泥稳定土底基层	m³
304-3	水泥稳定土基层	
-a	厚…mm	m²

节次及节名	项 目	编 号	内　　　　容
第 305 节 石灰粉煤灰稳 定土底基层、 基层	范围	305.01	本节工作内容是在已完成并经监理人验收合格的路基或垫层上,铺筑石灰粉煤灰稳定土底基层,或在底基层上铺筑石灰粉煤灰稳定土基层。它包括所需的设备、劳力和材料,以及施工、试验等全部作业。
	计量及 支付	305.06	(1)计量 1)石灰粉煤灰稳定土基层和底基层按图纸或监理人指示铺筑,并经验收的平均面积按不同厚度以平方米计量。任何地段的长度应沿路幅中线水平量测。对个别不规则形状,应采用经监理人批准的计算方法计量。 2)桥梁及明涵的搭板、埋板下变截面石灰粉煤灰稳定土底基层按图纸所示和监理人指示铺筑,经监理人验收合格后,以立方米计量。

图名	《技术规范》关于路面工程工程量 计量与支付的内容(4)	图号	4-11

《技术规范》关于路面工程工程量计量与支付的内容(5)

节次及节名	项 目	编 号	内 容
第305节 石灰粉煤灰稳定土底基层、基层	计量及支付	305.06	(2)支付 1)费用的支付,主要包括以下内容: ①承包人提供工程所需的材料、机具、设备和劳力等。 ②原材料的检验、混合料设计与试验,以及经监理人批准的按照规范所要求的试验路段的全部作业。 ③铺筑前对下承层的检查和清扫、混合料的拌和、运输、摊铺、压实、整型、养护等。 ④质量检验所要求的检测、取样和试验等工作。 2)按上述规定计量,经监理人验收并列入工程量清单的以下支付子目的工程量,其每一计量单位,将以合同单价支付。此项支付包括一切为完成本项工程所必需的全部费用。 (3)支付子目

子目号	子 目 名 称	单 位
305-1	石灰粉煤灰稳定土底基层	
-a	厚…mm	m²
305-2	搭板、埋板下石灰粉煤灰稳定土底基层	m³
305-3	石灰工业废渣稳定土底基层	
-a	厚…mm	m²

图名	《技术规范》关于路面工程工程量 计量与支付的内容(5)	图号	4-11

《技术规范》关于路面工程工程量计量与支付的内容(6)

节次及节名	项　目	编　　号	内　　　　容
第306节 级配碎(砾) 石底基层、 基层	范围	306.01	本节工作内容是在已完成并经监理人验收合格的路基或垫层上铺筑级配碎(砾)石底基层或在底基层上铺筑级配碎石基层。它包括所需的设备、劳力和材料,以及施工、试验等全部作业。
	计量与 支付	306.05	(1)计量 级配碎(砾)石底基层和基层应按图纸和监理人指示铺筑的平均面积、经监理人验收合格后,按不同厚度以平方米计量。除监理人另有指示外,超过图纸所规定的面积,均不予计量。 2)桥梁与明涵的搭板、埋板下变截面级配碎(砾)石底基层按图纸所示和监理人指示铺筑,经监理人验收合格后,以立方米计量。 (2)支付 1)费用的支付,主要包括: ①承包人提供工程所需的材料、机具、设备和劳力等。 ②原材料的检验、级配颗粒组成与塑性指数的试验等。 ③铺筑前对下承层的检查和清扫、材料的运输、拌和、摊铺、整型、压实等。 ④质量检验所要求的检测、取样和试验等工作。 2)按上述规定计量,经监理人验收并列入工程量清单的以下支付子目的工程量,其每一计量单位,将以合同单价支付。此项支付包括一切为完成本项工程所必需的全部费用。 (3)支付子目

子 目 号	子 目 名 称	单　　　位
306-1	级配碎石底基层	
-a	厚…mm	m²
306-2	搭板、埋板下级配碎石底基层	m³
306-3	级配碎石基层	
-a	厚…mm	m²

图名	《技术规范》关于路面工程工程量 计量与支付的内容(6)	图号	4-11

《技术规范》关于路面工程工程量计量与支付的内容(7)

节次及节名	项 目	编 号	内 容
第307节 沥青稳定 碎石基层 （ATB）	范围	307.01	本节工作内容为在完成的路面底基层上铺筑沥青碎石基层,包括所需的设备、劳力和材料,以及施工、试验等全部作业。
	计量与支付	307.06	(1)计量 沥青稳定碎石混合料,按图纸所示或监理人指示的平均铺筑面积,经监理人验收合格,按不同厚度分别以平方米计量。除监理人另有指示外,超过图纸所规定的面积均不予计量。 (2)支付 1)费用的支付,主要包括以下内容: ①承包人提供工程所需的材料、工具、设备和劳力等。 ②原材料的检验、混合料设计与试验,以及经监理人批准的按照规范所要求的试验路段的全部作业。 ③铺筑前对下承层的检查和清扫、混合料的拌和、运输、摊铺、压实、整型、养护等。 ④质量检验所要求的检测、取样和试验等工作。 2)按上述规定计量,经监理人验收并列入工程量清单的以下支付子目的工程量,其每一计量单位,将以合同单价支付。此项支付包括一切为完成本项工程所必需的全部费用。 (3)支付子目 表格如下

子目号	子 目 名 称	单 位
307-1	沥青稳定碎石基层(ATB－25)	
-a	厚…mm	m²
-b	厚…mm	m²

图名	《技术规范》关于路面工程工程量 计量与支付的内容(7)	图号	4－11

《技术规范》关于路面工程工程量计量与支付的内容(8)

节次及节名	项目	编号	内容
第308节 透层和粘层	范围	308.01	本节工作内容为在已建成并经监理人验收合格的基层上洒布透层沥青;在沥青面层、水泥混凝土路面或桥面上洒布粘层沥青。它包括所需的设备、劳力和材料,以及施工、试验等全部作业。
	计量与支付	308.04	(1)计量 1)透层和粘层按图纸规定的或监理人指示的喷洒面积,经监理人验收合格,以平方米计量。 2)对个别特殊形状的面积,应采用适当的计算方法计量。除监理人另有指示外,超过图纸规定的计算面积均不予计量。 (2)支付 1)支付费用主要包括下列内容: ①承包人提供工程所需的材料,使用的工具、设备和劳力等。 ②材料的检验、试验,以及按规范规定的全部作业。 ③喷洒前对层面的检查和清扫,材料的加热、运输、喷洒、养护等工作。 2)按上述规定计量,经监理人验收并列入工程量清单的以下支付子目的工程量,将以合同单价支付。此项支付包括一切完成本项工程所必需的全部费用。 (3)支付子目

子目号	子目名称	单位
308-1	透层	m²
308-2	粘层	m²

图名	《技术规范》关于路面工程工程量 计量与支付的内容(8)	图号	4-11

《技术规范》关于路面工程工程量计量与支付的内容(9)

节次及节名	项　目	编　号	内　　　容
第309节 热拌沥青 混合料 面层	范围	309.01	本节工作内容为在经监理人验收合格的基层上,按照图纸和监理人指示铺筑一层或多层的热拌沥青混合料面层。它包括提供全部设备、劳力和材料,以及施工、养护、试验等全部作业。
	计量与支付	309.06	(1)计量 1)热铺沥青混凝土,应按图纸所示或监理人指示的平均铺筑面积,经监理人验收合格,按粗、中、细粒式沥青混凝土和不同厚度分别以平方米计量。除监理人另有指示外,超过图纸所规定的面积均不予计量。 (2)支付 1)费用的支付,主要包括以下内容: ①承包人提供工程所需的材料、机具、设备和劳力等。 ②原材料的检验、混合料设计与试验,以及经监理人批准的按照规范所要求的试验路段的全部作业。 ③铺筑前对下承层的检查和清扫、材料的拌和、运输、摊铺、压实、整型、养护等。 ④质量检验所要求的检测、取样和试验等工作。 2)按上述规定计量,经监理人验收并列入工程量清单的以下支付子目的工程量,将以合同单价支付。此项支付包括一切为完成本项工程所必需的全部费用。 (3)支付子目

子目号	子目名称	单　　位
309-1	细粒式沥青混凝土	
-a	厚…mm	m²
-b	厚…mm	m²
309-2	中粒式沥青混凝土	
-a	厚…mm	m²
-b	厚…mm	m²
309-3	粗粒式沥青混凝土	
-a	厚…mm	m²
-b	厚…mm	m²

图名	《技术规范》关于路面工程工程量 计量与支付的内容(9)	图号	4-11

《技术规范》关于路面工程工程量计量与支付的内容(10)

节次及节名	项 目	编 号	内　　　容
第310节 沥青表面 处治与 封层	范围	310.01	本节内容为在按图纸所示施工,并经监理人验收合格的基层上铺筑单层或多层沥青表面处治面层;在沥青面层或沥青面层延迟期较长的基层上铺筑封层。它包括所需的设备、劳力和材料,以及施工、试验等全部作业。
	计量与 支付	310.05	(1)计量 1)沥青表面处治按图纸所示或监理人指示铺筑,经监理人验收合格,按不同厚度分别以平方米计量。 2)封层按图纸规定的或监理人指示的喷洒面积,经监理验收合格,以平方米计量。 3)表面处治除监理人另有指示外,超过图纸规定的面积不予计量。 (2)支付 1)支付费用主要包括下列内容: ①承包人提供工程所需的材料,使用的工具、设备和劳力等。 ②材料的检验、试验,以及按规范规定的全部作业。 ③喷洒前对层面的检查和清扫,材料的加热、运输、喷洒、养护等工作。 2)按上述规定计量,经监理人验收并列入工程量清单的以下支付子目的工程量,将以合同单价支付。此项支付包括一切为完成本项工程所必需的全部费用。 (3)支付子目

子目号	子 目 名 称	单　　位
310-1	沥青表面处治	
-a	厚…mm	m^2
-b	厚…mm	m^2
310-2	封层	m^2

图名	《技术规范》关于路面工程工程量 计量与支付的内容(10)	图号	4－11

《技术规范》关于路面工程工程量计量与支付的内容(11)

节次及节名	项 目	编 号	内　　　　　容
第 311 节改性沥青及改性沥青混合料	范围	311.01	本节工作内容是在完成并经监理人验收合格的基层或其他沥青面层上,铺筑改性沥青混合料面层。它包括提供所需的设备、劳力和材料,以及施工、养护、试验等全部作业。
	计量与支付	311.08	(1)计量 改性沥青混合料按图纸要求及监理人的指示按不同厚度及实际摊铺的面积以平方米计量。 (2)支付 1)费用的支付,主要包括以下内容: ①承包人提供工程所需的材料、机具、设备和劳力等。 ②原材料的检验、混合料设计与试验,以及经监理人批准的按照规范所要求的试验路段的全部作业。 ③铺筑前对下承层的检查和清扫、材料的拌和、运输、摊铺、压实、整型、养护等。 ④质量检验所要求的检测、取样和试验等工作。 2)按上述规定计量,经监理人验收,并列入工程量清单的以下支付子目的工程量,其每一计量单位,将以合同单价支付。此项支付包括一切为完成本项工程所必需的全部费用。 (3)支付子目

子目号	子目名称	单　位
311-1	细粒式改性沥青混合料路面	
-a	厚…mm	m²
-b	厚…mm	m²
311-2	中粒式改性沥青混合料路面	
-a	厚…mm	m²
-b	厚…mm	m²
311-3	SMA 路面	
-a	厚…mm	m²
-b	厚…mm	m²

图名	《技术规范》关于路面工程工程量计量与支付的内容(11)	图号	4-11

《技术规范》关于路面工程工程量计量与支付的内容(12)

节次及节名	项 目	编 号	内　　　　容
	范围	312	本节内容为在完成并经监理人验收合格的基层上,铺筑水泥混凝土面板的工作。它包括提供所需的设备、人工和材料,以及施工、养护、试验、检测等全部作业。
第312节水泥混凝土面板	计量与支付	312.16	(1)计量 1)水泥混凝土面板按图纸和监理人指示铺筑的面积,经监理人验收合格,按不同厚度以平方米计量。除监理人另有指示外,任何超过图纸所规定的尺寸的计算面积,均不予计量。 2)水泥混凝土路面的补强钢筋及拉杆、传力杆等钢筋按图纸要求设置,经监理人现场验收后以千克计量。因搭接而增加的钢筋不予计入。 3)接缝材料等未列入支付子目中的其他材料均含入水泥混凝土路面单价之中,不单独计量与支付。 (2)支付 1)费用的支付,主要包括以下内容: ①承包人提供工程所需的材料、机具、设备和劳力等。 ②原材料的检验,混合料设计与试验,以及经监理人批准的按照规范所要求的试验路段的全部作业。 ③铺筑混凝土面板前对基层的检查和清扫、混凝土混合料的拌和、运输、摊铺、终饰、接缝、养护等。 ④质量检验所要求的检测、取样和试验等。 2)按上述规定计量,经监理人验收并列入工程量清单的以下支付子目的工程量,其每一计量单位,将以合同单价支付。此项支付包括一切为完成本项工程所必需的全部费用。 (3)支付子目

子目号	子目名称	单位
312-1	水泥混凝土面板	
-a	厚…mm(混凝土弯拉强度…MPa)	m^2
-b	厚…mm(混凝土弯拉强度…MPa)	m^2
312-2	钢筋	
-a	HPB235	kg
-b	HRB335	kg

图名	《技术规范》关于路面工程工程量计量与支付的内容(12)	图号	4-11

《技术规范》关于路面工程工程量计量与支付的内容(13)

节次及节名	项　目	编　号	内　　容
第 313 节 培土路肩、 中央分隔带 回填土、土路 肩加固及 路缘石	范围	313.01	本节工作内容包括路肩培土、中央分隔带的回填土以及土路肩加固工程等施工作业。
	计量与 支付	313.05	(1)计量 1)培土路肩及中央分隔带回填土按压实后并经验收的工程数量分别以立方米为单位计量。现浇混凝土加固土路肩、混凝土预制块加固土路肩经验收的工程数量分别以延米为单位计量。 2)水泥混凝土加固土路肩经验收合格后,沿路肩表面量测其长度以延米为单位计量,加固土路肩的混凝土立模、摊铺、振捣、养生、拆模,预制块预制铺砌,接缝材料等及其他有关加固土路肩的杂项工作均属承包人的附属工作,均不另行计量。 3)路缘石按图纸所示的长度进行现场量测,经验收合格以延米为单位计量。埋设缘石的基槽开挖与回填、夯实以及混凝土垫层或水泥砂浆垫层等有关杂项工作均属承包人的附属工作,不另行计量。 (2)支付 按上述规定计量,经监理人验收列入工程量清单的以下工程子目的工程量,其每一计量单位将以合同单价支付,此项支付包括材料、劳力、设备、运输等及其他为完成工程所必需的费用,是对完成工程的全部偿付。 (3)支付子目

子目号	子目名称	单　位
313-1	培土路肩	m³
313-2	中央分隔带回填土	m³
313-3	现浇混凝土加固土路肩(厚…mm)	m
313-4	混凝土预制块加固土路肩(厚…mm)	m
315-5	混凝土预制块路缘石	m

图名	《技术规范》关于路面工程工程量 计量与支付的内容(13)	图号	4-11

《技术规范》关于路面工程工程量计量与支付的内容(14)

节次及节名	项 目	编 号	内 容
第314节 路面及中央分隔带排水	范围	314.01	本节工作为路面和中央分隔带排水工程,包括纵、横、竖向排水管、渗沟、缝隙式圆形集水管、集水井、路肩排水沟和拦水带等结构物的施工及有关的作业。
	计量与支付	314.05	(1)计量 1)中央分隔带处设置的排水设施,按图纸施工,经监理人验收合格的实际工程数量分别按下列项目计量: ①排水管按不同材料、不同直径分别以米计量。 ②纵向雨水沟(管)按长度以米计量。 ③集水井按不同尺寸以座计量。 ④渗沟按不同截面尺寸以延米计量。 ⑤防水沥青油毡以平方米计量。 2)路肩排水沟,经监理人验收合格的实际工程数量,分别按下列项目计量: ①混凝土路肩排水沟按长度以米计量。 ②路肩排水沟砂砾垫层(路基填筑中已计量者除外)按立方米计量。 ③土工布以平方米计量。 3)排水管基础开挖和基础浇筑、胶泥隔水层及出水口预制混凝土垫块及混凝土包封等不另行计量,包含在排水管单价中。 4)渗沟上的土工布不另计量,包含在渗沟单价中。 5)拦水带按长度以米计量。 (2)支付 按上述规定计量,经监理人验收列入工程量清单的以下支付子目的工程量,其每一计量单位将以合同单价支付,此项支付包括材料、劳力、设备、运输等及其他为完成工程所必需的所有费用,是对完成工程的全部偿付。

图名	《技术规范》关于路面工程工程量计量与支付的内容(14)	图号	4-11

《技术规范》关于路面工程工程量计量与支付的内容(15)

节次及节名	项　目	编　号	内　　　　容		
第 313 节 路面及中央 分隔带排水	计量与 支付	314.05	(3)支付子目		

下面为该单元格中的表格内容：

子目号	子目名称	单　位
314-1	排水管	
-a	PVC-U 管($\phi\cdots$mm)	m
-b	铸铁管($\phi\cdots$mm)	m
-c	混凝土管($\phi\cdots$mm)	m
314-2	纵向雨水沟(管)	m
314-3	C$\cdots$混凝土集水井	座
314-4	中央分隔带渗沟($\cdots$mm×$\cdots$mm×$\cdots$mm)	m
314-5	沥青油毡防水层	m^2
314-6	路肩排水沟	
-a	混凝土路肩排水沟	m
-b	砂砾垫层	m^3
-c	土工布	m^2
314-7	拦水带	
-a	沥青混凝土拦水带	m
-b	水泥混凝土拦水带	m

图名	《技术规范》关于路面工程工程量 计量与支付的内容(15)	图号	4－11

公路工程概算定额路面工程部分的应用(1)

序号	项　目	内　　容
1	路 面 工程 概 算 定额总说明	(1)路面工程定额包括各种类型路面以及路槽、路肩、垫层、基层等,除沥青混合料路面、厂拌基层稳定土混合料运输以 1000m³ 路面实体为计算单位外,其他均以 1000m² 为计算单位。 (2)路面项目中的厚度均为压实厚度,培路肩厚度为净培路肩的夯实厚度。 (3)定额中混合料是按最佳含水量编制,定额中已包括养生用水并适当扣除材料天然含水量,但山西、青海、甘肃、宁夏、内蒙古、新疆、西藏等省、自治区,由于湿度偏低,用水量可根据具体情况在定额数量的基础上酌情增加。 (4)路面工程定额中凡列有洒水汽车的子目,均按 5km 范围内洒水汽车在水源处的自吸水编制,不计水费。如工地附近无天然水源可利用,必须采用供水(如自来水)时,可根据定额子目中洒水汽车的台班数量,按每台班 35m³ 来计算定额用水量,乘以供水部门规定的水价增加洒水汽车的台班消耗,但增加的洒水汽车台班消耗量不得再计水费。 (5)路面工程定额中的水泥混凝土均已包括其拌合费用,使用定额时不得再另行计算。 (6)压路机台班按行驶速度:两轮光轮压路机为 2.0km/h、三轮光轮压路机为 2.5km/h、轮胎式压路机为 5.0km/h、振动压路机为 3.0km/h 进行编制。如设计为单车道路面宽度时,两轮光轮压路机乘以 1.14 的系数、三轮光轮压路机乘以 1.33 的系数、轮胎式压路机和振动压路机乘以 1.29 的系数。 (7)自卸汽车运输稳定土混合料、沥青混合料和水泥混凝土定额项目,仅适用于平均运距在 15km 以内的混合料运输,当平均运距超过 15km 时,应按社会运输的有关规定计算其运输费用。当运距超过第一个定额运距单位时,其运距尾数不足一个增运定额单位的半数时不计算,等于或超过半数时按一个增运定额运距单位计算。

图名	公路工程概算定额路面工程部分的应用(1)	图号	4-12

公路工程概算定额路面工程部分的应用(2)

序号	项 目	内 容
2	路面基层及垫层定额说明	(1)各类稳定土基层、级配碎石、级配砾石基层的压实厚度在 15cm 以内,填隙碎石一层的压实厚度在 12cm 以内,其他种类的基层和底基层压实厚度在 20cm 以内,拖拉机、平地机和压路机的台班消耗按定额数量计算。如超过上述压实厚度进行分层拌合、碾压时,拖拉机、平地机和压路机的台班消耗按定额数量加倍计算,每 1000m² 增加 3 个工日。 (2)各类稳定土基层定额中的材料消耗系按一定配合比编制的,当设计配合比与定额标明的配合比不同时,有关材料可按下式进行换算: $$C_i = \left[C_d + B_d \times (H - H_0) \right] \times \frac{L_i}{L_d}$$ 式中　C_i——按设计配合比换算后的材料数量; 　　　C_d——定额中基本压实厚度的材料数量; 　　　B_d——定额中压实厚度每增减 1cm 的材料数量; 　　　H_0——定额的基本压实厚度; 　　　H——设计的压实厚度; 　　　L_d——定额中标明的材料百分率; 　　　L_i——设计配合比的材料百分率。 (3)人工沿路翻拌和筛拌稳定土混合料定额中均已包括土的过筛工消耗,因此土的预算价格中不应再计算过筛费用。 (4)土的预算价格,按材料采集及加工和材料运输定额中的有关项目计算。 (5)各类稳定土基层定额中的碎石土、砂砾土是指天然碎石土和天然砂砾土。 (6)各类稳定土底基层采用稳定土基层定额时,每 1000m² 路面减少 12 ~ 15t 光轮压路机 0.18 台班。

图名	公路工程概算定额路面工程 部分的应用(2)	图号	4－12

公路工程概算定额路面工程部分的应用(3)

序号	项 目	内　　　　容
3	路面面层定额说明	(1)泥结碎石、级配碎石、级配砾石、天然砂砾、粒料改善土壤路面面层的压实厚度在 15cm 以内,拖拉机、平地机和压路机的台班消耗按定额数量计算。如等于或超过上述压实厚度进行分层拌合、碾压时,拖拉机、平地机和压路机的台班消耗按定额数量加倍计算,每 1000m² 增加 3 个工日。 (3)泥结碎石及级配碎石、级配砾石面层定额中,均未包括磨耗层和保护层,需要时应按磨耗层和保护层定额另行计算。 (3)沥青表面处治路面、沥青贯入式路面和沥青上拌下贯式路面的下贯层以及透层、粘层、封层定额中已计入热化、熬制沥青用的锅、灶等设备的费用,使用定额时不得另行计算。 (4)沥青贯入式路面面层定额中已综合了上封层的消耗,使用定额时不得另行计算。 (5)沥青碎石混合料、沥青混凝土和沥青碎石玛琋脂混合料路面定额中均已包括混合料拌合、运输、摊铺作业时的损耗因素,路面实体按路面设计面积乘以压实厚度计算。 (6)沥青路面定额中均未包括透层、粘层和封层,需要时可按有关定额另行计算。 (7)沥青路面定额中的乳化沥青和改性沥青均按外购成品料进行编制,如在现场自行配制时,其配制费用计入材料预算价格中。 (8)如沥青玛琋脂碎石混合料设计采用的纤维稳定剂的掺加比例与定额不同时,可按设计用量调整定额中纤维稳定剂的消耗。 (9)沥青路面定额中,均未考虑为保证石料与沥青的黏附性而采用的抗剥离措施的费用,需要时,应根据石料的性质,按设计提出的抗剥离措施,计算其费用。 (10)定额是按一定的油石比编制的,当设计采用的油石比与定额不同时,可按设计油石比调整定额中的沥青用量,换算公式如下:

图名	公路工程概算定额路面工程 部分的应用(3)	图号	4-12

公路工程概算定额路面工程部分的应用(4)

序号	项 目	内　　容
3	路面面层定额说明	$$S_i = S_d \times \frac{L_i}{L_d}$$ 式中　S_i——按设计油石比换算后的沥青数量； 　　　S_d——定额中的沥青数量； 　　　L_d——定额中标明的油石比； 　　　L_i——设计采用的油石比。 (11)在冬五区、冬六区采用层铺法施工沥青路面时，其沥青用量可按定额用量乘以下列系数： 　沥青表面处治：1.05；沥青贯入式基层或联结层：1.02；面层：1.028；沥青上拌下贯式下贯部分：1.043。 (12)过水路面定额是按双车道路面宽 7.5m 进行编制的，当设计为单车道时，定额应乘以 0.8 的系数。如设计为混合式过水路面时，其中的涵洞可按涵洞工程相关定额计算，过水路面的工程量不扣除涵洞的宽度。
4	路面附属工程定额说明	(1)整修和挖除旧路面按设计提出的需要整修的旧路面面积和需要挖除的旧路面体积计算。 (2)整修旧路面定额中，砂石路面均按整修厚度 6.5cm 计算，沥青表处面层按整修厚度 2cm 计算，沥青混凝土面层按整修厚度 4cm 计算，路面基层的整修厚度均按 6.5cm 计算。 (3)硬路肩工程项目，根据其不同设计层次结构，分别采用不同的路面定额项目进行计算。 (4)铺砌水泥混凝土预制块人行道、路缘石、沥青路面镶边和土硬路肩加固定额中，均已包括水泥混凝土预制块的预制，使用定额时不得另行计算。

图名	公路工程概算定额路面工程 部分的应用(4)	图号	4-12

公路工程概算定额路面工程部分的应用(5)

序号	项　目	内　　　容
5	应用举例	【例1】　某公路工程中路面采用粗粒式沥青混凝土,计 500000m²,厚度为 10cm,用 60t/h 拌合设备进行拌和,利用概算指标求拌合部分的工、料、机消耗量。 解:沥青混凝土工程量为 $500000 \times 0.1 = 50000 \mathrm{m}^3$ 查概算定额 2 - 2 - 10,则 人工:$50000 \div 1000 \times 126.7 = 6335$ 工日 石油沥青:$50000 \div 1000 \times 105.857 = 5292.85 \mathrm{t}$ 砂:$50000 \div 1000 \times 296.66 = 14833 \mathrm{m}^3$ 矿粉:$50000 \div 1000 \times 96.104 = 4805.2 \mathrm{t}$ 石屑:$50000 \div 1000 \times 168.13 = 8406.5 \mathrm{m}^3$ 路面用碎石(1.5cm):$50000 \div 1000 \times 259.89 = 12994.5 \mathrm{m}^3$ 其他材料的计算方法与上述相同,不再一一进行计算。 2m³ 以内轮式装载机:$50000 \div 1000 \times 9.98 = 499$ 台班 60t/h 以内沥青拌合设备:$50000 \div 1000 \times 7.08 = 354$ 台班 9～16t 轮胎式压路机:$50000 \div 1000 \times 4.39 = 219.5$ 台班 其他机械的计算方法与上述相同,不再一一进行计算。 【例2】　某公路原有沥青混凝土路面,现进行面层及基层修整,修整总面积 38000m²,每块修整面积 35m²。求概算定额下的工、料、机消耗量。 解:查概算定额 2 - 3 - 1 修整旧路面

图名	公路工程概算定额路面工程 部分的应用(5)	图号	4 - 12

公路工程概算定额路面工程部分的应用(6)

序号	项　目	内　　　容
5	应用举例	人工:38000÷1000×57.6×0.8=1751.04 工日 石油沥青:38000÷1000×5.578=211.964t 水:38000÷1000×17=646m³ 砂:38000÷1000×15.54=590.52m³ 矿粉:38000÷1000×4.693=178.33t 其他材料的计算方法与上述相同,不再一一计算。 1.0m³ 以内轮胎式装载机:38000÷1000×0.70×0.8=21.28 台班 6~8t 光轮压路机:38000÷1000×1.22×0.8=37.09 台班 1t 以内机动翻斗车:38000÷1000×0.24×0.8=7.30 台班 其他机械的计算方法与上述相同,都要乘以系数 0.8,不再一一计算

		图名	公路工程概算定额路面工程 部分的应用(6)	图号	4-12

公路工程预算定额路面工程部分的应用(1)

序号	项　目	内　　容
1	路面工程预算定额总说明	(1)路面工程定额包括各种类型路面以及路槽、路肩、垫层、基层等,除沥青混合料路面、厂拌基层稳定土混合料运输以1000m³路面实体为计算单位外,其他均以1000m²为计算单位。 (2)路面项目中的厚度均为压实厚度,培路肩厚度为净培路肩的夯实厚度。 (3)定额中混合料是按最佳含水量编制,定额中已包括养生用水并适当扣除材料天然含水量,但山西、青海、甘肃、宁夏、内蒙古、新疆、西藏等省、自治区,由于湿度偏低,用水量可根据具体情况在定额数量的基础上酌情增加。 (4)定额中凡列有洒水汽车的子目,均按5km范围内洒水汽车在水源处的自吸水编制,不计水费。如工地附近无天然水源可利用,必须采用供水(如自来水)时,可根据定额子目中洒水汽车的台班数量,按每台班35m³来计算定额用水量,乘以供水部门规定的水价增加洒水汽车的台班消耗,但增加的洒水汽车台班消耗量不得再计水费。 (5)定额中的水泥混凝土均已包括其拌合费用,使用定额时不得再另行计算。 (6)压路机台班按行驶速度:两轮光轮压路机为2.0km/h、三轮光轮压路机为2.5km/h、轮胎式压路机为5.0km/h、振动压路机为3.0km/h进行编制。如设计为单车道路面宽度时,两轮光轮压路机乘以1.14的系数、三轮光轮压路机乘以1.33的系数、轮胎式压路机和振动压路机乘以1.29的系数。 (7)自卸汽车运输稳定土混合料、沥青混合料和水泥混凝土定额项目,仅适用于平均运距在15km以内的混合料运输,当平均运距超过15km时,应按社会运输的有关规定计算其运输费用。当运距超过第一个定额运距单位时,其运距尾数不足一个增运定额单位的半数时不计算,等于或超过半数时按一个增运定额运距单位计算。

图名	公路工程预算定额路面工程部分的应用(1)	图号	4-13

公路工程预算定额路面工程部分的应用(2)

序号	项 目	内　　　　容
2	路面基层及垫层定额说明	（1）各类稳定土基层、级配碎石、级配砾石基层的压实厚度在 15cm 以内，填隙碎石一层的压实厚度在 12cm 以内，其他种类的基层和底基层压实厚度在 20cm 以内，拖拉机、平地机和压路机的台班消耗按定额数量计算。如超过上述压实厚度进行分层拌合、碾压时，拖拉机、平地机和压路机的台班消耗按定额数量加倍计算，每 1000m² 增加 3 个工日。 （2）各类稳定土基层定额中的材料消耗系按一定配合比编制的，当设计配合比与定额标明的配合比不同时，有关材料可按下式进行换算： $$C_i = [\,C_d + B_d \times (H - H_0)\,] \times \dfrac{L_i}{L_d}$$ 式中　C_i——按设计配合比换算后的材料数量； 　　　C_d——定额中基本压实厚度的材料数量； 　　　B_d——定额中压实厚度每增减 1cm 的材料数量； 　　　H_0——定额的基本压实厚度； 　　　H——设计的压实厚度； 　　　L_d——定额中标明的材料百分率； 　　　L_i——设计配合比的材料百分率。 【例】　石灰粉煤灰稳定碎石基层，定额标明的配合比为石灰∶粉煤灰∶碎石 = 5∶15∶80，基本压实厚度为 15cm，设计配合比为石灰∶粉煤灰∶碎石 = 4∶11∶85，设计压实厚度为 16cm。各种材料调整后的数量为：

图名	公路工程预算定额路面工程 部分的应用(2)	图号	4－13

公路工程预算定额路面工程部分的应用(3)

序号	项　目	内　　　容
2	路面基层及垫层定额说明	石灰：$[15.829 + 1.055 \times (16 - 15)] \times \dfrac{4}{5} = 13.507(t)$ 粉煤灰：$[63.31 + 4.22 \times (16 - 15)] \times \dfrac{11}{15} = 49.52(m^3)$ 碎石：$[164.89 + 10.99 \times (16 - 15)] \times \dfrac{85}{80} = 186.87(m^3)$ (3)人工沿路翻拌合筛拌稳定土混合料定额中均已包括土的过筛工消耗,因此土的预算价格中不应再计算过筛费用。 (4)土的预算价格,按材料采集及加工和材料运输定额中的有关项目计算。 (5)各类稳定土基层定额中的碎石土、砂砾土是指天然碎石土和天然砂砾土。 (6)各类稳定土底基层采用稳定土基层定额时,每1000m² 路面减少12~15t光轮压路机0.18台班。
3	路面面层定额说明	(1)泥结碎石、级配碎石、级配砾石、天然砂砾、粒料改善土壤路面面层的压实厚度在15cm以内,拖拉机、平地机和压路机的台班消耗按定额数量计算。如等于或超过上述压实厚度进行分层拌合、碾压时,拖拉机、平地机和压路机的台班消耗按定额数量加倍计算,每1000m² 增加3个工日。 (2)泥结碎石及级配碎石、级配砾石面层定额中,均未包括磨耗层和保护层,需要时应按磨耗层和保护层定额另行计算。 (3)沥青表面处治路面、沥青贯入式路面和沥青上拌下贯式路面的下贯层以及透层、粘层、封层定额中已计入热化、熬制沥青用的锅、灶等设备的费用,使用定额时不得另行计算。

图名	公路工程预算定额路面工程 部分的应用(3)	图号	4-13

公路工程预算定额路面工程部分的应用(4)

序号	项 目	内 容
3	路面面层定额说明	(4)沥青贯入式路面面层定额中已综合了上封层的消耗,使用定额时不得另行计算。 (5)沥青碎石混合料、沥青混凝土和沥青碎石玛琦脂混合料路面定额中均已包括混合料拌合、运输、摊铺作业时的损耗因素,路面实体按路面设计面积乘以压实厚度计算。 (6)沥青路面定额中均未包括透层、粘层和封层,需要时可按有关定额另行计算。 (7)沥青路面定额中的乳化沥青和改性沥青均按外购成品料进行编制,如在现场自行配制时,其配制费用计入材料预算价格中。 (8)如沥青玛琦脂碎石混合料设计采用的纤维稳定剂的掺加比例与定额不同时,可按设计用量调整定额中纤维稳定剂的消耗。 (9)沥青路面定额中,均未考虑为保证石料与沥青的黏附性而采用的抗剥离措施的费用,需要时,应根据石料的性质,按设计提出的抗剥离措施,计算其费用。 (10)定额是按一定的油石比编制的,当设计采用的油石比与定额不同时,可按设计油石比调整定额中的沥青用量,换算公式如下: $$S_i = S_d \times \frac{L_i}{L_d}$$ 式中 S_i——按设计油石比换算后的沥青数量; S_d——定额中的沥青数量; L_d——定额中标明的油石比; L_i——设计采用的油石比。

| 图名 | 公路工程预算定额路面工程部分的应用(4) | 图号 | 4—13 |

公路工程预算定额路面工程部分的应用(5)

序号	项　目	内　　　容
4	路面附属工程定额说明	(1)整修和挖除旧路面按设计提出的需要整修的旧路面面积和需要挖除的旧路面体积计算。 (2)整修旧路面定额中,砂石路面均按整修厚度6.5cm计算,沥青表处面层按整修厚度2cm计算,沥青混凝土面层按整修厚度4cm计算,路面基层的整修厚度均按6.5cm计算。 (3)硬路肩工程项目,根据其不同设计层次结构,分别采用不同的路面定额项目进行计算。 (4)铺砌水泥混凝土预制块人行道、路缘石、沥青路面镶边和土硬路肩加固定额中,均已包括水泥混凝土预制块的预制,使用定额时不得另行计算。
5	应用举例	【例1】　某天然砂砾路面摊铺工程,采用机械摊铺,压实厚度为12cm,路面宽6m,长度为18km。试计算预算定额下的工料机消耗量。 **解:**查预算定额2-2-4天然砂砾路面 人工:$18000 \times 6 \div 1000 \times (2.4 + 0.1 \times 2) = 280.8$ 工日 砂砾:$18000 \times 6 \div 1000 \times (133.62 + 13.36 \times 2) = 17316.72 \text{m}^3$ 120kW以内自行式平地机:$18000 \times 6 \div 1000 \times 0.28 = 30.24$ 台班 6~8t光轮压路机:$18000 \times 6 \div 1000 \times 0.27 = 29.16$ 台班 12~15t光轮压路机:$18000 \times 6 \div 1000 \times 0.54 = 58.32$ 台班 6000L以内洒水汽车:$18000 \times 6 \div 1000 \times (0.24 + 0.02 \times 2) = 30.24$ 台班 【例2】　某冬六区沥青表面处治路面工程,路面宽9m,长度为20km,采用双层层铺法施工,处治厚度为2.5cm,需铺透层和黏层,试求其总用工量及总用油量。 **解:**依据《公路工程预算定额》中第二章路面工程中第二章节说明,在冬五区、冬六区沥青路面采用层铺法施工时,其沥青用量需作相应调整,其中沥青表面处治路面乘以系数1.05,沥青贯入式基层乘以系数1.02,面层乘以系数1.08,沥青上拌下贯式下贯部分乘以系数1.043。

图名	公路工程预算定额路面工程 部分的应用(5)	图号	4-13

公路工程预算定额路面工程部分的应用(6)

序号	项 目	内 容
5	应用举例	(1)查预算定额 2 – 2 – 7 沥青表面处治路面 人工:$20000 \times 9 \div 1000 \div 15.5 = 2790$ 工日 石油沥青:$20000 \times 9 \div 1000 \times 3.09 \times 1.05 = 584.01t$ (2)沥青透层用工量及用油量 查预算定额 2 – 2 – 16 人工:$20000 \times 9 \div 1000 \times 1.8 = 324$ 工日 石油沥青:$20000 \times 9 \div 1000 \times 1.082 = 194.76t$ (3)沥青黏层用工量及用油量 查预算定额 2 – 2 – 16 人工:$20000 \times 9 \div 1000 \times 0.7 = 126$ 工日 石油沥青:$20000 \times 9 \div 1000 \times 0.412 = 74.16t$ (4)总用量和总用油量 总计人工:$2790 + 324 + 126 = 3240$ 工日 总用油量:$584.01 + 194.76 + 74.16 = 852.93t$

图名	公路工程预算定额路面工程 部分的应用(6)	图号	4 – 13

5 桥梁涵洞工程

工程量清单计价

桥涵、隧道工程图识读(1)

序号	项 目	内　　　容
1	砖石、混凝土结构图制图一般规定	(1)砖石、混凝土结构图中的材料标注,可在图形中适当位置,用图例表示(图1)。当材料图例不便绘制时,可采用引出线标注材料名称及配合比。 (2)边坡和锥坡的长短线引出端,应为边坡和锥坡的高端。坡度用比例标注,其标注应符合《道路工程制图标准》的规定(图2)。 (3)当绘制构造物的曲面时,可采用疏密不等的影线表示(图3)。 图 1　砖石、混凝土结构的材料标注 图 2　边坡和锥坡的标注　　　　图 3　曲面的影线表示法

图名	桥涵、隧道工程图识读(1)	图号	5-1

桥涵、隧道工程图识读(2)

序号	项　目	内　　　　容
2	钢筋混凝土结构图制图一般规定	(1)钢筋构造图应置于一般构造之后。当结构外形简单时,二者可绘于同一视图中。 (2)在一般构造图中,外轮廓线应以粗实线表示,钢筋构造图中的轮廓线应以细实线表示。钢筋应以粗实线的单线条或实心黑圆点表示。 (3)在钢筋构造图中,各种钢筋应标注数量、直径、长度、间距、编号,其编号应采用阿拉伯数字表示。当钢筋编号时,宜先编主、次部位的主筋,后编主、次部位的构造筋。编号格式应符合下列规定: 1)编号宜标注在引出线右侧的圆圈内,圆圈的直径为 4~8mm(图4a)。 2)编号可标注在与钢筋断面图对应的方格内(图4b)。 3)可将冠以 N 字的编号,标注在钢筋的侧面,根数应标注在 N 字之前(图4c)。 (4)钢筋大样应布置在钢筋构造图的同一张图纸上。钢筋大样的编号宜按图4标注。当钢筋加工形状简单时,也可将钢筋大样绘制在钢筋明细表内。 (5)钢筋末端的标准弯钩可分为90°、135°、180°三种(图5)。当采用标准弯钩时(标准弯钩即最小弯钩),钢筋直段长的标注可直接注于钢筋的侧面(图4)。 图 4　钢筋的标注

图名	桥涵、隧道工程图识读(2)	图号	5-1

桥涵、隧道工程图识读(3)

序号	项 目	内 容
2	钢筋混凝土结构制图一般规定	（6）当钢筋直径大于10mm时,应修正钢筋的弯折长度。除标准弯折外,其他角度的弯折应在图中画出大样,并示出切线与圆弧的差值。 （7）焊接的钢筋骨架可按图6标注。 （8）箍筋大样可不绘出弯钩(图7a)。当为扭转或抗震箍筋时,应在大样图的右上角,增绘两条倾斜45°的斜短线(图7b)。 （9）在钢筋构造图中,当有指向阅图者弯折的钢筋时,应采用黑圆点表示;当有背向阅图者弯折的钢筋时,应采用"×"表示(图8)。 **图5 标准弯钩** 注:图中括号内数值为圆钢的增长值。 **图6 焊接钢筋骨架的标注** **图7 箍筋大样** **图8 钢筋弯折的绘制**

图名	桥涵、隧道工程图识读(3)	图号	5-1

桥涵、隧道工程图识读(4)

序号	项　目	内　　容
2	钢筋混凝土结构图制图一般规定	(10)当钢筋的规格、形状、间距完全相同时,可仅用两根钢筋表示,但应将钢筋的布置范围及钢筋的数量、直径、间距示出(图9)。 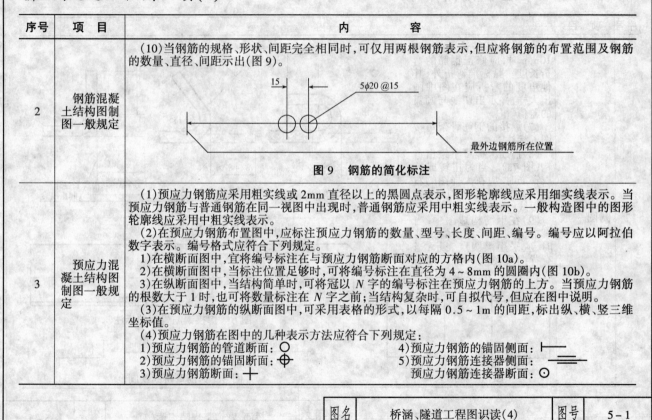 图9　钢筋的简化标注
3	预应力混凝土结构图制图一般规定	(1)预应力钢筋应采用粗实线或2mm直径以上的黑圆点表示,图形轮廓线应采用细实线表示。当预应力钢筋与普通钢筋在同一视图中出现时,普通钢筋应采用中粗实线表示。一般构造图中的图形轮廓线应采用中粗实线表示。 　(2)在预应力钢筋布置图中,应标注预应力钢筋的数量、型号、长度、间距、编号。编号应以阿拉伯数字表示。编号格式应符合下列规定。 　1)在横断面图中,宜将编号标注在与预应力钢筋断面对应的方格内(图10a)。 　2)在横断面图中,当标注位置足够时,可将编号标注在直径为4~8mm的圆圈内(图10b)。 　3)在纵断面图中,当结构简单时,可将冠以N字的编号标注在预应力钢筋的上方。当预应力钢筋的根数大于1时,也可将数量标注在N字之前;当结构复杂时,可自拟代号,但应在图中说明。 　(3)在预应力钢筋的纵断面图中,可采用表格的形式,以每隔0.5~1m的间距,标出纵、横、竖三维坐标值。 　(4)预应力钢筋在图中的几种表示方法应符合下列规定: 　1)预应力钢筋的管道断面:○　　　　4)预应力钢筋的锚固侧面: 　2)预应力钢筋的锚固断面:⊕　　　　5)预应力钢筋连接器侧面: 　3)预应力钢筋断面:╋　　　　　　　预应力钢筋连接器断面:⊙

图名	桥涵、隧道工程图识读(4)	图号	5—1

桥涵、隧道工程图识读(5)

序号	项 目	内 容
3	预应力混凝土结构图制图一般规定	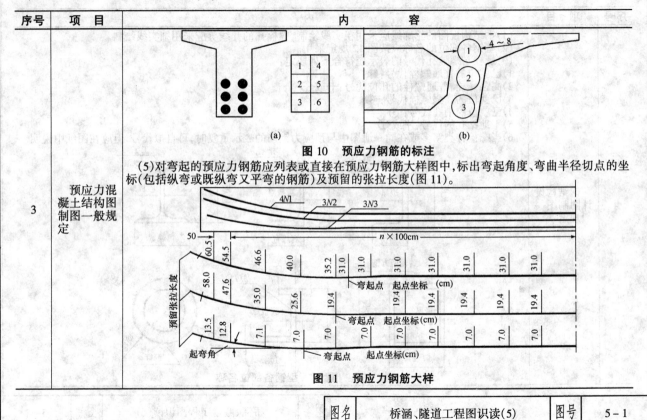

图 10　预应力钢筋的标注

(5)对弯起的预应力钢筋应列表或直接在预应力钢筋大样图中,标出弯起角度、弯曲半径切点的坐标(包括纵弯或既纵弯又平弯的钢筋)及预留的张拉长度(图 11)。

图 11　预应力钢筋大样

图名	桥涵、隧道工程图识读(5)	图号	5-1

桥涵、隧道工程图识读(6)

序号	项　目	内　　　　容
4	钢结构设计图制图一般规定	(1)钢结构视图的轮廓线应采用粗实线绘制,螺栓孔的孔线等应采用细实线绘制。 (2)型钢各部位的名称应按图12规定采用。 (3)螺栓与螺栓孔代号的表示应符合下列规定: 1)已就位的普通螺栓代号:● 2)高强螺栓、普通螺栓的孔位代号:十 或 ⊕ 3)已就位的高强螺栓代号:● 4)已就位的销孔代号:⊙ 5)工地钻孔的代号:十 或 ⊕ 6)当螺栓种类繁多或在同一册图中与预应力钢筋的表示重复时,可自拟代号,但应在图纸中说明。 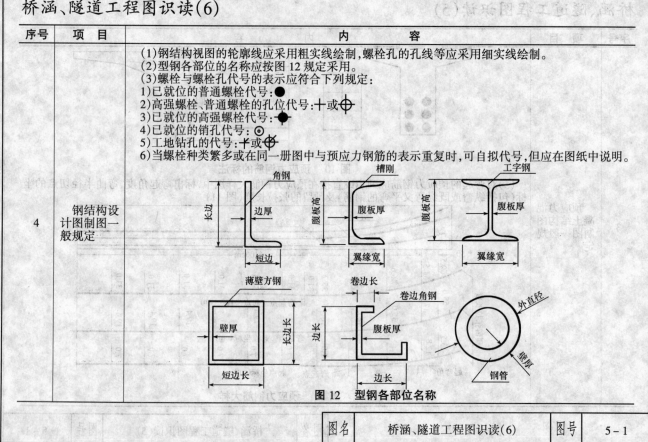 图12　型钢各部位名称

桥涵、隧道工程图识读(7)

序号	项　目	内　　　　容
4	钢结构设计图制图一般规定	(5)螺栓、螺母、垫圈在图中的标注应符合下列规定： 1)螺栓采用代号和外直径乘长度标注,如:M10×100； 2)螺母采用代号和直径标注,如:M10； 3)垫圈采用汉字名称和直径标注,如:垫圈10。 (6)焊缝的标注除应符合现行国家标准有关焊缝的规定外,尚应符合下列规定： 1)焊缝可采用标注法和图示法表示,绘图时可选其中一种或两种。 2)标注法的焊缝应采用引出线的形式将焊缝符号标注在引出线的水平线上,还可在水平线末端加绘作说明用的尾部(图13)。 3)一般不需标注焊缝尺寸,当需要标注时,应按现行的国家标准《焊缝符号表示法》的规定标注。 4)标注法采用的焊缝符号应按现行国家标准的规定采用。 5)图示法的焊缝应采用细实线绘制,线段长1～2mm,间距为1mm(图14)。 引出线　横线　焊缝符号　尾部　90° **图13　焊缝的标注法** 1—1　　3 可见连续贴角焊缝　　3 2—2　　不可见连续贴角焊缝 3—3　2　1　2　1 可见断续贴角焊缝　1.5a｜a　　不可见断续贴角焊缝 **图14　焊缝的图示法**

| | | 图名 | 桥涵、隧道工程图识读(7) | 图号 | 5－1 |

桥涵、隧道工程图识读(8)

序号	项　目	内　　　容
4	钢结构设计图制图一般规定	(7)当组合断面的构件间相互密贴时,应采用双线条绘制。当构件组合断面过小时,可用单线条的加粗实线绘制(图15)。 (8)构件的编号应采用阿拉伯数字标注(图16)。 (9)表面粗糙度常用的代号应符合下列规定: 1)"◇"表示采用"不去除材料"的方法获得的表面,例如:铸、锻、冲压变形、热轧、冷轧、粉末冶金等,或用于保持原供应状况的表面。 2)"Ra"表示表面粗糙度的高度参数轮廓算术平均偏差值,单位为微米(μm)。 3)"√"表示采用任何方法获得的表面。 4)"▽"表示采用"去除材料"的方法获得的表面,如:进行车、铣、钻、磨、剪切、抛光等加工获得。 5)粗糙度符号的尺寸,应按图17标注。H 等于1.4倍字体高。 图 15　组合断面的绘制　　　　图 16　构件编号的标注 图 17　粗糙度符号的尺寸标准

桥涵、隧道工程图识读(9)

序号	项　目	内　　　容
4	钢结构设计图制图一般规定	(10)线性尺寸与角度公差的标注应符合下列规定: 1)当采用代号标注尺寸公差时,其代号应标注在尺寸数字的右边(图18a)。 2)当采用极限偏差标注尺寸公差时,上偏差应标注在尺寸数字的右上方;下偏差应标注在尺寸数字的右下方,上、下偏差的数字位数必须对齐(图18b)。 3)当同时标注公差代号及极限偏差时,则应将后者加注圆括号(图18c)。 4)当上、下偏差相同时,偏差数值应仅标注一次,但应在偏差值前加注正、负符号,且偏差值的数字与尺寸数字字高相同。 5)角度公差的标注同线性尺寸公差(图18d)。 图 18　公差的标注

桥涵、隧道工程图识读(10)

序号	项 目	内 容
5	斜桥涵、弯桥、坡桥、隧道、弯挡土墙视图制图一般规定	(1)斜桥涵视图及主要尺寸的标注应符合下列规定: 1)斜桥涵的主要视图应为平面图。 2)斜桥涵的立面图宜采用与斜桥纵轴线平行的立面或纵断面表示。 3)各墩台里程桩号、桥涵跨径、耳墙长度均采用立面图中的斜投影尺寸,但墩台的宽度仍应采用正投影尺寸。 4)斜桥倾斜角 α,应采用斜桥平面纵轴线的法线与墩台平面支承轴线的夹角标注(图 19)。 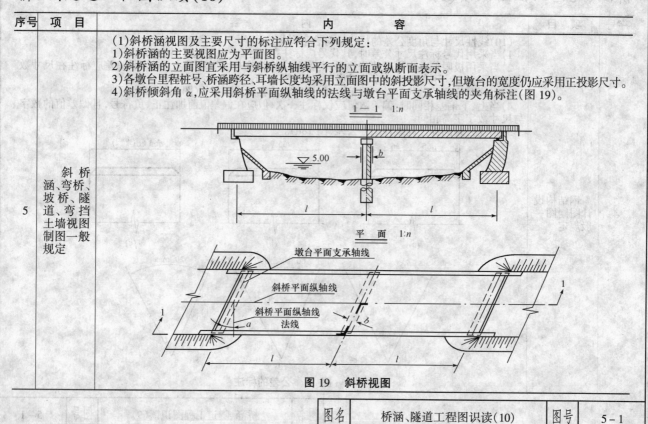 图 19　斜桥视图

图名	桥涵、隧道工程图识读(10)	图号	5-1

桥涵、隧道工程图识读(11)

序号	项　目	内　　容
5	斜 桥 涵、弯桥、坡 桥、隧道、弯 挡土墙视图制图一般规定	(2)当绘制斜板桥的钢筋构造图时,可按需要的方向剖切。当倾斜角较大而使图面难以布置时,可按缩小后的倾斜角值绘制,但在计算尺寸时,仍应按实际的倾斜角计算。 (3)弯桥视图应符合下列规定: 　1)当全桥在曲线范围内时,应以通过桥长中点的平曲线半径为对称线;立面或纵断面应垂直对称线,并以桥面中心线展开后进行绘制(图20)。 　2)当全桥仅一部分在曲线范围内时,其立面或纵断面应平行于平面图中的直线部分,并以桥面中心线展开绘制,展开后的桥墩或桥台间距应为跨径的长度。 　3)在平面图中,应标注墩台中心线间的曲线或折线长度、平曲线半径及曲线坐标。曲线坐标可列表示出。 　4)在立面和纵断面图中,可略去曲线超高投影线的绘制。 图20　弯桥视图

图名	桥涵、隧道工程图识读(11)	图号	5－1

桥涵、隧道工程图识读(12)

序号	项 目	内　　　容
5	斜桥涵、弯桥、坡桥、隧道、弯挡土墙视图制图一般规定	(4)弯桥横断面宜在展开后的立面图中切取,并应表示超高坡度。 (5)在坡桥立面图的桥面上应标注坡度。墩台顶、桥面等处,均应注明标高。竖曲线上的桥梁亦属坡桥,除应按坡桥标注外,还应标出竖曲线坐标表。 (6)斜坡桥的桥面四角标高值应在平面图中标注;立面图中可不标注桥面四角的标高。 (7)隧道洞门的正投影应为隧道立面。无论洞门是否对称均应全部绘制。洞顶排水沟应在立面图中用标有坡度符号的虚线表示。隧道平面与纵断面可仅示洞口的外露部分(图21)。 (8)弯挡土墙起点、终点的里程桩号应与弯道路基中心线的里程桩号相同。 弯挡土墙在立面图中的长度,应按挡土墙顶面外边缘线的展开长度标注(图22)。 图21　隧道视图　　　　　图22　挡土墙外边缘

桥涵、隧道工程图识读(13)

序号	项 目	内 容
6	桥涵工程图识读	(1)阅读设计说明 　　阅读设计图的总说明,以便弄清桥(涵)的设计依据,设计标准,技术指标,桥(涵)位置处的自然、地理、气候、水文、地质等情况;桥(涵)的总体布置,采用的结构形式,所用的材料,施工方法、施工工艺的特定要求等。 (2)阅读工程数量表 　　在特大、大桥及中桥的设计图纸中,列有工程数量表,在表中列有该桥的中心桩号、河流或桥名、交角、孔数和孔径、长度、结构类型、采用标准图时采用的标准图编号等;并分别按桥面系、上部、下部、基础列出有材料用量或工程数量(包括交通工程及沿线设施通过桥梁的预埋件等)。 　　该表中的材料用量或工程量,结合有关设计图复核后,是编制造价的依据。在该表的阅读中,应重点复核各结构部位工程数量的正确性、该工程量名称与有关设计图中名称的一致性。 (3)阅读桥位平面图 　　特大、大桥及复杂中桥有桥位平面图,在该图中示出了地形,桥梁位置、里程桩号、直线或平曲线要素,桥长、桥宽,墩台形式、位置和尺寸,锥坡、调治构造物布置等。通过该图的阅读,应对该桥有一个较深的总体概念。 (4)阅读桥型布置图 　　由于桥梁的结构形式很多,因此,通常要按照设计所取的结构形式,绘出桥型布置图。该图在一张图纸上绘有桥的立面(或纵断面)、平面、横断面;并在图中示出了河床断面、地质分界线、钻孔位置及编号、特征水位、冲刷深度、墩台高度及基础埋置深度、桥面纵坡以及各部尺寸和高程;弯桥或斜桥还示出有桥轴线半径、水流方向和斜交角;特大、大桥,该图中的下部各栏中还列出有里程桩号、设计高程、坡度、坡长、竖曲线要素、平曲线要素等。在桥型布置图的读图和熟悉过程中,要重点读懂和弄清桥梁的结构形式、组成,结构细部组成情况,工程量的计算情况等。 (5)阅读桥梁上部结构、下部结构、基础及桥面系等细部结构设计图 　　在桥梁上部结构、下部结构、基础及桥面系等细部结构设计图中,详细绘制出了各细部结构的组成、构造并标示了尺寸等;如果是采用的标准图集来作为细部结构的设计图,则在图册中对其细部结构可能没有一一绘制,但在桥型布置图中一定会注明标准图的名称及编号。在阅读和熟悉这部分图纸时,重点应读懂并弄清其结构的细部组成、构造,结构尺寸和工程量;并复核各相关图纸之间细部组成、构造,结构尺寸和工程量的一致性。

图名	桥涵、隧道工程图识读(13)	图号	5-1

桥涵、隧道工程图识读(14)

序号	项　目	内　　容
6	桥涵工程图识读	(6)阅读调治构造物设计图 　　如果桥梁工程中布置有调治构造物,如导流堤、护岸等构造物,则在其设计图册中应绘制有平面布置图、立面图、横断面图等。在读图中应重点读懂并弄清调治构造物的布置情况、结构细部组成情况及工程量计算情况等。 　　(7)阅读小桥、涵洞设计图 　　小桥、涵洞的设计图册中,通常有布置图、结构设计图和小桥、涵洞工程数量表、过水路面设计图和工程数量表等。 　　在小桥布置图中,绘出了立面(或纵断面)、平面、横断面、河床断面,标明了水位、地质概况、各部尺寸、高程和里程等。 　　在涵洞布置图中,绘出了设计涵洞处原地面线及涵洞纵向布置,斜涵尚绘制有平面和进出口的立面情况、地基土质情况、各部尺寸和高程等。 　　对结构设计图,采用标准图的,则可能未绘制结构设计图,但在平面布置图中则注明有标准图的名称及编号;进行特殊设计的,则绘制有结构设计图;对交通工程及沿线设施所需要的预埋件、预留孔及其位置等,在结构设计图中也予以标明。 　　图册中应列有小桥或涵洞工程数量表,在表中列有小桥或涵洞的中心桩号、交角(若为斜交)、孔数和孔径、桥长或涵长、结构类型;涵洞的进出口形式,小桥的墩台、基础形式;工程及材料数量等。 　　对设计有过水路面的,在设计图册中则有过水路面设计图和工程数量表。在过水路面设计图中,绘制有立面(或纵断面)、平面、横断面设计图;在工程数量表中,列出有起讫桩号、长度、宽度、结构类型、说明、采用标准图编号、工程及材料数量等。 　　在对小桥、涵洞设计图进行阅读和理解的过程中,应重点读懂并熟悉小桥、涵洞的特定布置、结构细部、材料或工程数量、施工要求等。
7	隧道工程图识读	(1)隧道(地质)平面图及其阅读 　　隧道(地质)平面图中,绘(标)出有地形、地物、导线点、坐标网格、隧道平面位置、路线线形、路线里程;设 U 型回车场、错车道、爬坡车道的,在图中示有其位置和长度;图中还示出了隧道洞口、洞身、斜井、竖井、避车洞及钻孔、物探测线位置及编号等;高速公路、一级公路的隧道(地质)平面图中还示出了人行横洞、车行横洞、紧急停车带的位置等。

图名	桥涵、隧道工程图识读(14)	图号	5-1

桥涵、隧道工程图识读(15)

序号	项 目	内 容
7	隧道工程图识读	(2)隧道(地质)纵断面图及其阅读 隧道(地质)纵断面图中示出了地面线、钻孔柱状图、物探测线位置、岩脉、岩性及界面线,绘出有隧道进口位置及桩号、洞身、斜井、竖井、避车洞及消防等设施预留洞等;图的下部还示出了工程地质、水文地质、坡度及坡长、地面高程、设计高程、里程桩号、围岩类别、衬砌形式及长度等;高速公路、一级公路还示出了人行横洞、车行横洞、紧急电话洞室、电缆沟等在纵断面上的位置。 (3)隧道洞口、洞门设计图及其阅读 隧道洞口、洞门设计图主要表明洞口、洞门的形状、结构形式、尺寸、所用材料和洞顶截、排水设施等的设置以及洞口与路堑的衔接情况。洞门的类型有端墙式、翼墙式、柱式、台阶式、环框式等形式。 (4)明洞设计图及其阅读 洞顶覆盖层薄、不宜大开挖修建路堑又难于用暗挖法修建隧道的地段,路基或隧道洞口受不良地质、边坡坍方、岩堆、落石、泥石流等危害又不宜避开、清理的地段,铁路、公路、沟渠和其他人工构造物必须在该公路上方通过而又不宜采用隧道或立交桥涵跨越时,通常设计为明洞;当明洞作为整治滑坡的措施时,则按支挡工程设计,并应采取综合治理措施,以确保滑坡体稳定和明洞安全。明洞的结构形式有拱形明洞、棚式明洞、箱形明洞。 (5)隧道衬砌断面图及其阅读 隧道衬砌断面图表明了隧道衬砌的类型、形式、结构尺寸和所用的材料。通常,隧道衬砌所使用的材料主要有混凝土、钢筋混凝土、锚杆与锚喷支护、石料、装配式材料等;在断面形式上主要有直墙式衬砌、曲墙式衬砌、圆形断面衬砌、矩形断面衬砌以及喷混凝土衬砌、锚喷衬砌和复合式衬砌等。此外,在该图中还示出了防水层、开挖与回填、电缆沟、路面结构、排水管沟的设置等。 (6)隧道附属设施设计图及其阅读 隧道附属设施包括通风、照明、供电设施及运营管理设施,其设计图有入口设施设计图、安全信号设计图、紧急救援设计图、通风设施设计图、监视监控报警设计图、通信设施设计图、供电设计图、照明设计图、消防设计图等。 (7)洞内行车道路面设计图及其阅读 洞内行车道路面通常采用水泥混凝土路面,也有采用沥青混凝土路面的。其水泥混凝土路面或沥青混凝土路面与道路工程的水泥混凝土路面、沥青混凝土路面结构层相同;但在洞内采用水泥混凝土路面时,墙部设置有变形缝,路面等处也相应设置有变形缝;有的隧道在洞内路面结构层以下还设置有反拱。

图名	桥涵、隧道工程图识读(15)	图号	5-1

桥梁涵洞工程常见名词解释(1)

序号	类 别	名 词 解 释
1	桥梁涵洞工程标准规范常见名词解释	桥梁:为道路跨越天然或人工障碍物而修建的建筑物。 钢筋混凝土桥:以钢筋混凝土作为上部结构主要建筑材料的桥梁。 预应力混凝土桥:以预应力混凝土作为上部结构主要建筑材料的桥梁。 钢桥:以钢材作为上部结构主要建筑材料的桥梁。 木桥:以木材作为主要建筑材料的桥梁。 正交桥:桥梁的纵轴线与其跨越的河流流向或路线轴向相垂直的桥梁。 斜交桥:桥梁的纵轴线与其跨越的河流流向或路线轴向不相垂直的桥梁。 弯桥:桥面中心线在平面上为曲线的桥梁。 坡桥:修建在较大纵坡的路段上并与路线纵坡基本一致的桥梁。 桥:为公路、铁路、城市道路、管线、行人等跨越河流、山谷、道路等天然或人工障碍而建造的架空建筑物。 简支梁桥:以简支梁作为桥跨结构的主要承重构件的梁式桥。 连续梁桥:以成列的连续梁作为桥跨结构主要承重构件的梁式桥。 悬臂梁桥:以悬臂作为桥跨结构主要承重构件的梁式桥。 框架桥:桥跨结构为整体箱形框架的桥。 刚构(刚架)桥:桥跨结构与桥墩(台)刚性连接的桥,有连续、斜腿刚构桥等。 漫水桥:容许洪水漫过桥面的桥。 跨线(立交)桥:跨越公路、铁路或城市道路等交通线路的桥。 高架桥:代替高路堤跨越深谷、洼地或人工设施的桥。 连续梁桥:以由三个或三个以上支座支承的梁作为上部结构主要承重构件的梁桥。 板桥:以板作为上部结构主要承重构件的桥梁。 拱桥:在竖直平面内以拱作为上部结构主要承重构件的桥梁。 双曲拱桥:拱圈由纵向拱肋和横向拱坡组成的拱桥。 空腹拱桥:拱圈上设有腹拱、立柱或横墙以支承桥面系的拱桥。 实腹拱桥:拱圈上为实体建筑或填料的拱桥。 桁架桥:以桁架作为上部结构主要承重构件的桥梁。 T形刚构桥:主梁为跨中设铰或挂梁的多跨刚构桥。

图名	桥梁涵洞工程常见名词解释(1)	图号	5-2

桥梁涵洞工程常见名词解释(2)

序号	类　别	名　词　解　释
1	桥梁涵洞工程标准规范常见名词解释	斜拉桥(斜张桥):以固定于索塔并锚固于桥面系的斜向拉索作为上部结构主要埋构件的桥梁。 悬索桥(吊桥):以通过索塔悬挂并锚固于两岸(或桥两端)的缆索(或钢链)作为上部结构主要承重构件的桥梁。 浮桥:上部结构架设在水中浮动支承(如船、筏、浮箱等)上的桥梁。 装配式桥:上部结构由预制构件组合成整体的桥梁。 正(主)桥:跨越河道主槽部分或深谷、人工设施主要部分的桥。 引桥:连接路堤和正(主)桥的桥。 弯桥:桥面中心线在平面上为曲线的桥,有主梁为直线而桥面为曲线和主梁与桥面均为曲线两种情况。 桥台:位于桥的两端与路基相衔接,并将桥上荷载传递到基础,又承受台后填上压力的构筑物。 坡桥:设置在纵坡路段上的桥。 公路铁路两用桥:可供汽车和火车分道(分层或并列)行驶的桥。 涵洞:横穿路基的小型排水构造物。一般由基础、洞身和洞口组成。 管涵:洞身以圆形管节修建的涵洞。 拱涵:洞身顶部呈拱形的涵洞。 箱涵:洞身以钢筋混凝土箱表管节修建的涵洞。 盖板涵:洞身上部以钢筋混凝土板、条石等作盖板的涵洞。 主梁:在上部结构中,支承各种荷载并将其传递至墩、台的梁。 横梁:在上部结构中,沿桥轴横向设置并支承于主要承重构件上的梁。 纵梁:在上部结构中,沿桥梁轴向设置并支承于横梁上的梁。 拱圈:在拱桥上部结构中,支承各种荷载并将其传递至墩、台的拱形结构。 桥面铺装:为保护桥面板和分布车轮的集中荷载,用沥青混凝土、水泥混凝土、高分子聚合物等材料铺筑在桥面板上的保护层。 桥面伸缩装置:为使车辆平稳通过桥面并满足桥面变形的需要,在桥面伸缩缝处设置的各种装置的总称。 地基:直接承受构造物荷载影响的地层。

桥梁涵洞工程常见名词解释(3)

序号	类别	名 词 解 释
1	桥梁涵洞工程标准规范常见名词解释	桥墩:支承两相邻桥跨结构,并将其荷载传给地基的构筑物。 桥下部结构:为桥台、桥墩及桥梁基础的总称,用以支承桥梁上部结构并将上部荷载传递给地基。 支座:设在桥梁上部结构与下部结构之间,使上部结构具有一定活动性的传力装置。 固定支座:使上部结构能转动而不能水平移动的支座。 活动支座:使上部结构能转动和水平移动的支座。 索塔:悬索桥或斜拉桥支承主索的塔形构造物。 索鞍:在悬索桥索塔顶部设置的鞍状支承装置。 桥位:在勘测过程中所选择的建桥位置。 跨径:结构或构件支承间的水平距离。 先张法:先在台座上张拉预应力钢材,然后浇筑水泥混凝土以形成预应力混凝土构件的施工方法。 后张法:先浇筑水泥混凝土,待达到规定的强度后再张拉预应力钢材以形成预应力混凝土构件的施工方法。 缆索吊装法:利用悬挂的缆索运输和安装构件的施工方法。 悬臂浇筑法:在桥墩两侧设置工作平台,平衡地逐段向跨中悬臂浇筑水泥混凝土梁体,并逐段施加预应力的施工方法。 移动支架逐跨施工法:采用可在桥墩上纵向移动的支架及模板,在其上逐跨拼装水泥混凝土梁体预制件或现浇水泥混凝土,并逐跨施加预应力的施工方法。 纵向拖拉法:将预制的单根梁或预拼的整孔梁,用拖拉设备从桥头纵向拖到墩上的施工方法。 顶推法:梁体在桥头逐段浇筑或拼装,用千斤顶纵向顶推,使梁体通过各墩顶的临时滑动支座而就位的施工方法。 转体架桥法:利用河岸地形预制半孔桥跨结构,在岸墩或桥台上旋转就位于跨中合龙的施工方法。 浮运架桥法:利用潮水涨落或调节船舱内的水量,将船载的整孔主要承重结构置于墩台上的施工方法。 顶入法:利用顶进设备将预制的箱形构造物或圆管逐渐顶入路基,以构成立体交叉通道或涵洞的施工方法。 (道路)隧道:为使道路从地层内部或水底通过而修建的建筑物。由洞身、洞门等组成。 洞门:为保持洞口上方及两侧路堑边坡的稳定,在隧道洞口修建的墙式构造物。

	图名	桥梁涵洞工程常见名词解释(3)	图号	5-2

桥梁涵洞工程常见名词解释(4)

序号	类 别	名 词 解 释
1	桥梁涵洞工程标准规范常见名词解释	衬砌:为防止围岩变形或坍塌,沿隧道洞身周边用水泥混凝土等材料修建的永久性支护结构。 明洞:用明挖法修建的隧道。常用于地质不良路段或埋深较浅的隧道。 围岩:隧道周围一定范围内,对洞身的稳定有影响的岩(土)体。 隧道建筑限界:在隧道洞身内应保持的道路建筑限界及设置其他设施的空间范围。 隧道埋深:隧道开挖断面的顶部至自然地面的垂直距离。 明挖法:先将隧道部位的岩(土)体全部挖除,然后修建洞身、洞门,再进行回填的施工方法。 矿山法:用开挖地下坑道的作业方式修建隧道的施工方法。 盾构法:利用盾构进行隧道开挖、衬砌等作业的施工方法。 新奥法:在软弱岩层中修建隧道时,开挖后立即喷射水泥混凝土作为临时支撑(必要时加锚杆)以稳定围岩,然后再进行衬砌的施工方法。 沉埋法:将箱形或管形水泥混凝土预制构件,分段沉埋至河底或海底而构成隧道的施工方法。 隧道支撑:隧道开挖过程中,为了防止围岩变形或坍落所设置的支护结构。常用的有构件支撑和喷锚支护两类。 构件支撑:用钢、木等材料制作构件架设的临时支撑,如木支撑、金属支撑、钢木混合支撑等。 喷锚支护:借高压喷射水泥混凝土和打入岩层中的金属锚杆的联合作用(根据地质情况也可分别单独采用)加固岩层,分为临时性支护结构和永久性支护结构。 养护:为保证道路正常使用而进行的经常性保养、维修,预防和修复灾害性损坏,以及提高使用质量和服务水平而进行的加固、改善或增建。 沉降缝:为减轻地基不均匀变形对建筑物的影响而在建筑物中预先设置的间隙。 防震缝:为减轻或防止相邻结构单元由地震作用引起的碰撞而预先设置的间隙。 施工缝:当混凝土施工时,由于技术上或施工组织上的原因,不能一次连续灌注时,而在结构的规定位置留置的搭接面或后浇带。
2	打桩工程定额名词解释	打基础圆木桩:是指用打桩机械将长6m、直径为0.2m的一头为尖状的圆木,按照设计要求,通过锤打钢桩帽将圆木打入桥基指定位置(入土按5.5m考虑)的操作过程。 打板桩:是指用打桩机械将长8m、直径为0.06m左右的一头为尖状的木板,按照设计要求,通过锤打钢桩帽将木板打入桥基指定位置(入土按6m考虑)的操作过程。

图名	桥梁涵洞工程常见名词解释(4)	图号	5-2

桥梁涵洞工程常见名词解释(5)

序号	类别	名词解释
1		
2	打桩工程定额名词解释	打钢筋混凝土方桩:是指用柴油打桩机械将按设计要求的长度和断面一头为尖状的钢筋混凝土方桩,按照设计要求,通过锤打钢桩帽将钢筋混凝土方桩打入桥基指定位置的操作过程。 接桩:将桩的上端和下端连接在一起的方法。 送桩:将打至自然地坪的桩按上送桩器,把桩打到设计标高。 钢管桩内切割:将超过设计长度的钢管桩,用气焊切割掉的过程。 钢管桩内精割盖帽:将焊接在钢管桩上的钢盖帽用气焊切割掉的过程。 钢管桩内钻孔取土:为减少钢管桩的桩壁摩擦力,将钢管桩内的土芯通过钻孔取出的方法。 钢管桩内填心:为了增加钢管桩的稳定性,按设计要求,在钢管内浇筑混凝土,混凝土的强度等级在桥梁定额中为 C30。
3	钻孔灌注桩工程定额名词解释	钻孔灌注桩:指用钻孔机械(机动或人工)钻出桩孔然后浇筑混凝土或钢筋混凝土的施工方法。 人工挖孔桩:指人工使用辘轳、土篮、铁锹、刨镐等手工工具挖桩成孔的施工方法。此方法适用于地下水位低、土质结构较好的地区施工,施工人员要严格按规程和技术要求施工,防止坍塌事故的发生。 回旋钻机钻孔:回旋钻机分正循环和反循环钻机两种,分别适用于黏性土、粉砂及砂性土和砂加卵石、风化岩(但卵石的粒径不得超过钻杆内径的 2/3)等土质钻孔,是市政桥梁施工中常用的打桩机械。 冲击式钻机钻孔:亦称全套筒式冲抓钻机钻孔,通常称为贝诺特法,是通过钻机的冲、压、抓等方式取土成孔。 泥浆制作:指加工由黏土和水拌成的混合物的过程。 灌注桩混凝土:指通过导管一次性地将混凝土灌注到桩孔内的过程。
4	砌筑工程定额名词解释	浆砌块石:指将密度为 1700kg/m^3 的块石,用机械搅拌的 M7.5 砂浆砌筑成台、墙、墩等桥梁所需构筑物。 浆砌料石:指将断面为 $250 \text{mm} \times 250 \text{mm}$、每块体积为 0.054m^3 的块石,用机械搅拌的 M7.5 砂浆砌筑成台、墙、墩等桥梁所需构筑物。 浆砌混凝土预制块:指将规格为 $300 \text{mm} \times 300 \text{mm} \times 600 \text{mm}$ 的混凝土预制块,用机械搅拌的 M7.5 砂浆砌筑成台、墙、墩等桥梁所需构筑物。 砖砌体:指将规格为 $240 \text{mm} \times 115 \text{mm} \times 53 \text{mm}$ 的普通砖,用机械搅拌的 M7.5 砂浆砌筑成台、墙、墩等桥梁所需构筑物。

图名	桥梁涵洞工程常见名词解释(5)	图号	5-2

桥梁涵洞工程常见名词解释(6)

序号	类 别	名 词 解 释
5	钢筋工程定额名词解释	钢筋制作、安装:指将直径为 10mm 以上或 10mm 以下的钢条(带螺纹或不带螺纹)按设计要求,通过机械或手工调直、切断、弯曲、绑扎(或焊接)成规定形状,并按要求安放到桥梁构件中的指定位置的过程。 　预应力钢筋(钢丝束)制作、安装:指将低合金钢筋或钢绞线按先张法或后张法,通过机械调直、编束,安放到指定位置后锚固、张拉、切断、整修、封锚的过程。 　先张法:先在台座上张拉预应力钢材,然后浇筑水泥混凝土,以形成预应力混凝土构件的施工方法。 　后张法:先浇筑水泥混凝土,待达到一定强度后,再张拉预应力钢材,形成预应力混凝土构件的施工方法。 　管道压浆:指将水泥浆液通过液压注浆泵压入预应力钢筋(钢绞线)的保护层橡胶管、铁皮管、波纹管内的过程。
6	混凝土工程定额名词解释	基础:指桥梁台、墙、墩等构筑物的基础,分碎石和混凝土垫层两种,并在垫层上按设计要求铺筑一定厚度的混凝土。 　承台:指设置在桩顶部的承受墩身负荷的钢筋混凝土平台。 　支撑梁、横梁:指横跨在桥梁上部结构中的起承重作用的条形钢筋混凝土构筑物。 　墩台、台身:指位于桥梁两端并与路基相接,起承受上部结构重力和外来力的钢筋混凝土构筑物。 　拱桥:在垂直平面内,以拱作为上部结构承重构件的桥梁,由拱座、拱肋和拱上构件等三部分组成。 　箱梁:指桥梁上部结构的梁为空心状,一般分单室、双室和多室。 　板梁:指桥梁上部结构的梁为实心板状。 　板拱:一般指拱桥中用板状矩形截面做成的拱圈。 　挡墙:指在市政桥梁工程中,支撑墙后土体,使墙后两处地面保持一定交叉的结构物。 　混凝土接头:指在梁与梁之间、柱与柱之间或板梁之间浇筑的混凝土构筑物。 　桥面混凝土铺装:为保护桥面板和分布车轮的集中负荷并将其传递到主要承重构件的桥面构造系统而铺筑的含钢筋的水泥混凝土层的过程。 　桥面防水层:指在桥面铺装前,在桥梁上部结构的上表面通过喷洒沥青油、铺油毡或橡胶板、抹防水砂浆等方法,制作防水层。 　预制混凝土构件:指工厂或施工现场根据合同约定和设计要求,预期加工的各类桥梁构件,包括:梁、柱、板、墙、桩等。

图名	桥梁涵洞工程常见名词解释(6)	图号	5-2

桥梁涵洞工程常见名词解释(7)

序号	类别	名　词　解　释
7	箱涵工程及其他定额名词解释	箱涵制作:指对洞身(包括底板、侧墙、顶板)为钢筋混凝土箱形构筑物的预制加工过程。 箱涵顶进:用高压油泵、千斤顶、顶铁或顶柱等设备工具将预制箱涵顶推到指定位置的过程。 箱涵内挖土:指使用机械或人工将箱涵内、外的土方按操作规程挖出。 箱涵接缝处理:指为防止箱涵漏水,在箱涵的接缝处及顶部喷沥青油,涂抹石棉水泥、防水膏或铺装石棉木丝板。 支座:设在桥梁上、下部结构之间,具有一定活动性的传力装置。 固定支座:指使上部结构能转动而不能使水平移动的支座。 活动支座:指既能使上部结构转动又能使水平移动的支座。 伸缩缝:为适应构件或材料涨缩变形对构件的影响而在结构中设置的间隙。 水泥砂浆抹面:指按设计要求,将一定配合比的砂浆平抹在桥梁的墩、台、柱、墙等构筑物表面的装饰过程。 水刷石:指用水泥、细石子、颜料加工搅拌均匀后,抹在桥梁的墩、台、柱、墙等构筑物表面,洗刷去面层的水泥,使细石子半露的装饰过程。 剁斧石:指将没有洗刷的水刷石表面,经过斩凿,使之成为具有石料表面的效果。 拉毛:指在抹平水泥表面,用铁板、硬质毛刷沾着灰浆拉成各种图案的方法。 水磨石:指在水泥表面处于半凝固状态时,用磨石机洒水磨光,经过粗磨、精磨等程序后形成的人造石材。

图名	桥梁涵洞工程常见名词解释(7)	图号	5－2

桥梁涵洞工程工程量清单计量规则(1)

(1)桥梁涵洞工程包括:桥梁荷载试验、补充地质勘探、钢筋、挖基、混凝土灌注桩、钢筋混凝土沉桩、钢筋混凝土沉井、扩大基础;现浇混凝土下部构造,混凝土上部构造。预应力钢材,现浇预应力上部构造,预制预应力混凝土上部构造,斜拉桥上部构造,钢架拱上部构造;浆砌块片石及混凝土预制块、桥面铺装、桥梁支座、伸缩缝装置、涵洞工程。

(2)有关问题的说明及提示:

1)基础、下部结构、上部结构混凝土的钢筋,包括钢筋及钢筋骨架用的铁丝、钢板、套筒、焊接、钢筋垫块或其他固定钢筋的材料以及钢筋除锈、制作安装、成品运输,作为钢筋工程的附属工作,不另行计量。

2)附属结构、圆管涵、倒虹吸管、盖板涵、拱涵、通道的钢筋,均包含在各项目内,不另行计量。附属结构包括缘石、人行道、防撞墙、栏杆、护栏、桥头搭板、枕梁、抗震挡块、支座垫块等构造物。

3)预应力钢材、斜拉索的除锈制作安装运输及锚具、锚垫板、定位筋、连接件、封锚、护套、支架、附属装置和所有预埋件,包括在相应的工程项目中,不另行计量。

4)工程项目涉及到养护、场地清理、吊装设备、拱盔、支架、工作平台、脚手架的搭设及拆除、模板的安装及拆除,均包括在相应工程项目内,不另行计量。

5)混凝土拌和场站、构件预制场、贮料场的建设、拆除、恢复,安装架设设备摊销、预应力张拉台座的设置及拆除均包括在相应工程项目中,不另行计量。

材料的计量尺寸为设计净尺寸。

6)桥梁支座,包括固定支座、圆形板式支座、球冠圆板式支座,以体积立方分米(dm^3)计量,盆式支座按套计量。

(3)设计图纸标明的及由于地基出现溶洞等情况而进行的桥涵基底处理计量规则见路基工程中特殊路基处理。

| 图名 | 桥梁涵洞工程工程量清单计量规则(1) | 图号 | 5-3 |

桥梁涵洞工程工程量清单计量规则(2)

工程量清单计量规则

项	目	节	细目	项目名称	项目特征	计量单位	工程量计算规则	工程内容
四				桥梁涵洞				第400章
	1			检测				第401节、第408节
		1		桥梁荷载试验(暂定工程量)	1. 结构类型 2. 桩长桩径			1. 荷载试验(桥梁、桩基) 2. 破坏试验
		2		补充地质勘探及取样钻探(暂定工程量)	1. 地质类别 2. 深度	总额	按规定检测内容,以总额计算	1. 按试验合同内容(主要试验桥梁整体或部分工程的承载能力及变形)钻探
		3		钻取混凝土芯样(暂定工程量)	桩长桩径			钻孔取芯
		4		无破损检测				检测
	3			钢筋				第403节
		1		基础钢筋				
			a	光圆钢筋	1. 材料规格 2. 抗拉强度	kg	按设计图所示,各规格钢筋按有效长度(不计入规定的搭接长度),以重量计算	1. 制作、安装 2. 搭接
			b	带肋钢筋				
		2		下部结构钢筋				
			a	光圆钢筋	1. 材料规格 2. 抗拉强度	kg	按设计图所示,各规格钢筋按有效长度(不计入规定的搭接长度),以重量计算	1. 制作、安装 2. 搭接
			b	带肋钢筋				

图名	桥梁涵洞工程工程量清单计量规则(2)	图号	5-3

桥梁涵洞工程工程量清单计量规则(3)

项	目	节	细目	项目名称	项目特征	计量单位	工程量计算规则	工程内容
		3		上部结构钢筋			按设计图所示,各规格钢筋按有效长度(不计入规定的搭接长度及吊勾)以重量计算	
			a	光圆钢筋	1. 材料规格 2. 抗拉强度	kg		1. 制作、安装 2. 搭接
			b	带肋钢筋				
		4		钢管拱钢材	1. 材料规格 2. 技术指标	kg	按设计图所示,以重量计算	1. 除锈防锈 2. 制作焊接 3. 定位安装 4. 检测
	4			基础挖方及回填				第404节
		1		干处挖土方			按设计图所示,基础所占面积周边外加宽 0.5m,垂直由河床顶面至基础底标高实际工程体积计算(因施工、放坡、立模而超挖的土方不另计量)	1. 防排水 2. 基坑支撑 3. 挖运土石方 4. 清理回填
		2		干处挖石方				
		3		水中挖土方	土壤类别	m³		1. 围堰、排水 2. 基坑支撑 3. 挖运土石方 4. 清理回填
		4		水中挖石方				
	5			混凝土灌注桩				第405节、第407节

图名	桥梁涵洞工程工程量清单计量规则(3)	图号
		5－3

桥梁涵洞工程工程量清单计量规则(4)

续表

项目	目	节	细目	项目名称	项目特征	计量单位	工程量计算规则	工程内容
			1	水中钻孔灌注桩	1. 土壤类别 2. 桩长桩径 3. 强度等级	m	按设计图所示,在设计施工水位以下,按不同桩径的钻孔灌注桩以长度(桩底标高至承台底面或系梁顶面标高,无承台或系梁时,则以桩位处地面线为分界线,地面线以下部分为灌注桩桩长)计算	1. 搭设作业平台或围堰筑岛 2. 安置护筒 3. 护壁、钻进成孔、清孔 4. 埋检测管 5. 浇筑混凝土 6. 锉桩头
			2	陆上钻孔灌注桩			按设计图所示,按不同桩径的钻孔灌注桩以长度(桩底标高至承台底面或系梁顶面标高,无承台或系梁时,则以桩位处地面线为分界线,地面线以下部分为灌注桩桩长)计算	
			3	人工挖孔灌注桩				1. 挖孔、抽水 2. 护壁 3. 浇混凝土
		6		沉桩				第406节
			1	钢筋混凝土沉桩	1. 土壤类别 2. 桩长桩径 3. 强度等级	m	按设计图所示,以桩尖标高至承台底或盖梁底标高长度计算	1. 预制混凝土桩 2. 运输 3. 锤击、射水、接桩
			2	预应力钢筋混凝土沉桩				

图名	桥梁涵洞工程工程量清单计量规则(4)	图号	5-3

桥梁涵洞工程工程量清单计量规则(5)

项	目	节	细目	项目名称	项目特征	计量单位	工程量计算规则	工程内容
		9			沉井			第 409 节
			1		混凝土或钢筋混凝土沉井			
				a	井壁混凝土				1. 围堰筑岛 2. 现浇或预制沉井 3. 浮运 4. 抽水、下沉 5. 浇筑混凝土 6. 挖井内土及基底处理 7. 浇注混凝土 8. 清理恢复河道
				b	顶板混凝土	1. 土壤类别 2. 桩长桩径 3. 强度等级	m³	按设计图所示,以体积计算	
				c	填芯混凝土				
				d	封底混凝土				
			2		钢沉井				
				a	钢壳沉井	1. 材料规格 2. 土壤类别 3. 断面尺寸	t	按设计图所示,以重量计算	1. 制作 2. 浮运或筑岛 3. 下沉 4. 挖井内土及基底处理 5. 切割回收 6. 清理恢复河道
				b	顶板混凝土				
				c	填芯混凝土	强度等级	m³	按设计图所示,以体积计算	浇筑混凝土
				d	封底混凝土				
		10			结构混凝土工程				第 410 节、第 412 节、第 414 节、第 418 节

图名	桥梁涵洞工程工程量清单计量规则(5)	图号	5-3

桥梁涵洞工程工程量清单计量规则(6)

项目	节	细目	项目名称	项目特征	计量单位	工程量计算规则	工程内容
	1		基础				
		a	混凝土基础(包括支撑梁、桩基承台,但不包括桩基)	1.断面尺寸 2.强度等级 3.结构类型	m³	按设计图所示,以体积计算	1.套箱或模板制作、安装、拆除 2.混凝土浇筑 3.养生
	2		下部结构混凝土				
		a	斜拉桥索塔				
		b	重力式U型桥台				1.支架、模板、劲性骨架制作安装及拆除 2.浇筑混凝土 3.养生
		c	肋板式桥台	1.断面尺寸 2.强度等级 3.部位	m²	按设计图所示,以体积计算	
		d	轻型桥台				
		e	柱式桥墩				
		f	薄壁式桥墩				
		g	空心桥墩				
	3		上部结构混凝土				
		a	连续刚构				1.支架模板制作、安装、拆除 2.预埋钢筋、钢材制作、安装 3.浇筑混凝土 4.构件运输、安装 5.养生
		b	混凝土箱型梁				
		c	混凝土T型梁				
		d	钢管拱	1.断面尺寸 2.强度等级	m³	按设计图所示,以体积计算	
		e	混凝土拱				
		f	混凝土空心板				
		g	混凝土矩形板				
		h	混凝土肋板				

桥梁涵洞工程工程量清单计量规则(7)

项	目	节	细目	项目名称	项目特征	计量单位	工程量计算规则	工程内容
		6		现浇混凝土附属结构				
			a	人行道				
			b	防撞墙(包括金属扶手)				1. 钢筋、钢板、钢管制作安装 2. 浇筑混凝土 3. 运输构件 4. 养生
			c	护栏	1. 结构型式 2. 材料规格 3. 强度等级	m³	按设计图所示,以体积计算	
			d	桥头搭板				
			e	抗震挡块				
			f	支座垫石				
		7		预制混凝土附属结构(栏杆、缘石、人行道)				
			a	缘石				1. 钢筋制作安装 2. 预制混凝土构件 3. 运输 4. 砌筑安装 5. 勾缝
			b	人行道	1. 结构型式 2. 强度等级	m³	按设计图所示,以体积计算	
			c	栏杆				
		11		预应力钢材				第411节

图名	桥梁涵洞工程工程量清单计量规则(7)	图号	5-3

桥梁涵洞工程工程量清单计量规则(8)

项目	节	细目	项目名称	项目特征	计量单位	工程量计算规则	工程内容
		1	先张法预应力钢丝			按设计图所示,以埋入混凝土中的实际长度计算(不计入工作长度)	1. 制作安装预应力钢材 2. 制作安装管道 3. 安装锚具、锚板 4. 张拉 5. 压浆 6. 封锚头
		2	先张法预应力钢绞线				
		3	先张法预应力钢筋				
		4	后张法预应力钢丝			按设计图所示,以两端锚具间的理论长度计算(不计入工作长度)	
		5	后张法预应力钢绞线	1. 材料规格 2. 抗拉强度	kg		
		6	后张法预应力钢筋				
		7	斜拉索			按设计图所示,以斜拉索的重量计算	1. 放索 2. 牵引 3. 安装 4. 张拉 5. 索力调整 6. 锚固 7. 防护 8. 安装放松、减振设施 9. 静载试验
	13		砌石工程				第413节
		1	浆砌片石				1. 选修石料 2. 拌运砂浆 3. 运输 4. 砌筑、沉降缝填塞 5. 勾缝
		2	浆砌块石	1. 材料规格 2. 强度等级	m³	按设计图所示的体积计算	
		3	浆砌料石				

桥梁涵洞工程工程量清单计量规则(9)

续表

项目	节	细目	项目名称	项目特征	计量单位	工程量计算规则	工程内容
	4		浆砌预制混凝土块	1. 断面尺寸 2. 强度等级	m³	按设计图所示的体积计算	1. 预制混凝土块 2. 拌运砂浆 3. 运输 4. 砌筑 5. 勾缝
15			桥面铺装				第415节
	1		沥青混凝土桥面铺装	1. 材料规格 2. 配合比 3. 厚度 4. 压实度	m²	按设计图所示,以面积计算	1. 桥面清洗、安装泄水管 2. 拌和运输 3. 摊铺 4. 碾压
	2		水泥混凝土桥面铺装	1. 材料规格 2. 配合比 3. 厚度 4. 强度等级			1. 桥面清洗、安装泄水管 2. 拌和运输 3. 摊铺 4. 压(刻)纹
	3		防水层			按设计图所示,以面积计算	1. 桥面清洗 2. 加防剂拌和运输 3. 摊铺
16			桥梁支座				第416节
	1		矩形板式橡胶支座				
		a	固定支座	1. 材料规格 2. 强度等级	dm³	按设计图所示的体积计算	安装
		b	活动支座				

图名	桥梁涵洞工程工程量清单计量规则(9)	图号	5-3

桥梁涵洞工程工程量清单计量规则(10)

项	目	节	细目	项目名称	项目特征	计量单位	工程量计算规则	工程内容
		2		圆形板式橡胶支座				
			a	固定支座	1. 材料规格 2. 强度等级	dm³	按设计图所示的 体积计算	安装
			b	活动支座				
		3		球冠圆板式橡胶支座				
			a	固定支座	1. 材料规格 2. 强度等级	dm³	按设计图所示的 体积计算	安装
			b	活动支座				
		4		盆式支座				
			a	固定支座	1. 材料规格 2. 强度等级	套	按设计图所示的 个(或套)累加数计 算	安装
			b	单向活动支座				
			c	双向活动支座				
	17			桥梁伸缩缝				第417节
		1		橡胶伸缩装置	1. 材料规格 2. 伸缩量	m	按设计图所示的 长度计算	1. 缝隙的清理 2. 制作安装伸缩缝
		2		模数式伸缩装置				
		3		填充式材料伸缩装置				
	19			圆管涵及倒虹吸管				第418节、第419节

图名	桥梁涵洞工程工程量清单计量规则(10)	图号	5-3

桥梁涵洞工程工程量清单计量规则(11)

项	目	节	细目	项目名称	项目特征	计量单位	工程量计算规则	工程内容
			1	单孔钢筋混凝土圆管涵	1. 孔径 2. 强度等级	m	按设计图所示,按不同孔径的涵身长度计算(进出口端墙外侧间距离)	1. 排水 2. 挖基、基底表面处理 3. 基座砌筑或浇筑 4. 预制或现浇钢筋混凝土管 5. 安装、接缝 6. 铺涂防水层 7. 砌筑进出口(端墙、翼墙、八字墙井口) 8. 回填
			2	双孔钢筋混凝土圆管涵				
			3	倒虹吸管涵				
			a	不带套箱	1. 管径 2. 强度等级	m	按不同孔径,以沿涵洞中心线量测的进出洞口之间的洞身长度计算	1. 排水 2. 挖基、基底表面处理 3. 基础砌筑或浇筑 4. 预制或现浇钢筋混凝土管 5. 安装、接缝 6. 铺涂防水层 7. 砌筑进出口(端墙、翼墙、八字墙井口) 8. 回填

图名	桥梁涵洞工程工程量清单计量规则(11)	图号	5－3

桥梁涵洞工程工程量清单计量规则(12)

项目	目	节	细目	项目名称	项目特征	计量单位	工程量计算规则	工程内容
			b	带套箱	1. 管径 2. 断面尺寸 3. 强度等级	m	按不同断面尺寸,以沿涵洞中心线量测的进出洞口之间的洞身长度计算	1. 排水 2. 挖基、基底表面处理 3. 基础砌筑或浇筑 4. 预制或现浇钢筋混凝土管 5. 安装、接缝 6. 支架、模板、制作安装、拆除 7. 钢筋制作安装 8. 混凝土浇筑、养生、沉降缝填塞、铺涂防水层 9. 砌筑进出口(端墙、翼墙、八字墙井口)
	20			盖板涵、箱涵				第418节、第420节
		1		钢筋混凝土盖板涵	1. 断面尺寸 2. 强度等级	m	按设计图所示,按不同断面尺寸以长度计算(进出口端墙间距离)	1. 排水 2. 挖基、基底表面处理 3. 支架、模板、制作安装、拆除 4. 钢筋制作安装 5. 混凝土浇筑、养生、运输 6. 沉降缝填塞、铺涂防水层 7. 铺底及砌筑进出口
		2		钢筋混凝土箱涵				

图名	桥梁涵洞工程工程量清单计量规则(12)	图号	5-3

桥梁涵洞工程工程量清单计量规则(13)

项	目	节	细目	项目名称	项目特征	计量单位	工程量计算规则	工程内容
	21			拱涵				第418节、第421节
		1		石砌拱涵	1. 材料规格 2. 断面尺寸 3. 强度等级	m	按设计图所示,按不同断面尺寸以长度计算(进出口端墙间距离)	1. 排水 2. 挖基、基底表面处理 3. 支架、拱盔制作安装及拆除 4. 石料或混凝土预制块砌筑 5. 混凝土浇筑、养生 6. 沉降缝填塞、铺涂防水层 7. 铺底及砌筑进出口
		2		混凝土拱涵	1. 断面尺寸 2. 强度等级			
		3		钢筋混凝土拱涵	1. 断面尺寸 2. 强度等级	m	按设计图所示,按不同断面尺寸以长度计算(进出口端墙间距离)	1. 排水 2. 挖基、基底表面处理 3. 支架、拱盔制作安装及拆除 4. 钢筋制作安装 5. 混凝土浇筑、养生 6. 沉降缝填塞、铺涂防水层 7. 铺底及砌筑进出口

图名	桥梁涵洞工程工程量清单计量规则(13)	图号	5-3

桥梁涵洞工程工程量清单计量规则(14)

续表

项目	目	节	细目	项目名称	项目特征	计量单位	工程量计算规则	工程内容
	22			通道				第 418 节、第 420 节、第 421 节
			1	钢筋混凝土盖板通道	1. 断面尺寸 2. 强度等级	m	按设计图所示,按不同断面尺寸以长度计算(进出口端墙间距离)	1. 排水 2. 挖基、基底表面处理 3. 支架、模板制作安装及拆除 4. 钢筋制作安装 5. 混凝土浇筑、养生、运输 6. 沉降缝填塞、铺涂防水层 7. 铺底及砌筑进出口 8. 通道范围内的道路
			2	现浇混凝土拱形通道				

图名	桥梁涵洞工程工程量清单计量规则(14)	图号	5－3

《技术规范》关于桥梁涵洞工程工程量计量与支付的内容(1)

节次及节名	项　目	编　号	内　　　　　容
第401节 通则	范围	401.01	(1)本章工程包括桥梁、涵洞及其附属结构物的施工。通道、排水、防护及隧道工程,亦可参照本章有关内容施工。 (2)特殊结构物的施工,必须同时按相应的有关规范及图纸要求编写项目专用本。
	计量与支付	401.07	(1)计量 1)荷载试验费用由发包人估定,以暂估价的形式按总额计入工程总价内。 2)地质钻探及取样试验按实际完成并经监理人验收后,分不同钻径以米计量。 3)本节的其他工程内容,均不计量。 (2)支付 按上述规定计量,经监理人验收列入了工程量清单的地质钻探及取样试验支付子目,其每一计量单位将以合同单价支付。此项支付包括为完成钻探取样所需的全部材料、劳力、设备、试验及成果分析的全部费用,是对完成钻探及取样试验的全部偿付。 (3)支付子目

子　目　号	子　目　名　称	单　　位
401 - 1	桥梁荷载试验(暂估价)	总额
401 - 2	地质钻探及取样试验(暂定工程量)	
- a	ϕ70mm	m
- b	ϕ110mm	m

图名	《技术规范》关于桥梁涵洞工程工 程量计量与支付的内容(1)	图号	5－4

《技术规范》关于桥梁涵洞工程工程量计量与支付的内容(2)

节次及节名	项　目	编　号	内　　容
第402节 模板、拱架 和支架	范围	402.01	本节工程包括就地浇筑和预制混凝土、钢筋混凝土、预应力混凝土,石料用混凝土预制块砌体所用模板、拱架和支架的设计、制作、安装、拆卸施工等有关作业。
	计量与 支付	402.07	本节工作为有关工程的附属工作,不作计量与支付。
第403节 钢筋	范围	403.01	本节工作内容包括桥梁及结构物工程中钢筋的供应、试验、储存、加工及安装。
	计量与 支付	403.08	(1)计量 1)根据图纸所示及钢筋表(不包括固定、定位架立钢筋)所列,按实际安设并经监理人验收的钢筋以千克(kg)计量。 其内容包括钢筋混凝土中的钢筋,预应力混凝土中的非预应力钢筋及混凝土桥面铺装中的钢筋。 2)除图纸所示或监理人另有认可外,因搭接而增加的钢筋不予计入。 3)钢筋及钢筋骨架用的铁丝、钢板、套筒(连接套)、焊接、钢筋垫块或其他固定、定位架立钢筋的材料,以及钢筋的防锈、截取、套丝、弯曲、场内运输、安装等,作为钢筋工程的附属工作,不另行计量。 (2)支付 按上述规定计量,经监理人验收的列入了工程量清单的以下支付子目的工程量,其每一计量单位,将以合同单价支付。此项支付包括材料、劳力、设备、检验、运输及其他为完成钢筋工程所必需的费用,是对完成工程的全部偿付。

图名	《技术规范》关于桥梁涵洞工程工程量计量与支付的内容(2)

图号　5-4

《技术规范》关于桥梁涵洞工程工程量计量与支付的内容(3)

节次及节名	项 目	编 号	内　　容		
第403节 钢筋	计量与支付	403.08	(3)支付子目		

(3)支付子目

子目号	子目名称	单　位
403-1	基础钢筋(包括灌注桩、承台、沉桩、沉井等)	
-a	光圆钢筋(HPB235、HPB300)	kg
-b	带肋钢筋(HRB335、HRB400)	kg
403-2	下部结构钢筋	
-a	光圆钢筋(HPB235、HPB300)	kg
-b	带肋钢筋(HRB335、HRB400)	kg
403-3	上部结构钢筋	
-a	光圆钢筋(HPB235、HPB300)	kg
-b	带肋钢筋(HRB335、HRB400)	kg
403-4	附属结构钢筋	
-a	光圆钢筋(HPB235、HPB300)	kg
-b	带肋钢筋(HRB335、HRB400)	kg

注:附属结构包括缘石、人行道、防撞墙、栏杆、护栏、桥头搭板、枕梁、抗震挡块、支座垫块等构造物,其所用钢筋,均列入403-4项内。

图名	《技术规范》关于桥梁涵洞工程工程量计量与支付的内容(3)	图号	5-4

《技术规范》关于桥梁涵洞工程工程量计量与支付的内容(4)

节次及节名	项　目	编　号	内　　　容
第404节 基础挖方 及回填	范围	404.01	本节内容为结构物基坑的开挖与回填,以及与之有关的场地清理、支护(撑)、排水、围堰等作业。
	计量与支付	404.04	(1)计量 1)基础挖方应按下述规定,取用底、顶面间平均高度的棱柱体体积,分别按干处、水下及土、石,以立方米计量。干处挖方与水下挖方是以经监理人认可的施工期间实测的地下水位为界线。在地下水位以上开挖的为干处挖方;在地下水位以下开挖的为水下挖方。 基础底面、顶面及侧面的确定应符合下列规定: a.基础挖方底面:按图纸所示或监理人批准的基础(包括地基处理部分)的基底标高线计算。 b.基础挖方顶面:按监理人批准的横断面上所标示的原地面线计算。 c.基础挖方侧面:按顶面到底面,以超出基底周边0.5m的竖直面为界。 2)当承包人遇到特殊或非常规情况时应及时通知监理人,由监理人定出特殊的基础挖方界线。凡未取得监理人批准,承包人以特殊情况为理由而完成的任何挖方将不予计量,其基坑超深开挖,应由承包人用砂砾或监理人批准的回填材料予以回填并压实。 3)为完成基础挖方所做的地面排水及围堰、基坑支撑及抽水、基坑回填与压实、错台开挖及斜坡开挖等,作为挖基工程的附属工作,不另行计量。

图名	《技术规范》关于桥梁涵洞工程工程量计量与支付的内容(4)	图号	5-4

《技术规范》关于桥梁涵洞工程工程量计量与支付的内容(5)

节次及节名	项　目	编　号	内　　　　容
第404节 基础挖方 及回填	计量与 支付	404.04	4)台后路基填筑及锥坡填土在第204节内计量与支付。 5)基坑土的运输作为挖基工程的附属工作,不另行计量与支付。 (2)支付 　　按上述规定计量,经监理人验收的列入了工程量清单的以下支付子目的工程量,其每一计量单位,将以合同单价支付。此项支付包括材料、劳力、设备、运输等及其他为完成挖基及回填工程所必需的费用,是对完成工程的全部偿付。 (3)支付子目

	子　目　号	子　目　名　称	单　　位
	404 – 1	干处挖土方	m³
	404 – 2	水下挖土方	m³
	404 – 3	干处挖石方	m³
	404 – 4	水下挖石方	m³

节次及节名	项　目	编　号	内　　　　容
第405节 钻孔灌注桩	范围	405.01	本节工作包括钻孔、安设和拆除护筒、安设钢筋笼、灌注混凝土以及按图纸规定及监理人指示的有关钻孔灌注桩的其他作业。

图名	《技术规范》关于桥梁涵洞工程工 程量计量与支付的内容(5)	图号	5 – 4

《技术规范》关于桥梁涵洞工程工程量计量与支付的内容(6)

节次及节名	项 目	编 号	内　　　容
第 405 节 钻孔灌注桩	计量和 支付	405.13	(1)计量 1)钻孔灌注桩以实际完成并经监理人验收后的数量,按不同桩径的桩长以米计量。计量应自图纸所示或监理人批准的桩底高程至承台底或系梁底;对于与桩连为一体的柱式墩台,如无承台或系梁时,则以桩位处地面线为分界线,地面线以下部分为灌注桩桩长,若图纸有标识的,按图纸标识为准。未经监理人批准,由于超钻而深于所需的桩长部分,将不予计量。 2)开挖、钻孔、清孔、钻孔泥浆、护筒、混凝土、破桩头,以及必要时在水中填土筑岛、搭设工作台架及浮箱平台、栈桥等其他为完成工程的子目,作为钻孔灌注桩的附属工作,不另行计量。混凝土桩无破损检测及所预埋的钢管等材料,均作为混凝土桩的附属工作,不另行计量。 3)钢筋在第 403 节内计量,列入 403 – 1 子目内。 4)监理人要求钻取的芯样,经检验,如混凝土质量合格,钻取的芯样应予计量,否则不予计量。混凝土取芯按取回的混凝土芯样的长度以米计量。 (2)支付 按上述规定计量,经监理人验收的列入了工程量清单的以下支付子目的工程量,其每一计量单位,将以合同单价支付。此项支付包括材料、劳力、设备、运输等及其他为完成钻孔灌注桩工程所必需的费用,是对完成工程的全部偿付。 (3)支付子目

子目号	子目名称	单　　位
405 – 1	钻孔灌注桩,桩径($\phi\cdots$m)	m
405 – 2	钻取混凝土芯样,$\phi70$m(暂定工程量)	m
405 – 3	破坏荷载试验用桩,$\phi\cdots$m(暂定工程量)	m

图名	《技术规范》关于桥梁涵洞工程工 程量计量与支付的内容(6)	图号	5 – 4

《技术规范》关于桥梁涵洞工程工程量计量与支付的内容(7)

节次及节名	项 目	编 号	内 容
第406节沉桩	范围	406.01	本节内容包括桥梁基础钢筋混凝土或预应力混凝土沉桩的制作、养生、移运、沉入等以及按照图纸规定及监理人指示的有关沉桩的其他作业。
	计量与支付	406.08	(1)计量 1)钢筋混凝土或预应力混凝土沉桩以实际完成并经监理人验收后的数量,按不同桩径的桩身长度以米计量。桩身长度的计量应自图纸所示或监理人批准的桩尖高程至承台底或盖梁底,未经监理人批准,沉入深度超过图纸规定的桩长部分,将不予计量与支付。 2)为完成沉桩工程而进行的钢筋混凝土桩浇筑预制、养生、移运、沉入、桩头处理等一切有关作业,均为沉桩工程所包括的工作内容,不另行计量与支付。 3)试桩如系工程用桩,则该试桩按不同桩径分别列入支付子目中的钢筋混凝土沉桩子目内;如果试桩不作为工程用桩,则应按不同桩径以米为单位计量,列入支付子目中的试桩子目内。 4)沉桩的无破损检验作为沉桩工程的附属工作,不另行计量。 5)钢筋混凝土或预应力混凝土沉桩(包括试桩)所用钢筋在403节内计量,列入403-1子目内,其余钢板及材料加工等均含在钢筋混凝土沉桩工程子目中,不另行计量与支付。 6)制造预应力混凝土沉桩所用预应力钢材在第411节内计量。 制造预应力混凝土沉桩用法兰盘及其他钢材,除按上款规定在403节、第411节计量外的所有钢材均含入预应力混凝土沉桩工程子目中,不另行计量与支付。 7)试桩的试验机具其提供、运输、安装、拆卸以及试验数据的分析和提供试验报告等均系该试桩的附属工作,不另行计量与支付。 (2)支付 按上述规定计量,经监理人验收的列入了工程量清单的以下支付子目的工程量,其每一计量单位,将以合同单价支付。此项支付包括材料、劳力、设备、运输等及其他为完成沉桩工程(包括试桩)所必需的费用,是对完成工程的全部偿付。

图名	《技术规范》关于桥梁涵洞工程工程量计量与支付的内容(7)	图号	5-4

《技术规范》关于桥梁涵洞工程工程量计量与支付的内容(8)

节次及节名	项　目	编　号	内　　容
第 406 节 沉　桩	计量与 支付	406.08	(3)支付子目 <table><tr><td>子目号</td><td>子目名称</td><td>单位</td></tr><tr><td>406 - 1</td><td>钢筋混凝沉桩($\phi\cdots$mm)</td><td>m</td></tr><tr><td>406 - 2</td><td>预应力混凝土沉桩($\phi\cdots$mm)</td><td></td></tr><tr><td>406 - 3</td><td>试桩($\phi\cdots$mm)</td><td>m</td></tr></table>
第 407 节 挖孔灌注桩	范围	407.01	本节工包括挖孔,提供、安放和拆除孔壁支撑及护壁,设置钢筋,灌注混凝土,以及按照图纸规定及按监理人指示的有关挖孔灌注桩的其他作业。
	计量和 支付	407.04	(1)计量 1)挖孔灌注桩以实际完成并经监理人验收后的数量,按不同桩径的桩长以米计量。计量应自图纸所示或监理人批准的从桩底高程至承台底或系梁底;如无承台或系梁时,则从桩底至图纸所示的桩顶;当图纸未示出桩顶位置,或示有桩顶位置但桩位处预先有夯填土时,由监理人根据情况确定。监理人认为由于超挖而深于所需的桩长部分,将不予计量。 2)设置支撑和护壁、挖孔、清孔、通风、钎探、排水、混凝土、每桩的无破损检验以及其他为完成此项工程的项目,均为挖孔灌注桩的附属工作,不另行计量。 3)钢筋第 403 节内计量,列入 403 - 1 子目内。 4)监理人要求钻取的混凝土芯样检验,经钻取检验后,如混凝土质量合格,钻取的芯样应予计量;否则不予计量。钻取芯样长度按取回的芯样以米计量。

图名	《技术规范》关于桥梁涵洞工程工程量计量与支付的内容(8)	图号	5 - 4

《技术规范》关于桥梁涵洞工程工程量计量与支付的内容(9)

节次及节名	项　目	编　号	内　　　容
第407节 挖孔灌注桩	计量和 支付	407.04	(2)支付 　　按上述规定计量,经监理人验收列入了工程量清单的以下支付子目的工程量,其每一计量单位,将以合同单价支付,此项支付包括材料、劳力、设备、运输等及其他为完成挖孔灌注桩工程所必需的费用,是对完成工程的全部偿付。 (3)支付子目

子目号	子目名称	单　位
407 – 1	挖孔灌注桩,桩径($\phi\cdots$m)	m
407 – 2	钻取混凝土芯样,(ϕ70mm)(暂定工程量)	m
407 – 3	破坏荷载试验用桩,($\phi\cdots$m)(暂定工程量)	m

节次及节名	项　目	编　号	内　　　容
第408节 桩的垂直 静荷载试验	范围	408.01	本节工作包括对钻(挖)孔灌注桩的足尺比例的荷载试验,其中包括压载、拉桩、高吨位千斤顶及所有其他进行试验需要的材料、设备和工作。
	计量与 支付	408.06	(1)计量 　　1)试桩不论是检验荷载或破坏荷载,均以经监理人验收或认可的单根试桩计量。计量包括压载、沉降观测、卸载、回弹观测、数据分析,以及完成此项试验的其他工作子目。 　　2)检验荷载试验桩如试验后作为工程结构的一部分,其工程量在第405节及第407节有关支付子目内计量与支付。破坏荷载试验用的试桩,将来不作为工程结构的一部分,其工程量在第405节的支付子目405-3及第407节的支付子目407-3内计量与支付。

				图号	
图名	《技术规范》关于桥梁涵洞工程工 程量计量与支付的内容(9)			5 – 4	

《技术规范》关于桥梁涵洞工程工程量计量与支付的内容(10)

节次及节名	项　目	编　号	内　　容
第 408 节 桩的垂直 静荷载试验	计量与 支付	408.06	(2)支付 　　按上述规定计量,经监理人验收或认可的列入了工程量清单的以下支付子目的工程量,其每一计量单位,将以合同单价支付。此项支付包括材料、劳力、设备、试验、运输、成果分析等及其他为完成试桩工程所必需的费用,是对完成工程的全部偿付。 (3)支付子目 <table><tr><td>子目号</td><td>子目名称</td><td>单　位</td></tr><tr><td>408 – 1</td><td>桩的检验荷载试验(暂定工程量)(ϕ…m)(kN)</td><td>每一试桩</td></tr><tr><td>408 – 2</td><td>ϕ…m 桩破坏荷载试验(…m)(暂定工程量)</td><td>每一试桩</td></tr></table>注:1. 检验荷载试验应在括号内注明试桩检验荷载重量,按第 408.03 小节规定该试桩检验荷载为两倍设计荷载。 　　2. 破坏荷载试验桩应在括号内注明试桩长度。
第 409 节 沉　井	范围	409.01	本节工作包括施工场地准备,筑岛,沉井的制作,沉井下沉,基底处理,沉井封底,井孔填充,沉井顶板浇筑等,以及按照图纸或监理人指示的沉井有关作业。
	计量与 支付	409.08	(1)计量 　1)沉井制作完成,符合图纸规定要求,经监理人验收后,混凝土及钢筋按以下规定计量。 　　a. 沉井的混凝土,按就位后沉井顶面以下各不同部位(井壁、顶板、封底、填芯)和不同混凝土级别的体积以立方米为单位计量。 　　b. 沉井所用钢筋,列入第 403 节基础钢筋支付子目内计量。 　2)沉井制作及下沉奠基,其中包括场地准备,围堰筑岛,模板、支撑的制作安装与拆除,沉井浇筑、接高、沉井下沉,空气幕助沉,井内挖土,基底处理等工作,均应视为完成沉井工程所必须的工作,不另行计量。

图名	《技术规范》关于桥梁涵洞工程工程量计量与支付的内容(10)	图号　5-4

《技术规范》关于桥梁涵洞工程工程量计量与支付的内容(11)

节次及节名	项目	编号	内容
第409节 沉井	计量与 支付	409.08	3)沉井刃脚所用钢材,视作沉井的附属工程材料,不另行计量。 (2)支付 　按上述规定计量,经监理人验收列入了工程量清单的以下支付子目的工程量,其每一计量单位,将以合同单价支付。此项支付包括材料、劳力、设备、运输等及其他为完成沉井基础工程所必需的费用,是对完成工程的全部偿付。 (3)支付子目 <table><tr><td>子目号</td><td>子目名称</td><td>单　位</td></tr><tr><td>409－1</td><td>钢筋混凝土沉井</td><td></td></tr><tr><td>－a</td><td>井壁混凝土(C…)</td><td>m³</td></tr><tr><td>－b</td><td>顶板混凝土(C…)</td><td>m³</td></tr><tr><td>－c</td><td>填芯混凝土(C…)</td><td>m³</td></tr><tr><td>－d</td><td>封底混凝土(C…)</td><td>m³</td></tr></table>
第410节 结构混凝土 工程	范围	410.01	(1)本节内容包括工程中结构混凝土的材料供应和拌和、立模、浇筑、拆模、修整、养生和质量要求。 　(2)混凝土强度等级 　混凝土等级系指150mm标准立方体试件(粗集料最大粒径为40mm),在温度20℃±3℃、相对湿度大于90%的潮湿环境下,养生28d经抗压试验所得极限抗压强度,单位MPa,具有不低于95%的保证率。混凝土强度等级以C为前缀表示。如C30(30级)、C40(40级)。图纸有称"标号"时,应以相同"强度等级"代替,并应符合该强度等级混凝土的技术要求。
	计量与 支付	410.20	(1)计量 　1)以图纸所示或监理人指示为依据,按现场已完工并经验收的混凝土,分别以不同结构类型及混凝土等级,以立方米计量。

图名	《技术规范》关于桥梁涵洞工程工程量计量与支付的内容(11)	图号	5－4

《技术规范》关于桥梁涵洞工程工程量计量与支付的内容(12)

节次及节名	项 目	编 号	内 容
第 410 节结构混凝土工程	计量与支付	410.20	2)直径小于 200mm 的管子、钢筋、锚固杆、管道、泄水孔或桩所占混凝土体积不予扣除。作为砌体砂浆的小石子混凝土,不另行计量。 3)桥面铺装混凝土在第 415 节内计量与支付;结构钢筋在第 403 节内计量。 4)为完成结构物所用的施工缝连接钢筋、预制构件的预埋钢板、防护角钢或钢板、脚手架或支架及模板、排水设施、防水处理、基础底碎石垫层、混凝土养生、混凝土表面修整及为完成结构物的其他杂项子目,以及混凝土预制构件的安装架设设备拼装、移运、拆除和为安装所需的临时性或永久性的固定扣件、钢板、焊接、螺栓等,均作为各项相应混凝土工程的附属工作,不另行计量。 (2)支付 　按上述规定计量,经监理人验收的列入了工程量清单的以下支付子目的工程量,其每一计量单位,将以合同单位支付。此项支付包括材料、劳力、设备、试验、运输、安装及其他为完成混凝土工程所必要的费用,是对完成工程的全部偿付。 (3)支付子目

<table>
<tr><th colspan="2">子 目 号</th><th>子 目 名 称</th><th>单 位</th></tr>
<tr><td colspan="2">410 - 1</td><td>混凝土基础(包括支撑梁、桩基承台,但不包括桩基)</td><td>m³</td></tr>
<tr><td colspan="2">410 - 2</td><td>混凝土下部结构</td><td>m³</td></tr>
<tr><td colspan="2">410 - 3</td><td>现浇混凝土上部结构</td><td>m³</td></tr>
<tr><td colspan="2">410 - 4</td><td>预制混凝土上部结构</td><td>m³</td></tr>
<tr><td colspan="2">410 - 5</td><td>上部结构现浇整体化混凝土</td><td>m³</td></tr>
<tr><td colspan="2">410 - 6</td><td>现浇混凝土附属结构</td><td>m³</td></tr>
<tr><td colspan="2">410 - 7</td><td>预制混凝土附属结构</td><td>m³</td></tr>
</table>

注:1. 子目号 410－1~410－4 按不同类型及混凝土等级分列子项。
　　2. 预制板、梁和拱上建筑的整体化现浇混凝土,以子项列在 410－5 子目内
　　3. 子目号 410－6 及 410－7 混凝土附属结构包括缘石、人行道、防撞墙、栏杆、护栏、桥头搭板、枕梁、抗震挡块、支座垫块等,按其种类及混凝土等级分列子项。

图名	《技术规范》关于桥梁涵洞工程工程量计量与支付的内容(12)	图号	5－4

《技术规范》关于桥梁涵洞工程工程量计量与支付的内容(13)

节次及节名	项 目	编 号	内 容
第411节 预应力混 凝土工程	范围	411.01	本节工作为预应力混凝土结构物的预应力钢材(包括钢丝、钢绞线、热轧钢筋、精轧螺纹粗钢筋)的供应、加工、冷拉、安装、张拉及封锚等作业;对先张法预应力混凝土,尚包括张拉台座的建造;对后张预应力混凝土,尚包括预应力系统(锚具、连接器及相应的预应力钢材)的选择、试验及供应,管道形成及灌浆;以及预应力混凝土的浇筑。
	计量与 支付	411.12	(1)计量 　1)预应力混凝土结构物(包括现浇和预制应力混凝土)按图纸尺寸或监理人指示为依据,按已完工并经验收合格的结构体积,以立方米计量。计量中包括悬臂浇筑、支架浇筑及预制安装预应力混凝土梁、板的一切作业。 　2)完工并经验收的预应力混凝土结构的预应力钢材,按图纸所示或本条款规定相应长度计算,预应力钢材数量以千克(kg)计量。后张法预应力钢材的长度按两端锚具间的理论长度计算;先张法预应力钢材的长度按构件的长度计算。除上述计算长度以外的锚固长度及工作长度的预应力钢材含入相应预应力钢材报价之中,不另行计量。 　3)预应力混凝土结构的非预应力钢筋,在第403节计量与支付。 　4)预应力钢材的加工、锚具、管道、锚板及联结钢板、焊接、张拉、压浆等,作为预应力钢材的附属工作,不另行计量。预应力锚具包括锚圈、夹片、连接器、螺栓、垫板、喇叭管、螺旋钢筋等整套部件。 　5)预制板、梁的整体化现浇混凝土及其钢筋,分别在第410节及第403节计量。 　6)桥面铺装混凝土在第415节计量。 　7)后张法预应力混凝土梁封锚及端部加厚混凝土计入相应梁段混凝土之中,不单独计量。 (2)支付 　按上述规定计量,经监理人验收的列入了工程量清单的以下支付子目的工程量,其每一计量单位,将以合同单价支付。此项支付,包括材料、劳力、设备、试验、运输等及其他完成预应力混凝土工程所必需的费用,是对完成工程的全部偿付。

图名	《技术规范》关于桥梁涵洞工程工程量计量与支付的内容(13)	图号	5-4

《技术规范》关于桥梁涵洞工程工程量计量与支付的内容(14)

节次及节名	项目	编号	内　　容
第411节 预应力混 凝土工程	计量与 支付	411.12	(3)支付子目 | 子目号	子目名称	单　位
---	---	---
411-1	先张法预应力钢丝	kg
411-2	先张法预应力钢绞线	kg
411-3	先张法预应力钢筋	kg
411-4	后张法预应力钢丝	kg
411-5	后张法预应力钢绞线	kg
411-6	后张法预应力钢筋	kg
411-7	现浇预应力混凝土上部结构	m³
411-8	预制预应力混凝土上部结构	m³	 注:1. 预应力钢丝及预应力钢绞线,应注明其松弛级别(I级为普通松弛级,II级为低松弛级),如在工程中两种级别均采用,则在子目内分别以子项列出。 　　2. 子目号411-7、411-8中的预应力混凝土结构,按不同结构类型及不同混凝土等级及不同施工工艺分列子项。
第412节 预制构件 的安装	范围	412.01	本节工程包括钢筋混凝土及预应力混凝土预制构件的起吊、运输、装卸、储存和安装。
	计量与 支付	412.07	经验收的不同形式预制构件的安装,包括构件安装所需的临时性或永久性的固定扣件、钢板、焊接、螺栓等,其工作量包含在第410节及第411节相应预制混凝土构件或预应力混凝土构件的工程子目中,不另行计量与支付。
第413节 砌石工程	范围	413.01	本节工作包括石砌及混凝土预制块砌桥梁墩台、翼墙、拱圈等的砌筑,也可作为涵洞、锥坡、挡土墙、护坡、导流构造物砌体工程的参考。

		图名	《技术规范》关于桥梁涵洞工程工程量计量与支付的内容(14)	图号　5-4

《技术规范》关于桥梁涵洞工程工程量计量与支付的内容(15)

节次及节名	项 目	编 号	内 容
第413节 砌石工程	计量和 支付	413.05	(1)计量 1)以图纸所示或监理人指示为依据,按工地完成的并经验收的各种石砌体或预制混凝土块砌体,以立方米计量。 2)计算体积时,所用尺寸应由图纸所标明或监理人书面规定的计价线或计价体积定之。相邻不同石砌体计量中,应各包括不同石砌体间灰缝体积的一半。镶面石突出部分超过外廓线者不予计量。泄水孔、排水管或其他面积小于 $0.02m^2$ 的孔眼不予扣除,削角或其他装饰的切削,其数量为所在石料5%或少于5%者,不予扣除。 3)砂浆或作为砂浆的小石子混凝土,作为砌体工程的附属工作,不另计量。 4)砌体的垫铺材料的提供和设置,拱架、支架及砌体的勾缝,作为砌体工程的附属工作,不另计量。 (2)支付 按上述规定计量,经监理人验收的列入了工程量清单的以下支付子目的工程量,其每一计量单位,将以合同单价支付。此项支付包括材料、劳力、运输、安砌等及其他为完成砌体工程所必需的费用,是对完成工程的全部偿付。 (3)支付子目

子目号	子目名称	单 位
413 – 1	浆砌片石	
– a	M……	m^3
413 – 2	浆砌块石	
– a	M……	m^3
413 – 3	浆砌料石	
– a	M……	m^3
413 – 4	浆砌预制混凝土块	
– a	M……	m^3

注:按不同结构及砂浆等级分别在子项列出。

图名	《技术规范》关于桥梁涵洞工程工程量计量与支付的内容(15)	图号	5–4

《技术规范》关于桥梁涵洞工程工程量计量与支付的内容(16)

节次及节名	项目	编号	内 容
第 414 节 小型钢构件	范围	414.01	本节工作包括桥梁及其他公路构造物,除钢筋及预应力钢筋以外的小型钢构件(如管道支架等)的供应、制造、保护和安装。
	计量与支付	414.05	桥梁及其他公路构造物的钢构件,作为有关子目内的附属工作,不另计量与支付。
第 415 节 桥面铺装	范围	415.01	本节工作内容为混凝土及沥青混凝土桥面铺装。
	计量与支付	415.05	(1)计量 1)桥面铺装应按图纸所示的尺寸,或按实际完成并经监理人验收的数量,分别按不同材料、级别、厚度,按平方米计量。由于施工原因而超铺的桥面铺装,不予计量。 2)桥面防水层按图纸要求施工,并经监理人验收的实际数量,以平方米计量。 3)桥面泄水管及混凝土桥面铺装接缝等作为桥面铺装的附属工作,不另行计量。 4)桥面铺装钢筋在第 403 节有关工程子目中计量,本节不另行计量。 (2)支付 按上述规定计量,经监理人验收的列入了工程量清单的以下支付子目的工程量,其每一计量单位,将以合同单价支付。此项支付包括材料、劳力、设备及其他为完成桥面铺装工程所必需的费用,是本节规定的全部工程的偿付。 (3)支付子目

子目号	子目名称	单位
415 – 1	沥青混凝土桥面铺装(厚…mm)	m²
415 – 2	水泥混凝土桥面铺装(…级,…厚…mm)	m²
415 – 3	防水层(厚…mm)	m²

注:桥面铺装应按其材料、等级及厚度分列子项。

图名	《技术规范》关于桥梁涵洞工程工程量计量与支付的内容(16)	图号	5－4

《技术规范》关于桥梁涵洞工程工程量计量与支付的内容(17)

节次及节名	项 目	编 号	内 容
第416节 桥梁支座	范围	416.01	本节工作包括桥梁隔震橡胶支座和普通橡胶支座及球形支座的供应和安装。
	计量与支付	416.06	(1)计量 支座按图纸所示不同的类型,包括支座的提供的和安装,以个计量。支座的质量检验清洗、运输、起吊及安装支座所需的扣件、钢板、焊接、螺栓、粘结以及质量检测等,作为支座安装的附属工作,不另行计量。 (2)支付 按上述规定计量,经监理人验收的列入了工程量清单的以下支付子目的工程量,其每一计量单位,将以合同单位支付。此项支付包括材料、劳力、设备及其他为完成支座工程必需的费用,是对完成工程的全部偿付。 (3)支付子目

子目号	子 目 名 称	单 位
416-1	矩形板式橡胶支座	个
416-2	圆形板式橡胶支座	个
416-3	球冠圆板式橡胶支座	个
416-4	盆式支座	个
416-5	隔震橡胶支座	个
416-6	球形支座	个

注:应按支型的型号、规格、材料分列子项。

图名	《技术规范》关于桥梁涵洞工 程量计量与支付的内容(17)	图号	5-4

《技术规范》关于桥梁涵洞工程工程量计量与支付的内容(18)

节次及节名	项　目	编　号	内　　　容
第417节 桥梁接缝和伸缩装置	范围	417.01	本节工作为桥梁的所有竖向、横向或斜向接缝和伸缩装置,包括橡胶止水片,沥青类等接缝填料,及桥面上伸缩装置的供应和安装。
	计量与支付	417.05	(1)计量 桥面伸缩装置按图纸要求安装并经监理人验收的数量,分不同结构型形以米计量。其内容包括伸缩装置的提供和安装等作业。 除伸缩装置外的其他接缝,如橡胶止水片、沥青类等接缝填料,作为有关工程的附属工作,不另行计量。 安装时切割和清除伸缩装置范围内沥青混凝土铺装和安装伸缩装置所需的部分水泥混凝土临时或永久性的扣件、钢板、钢筋、焊接、螺栓、黏结等,作为伸缩装置安装的附属工作,不另行计量。 (2)支付 按上述规定计量,经监理人验收的列入了工程量清单的以下支付子目的工程量,其每一计量单位,将以合同单价支付。此项支付包括材料、劳力、运输、工具、安装等及其他为完成伸缩装置工程所必需的费用,是对完成工程的全部偿付。 (3)支付子目

子目号	子目名称	单　位
417－1	橡胶伸缩装置	m
417－2	模数式伸缩装置	m
417－3	梳齿板式伸缩装置	m
417－4	填充式材料伸缩装置	m

注:伸缩装置应按型号或要求的伸与缩计量,分列子项。分列子项时,先小型后大型。人行道伸缩装置、缘石伸缩装置、护栏底座伸缩装置与车行道伸缩装置合并计量,取平均单价。

图名	《技术规范》关于桥梁涵洞工程工程量计量与支付的内容(18)	图号	5－4

《技术规范》关于桥梁涵洞工程工程量计量与支付的内容(19)

节次及节名	项目	编 号	内 容
第418节 防水处理	范围	418.01	本节工作内容为桥梁工程中的混凝土或砌体表面防水工作。与路堤材料或路面接触的所有公路通道结构物的外表面,亦应按图纸及本节要求做防水处理。
	计量与支付	418.04	沥青或油毛毡防水层,作为其他有关子目内的附属工作,不另行计量与支付。
第419节 圆管涵及 倒虹吸管	范围	419.01	本节工作作为圆管涵的施工,还包括倒虹吸管涵的修筑等有关作业。
	计量与支付	419.07	(1)计量 1)钢筋混凝土圆管涵或倒虹吸管涵,以图纸规定的洞身长度或监理人同意的现场沿涵洞中心线量测的进出洞口之间的洞身长度,分不同孔径及孔数,经监理人检查验收后以米计量。管节所用钢筋,不另计量。 2)图纸中标明的基底垫层和基座,圆管的接缝材料、沉降缝的填缝与防水材料等,洞口建筑,包括八字墙、一字墙、帽石、锥坡、铺砌、跌水井以及基础挖方和运输、地基处理与回填等,均作为承包人应做的附属工作,不另计量与支付。 3)洞口(包括倒虹吸管涵)建筑以外涵洞上下游沟渠的改沟、铺砌、加固以及急流槽消力坎的建造等均列入《技术规范》第207节的相应子目内计量。 (2)支付 按上述规定计量,经监理人验收的列入工程量清单的以下支付子目的工程量,其每一计量单位将以合同单价支付。此项支付包括材料、劳力、设备、运输等及其他为完成工程所必需的费用,是对完成工程的全部偿付。 在支付方式上,当完成管涵(含倒虹吸管完成)基础的浇筑或砌筑,经监理人检查认可后,支付管涵(含倒虹吸管)工程费用的30%;管涵(含倒虹吸管)工程全部完成后,再支付工程费用的余下部分。 (3)支付子目

子目号	子目名称	单 位
409－1	单孔钢筋混凝土圆管涵($\phi\cdots$m)	m
409－2	双孔钢筋混凝土圆管涵($\phi\cdots$m)	m
409－3	钢筋混凝土圆管倒虹吸管涵($\phi\cdots$m)	m

注:圆管涵按不同的直径分列。

	图名	《技术规范》关于桥梁涵洞工程工程量计量与支付的内容(19)	图号	5－4

《技术规范》关于桥梁涵洞工程工程量计量与支付的内容(20)

节次及节名	项 目	编 号	内　　　　　　容
第 420 节 盖板涵、 箱涵	范围	420.01	本节工作内容包括钢筋混凝土盖板涵、箱涵(通道)的建造及其有关的作业。
	计量与 支付	420.05	(1)计量 1)钢筋混凝土盖板涵(含梯坎涵、通道)、钢筋混凝土箱涵(含通道)应以图纸规定的洞身长度或经监理人同意的现场沿涵洞中心线测量的进出口之间的洞身长度,经验收合格后按不同孔径以孔数以米计量,盖板涵、箱涵所用钢筋不另计量。 2)所有垫层和基座,沉降缝的填缝与防水材料,洞口建筑,包括八字墙、一字墙、帽石、锥坡(含土方)、跌水井、洞口及洞身铺砌以及基础挖方、地基处理与回填土、沉降缝的填缝与防水材料等作为承包人应做的附属工作,均不单独计量。 3)洞口建筑以外涵洞上下游沟渠的改沟铺砌、加固以及急流槽等均列入《技术规范》第 207 节有关子目计量。 4)通道涵按下列原则进行计量与支付: 　a.通道涵洞身及洞口计量应符合上述第(1)款及(2)款的规定; 　b.通道范围(进出口之间距离)以内的土石方及边沟、排水沟等均含入洞身报价之中不另行计量; 　c.通道范围以外的改路土石方及边沟、排水沟等在《技术规范》第 200 章相关章节中计量与支付; 　d.通道路面(含通道范围内)分不同结构类型在《技术规范》第 300 章相关章节中计量与支付。 5)建在软土、沼泽地区的盖板涵、箱涵(含通道),按图纸要求特殊处理的基础工程量(如:塑料排水板、袋装砂井、各种桩基、喷粉桩等)在《技术规范》第 205 节相关子目中计量与支付,本节不另行计量。 (2)支付 按上述规定计量,经监理人验收的列入工程量清单的以下支付子目的工程量,其每一计量单位将以合同单价支付。此项支付包括材料、劳力、设备、运输等及其他为完成工程所必需的费用,是对完成工程的全部偿付。 在支付方式上,当完成涵洞工程基础部分的浇筑或砌筑,支付涵洞工程费用的 20%;完成涵洞墙身的浇筑或砌筑,再支付涵洞工程费用的 30%;涵洞工程全部完成后,再支付涵洞工程费用的余下部分。每一阶段完成的工程,均须得到监理人检查认可。 (3)支付子目

子目号	子目名称	单　　位
402－1	钢筋混凝土盖板涵(…m×…m)	m
402－2	钢筋混凝土箱涵(…m×…m)	m
402－3	钢筋混凝土盖板通道涵(…m×…m)	m
·402－4	钢筋混凝土箱形通道涵(…m×…m)	m

图名	《技术规范》关于桥梁涵洞工程工 程量计量与支付的内容(20)	图号　5－4

《技术规范》关于桥梁涵洞工程工程量计量与支付的内容(21)

节次及节名	项　目	编　号	内　　　容
第421节 拱　涵	范围	421.01	本节工作内容包括石砌拱涵和混凝土拱涵的建造等有关作业。
	计量与 支付	421.05	(1)计量 1)石砌和混凝土拱涵(含梯坎涵、通道)应以图纸规定的洞身长度或经监理人同意的现场沿涵洞中心线测量的进出口之间的洞身长度,经验收合格后按不同孔径以米计量,钢筋不另计量。 2)所有垫层和基础,沉降缝的填缝与防水材料,洞口建筑,包括八字墙、一字墙、帽石、锥坡(含土方)、跌水井、洞口及洞身铺砌以及基础挖方、地基处理与回填土等作为承包人应做的附属工作,均不单独计量。 3)洞口建筑以外涵洞上下游沟渠的改沟、铺砌、加固以及急流槽等可列入《技术规范》第207节有关子目中计量。 4)通道涵按下列原则进行计量与支付: 　a.通道涵洞身及洞口计量应符合上述第(1)款及(2)款的规定; 　b.通道范围(进出口之间距离)以内的土石方及边沟、排水沟等均含入洞身报价之中不另行计量; 　c.通道范围以外的改路土石方及边沟、排水沟等,在《技术规范》第200章相关章节中计量支付。 　d.通道路面(含通道范围内)分不同结构类型在《技术规范》第300章相关章节中计量与支付。 5)建在软土、沼泽地区的拱涵,按图纸要求特殊处理的基础工程量(如:塑料排水板、袋装砂井、各种桩基、喷粉桩等)在《技术规范》第205节相关子目中计量与支付,本节不另行计量。 (2)支付 同《技术规范》第420.05-2条。 (3)支付子目

子目号	子目名称	单　位
421-1	拱涵(…m×…m)	m
421-2	拱形通道涵(…m×…m)	m

图名	《技术规范》关于桥梁涵洞工程工程量计量与支付的内容(21)	图号	5-4

公路工程概算定额桥梁工程部分的应用(1)

序号	项 目	内　　容
1	桥梁工程定额章说明	(1)桥梁工程定额包括围堰筑岛、基础工程、下部构造、上部构造等。 (2)桥梁工程主体工程中的基础工程、下部构造、上部构造、人行道的定额区分为: 1)基础工程:天然地基上的基础为基础顶面以下;打桩和灌注桩基础为横系梁底面以下或承台顶面以下;沉井基础为井盖顶面以下的全部工程。 2)下部构造: 桥台:指基础顶面或承台顶面以上的全部工程,但不包括桥台上的路面、人行道、栏杆,如 U 形桥台有二层帽缘石者,第二层以下属桥台,以上属人行道。 桥墩:指基础顶面或承台顶面(柱式墩台为系梁底面)以上、墩帽或盖梁(拱桥为拱座)顶面以下的全部工程。 索塔:塔墩固结的为基础顶面或承台顶面以上至塔顶的全部工程;塔墩分离的为桥面顶部以上至塔顶的全部工程,桥面顶部以下部分按桥墩台定额计算。 3)上部构造:梁、板桥指墩台帽或盖梁顶面以上,拱桥指拱座顶以上两桥背墙前缘之间,人行道梁底面以下(无人行道梁时为第二层缘石顶面以下)的全部工程,但不包括桥面铺装。 4)人行道及安全带:人行道梁或安全带底面以上(无人行道梁时为第一层缘石底面以上)的全部工程。 (3)混凝土工程中,除钢桁架桥、钢吊桥中的桥面系混凝土工程外,均不包括钢筋及预应力系统。 (4)定额中除轨道铺设、电讯电力线路、场内临时便道、便桥未计入定额外,其余场内需要设置的各种安装设备以及构件运输、平整场地等均摊入定额中,悬拼箱梁还计入了栈桥码头,使用定额时,均不得另行计算。

图名	公路工程概算定额桥梁工程部分的应用(1)	图号	5-5

公路工程概算定额桥梁工程部分的应用(2)

序号	项　目	内　　容
1	桥梁工程定额章说明	(5)定额中除注明者外,均未包括混凝土的拌和和运输,应根据施工组织设计按相关定额另行计算。 (6)定额中混凝土均按露天养生考虑,如采用蒸汽养生时,应从各有关定额中每10m³实体减去人工1.5工日及其他材料费4元,另按蒸汽养生定额计算混凝土的养生费用。 (7)定额中混凝土工程均已包括操作范围内的混凝土运输。现浇混凝土工程的混凝土平均运距超过50m时,可根据施工组织设计的混凝土平均运距,按混凝土运输定额增列混凝土运输。 (8)大体积混凝土项目必须采用埋设冷却管来降低混凝土水化热时,可按冷却管定额另行计算。 (9)定额中的模板均为常规模板,当设计或施工对混凝土结构的外观有特殊要求需要对模板进行特殊处理时,可根据定额中所列的混凝土模板接触面积增列相应的特殊模板材料的费用。 (10)行车道部分的桥头搭板,应根据设计数量按桥头搭板定额计算。人行道部分的桥头搭板已综合在人行道定额中,使用定额时不得另行计算。 (11)桥梁工程定额仅为桥梁主体工程部分,至于导流工程、改河土石方工程、桥头引道工程等均未包括在定额中,需要时按有关定额另行计算。 (12)工程量计算一般规则: 1)现浇混凝土、预制混凝土的工程量为构筑物或预制构件的实体体积,不包括其中空心部分的体积,钢筋混凝土项目工程量不扣除钢筋所占体积。 2)钢筋工程量为钢筋的设计质量,定额中已计入施工操作损耗。钢筋设计按现场接长考虑时,其钢筋接长所需的搭接长度的数量定额中未计入,应在钢筋设计质量内计算。

图名	公路工程概算定额桥梁工程 部分的应用(2)	图号	5-5

公路工程概算定额桥梁工程部分的应用(3)

序号	项　目	内　　容
2	定额第一节基础工程节说明	(1)钢板桩围堰按一般常用的打桩机械在工作平台上打桩编制。定额中已包括工作平台、其他打桩附属设施和钢板桩的运输,使用定额时不得另行计算。 (2)套箱围堰用于浇筑水中承台,本定额按利用原来打桩(或灌注桩)工作平台进行套箱的拼装和下沉进行编制,定额中已计入埋在承台混凝土中的钢材和木材消耗。 (3)开挖基坑定额中,干处挖基是指无地面水及地下水位以上部分的土壤,湿处挖基是指施工水位以下部分的土壤。 (4)开挖基坑定额中,已按不同的覆盖层将基坑开挖的排水和基础、墩台施工排水所需的水泵台班综合在内,使用定额时不得另行计算。 (5)基坑开挖定额均按原土回填考虑,当采用取土回填时,应按路基工程有关定额另计取土费用。 (6)沉井基础定额中,船上拼装钢壳沉井已综合了拼装船的拼装项目。船坞拼装钢壳沉井未包括船坞开挖,应按开挖基坑定额另行计算。钢丝网水泥薄壁沉井浮运、落床定额已综合了下水轨道修筑、轨道基础开挖及沉井下水等项目,使用定额时不得另行计算。 (7)导向船、定位船船体本身加固所需的工、料、机消耗及沉井定位落床所需的锚绳均已综合在沉井定位落床定额中,使用定额时,不得另行计算。 (8)无导向船定位落床定额已将所需的地笼、锚碇等的工、料、机消耗综合在定额中,使用定额时,不得另行计算。有导向船定位落床定额未综合锚碇系统,使用定额时应按有关定额另行计算。 (9)锚碇系统定额均已将锚链的消耗计入定额中,并已将抛锚、起锚所需的工、料、机消耗综合在定额中,使用定额时,不得随意抽换定额。 (10)沉井接高项目已综合在定位落床定额中,使用定额时不得另行计算。但接高所需的吊装设备及定位床或导向船之间连接所需的金属设备本定额中未综合,使用定额时,应根据实际需要按预算定额中的有关项目计算。 (11)钢壳沉井作双壁钢围堰使用时,应按施工组织设计计算回收,但回收部分的拆除所需的工、料、机消耗量本定额未计入,需要时应根据实际情况另行计算。

图名	公路工程概算定额桥梁工程 部分的应用(3)	图号	5－5

公路工程概算定额桥梁工程部分的应用(4)

序号	项目	内 容
2	定额第一节基础工程节说明	(12)沉井下沉定额中的软质岩石是指饱和单轴极限抗压强度在 40MPa 以下的各类松软的岩石,硬质岩石是指饱和单轴极限抗压强度在 40MPa 以上的各类较坚硬和坚硬的岩石。 (13)地下连续墙定额中未包括施工便道、挡水帷幕、注浆加固等,需要时应根据施工组织设计另行计算。挖出的土石方或凿铣的泥渣如需要外运时,应按路基工程中相关定额进行计算。 (14)打桩工程按一般常用的机械综合为陆地和水中工作平台及船上打桩,定额中已将桩的运输及打桩的附属设施以及桩的接头综合在内,使用定额时,不得另行计算。 (15)打钢管桩工程如设计钢管桩数量与本定额中的数量不相同时,可按设计数量抽换定额中的钢管桩消耗,但定额中的其他消耗量不变。 (16)灌注桩基础成孔定额按不同的钻孔方法和不同的土壤地质情况及不同孔深编制,回旋钻机、潜水钻机还编制了配有水上泥浆循环系统定额,使用定额时应根据实际情况选用。定额中已按摊销方式计入钻架的制作、拼装、移位、拆除及钻头维修所耗用的工、料、机械台班数量,钻头的费用已计入设备摊销费中,使用定额时,不得另行计算。 (17)灌注桩混凝土定额,按工作平台上导管倾注水下混凝土编制,定额中已包括设备(如导管等)摊销的工、料费用和灌注桩检测管的费用及扩孔增加的混凝土数量,使用定额时,不得另行计算。 (18)护筒定额中,已包括陆地上埋设护筒用的黏土或水中护筒定位用的导向架及钢质或钢筋混凝土护筒接头用的铁件、硫磺胶泥等埋设时的材料、设备消耗,使用定额时,不得另行计算。水中埋设的钢护筒按护筒全部计质量计入定额中,可根据设计确定的回收量按规定计算回收金额。 (19)浮箱工作平台定额中,每只浮箱的工作面积为 $3 \times 6 = 18m^2$。 (20)灌注桩造孔根据造孔的难易程度,将土质分为八种: 1)砂土:粒径不大于 2mm 的砂类土,包括淤泥、轻粉质黏土。 2)黏土:粉质黏土、黏土、黄土,包括土状风化。 3)砂砾:粒径 2~20mm 的角砾、圆砾含量(指质量比,下同)小于或等于 50%,包括礓石及粒状风化。

图名	公路工程概算定额桥梁工程部分的应用(4)	图号	5-5

公路工程概算定额桥梁工程部分的应用(5)

序号	项 目	内　　　　　容
2	定额第一节基础工程节说明	4)砾石:粒径 2～20mm 的角砾、圆砾含量大于 50%,有时还包括粒径 20～200mm 的碎石、卵石,其含量在 10% 以内,包括块状风化。 5)卵石:粒径 20～200mm 的碎石、卵石含量大于 10%,有时还包括块石、漂石,其含量在 10% 以内,包括块状风化。 6)软石:饱和单轴极限抗压强度在 40MPa 以下的各类松软的岩石,如盐岩,胶结不紧的砾岩、泥质页岩、砂岩,较坚实的泥灰岩、块石土及漂石土,软而节理较多的石灰岩等。 7)次坚石:饱和单轴极限抗压强度在 40～100MPa 的各类较坚硬的岩石,如硅质页岩,硅质砂岩,白云岩,石灰岩,坚实的泥灰岩,软玄武岩、片麻岩、正长岩、花岗岩等。 8)坚石:饱和单轴极限抗压强度在 100MPa 以上的各类坚硬的岩石,如硬玄武岩,坚实的石灰岩、白云岩、大理岩、石英岩、闪长岩、粗粒花岗岩、正长岩等。 (21)使用成孔定额时,应根据施工组织设计的需要合理选用定额子目,当不采用泥浆船的方式进行水中灌注桩施工时,除按 90kW 以内内燃拖轮数量的一半保留拖轮和驳船的数量外,其余拖轮和驳船的消耗应扣除。 (22)当河滩、水中采用筑岛方法施工时,应采用陆地上成孔定额计算。 (23)灌注桩成孔定额是按一般黏土造浆进行编制的,当实际采用膨润土造浆时,其膨润土的用量可按定额中黏土用量乘系数进行计算,即 $$Q = 0.095 \times V \times 1000$$ 式中　　Q——膨润土的用量(kg); 　　　　V——定额中黏土的用量(m^3)。

图名	公路工程概算定额桥梁工程部分的应用(5)	图号	5－5

公路工程概算定额桥梁工程部分的应用(6)

序号	项 目	内 容
2	定额第一节基础工程节说明	(24)当设计桩径与定额采用桩径不同时,可按下列表1系数调整。 (25)承台定额适用于无水或浅水中施工的有底模及无底模承台的浇筑,定额中已计入底模和侧模,深水中浇筑承台应增列套箱项目。承台定额中,未包括冷却管项目,需要时按有关定额另行计算。 (26)工程量计算规则。 1)围堰、筑岛高度以平均施工水深加50cm进行计算。围堰长度按围堰中心长度计算;筑岛工程量按筑岛体积计算。 2)钢板桩围堰的工程量按设计需要的钢板桩质量计算。 3)套箱围堰的工程数量为套箱金属结构的质量,套箱整体下沉时悬吊平台的钢结构及套箱内支撑的钢结构均已综合在定额中,不得作为套箱工程量进行计算。 4)开挖基坑的工程量应根据设计图纸、地质情况、施工规范确定基坑边坡后,按基坑容积计算。定额中已综合了集水井、排水沟、基坑回填、夯实等内容,使用定额时不得将上述项目计入工程量内。 基坑容积的计算公式如下:

定额调整系数

表1

桩径(cm)	130	140	160	170	180	190	210	220	230	240
调整系数	0.94	0.97	0.70	0.79	0.89	0.95	0.93	0.94	0.96	0.98
计算基数	桩径150cm以内			桩径200cm以内				桩径250cm以内		

$$V = \frac{h}{6} \times [ab + (a + a_1)(b + b_1) + a_1 b_1] \quad (\text{基坑为平截方锥时})$$

图名	公路工程概算定额桥梁工程部分的应用(6)	图号	5-5

公路工程概算定额桥梁工程部分的应用(7)

序号	项　目	内　　　容
2	定额第一节基础工程节说明	$$V = \frac{\pi h}{3} \times (R^2 + Rr + r^2) \quad （基坑为截头圆锥时）$$ **图 1　基坑容积** (a)平截方锥；(b)截头圆锥 5)天然地基上的基础的工程量按基础、支撑梁、河床铺砌及隔水墙工程量的总和计算。 6)沉井制作的工程量：重力式沉井为设计图纸井壁及隔墙混凝土数量；钢丝网水泥薄壁沉井为刃脚及骨架钢材的质量，但不包括铁丝网的质量；钢壳沉井的工程量为钢材的设计总质量。 7)沉井浮运、定位落床的工程量为沉井刃脚边缘所包围的面积。 8)锚碇系统定额的工程量指锚碇的数量，按施工组织设计的需要量计算。 9)沉井下沉定额的工程量按沉井刃脚外边缘所包围的面积乘沉井刃脚下沉入土深度计算。沉井下沉按土、石所在的不同深度分别采用不同的下沉深度的定额。定额中的下沉深度指沉井顶面到作业面的高度。定额中已综合溢流(翻砂)的数量，不得另加工程量。 10)沉井填塞的工程量：实心为封底、填芯、封顶的工程量总和；空心的为封底、封顶的工程量总和。 11)地下连续墙导墙的工程量按设计需要设置的导墙混凝土体积计算；成槽和墙体混凝土的工程量按地下连续墙设计长度、厚度和深度的乘积计算；锁口管吊拔和清底置换的工程量按地下连续墙的设计槽段数(指槽壁单元槽段)计算；内衬的工程量按设计的内衬的混凝土体积计算。

图名	公路工程概算定额桥梁工程部分的应用(7)	图号	5－5

公路工程概算定额桥梁工程部分的应用(8)

序号	项 目	内 容
2	定额第一节基础工程节说明	12)人工挖孔的工程量按护筒(护壁)外缘所包围的面积乘设计孔深计算。 13)灌注桩成孔工程量按设计入土深度计算。定额中的孔深指护筒顶至桩底(设计标高)的深度。造孔定额中同一孔内的不同土质,不论其所在的深度如何,均采用总孔深定额。 14)灌注桩混凝土的工程量按设计桩径断面积乘设计桩长计算,不得将扩孔因素和凿除桩头数量计入工程量内。 15)灌注桩工作平台的工程量按施工组织设计需要的面积计算。 16)钢护筒的工程量按护筒的设计质量计算。设计质量为加工后的成品质量,包括加劲肋及连接用法兰盘等全部钢材的质量。当设计提供不出钢护筒的设计质量时,可参考表2的质量进行计算。桩径不同时可内插计算。

钢护筒参考质量   表2

桩 径(cm)	100	120	150	200	250	300	350
护筒单位质量(kg/m)	170.2	238.2	289.3	499.1	612.6	907.5	1259.2

(27)各种结构的模板接触面积如表3所示。

各种结构的模板接触面积   表3

项 目		基 础				支撑梁	承 台	
		轻型墩台		实体式墩台			有底模	无底模
		跨径(m)		上部构造形式				
		4以内	8以内	梁板式	拱式			
模板接触面积 (m²/10m³混凝土)	内模	—	—	—	—	—	—	—
	外模	28.36	20.24	10.5	6.69	100.10	12.12	6.21
	合计	28.36	20.24	10.5	6.69	100.10	12.12	6.21

图名	公路工程概算定额桥梁工程 部分的应用(8)	图号	5-5

公路工程概算定额桥梁工程部分的应用(9)

序号	项　目	内　　容
3	定额第二节下部构造节说明	(1)定额中墩、台系按一般常用的结构编制。桥台的台背回填土计算至桥台翼墙缘为止。台背排水、防水层均已摊入桥台定额中,使用定额时不得另行计算。桥台上的路面本定额中未计入,使用定额时应按有关定额另行计算。 (2)桥台锥形护坡定额中未包括围堰及开挖基坑项目,需要时应按有关定额另行计算。 (3)墩台高度为基础顶、承台顶或系梁底到盖梁、墩台帽顶或 0 号块件底的高度。 (4)方柱墩、空心墩、索塔等采用提升架施工的项目已将提升架的费用综合在定额中,使用定额时不得另行计算。 (5)索塔混凝土定额已将劲性骨架、提升模架在定额中,使用定额时不得另行计算。 (6)索塔混凝土定额未包括上、中、下横梁的施工支架,使用定额时应按有关定额另行计算。 (7)下部构造定额中圆柱墩、方柱墩、空心墩和索塔等项目均按混凝土泵送和非泵送划分定额子目,使用定额时应根据实际情况选用。 (8)本节定额未包括高墩、索塔的施工电梯、塔式起重机的安、拆及使用费,使用定额时应根据施工组织设计确定的施工工期并结合上部构造的施工合理计算使用费用。 (9)工程量计算规则: 1)墩台的工程量为墩台身、墩台帽、支座垫石、拱座、盖梁、系梁、侧墙、翼墙、耳墙、墙背、填平层、腹拱圈、桥台第二层以下的帽石(有人行道时为第一层以下的帽石)的工程数量之和。 2)桥台锥形护坡的工程量为一座桥台,定额中已包括锥坡铺砌、锥坡基础、水平铺砌的工程量;柱式和埋置式桥台还包括台前护坡的工程量。 3)索塔的工程量:塔墩固结的为基础顶面或承台顶面以上至塔顶的全部工程数量之和;塔墩分离的为桥面顶以上至塔顶的全部工程数量之和;桥面顶以下部分的工程数量按墩台定额计算。 4)索塔锚固套筒定额中已综合加劲钢板和钢筋的数量,其工程量以锚固套铜钢管的质量计算。 5)索塔钢锚箱的工程量为钢锚箱钢板、剪力钉、定位件的质量之和。

图名	公路工程概算定额桥梁工程 部分的应用(9)	图号	5-5

公路工程概算定额桥梁工程部分的应用(10)

序号	项 目	内 容
4	定额第三节上部构造节说明	(1)现浇钢筋混凝土梁、板桥,现浇钢筋混凝土拱桥和石拱桥的上部构造定额中,均未包括拱盔、支架及钢架,使用定额时应按有关定额另行计算。但移动模架浇筑箱梁定额中已包括移动模架,悬浇箱梁定额中已包括悬浇挂篮,使用定额时不得另行计算。 (2)预制安装钢筋混凝土梁、板桥等上部构造定额中综合了吊装所需设备、预制场内龙门架、预制构件底座、构件出坑及运输,使用定额时不得另行计算。 (3)钢桁架桥按拖拉架设法施工编制,定额中综合了施工用的导梁、上下滑道、连接及加固件等,定额中还包括了桥面铺装、人行道、连接及加固杆件、金属栏杆等,使用定额时不得另行计算。 (4)钢索吊桥定额中综合了主索、套筒及拉杆、悬吊系统、抗风缆、金属支座及栏杆、人行道、桥面铺装等,使用定额时不得另行计算。但定额中未包括主索锚洞的开挖、衬砌以及护索罩、检查井等,应根据设计图纸按有关项目另行计算。 (5)除钢桁架桥、钢索吊桥外,其他结构形式桥梁的人行道、安全带和桥面铺装均应单列项目计算。 (6)连续刚构、T形刚构、连续梁、混凝土斜拉桥上部构造定额中综合了0号块的托架,使用定额时不得另行计算,但未包括边跨合龙段支架,使用定额时应另行计算。 (7)梁、板、拱桥人行道及安全带定额中已综合人行道梁(无人行道时按第一层帽石)、人行道板、缘石、栏杆柱、扶手、桥头搭板、安全带以及砂浆抹面和安装时的砂浆填塞等全部工程量,还包括混凝土的拌合费用,使用定额时不得另行计算。 (8)桥面铺装定额中橡胶沥青混凝土仅适用于钢桥桥面铺装。 (9)主索鞍定额已综合塔顶门架和鞍罩,但未包括鞍罩内防腐及抽湿系统,需要时应根据设计要求另行计算;牵引系统定额中已综合塔顶平台,主缆定额中已综合了缆套和检修道,使用定额时均不得另行计算;悬索桥的主缆、吊索、索夹定额中均未包括涂装防护费用,使用定额时应另行计算。 (10)钢箱梁定额中未包括0号块托架、边跨支架、临时墩等,使用定额时应根据设计需要另行计算;自锚式悬索桥顶推钢梁定额中综合了滑道、导梁等,使用定额时不得另行计算。

图名	公路工程概算定额桥梁工程部分的应用(10)	图号	5-5

公路工程概算定额桥梁工程部分的应用(11)

序号	项 目	内　　　容
5	定额第三节上部构造节说明	(11)钢管拱定额是按缆索吊装工艺编制的,定额中未包括缆索吊装的塔架、索道、扣塔、扣索、索道运输、地锚等,使用定额时以上项目应按预算定额中的有关定额另行计算。 (12)定额中均综合了桥面泄水管,使用定额时不得另行计算。 (13)现浇钢筋混凝土板桥、预制安装矩形板、连续板、混凝土拱桥、石拱桥定额中均综合了支座和伸缩缝,使用定额时均不得另行计算;而其余上部构造定额项目中则未包括支座和伸缩缝,使用定额时应根据设计需要另行计算。模数式伸缩缝定额中综合了预留槽钢纤维混凝土和钢筋,使用定额时不得另行计算。 (14)拱盔、支架定额钢支架按有效宽度 12m 编制外,其他均是按有效宽度 8.5m 编制的,若宽度不同时,可按比例进行换算。支架定额均未综合支架基础处理,使用定额时应根据需要另行计算。 (15)钢管支架指采用直径大于 30cm 的钢管作为立柱,在立柱上采用金属构件搭设水平支撑平台的支架,其中下部指立柱顶面以下部分,上部指立柱顶面以上部分。 (16)上部构造定额中均未包括施工电梯、施工塔式起重机的安拆及使用费用,使用定额时应根据施工组织设计确定的施工工期并结合下部构造中桥墩、索塔的施工统筹考虑计算。 (17)定额中均未考虑施工期间航道的维护费用,需要时应根据实际情况另列项目计算。 (18)工程量计算规则。 1)梁、板桥上部构造的工程量包括梁、板、横隔板、箱梁 0 号块、合龙段、桥面连续结构的工程量以及安装时的现浇混凝土的工程量。 2)斜拉桥混凝土箱梁锚固套筒定额中已综合了加劲钢板和钢筋的数量,其工程量以混凝土箱梁中锚固套筒钢管的质量计算。

图名	公路工程概算定额桥梁工程 部分的应用(11)	图号	5－5

公路工程概算定额桥梁工程部分的应用(12)

序号	项 目	内 容
5	定额第三节上部构造节说明	3)拱桥上部构造的工程量包括拱圈、拱波、填平层、拱板、横墙、侧墙(薄壳板的边梁、端梁)、横隔板(梁)、拱眉、行车道板、护拱、帽石(第二层以下或有人行道梁的第一层以下)的工程量,以及安装时拱肋接头混凝土、浇筑的横隔板、填塞砂浆的工程量。拱顶填料、防水层等均已摊入定额中,使用定额时不得另行计算。 4)人行道及安全带的工程量按桥梁总长度计算。 5)钢桁架桥的工程量为钢桁架的质量。施工用的导梁、连接及加固杆件、上下滑道等不得计入工程量内。行车道板与桥面铺装的工程量为行车道梁、人行道板和行车道水泥混凝土桥面铺装的数量之和;行车道沥青混凝土桥面铺装及人行道沥青砂铺装的数量已综合在定额中,计算工程量时不得再计这部分数量。 6)钢索吊桥工程量:加劲桁架式的为钢桁架的质量;柔式的为钢纵、横梁的质量。主索、套筒及拉杆、悬吊系统、抗风缆、金属栏杆等不得计入工程量内。木桥面及桥面铺装工程量为木桥面板的数量,柔式桥还包括木栏杆的数量;行车道沥青混凝土桥面铺装及钢筋混凝土人行道板的数量已综合在定额中,计算工程量时不得再计这部分数量。 7)定额中成品构件单价构成: 工厂化生产,无需施工企业自行加工的产品为成品构件,以材料的形式计入定额。其材料单价包括将成品构件运输至施工现场的费用。 平行钢丝斜拉索、钢绞线斜拉索、吊杆、系杆、索股等的工程量以平行钢丝、钢丝绳或钢绞线的设计质量计算,不包括锚头、PE或套管防护料的质量,但锚头、PE或套管防护料的费用应含在成品单价中。钢绞线斜拉索的单价中包括厂家现场编索和锚具的费用。

图名	公路工程概算定额桥梁工程部分的应用(12)	图号	5-5

公路工程概算定额桥梁工程部分的应用(13)

序号	项 目	内 容
5	定额第三节上部构造节说明	钢箱梁、索鞍、钢管拱肋、钢纵横梁等的工程量以设计质量计算,钢箱梁和钢管拱肋的单价中包括工地现场焊接的费用。 悬索桥锚固系统中预应力环氧钢绞线的单价中包括两端锚具的费用。 8)悬索桥锚固系统的工程量以定位钢支架、环氧钢绞线、锚固拉杆等的设计质量计算。定位钢支架质量为定位钢支架型钢、钢板和钢管的质量之和,锚固拉杆质量为拉杆、连接器、螺母(包括锁紧或球面)、垫圈(包括锁紧和球面)的质量之和,环氧钢绞线的质量不包括两端锚具的质量。 9)钢格栅的工程量以钢格栅和反力架的质量之和计算。 10)主索鞍的质量包括承板、鞍体、安装板、挡块、槽盖、拉杆、隔板、锚梁、锌质填块的质量;散索鞍的质量包括底板、底座、承板、鞍体、压紧梁、隔板、拉杆、锌质填块的质量。 11)牵引系统长度为牵引系统所需的单侧长度,以 m 为单位计算。 12)猫道系统长度为猫道系统的单侧长度,以 m 为单位计算。 13)索夹质量包括索夹主体、螺母、螺杆、防水螺母、球面垫圈质量,以 t 为单位计算。 14)紧缆的工程量以主缆长度和除锚跨区、塔顶区无需紧缆的主缆长度后的单侧长度,以 m 为单位计算。 15)缠丝的工程量以主缆长度和除锚跨区、塔顶区、索夹处后无需缠丝的主缆长度后的单侧长度,以 m 为单位计算。 16)钢箱梁的质量为钢箱梁(包括箱梁内横隔板)、桥面板(包括横肋)、横梁、钢锚箱质量之和。如为钢—混合梁结构,其结合部的剪力钉质量也应计入钢箱梁质量内。 17)钢管拱肋的工程量以设计质量计算,包括拱肋钢管、横撑、腹板、拱脚处外侧钢板、拱脚接头钢板及各种加劲块的质量,不包括支座和钢拱肋内的混凝土的质量。

图名	公路工程概算定额桥梁工程部分的应用(13)	图号	5-5

公路工程概算定额桥梁工程部分的应用(14)

序号	项 目	内　容
5	定额第三节上部构造节说明	18)安装板式橡胶支座的工程量按支座的设计体积计算。至于锚栓、梁上的钢筋网、铁件等均已综合在定额内。 19)桥梁支架定额单位的立面积为桥梁净跨径乘以高度,拱桥高度为起拱线以下至地面的高度,梁式桥高度为墩、台帽顶至地面的高度,这里的地面指支架地梁的底面。 20)钢管支架下部的工程量按立柱质量计算,上部的工程量按支架水平投影面积计算。 21)钢拱架的工程量为钢拱架及支座金属构件的质量之和,其设备摊销费按4个月计算,若实际使用期与定额不同时予以调整。 22)支架预压的工程量按支架上现浇混凝土的体积计算。 23)蒸汽养生室面积按有效面积计算,其工程量按每一养生室安置两片梁,其梁间距离为0.8m,并按长度每端增加1.5m,宽度每边增加1.0m考虑。定额中已将其附属工程及设备按摊销量计入定额中,使用定额时不得另行计算。 24)施工电梯和施工起重机所需安拆数量和使用时间按施工组织设计的进度安排进行计算。 25)桥梁拱盔定额单位的立面积指起拱线以上的弓形侧面积,其工程量按(表4)$F = K \times$(净跨径)^{2}计算。

桥梁拱盔定额单位的立面积　　　　表4

拱矢度	$\frac{1}{2}$	$\frac{1}{2.5}$	$\frac{1}{3}$	$\frac{1}{3.5}$	$\frac{1}{4}$	$\frac{1}{4.5}$	$\frac{1}{5}$	$\frac{1}{5.5}$
K	0.393	0.298	0.241	0.203	0.172	0.154	0.138	0.125
拱矢度	$\frac{1}{6}$	$\frac{1}{6.5}$	$\frac{1}{7}$	$\frac{1}{7.5}$	$\frac{1}{8}$	$\frac{1}{9}$	$\frac{1}{10}$	
K	0.113	0.104	0.096	0.090	0.084	0.076	0.067	

图名	公路工程概算定额桥梁工程部分的应用(14)	图号	5-5

公路工程概算定额桥梁工程部分的应用(15)

序号	项　目	内　　　容
5	定额第三节上部构造节说明	(19)各种结构的模板接触面积如表 5 所示。

各种结构的模板接触面积　　　　　　　　　　表 5

项　　　目		现浇板上部构造			现浇T形梁	现浇箱梁	预制钢筋混凝土板		
		矩形板	实体连续板	空心连续板			矩形板	连续板	空心板
模板接触面积（m²/10m³混凝土）	内模	—	—	9.24	—	18.41	—	53.93	59.75
	外模	43.18	24.26	34.42	66.93	22.50	29.96	36.24	22.79
	合计	43.18	24.26	43.66	66.93	40.91	29.96	90.17	82.54

项　　　目		预制预应力空心板		预制钢筋混凝土T形梁	预制预应力混凝土T形梁	预制钢筋混凝土I形梁	预制预应力混凝土I形梁	预制预应力箱梁	
		先张法	后张法					简支	连续
模板接触面积（m²/10m³混凝土）	内模	47.01	51.30	—	—	—	—	34.64	30.14
	外模	40.67	44.38	88.33	68.19	82.68	65.43	30.11	26.20
	合计	87.68	95.68	88.33	68.19	82.68	65.43	64.75	56.34

图名	公路工程概算定额桥梁工程部分的应用(15)	图号	5－5

公路工程概算定额桥梁工程部分的应用(16)

序号	项 目	内 容								

续表

序号	项 目	项 目		预应力组合箱梁		T形刚构箱梁		悬浇连续刚构箱梁	连续箱梁		
				先张法	后张法	悬浇	预制悬拼		悬浇	预制悬拼	预制顶推
5	定额第三节上部构造节说明	模板接触面积 (m²/10m³混凝土)	内模	75.39	54.34	18.00	20.40	12.45	19.74	24.64	22.90
			外模	45.797	43.70	27.41	29.31	14.44	21.99	20.95	24.60
			合计	121.18	98.04	45.41	49.71	26.89	41.73	45.59	47.50

项 目		预制悬拼桁架梁	斜拉桥箱梁	
			预制悬拼	悬浇
模板接触面积 (m²/10m³混凝土)	内模	—	25.60	20.49
	外模	71.09	21.77	24.25
	合计	71.09	47.37	44.74

序号	项 目	内 容
6	定额第四节钢筋及预应力钢筋、钢丝束、钢绞线节说明	(1)钢筋定额中光圆与带肋钢筋的比例关系与设计图纸不同时,可据实调整。 (2)制作、张拉预应力钢筋、钢丝束定额,是按不同的锚头形式分别编制的,当每吨钢丝的束数或每吨钢筋的根数有变化时,可根据定额进行抽换。定额中的"××锚"是指金属加工部件的质量,锚头所用其他材料已分别列入定额中有关材料或其他材料费内。定额中的束长为一次张拉的长度。 (3)预应力钢筋、钢丝束及钢绞线定额均已包括制束、穿束、张拉,波纹管制作、安装或胶管预留孔道、孔道压浆等的工、料、机消耗量。锚垫板、螺旋筋含在锚具单价中。使用定额时,上述项目不得另行计算。

图名	公路工程概算定额桥梁工程部分的应用(16)	图号	5-5

公路工程概算定额桥梁工程部分的应用(17)

序号	项　目	内　　　容

内容栏展开如下：

(4)对于钢绞线不同型号的锚具,使用定额时可按表6规定计算。

不同型号锚具的定额计算　　　　　表6

设计采用锚具型号/孔	1	4	5	6	8	9	10	14	15	16	17	24
套和定额的锚具型号/孔	3			7				12			19	22

序号 6　项目：定额第四节钢筋及预应力钢筋、钢丝束、钢绞线节说明

(5)定额按现场卷制波纹管考虑,若采用外购波纹管时,可根据需要对波纹管消耗进行抽换,并将波纹管卷制机台班消耗调整为0,其他不变。

(6)工程量计算规则。

1)预应力钢绞线、预应力精轧螺纹粗钢筋及配锥形(弗氏)锚的预应力钢丝的工程量为锚固长度与工作长度的质量之和。

2)配镦头锚的预应力钢丝的工程量为锚固长度的质量。

3)先张钢绞线质量为设计图纸质量,定额中已包括钢绞线损耗及预制场构件间的工作长度及张拉工作长度。

4)钢筋工程定额工程量为设计图纸的钢筋数量,设计提供不出具体的钢筋数量时,可参考表7中各项目的钢筋含量取定钢筋数量。

图名	公路工程概算定额桥梁工程 部分的应用(17)	图号	5-5

公路工程概算定额桥梁工程部分的应用(18)

序号	项 目	内 容							
		不同工程项目的钢筋含量 表7							
		工程项目	重力式墩台混凝土基础	轻型桥墩台混凝土基础	重力式混凝土沉井	钢筋混凝土方桩	钢筋混凝土灌注桩(桩径)		
							150cm以内	150~250cm	250cm以上
		单位	kg/10m³圬工实体						
		钢筋含量	61	65	262	3850	490	667	736
6	定额第四节钢筋及预应力钢筋、钢丝束、钢绞线节说明	工程项目	钢筋混凝土护筒	钢筋混凝土承台		沉井填塞		梁板桥砌石桥台	
				灌注桩	打入桩	实心	空心	轻型	U形
		单位	kg/10m³圬工实体						
		钢筋含量	1000	392	528	30	60	3	10
		工程项目	梁板桥埋置式砌石桥台		钢筋混凝土拱桥砌石桥台		梁板桥混凝土桥台		
			高10m以内	高20m以内	轻型	其他	轻型	U形	柱式
		单位	kg/10m³圬工实体						
		钢筋含量	33	25	6	10	5	7	638
		工程项目	梁板桥混凝土桥台		拱桥混凝土桥台(不含轻型)	梁板桥砌石桥墩		拱桥实体式砌石桥墩	梁板桥轻型混凝土桥墩
			框架式	埋置式		轻型	实体式		
		单位	kg/10m³圬工实体						
		钢筋含量	700	405	10	10	20	22	12

图名	公路工程概算定额桥梁工程部分的应用(18)	图号	5-5

公路工程概算定额桥梁工程部分的应用(19)

序号	项目	内　　容							

续表

序号	项目	内　　　容

序号 6　项目：定额第四节钢筋及预应力钢筋、钢丝束、钢绞线节说明

工程项目	梁板桥实体式混凝土桥墩		梁板桥实体片石混凝土桥墩		梁板桥挑臂式片石混凝土桥墩		梁板桥钢筋混凝土薄壁墩
	高10m以内	高20m以内	高10m以内	高20m以内	高10m以内	高20m以内	
单位	kg/10m³ 圬工实体						
钢筋含量	59	35	49	37	66	33	593

工程项目	梁板桥钢筋混凝土Y形墩	梁板桥圆柱式混凝土桥墩		梁板桥方柱式混凝土桥墩		梁板桥空心混凝土桥墩		
		高10m以内	高20m以内	高20m以内	高40m以内	高20m以内	高40m以内	高70m以内
单位	kg/10m³ 圬工实体							
钢筋含量	1586	582	504	1000	831	606	624	812

工程项目	梁板桥空心混凝土桥墩		拱桥钢筋混凝土桥墩		钢筋混凝土索塔		现浇矩形板上部构造	现浇实体连续板上部构造
	高100m以内	高100m以上	实体式	柱式	斜拉桥	吊桥		
单位	kg/10m³ 圬工实体							
钢筋含量	1053	1090	25	487	1173	475	693	1645

图名	公路工程概算定额桥梁工程部分的应用(19)	图号	5-5

公路工程概算定额桥梁工程部分的应用(20)

序号	项目	内 容

续表

		工程项目	现浇空心连续板上部构造	现浇梁桥上部构造		预制安装空心板上部构造			预制安装矩形板上部构造
				连续箱梁	T形梁	普通钢筋	先张预应力筋	后张预应力筋	
		单位	kg/10m³ 圬工实体						
		钢筋含量	808	1642	872	1250	425	664	929
		工程项目	预制安装连续板上部构造	预制安装T形梁上部构造		预制安装I形梁上部构造		预制安装预应力箱梁上部结构	
6	定额第四节钢筋及预应力钢筋、钢丝束、钢绞线节说明			普通钢筋	预应力钢筋	普通钢筋	预应力钢筋	简支	连续
		单位	kg/10m³ 圬工实体						
		钢筋含量	808	2073	1099	1572	1151	1173	1721
		工程项目	预制安装槽形梁上部构造		T形刚构上部构造		连续刚构上部构造	预应力连续梁上部构造	
			先张法	后张法	悬浇	悬拼		悬浇	悬拼
		单位	kg/10m³ 圬工实体						
		钢筋含量	472	651	598	959	1194	106	106

图名	公路工程概算定额桥梁工程部分的应用(20)	图号	5-5

公路工程概算定额桥梁工程部分的应用(21)

序号	项 目	内　　　　容						
								续表
6	定额第四节钢筋及预应力钢筋、钢丝束、钢绞线节说明	工程项目	顶推预应力连续梁上部构造	悬拼预应力桁架梁上部构造	钢筋混凝土斜拉桥上部构造	梁板桥人行道及安全带		
						0.25m	0.75m	1.00m	1.50m
		单位	kg/10m³ 圬工实体						
		钢筋含量	1428	758	1361	210	317	335	398
		工程项目	现浇拱桥上部构造			预制安装拱桥上部构造			
			双曲拱	二铰(肋)板拱	薄壳拱	双曲拱	刚架拱	箱形拱	桁架拱
		单位	kg/10m³ 圬工实体						
		钢筋含量	174	564	438	198	1242	615	1021
		工程项目	钢筋混凝土拱桥人行道及安全带						桥面铺装	
			无人行道梁				有人行道梁			水泥混凝土	橡胶沥青混凝土

续表(续):

工程项目	无人行道梁				有人行道梁			桥面铺装	
	0.25m	0.75m	1.00m	1.50m	0.25m	1.00m	2.00m	水泥混凝土	橡胶沥青混凝土
单位	kg/10 桥长米							kg/10m³ 圬工实体	
钢筋含量	193	195	195	195	192	713	1674	300	143

序号	项 目	内 容
7	应用举例	【例1】　某桥梁采用重力式沉井基础,钢筋混凝土工程量为400m³,求概算定额下沉井制作及拼装的工料机消耗量。 解:查概算定额 5-1-5,沉井基础 人工:400÷10×11.8＝472 工日

图名	公路工程概算定额桥梁工程部分的应用(21)	图号	5-5

公路工程概算定额桥梁工程部分的应用(22)

序号	项　目	内　容
7	应用举例	C20 水泥混凝土:$400 \div 10 \times 10.20 = 408 \text{m}^3$ 原木:$400 \div 10 \times 0.031 = 1.24 \text{m}^3$ 锯材:$400 \div 10 \times 0.024 = 0.96 \text{m}^3$ 型钢:$400 \div 10 \times 0.03 = 1.2 \text{t}$ 钢管:$400 \div 10 \times 0.004 = 0.16 \text{t}$ 电焊条:$400 \div 10 \times 0.6 = 24 \text{kg}$ 其他材料用量及机械台班数量的计算方法与上述相同,不再一一进行计算。 **【例2】** 某桥梁基础采用钢筋混凝土排架方桩,打桩时为射水斜桩,桩的体积为 350m^3,采用船上工作平台,求概算定额下工料机消耗量。 **解:**查概算定额 5 - 1 - 7 打钢筋混凝土方桩 人工:$350 \div 10 \times 74.7 \times 0.98 \times 1.08 = 2767.19$ 工日 锯材:$350 \div 10 \times 0.874 = 30.59 \text{m}^3$ C30 水泥混凝土:$350 \div 10 \times 10.38 = 363.3 \text{m}^3$ 其他材料的计算方法与上述相同,都不需做系数调整,在此不再一一计算 221kW 以内内燃拖轮: $350 \div 10 \times 0.93 \times 0.98 \times 1.2 = 38.28$ 艘班 200t 以内工程驳船:$350 \div 10 \times 5.2 \times 0.98 \times 1.2 = 214.03$ 艘班 其他机械的台班数量计算方法与上述相同,都应乘以系数 $0.98 \times 1.2 = 1.176$,在此不再一一计算。 **【例3】** 某石拱桥为重力式砌石桥台,工程量 400m^3 实体,求概算定额下的工料机消耗量。

图名	公路工程概算定额桥梁工程 部分的应用(22)	图号	5 - 5

公路工程概算定额桥梁工程部分的应用(23)

序号	项　目	内　　　　容
7	应用举例	**解:**查概算定额 5－2－1 砌石桥台 人工:$400 \div 10 \times 21.9 = 876$ 工日 原木:$400 \div 10 \times 0.005 = 0.2 \text{m}^3$ 32.5 级水泥:$400 \div 10 \times 1.151 = 46.04 \text{t}$ 小型机具使用费:$400 \div 10 \times 14.7 = 588$ 元 **【例 4】** 某现浇钢筋混凝土梁上部构造采用预应力钢筋混凝土连续箱梁,其工程量为 85m^3,求概算定额下工料机消耗量。 **解:**查概算定额 5－3－6,得: 人工:$85 \div 10 \times 50.6 = 430.1$ 工日 锯材:$85 \div 10 \times 0.151 = 1.28 \text{m}^3$ C50 泵送混凝土:$85 \div 10 \times 10.4 = 88.4 \text{m}^3$ 带肋钢筋:$85 \div 10 \times 0.044 = 0.37 \text{t}$ 型钢:$85 \div 10 \times 0.036 = 0.31 \text{t}$ 钢管:$85 \div 10 \times 0.001 = 0.009 \text{t}$ $60\text{m}^3/\text{h}$ 以内混凝土输送泵:$85 \div 10 \times 0.1 = 0.85$ 台班 30kN 以内单筒慢动卷扬机: $$85 \div 10 \times 5.03 = 42.76 \text{ 台班}$$ 其他材料用量及机械台班数量的计算方法与上述相同,在此不再一一计算。

图名	公路工程概算定额桥梁工程 部分的应用(23)	图号	5－5

序号	项　目	内　　容
7	应用举例	**【例5】** 某桥为满堂式木拱盔,有效宽度 11.0m,桥梁净跨 25m,拱矢度 1/4.5,求概算定额下的工料机消耗量。 根据概算定额相关说明,桥梁拱盔定额单位的立面积为: $$F = 0.514 \times 25^2 = 96.26m^2$$ 因有效宽度为 11.0m,所以定额的换算系数为 11.0/8.5 = 1.294 **解:** 查定额 5 - 3 - 28 木拱盔及钢拱架 人工:$96.25 \div 100 \times 398.0 \times 1.294 = 459.7$ 台班 原木:$96.25 \div 100 \times 9.54 \times 1.294 = 11.88m^3$ 锯材:$96.25 \div 100 \times 5.66 \times 1.294 = 7.05m^3$ 铁件:$96.25 \div 100 \times 350 \times 1.294 = 435.92kg$ 铁钉:$96.25 \div 100 \times 9.0 \times 1.294 = 11.21kg$ $\phi500mm$ 以内木工圆锯机:$96.25 \div 100 \times 8.55 \times 1.294 = 10.65$ 台班小型机具使用费:$96.25 \div 100 \times 189.5 \times 1.294 = 236.02$ 元 **【例6】** 某预制、安装钢筋混凝土预应力空心板桥,上部构造采用泵送先张法施工,工程量 $300m^3$、下部构造为 Y 形墩工程量 $120m^3$。试确定上部构造预制、安装所需钢筋、钢材数量,Y 形墩所需钢筋(工程量)。 **解:**(1)预制、安装上部构造的钢筋数量

图名	公路工程概算定额桥梁工程 部分的应用(24)	图号	5－5

公路工程概算定额桥梁工程部分的应用(25)

序号	项目	内　　容
7	应用举例	该项目属于上部构造,则可由概算定额5-3-3查得钢筋定额值,并根据工程量算得: 光圆钢筋:$300 \div 10 \times 0.007 = 0.21t$ 带肋钢筋:$300 \div 10 \times 0.020 = 0.6t$ 型钢:$300 \div 10 \times 0.028 = 0.84t$ 型钢:$300 \div 10 \times 0.032 = 0.96t$ 圆钢:$300 \div 10 \times 0.004 = 0.12t$ (2)Y型墩所需钢筋工程量 根据概算定额第五章第四节的说明规定,当设计上提不出具体的钢筋工程量时,可参考该项的附表确定。由于Y型墩工程量为120m³,由查表得指标为1586kg/10m³。故 钢筋工程量:$120 \times 1586 \div 10 \div 1000 = 19.03t$ (3)空心板上部构造的钢筋工程量 由概算定额的附表查得预制、安装空心板先张预应力筋的指标为425kg/10m³圬工实体。本例中,预制、安装预应力空心板实体体积为300m³,则钢筋工程量为: $300 \times 425 \div 10 \div 1000 = 12.75t$

图名	公路工程概算定额桥梁工程 部分的应用(25)	图号	5-5

公路工程概算定额涵洞工程部分的应用(1)

序号	项 目	内 容
1	定额说明	(1)涵洞工程定额按常用的结构分为石盖板涵、石拱涵、钢筋混凝土圆管涵、钢筋混凝土盖板涵、钢筋混凝土箱涵五类,并适用于同类型的通道工程。如为其他类型,可参照有关定额进行编制。 (2)定额中均未包括混凝土的拌合和运输,应根据施工组织按桥涵工程的相关定额进行计算。 (3)为了满足不同情况的需要,定额中除按涵洞洞身、洞口编制分项定额外,还编制了扩大定额。一般公路应尽量使用分项定额编制,厂矿、林业道路不能提供具体工程数量时,可使用扩大定额编制。 (4)各类涵洞定额中均不包括涵洞顶上及台背填土、涵上路面等工程内容,这部分工程数量应包括在路基、路面工程数量中。 (5)涵洞洞身定额中已按不同结构分别计入了拱盔、支架和安装设备以及其他附属设施等。为了计算方便,并已将涵洞基础开挖需要的全部水泵台班计入洞身定额中,洞口工程不得另行计算。 (6)定额中涵洞洞口按一般标准洞口计算,遇有特殊洞口时,可根据圬工实体数量,套用石砌洞口定额计算。 (7)定额中圆管涵的管径为外径。 (8)涵洞洞身、洞口及倒虹吸管洞口工程数量包括的项目见表1。 表1

<table>
<tr><td colspan="2" align="center">定 额 名 称</td><td align="center">工程量包括的项目</td></tr>
<tr><td rowspan="6" align="center">洞身</td><td align="center">石盖板涵</td><td>基础、墩台身、盖板、洞身涵底铺砌</td></tr>
<tr><td align="center">石拱涵</td><td>基础、墩台身、拱圈、护拱、洞身涵底铺砌、栏杆柱及扶手
(台背排水及防水层已作为附属工程摊入定额中)</td></tr>
<tr><td align="center">钢筋混凝土盖板涵</td><td>基础、墩台身、墩台帽、盖板、洞身涵底铺砌、支撑梁、混凝土桥面铺装、栏杆柱及扶手</td></tr>
<tr><td align="center">钢筋混凝土圆管涵</td><td>圆管涵身、端节基底</td></tr>
<tr><td align="center">钢筋混凝土箱涵</td><td>涵身基础、箱涵身、混凝土桥面铺装、栏杆柱及扶手</td></tr>
<tr><td align="center">涵洞洞口</td><td>基础、翼墙、侧墙、帽石、锥坡铺砌、洞口两侧路基边坡加固铺砌、洞口河底铺砌、隔水墙、特殊洞口的蓄水井、急流槽、防滑墙、消力池、跌水井、挑坎等圬工实体</td></tr>
<tr><td colspan="2" align="center">倒虹吸管洞口</td><td>竖井、留泥井、水槽</td></tr>
</table>

| 图名 | 公路工程概算定额涵洞工程
部分的应用(1) | 图号 | 5-6 |

公路工程概算定额涵洞工程部分的应用(2)

序号	项　目	内　　容
1	定额说明	(7)涵洞扩大定额按每道单孔和取定涵长计算,如涵长与定额中涵长不同时,可用每增减 1m 定额进行调整;如为双孔时,可按调整好的单孔定额乘以表 2 中所列系数:

表 2

结构类型	石盖板涵	钢筋混凝土圆管涵	石拱涵	钢筋混凝土盖板涵
双孔系数	1.6	1.8	1.5	1.6

序号	项　目	内　　容
2	应用举例	【例】 某单位道路的双孔钢筋混凝土圆管涵,不能提供工程量。已知涵长 19m,直径 2.0m,求概算定额下工料机消耗。 **解:**根据题意,本工程应套用涵洞工程扩大定额。 查概算定额 4－1－5,钢筋混凝土圆管涵及根据双孔的系数调整,得: 人工:$(286 + 12.9 \times 6) \times 1.8 = 654.12$ 工日 原木:$0.033 \times 1.8 = 0.06\text{m}^3$ 锯材:$(0.117 + 0.002 \times 6) \times 1.8 = 0.23\text{m}^3$ 光圆钢筋:$(0.961 + 0.074 \times 6) \times 1.8 = 2.53\text{t}$ 5t 以内汽车式起重机$(2.69 + 0.21 \times 6) \times 1.8 = 7.11$ 台班 $\phi150\text{mm}$ 电动单极离心泵:$(2.49 + 0.02 \times 6) \times 1.8 = 4.70$ 台班 其他材料及机械台班数量的计算方法与上述相同,不再一一计算。

图名	公路工程概算定额涵洞工程部分的应用(2)	图号	5－6

公路工程预算定额桥涵工程部分的应用(1)

序号	项目	内　　　容
1	桥涵工程定额章说明	桥涵工程定额包括开挖基坑,围堰、筑岛及沉井,打桩,灌注桩,砌筑,现浇混凝土及钢筋混凝土,预制、安装混凝土及钢筋混凝土构件,构件运输,拱盔、支架,钢结构和杂项工程等项目。 (1)混凝土工程 1)定额中混凝土强度等级均按一般图纸选用,其施工方法除小型构件采用人拌人捣外,其余均按机拌机捣计算。 2)定额中混凝土工程除大型预制构件底座、混凝土搅拌站安拆和钢桁架桥式码头项目中已考虑混凝土的拌合费用外,其他混凝土项目中均未考虑混凝土的拌合费用,应按有关定额另行计算。 3)定额中混凝土均按露天养生考虑,如采用蒸汽养生时,应从各有关定额中减去人工 1.5 工日及其他材料费 4 元,并按蒸汽养生有关定额计算。 4)定额中混凝土工程均已包括操作范围内的混凝土运输。现浇混凝土工程的混凝土平均运距超过 50m 时,可根据施工组织设计的混凝土平均运距,按杂项工程中混凝土运输定额增列混凝土运输。 5)凡预埋在混凝土中的钢板、型钢、钢管等预埋件,均作为附属材料列入混凝土定额内。至于连接用的钢板、型钢等则包括在安装定额内。 6)定额中采用泵送混凝土的项目均已包括水平和向上垂直泵送所消耗的人工、机械,当水平泵送距离超过定额综合范围时,可按表 1 增列人工及机械消耗量。向上垂直泵送不得调整。 7)大体积混凝土项目必须采用埋设冷却管来降低混凝土水化热时,可根据实际需要另行计算。 8)除另有说明外,混凝土定额中均已综合脚手架、上下架、爬梯及安全围护等搭拆及摊销费用,使用定额时不得另行计算。

图名	公路工程预算定额桥涵工程 部分的应用(1)	图号	5-7

公路工程预算定额桥涵工程部分的应用(2)

序号	项 目	内　容			

表1

项　目		定额综合的水平泵送距离(m)	每 10m³ 混凝土每增加水平距离 50m 增列数量	
			人工(工日)	混凝土输送泵(台班)
基础	灌注桩	100	1.55	0.27
	其　他	100	1.27	0.18
上、下部构造		50	2.82	0.36
桥面铺装		250	2.82	0.36

序号 1　桥涵工程定额章说明

(2)钢筋工程

1)定额中凡钢筋直径在 10mm 以上的接头,除注明为钢套筒连接外,均采用电弧搭接焊或电阻对接焊。

2)定额中的钢筋按选用图纸分为光圆钢筋、带肋钢筋,如设计图纸的钢筋比例与定额有出入时,可调整钢筋品种的比例关系。

3)定额中的钢筋是按一般定尺长度计算的,如设计提供的钢筋连接用钢套筒数量与定额有出入时,可按设计数量调整定额中的钢套筒消耗,其他消耗不调整。

(3)模板工程

1)模板不单列项目。混凝土工程中所需的模板包括钢模板、组合钢模板、木模板,均按其周转摊销量计入混凝土定额中。

2)定额中的模板均为常规模板,当设计或施工对混凝土结构的外观有特殊要求需要对模板进行特殊处理时,可根据定额中所列的混凝土模板接触面积增列相应的特殊模板材料的费用。

3)定额中均已包括各种模板的维修、保养所需的工、料及费用。

4)定额中所列的钢模板材料指工厂加工的适用于某种构件的定型钢模板,其质量包括立模所需的钢支撑及有关配件;组合钢模板材料指市场供应的各种型号的组合钢模板,其质量仅为组合钢模板的质量,不包括立模所需的支撑、拉杆等配件,定额中已计入所需配件材料的摊销量;木模板按工地制作编制,定额中将制作所需工、料、机械台班消耗按周转摊销量计算。

图名	公路工程预算定额桥涵工程部分的应用(2)	图号	5-7

公路工程预算定额桥涵工程部分的应用(3)

序号	项 目	内 容
1	桥涵工程定额章说明	(4)设备摊销费 　定额中设备摊销费的设备指属于固定资产的金属设备,包括用万能杆件、装配式钢桥桁架及有关配件拼装的金属架桥设备。设备摊销费按设备质量每吨每月 90 元计算(除设备本身折旧费用,还包括设备的维修、保养等费用)。各项目中凡注明允许调整的,可按计划使用时间调整。 　(5)工程量计算一般规则: 　1)现浇混凝土、预制混凝土、构件安装的工程量为构筑物或预制构件的实际体积,不包括其中空心部分的体积,钢筋混凝土项目工程量不扣除钢筋(钢丝、钢绞线)、预理件和预留孔道所占的体积。 　2)构件安装定额中在括号内所列的构件体积数量,表示安装时需要备制的构件数量。 　3)钢筋工程量为钢筋的设计质量,定额中已计入施工操作损耗,一般钢筋因接长所需增加的钢筋质量已包括在定额中,不得将这部分质量计入钢筋设计质量内。但对于某些特殊的工程,必须在施工现场分段施工采用搭接接长时,其搭接长度的钢筋质量未包括在定额中,应在钢筋的设计质量内计算。
2	定额第一节开挖基坑节说明	(1)干处挖基指开挖无地面水及地下水位以上部分的土壤,湿处挖基指开挖在施工水位以下部分的土壤。挖基坑石方、淤泥、流沙不分干处、湿处均采用同一定额。 　(2)开挖基坑土、石方运输按弃土于坑外 10m 范围内考虑,如坑上水平运距超过 10m 时,另按路基土、石方增运定额计算。 　(3)基坑深度为坑的顶面中心标高至底面的数值。在同一基坑内,不论开挖哪一深度均执行该基坑的全部深度定额。 　(4)电动卷扬机配抓斗及人工开挖配卷扬机吊运基坑土、石方定额中,已包括移动摇头扒杆用工,但摇头扒杆的配置数量应根据工程需要按吊装设备定额另行计算。 　(5)开挖基坑定额中,已综合了基底夯实、基坑回填及检平石质基底用工,湿处挖基还包括挖边沟、挖集水井及排水作业用工,使用定额时,不得另行计算。

图名	公路工程预算定额桥涵工程 部分的应用(3)	图号	5-7

公路工程预算定额桥涵工程部分的应用(4)

序号	项　目	内　　容
2	定额第一节开挖基坑节说明	(6)开挖基坑定额中不包括挡土板,需要时应据实按有关定额另行计算。 (7)机械挖基定额中,已综合了基底标高以上20cm范围内采用人工开挖和基底修整用工。 (8)基坑开挖定额均按原土回填考虑,若采用取土回填时,应按路基工程有关定额另计取土费用。 (9)挖基定额中未包括水泵台班,挖基及基础、墩台修筑所需的水泵台班按"基坑水泵台班消耗"表的规定计算,并计入挖基项目中。 (10)工程量计算规则。 1)基坑开挖工程量按基坑容积计算(图1)。其计算公式如下: $$V = \frac{h}{6} \times [\,ab + (a + a_1)(b + b_1) + a_1 b_1\,];\quad (基坑为平截方锥时)$$ $$V = \frac{\pi h}{3} \times (R^2 + Rr + r^2)。\quad (基坑为截头圆锥时)$$ 2)基坑挡土板的支档面积,按坑内需支档的实际侧面积计算。 (11)基坑水泵台班消耗,可根据覆盖层土壤类别和施工水位高度采用下列数值计算。 1)墩(台)基坑水泵台班消耗 = 湿处挖基工程量×挖基水泵台班+墩(台)座数×修筑水泵台班。 2)基坑水泵台班消耗表中水位高度栏中"地面水"适用于围堰内挖基,水位高度指施工水位至坑顶的高度,其水泵消耗台班已包括排除地下水所需台班数量,不得再按"地下水"加计水泵台班;"地下水"适用于岸滩湿处的挖基,水位高度指施工水位至坑底的高度,其工程量应为施工水位以下的湿处挖基工程数量,施工水位至坑顶部分的挖基,应按干处挖基对待,不计水泵台班。 3)表2列水泵台班均为ϕ150mm水泵。

图1　基坑容积
(a)平截方锥;(b)截头圆锥

图名	公路工程预算定额桥涵工程部分的应用(4)	图号	5-7

公路工程预算定额桥涵工程部分的应用(5)

序号	项 目	内 容
2	定额第一节开挖基坑节说明	基坑水泵台班消耗 表2

基坑水泵台班消耗 表2

覆盖层土壤类别		水位高度(m)	河中桥墩			靠岸墩台		
			挖基(10m³)	每座墩(台)修筑水泵台班		挖基(10m³)	每座墩(台)修筑水泵台班	
				基坑深3m以内	基坑深6m以内		基坑深3m以内	基坑深6m以内
Ⅰ	1. 粉质黏土 2. 粉砂土 3. 较密实的细砂土(0.10~0.25mm 颗粒含量占多数) 4. 松软的黄土 5. 有透水孔道的黏土	地面水 4 以内	0.19	7.58	10.83	0.12	4.88	7.04
		地面水 3 以内	0.15	5.96	8.67	0.10	3.79	5.42
		地面水 2 以内	0.12	5.42	7.58	0.08	3.52	4.88
		地面水 1 以内	0.11	4.88	7.04	0.07	3.25	4.33
		地下水 6 以内	0.08	—	5.42	0.05	—	3.79
		地下水 3 以内	0.07	3.79	3.79	0.04	2.71	2.71
Ⅱ	1. 中类砂土(0.25~0.50mm 颗粒含量占多数) 2. 紧密的颗粒较细的砂砾石层 3. 有裂缝透水的岩层	地面水 4 以内	0.54	16.12	24.96	0.35	10.32	16.12
		地面水 3 以内	0.44	11.96	18.72	0.29	7.74	11.96
		地面水 2 以内	0.36	8.32	14.04	0.23	5.16	9.36
		地面水 1 以内	0.31	6.24	10.92	0.19	4.13	7.28
		地下水 6 以内	0.23	—	7.28	0.15	—	4.68
		地下水 3 以内	0.19	4.16	4.68	0.12	2.58	3.12

图名	公路工程预算定额桥涵工程部分的应用(5)	图号	5-7

公路工程预算定额桥涵工程部分的应用(6)

序号	项 目	内　　容									

续表

		覆盖层土壤类别		水位高度(m)	河中桥墩			靠岸墩台		
					挖基(10m³)	每座墩(台)修筑水泵台班		挖基(10m³)	每座墩(台)修筑水泵台班	
						基坑深3m以内	基坑深6m以内		基坑深3m以内	基坑深6m以内
2	定额第一节开挖基坑节说明	Ⅲ	1. 粗粒砂(0.50~1.00mm颗粒含量占多数) 2. 砂砾石层(砾石含量大于50%) 3. 透水岩石并有泉眼	地面水 4以内	1.04	30.76	47.14	0.68	19.85	30.76
				地面水 3以内	0.84	22.33	35.73	0.55	14.39	23.32
				地面水 2以内	0.69	16.37	26.79	0.45	10.42	17.37
				地面水 1以内	0.59	11.91	21.34	0.39	7.94	13.89
				地下水 6以内	0.44	—	10.92	0.29	—	6.95
				地下水 3以内	0.35	4.96	5.46	0.23	3.47	3.47
		Ⅳ	1. 砂卵石层(平均颗粒大于50mm) 2. 漂石层有较大的透水孔道 3. 有溶洞、溶槽的岩石并有泉眼、涌水现象	地面水 4以内	1.52	45.26	68.35	0.99	29.27	44.45
				地面水 3以内	1.23	32.74	51.62	0.79	21.19	33.46
				地面水 2以内	1.01	23.59	39.19	0.65	15.41	25.33
				地面水 1以内	0.87	17.33	30.59	0.56	11.07	20.07
				地下水 6以内	0.64	—	15.77	0.41	—	10.04
				地下水 3以内	0.52	7.22	7.65	0.34	4.81	4.78

注:如钢板桩围堰打进覆盖层,则表列台班数量乘以0.7的系数。

图名	公路工程预算定额桥涵工程部分的应用(6)	图号	5—7

公路工程预算定额桥涵工程部分的应用(7)

序号	项 目	内 容
3	定额第二节筑岛、围堰及沉井工程节说明	(1)围堰定额适用于挖基围堰和筑岛围堰。 (2)草木、草(麻)袋、竹笼、木笼铁丝围堰定额中已包括50m以内人工挖运土方的工日数量,定额括号内所列"土"的数量不计价,仅限于取土运距超过50m时,按人工挖运土方的增运定额,增加运输用工。 (3)沉井制作分钢筋混凝土重力式沉井、钢丝网水泥薄壁浮运沉井、钢壳浮运沉井三种。沉井浮运、落床、下沉、填塞定额,均适用于以上三种沉井。 (4)沉井下沉用的工作台、三脚架、运土坡道、卷扬机工作台均已包括在定额中。井下爆破材料除硝铵炸药外,其他列入"其他材料费"中。 (5)沉井下水轨道的钢轨、枕木、铁件按周转摊销量计入定额中,定额还综合了轨道的基础及围堰等的工、料,使用定额时,不得另行计算。但轨道基础的开挖工作本定额中未计入,需要时按有关定额另行计算。 (6)沉井浮运定额仅适用于只有一节的沉井或多节沉井的底节,分节施工的沉井除底节外的其他各节的浮运、接高均应执行沉井接高定额。 (7)导向船、定位船船体本身加固所需的工、料、机消耗及沉井定位落床所需的锚绳均已综合在定额中,使用定额时,不得另行计算。 (8)无导向船定位落床定额已将所需的地笼、锚碇等的工、料、机消耗综合在定额中,使用定额时,不得另行计算。有导向船定位落床定额未综合锚碇系统,应根据施工组织设计的需要按有关定额另行计算。 (9)锚碇系统定额均已将锚链的消耗计入定额中,并已将抛锚、起锚所需的工、料、机消耗综合在定额中,使用定额时,不得随意进行抽换。 (10)钢壳沉井接高所需的吊装设备定额中未计入,需要时应按金属设备吊装定额另行计算。

图名	公路工程预算定额桥涵工程 部分的应用(7)	图号	5-7

公路工程预算定额桥涵工程部分的应用(8)

序号	项 目	内 容
3	定额第二节筑岛、围堰及沉井工程节说明	(11)钢壳沉井作双壁钢围堰使用时,应按施工组织设计计算回收,但回收部分的拆除所需的工、料、机消耗本定额未计入,需要时应根据实际情况按有关定额另行计算。 (12)沉井下沉定额中的软质岩石是指饱和单轴极限抗压强度在40MPa以下的各类松软的岩石,硬质岩石是指饱和单轴极限抗压强度在40MPa以上的各类较坚硬和坚硬的岩石。 (13)地下连续墙定额中未包括施工便道、挡土帷幕、注浆加固等,需要时应根据施工组织设计另行计算。挖出的土石方或凿铣的泥渣如需要外运时,应按路基工程中相关定额进行计算。 (14)工程量计算规则。 1)草木、草(麻)袋、竹笼围堰长度按围堰中心长度计算,高度按施工水深加0.5m计算。木笼铁丝围堰实体为木笼所包围的体积。 2)套箱围堰的工程量为套箱金属结构的质量。套箱整体下沉时悬吊平台的钢结构及套箱内支撑的钢结构均已综合在定额中,不得作为套箱工程量进行计算。 3)沉井制作的工程量:重力式沉井为设计图纸井壁及隔墙混凝土数量;钢丝网水泥薄壁浮运沉井为刃脚及骨架钢材的质量,但不包括铁丝网的质量;钢壳沉井的工程量为钢材的总质量。 4)沉井下沉定额的工程量按沉井刃脚外缘所包围的面积乘沉井刃脚下沉入土深度计算。沉井下沉按土、石所在的不同深度分别采用不同下沉深度的定额。定额中的下沉深度指沉井顶面到作业面的高度。定额中已综合了溢流(翻砂)的数量,不得另加工程量。 5)沉井浮运、接高、定位落床定额的工程量为沉井刃脚外缘所包围的面积,分节施工的沉井接高的工程量应按各节沉井接高工程量之和计算。

图名	公路工程预算定额桥涵工程部分的应用(8)	图号	5-7

公路工程预算定额桥涵工程部分的应用(9)

序号	项 目	内 容
3	定额第二节筑岛、围堰及沉井工程节说明	6)锚碇系统定额的工程量指锚碇的数量,按施工组织设计的需要量计算。 7)地下连续墙导墙的工程量按设计需要设置的导墙的混凝土体积计算;成槽和墙体混凝土的工程量按地下连续墙设计长度、厚度和深度的乘积计算;锁口管吊拔和清底置换的工程量按地下连续墙的设计槽段数(指槽壁单元槽段)计算;内衬的工程量按设计需要的内衬混凝土体积计算。
4	定额第三节打桩工程节说明	(1)土质划分:打桩工程土壤分为Ⅰ、Ⅱ两组。 Ⅰ组土——较易穿过的土壤,如轻粉质黏土、粉质黏土、砂类土、腐殖土、湿的及松散的黄土等。 Ⅱ组土——较难穿过的土壤,如黏土、干的固结黄土、砂砾、砾石、卵石等。 当穿过两组土层时,如打入Ⅱ组土各层厚度之和等于或大于土层总厚度的50%或打入Ⅱ组土连续厚度大于1.5m时,按Ⅱ组土计,不足上述厚度时,则按Ⅰ组土计。 (2)打桩定额中,均按在已搭好的工作平台上操作,但未包括打桩用的工作平台的搭设和拆除等的工、料消耗,需要时应按打桩工作平台定额另行计算。 (3)打桩定额中已包括打导桩、打送桩及打桩架的安、拆工作,并将打桩架、送桩、导桩及导桩夹木等的工、料按摊销方式计入定额中,编制预算时,不得另行计算。但定额中均未包括拔桩。破桩头工作,已计入承台定额中。 (5)打桩定额均为打直桩,如打斜桩时,机械乘1.20的系数,人工乘1.08的系数。 (6)利用打桩时搭设的工作平台拔桩时,不得另计搭设工作平台的工、料消耗。如需搭设工作平台时,可根据施工组织设计规定的面积,按打桩工作平台人工消耗的50%计算人工消耗,但各种材料一律不计。 (7)打每组钢板桩时,用的夹板材料及钢板桩的截头、连接(接头)、整形等的材料已按摊销方式,将其工、料计入定额中,使用定额时,不得另行计算。

图名	公路工程预算定额桥涵工程部分的应用(9)	图号	5-7

公路工程预算定额桥涵工程部分的应用(10)

序号	项　目	内　　容
4	定额第三节打桩工程节说明	(8)钢板桩木支撑的制作、试拼、安装的工、料消耗,均已计入打桩定额中,拆除的工、料消耗已计入拔桩定额中。 (9)打钢板桩、钢管桩定额中未包括钢板桩、钢管桩的防锈工作,如需进行防锈处理,另按相应定额计算。 (10)打钢管桩工程如设计钢管桩数量与本定额不相同时,可按设计数量抽换定额中的钢管桩消耗,但定额中的其他消耗量不变。 (11)工程量计算规则: 1)打预制钢筋混凝土方桩和管桩的工程量,应根据设计尺寸及长度以体积计算(管桩的空心部分应予以扣除)。设计中规定凿去的桩头部分的数量,应计入设计工程量内。 2)钢筋混凝土方桩的预制的工程量,应为打桩定额中括号内的备制数量。 3)拔桩工程量按实际需要数量计算。 4)打钢板桩的工程量按设计需要的钢板桩质量计算。 5)打桩用的工作平台的工程量,按施工组织设计所需的面积计算。 6)船上打桩工作平台的工程量,根据施工组织设计,按一座桥梁实际需要打桩机的台数和每台打桩机需要的船上工作平台面积的总和计算。
5	定额第四节灌注桩工程节说明	(1)灌注桩造孔根据造孔的难易程度,将土质分为八种: 1)砂土:粒径不大于 2mm 的砂类土,包括淤泥、轻粉质黏土。 2)黏土:粉质黏土、黏土、黄土,包括土状风化。 3)砂砾:粒径 2～20mm 的角砾、圆砾含量(指质量比,下同)小于或等于 50%,包括礓石及粒状风化。 4)砾石:粒径 2～20mm 的角砾、圆砾含量大于 50%,有时还包括粒径20～200mm 的碎石、卵石,其含量在 10% 以内,包括块状风化。 5)卵石:粒径 20～200mm 的碎石、卵石含量大于 10%,有时还包括块石、漂石,其含量在 10% 以内,包括块状风化。

图名	公路工程预算定额桥涵工程部分的应用(10)	图号	5-7

公路工程预算定额桥涵工程部分的应用(11)

序号	项目	内容
5	定额第四节灌注桩工程节说明	6)软石:饱和单轴极限抗压强度在 40MPa 以下的各类松软的岩石,如盐岩,胶结不紧的砾岩、泥质页岩、砂岩,较坚实的泥灰岩、块石土及漂石土,软而节理较多的石灰岩等。 7)次坚石:饱和单轴极限抗压强度在 40～100MPa 的各类较坚硬的岩石,如硅质页岩,硅质砂岩,白云岩,石灰岩,坚实的泥灰岩,软玄武岩、片麻岩、正长岩、花岗岩等。 8)坚石:饱和单轴极限抗压强度在 100MPa 以上的各类坚硬的岩石,如硬玄武岩,坚实的石灰岩、白云岩、大理岩、石英岩、闪长岩、粗粒花岗岩、正长岩等。 (2)灌注桩成孔定额分为人工挖孔、卷扬机带冲抓锥冲孔、卷扬机带冲击锥冲孔、冲击钻机钻孔、回旋钻机钻孔、潜水钻机钻孔等六种。定额中已按摊销方式计入钻架的制作、拼装、移位、拆除及钻头维修所耗用的工、料、机械台班数量,钻头的费用已计入设备摊销费中,使用定额时,不得另行计算。 (3)灌注桩混凝土定额按机械拌合、工作平台上导管倾注水下混凝土编制,定额中已包括混凝土灌注设备(如导管等)摊销的工、料费用及扩孔增加的混凝土数量,使用定额时,不得另行计算。 (4)钢护筒定额中,干处埋设按护筒设计质量的周转摊销量计入定额中,使用定额时,不得另行计算。水中埋设按护筒全部设计质量计入定额中,可根据设计确定的回收量按规定计算回收金额。 (5)护筒定额中,已包括陆地上埋设护筒用的黏土或水中埋设护筒定位用的导向架及钢质或钢筋混凝土护筒接头用的铁件,硫磺胶泥等埋设时用的材料、设备消耗,使用定额时,不得另行计算。 (6)浮箱工作平台定额中,每只浮箱的工作面积为 $3 \times 6 = 18m^2$。

	图名	公路工程预算定额桥涵工程部分的应用(11)	图号	5-7

公路工程预算定额桥涵工程部分的应用(12)

序号	项　目	内　　　　容
5	定额第四节灌注桩工程节说明	(7)使用成孔定额时,应根据施工组织设计的需要合理选用定额子目,当不采用泥浆船的方式进行水中灌注桩施工时,除按90kW以内内燃拖轮数量的一半保留拖轮和驳船的数量外,其余拖轮和驳船的消耗应扣除。 (8)在河滩、水中采用筑岛方法施工时,应采用陆地上成孔定额计算。 (9)本定额系按一般黏土造浆进行编制的,如实际采用膨润土造浆时,其膨润土的用量可按定额中黏土用量乘系数进行计算,即: $$Q = 0.095 \times V \times 1000$$ 式中　Q——膨润土的用量(kg); 　　　　V——黏土的用量(m^3)。 (10)当设计桩径与定额采用桩径不同时,可按表3系数调整 **定额调整系数**　　　　　表3 (11)工程量计算规则。 1)灌注桩成孔工程量按设计入土深度计算。定额中的孔深指护筒顶至桩底(设计标高)的深度。造孔定额中同一孔内的不同土质,不论其所在的深度如何,均采用总孔深定额。

定额调整系数　　　　　表3

桩径(cm)	130	140	160	170	180	190	210	220	230	240
调整系数	0.94	0.97	0.70	0.79	0.89	0.95	0.93	0.94	0.96	0.98
计算基数	桩径150cm以内		桩径200cm以内				桩径250cm以内			

图名	公路工程预算定额桥涵工程部分的应用(12)	图号	5－7

公路工程预算定额桥涵工程部分的应用(13)

序号	项 目	内 容
5	定额第四节灌注桩工程节说明	2)人工挖孔的工程量按护筒(护壁)外缘所包围的面积乘设计孔深计算。 3)浇筑水下混凝土的工程量按设计桩径横断面面积乘设计桩长计算,不得将扩孔因素计入工程量。 4)灌注桩工作平台的工程量按设计需要的面积计算。 5)钢护筒的工程量按护筒的设计质量计算。设计质量为加工后的成品质量,包括加劲肋及连接用法兰盘等全部钢材的质量。当设计提供不出钢护筒的质量时,可参考表4的质量进行计算,桩径不同时可内插计算。 **钢护筒参考质量** 表4 表格见下

钢护筒参考质量 表4

桩径(cm)	100	120	150	200	250	300	350
护筒单位质量(kg/m)	170.2	238.2	289.3	499.1	612.6	907.5	1259.2

序号	项 目	内 容
6	定额第五节砌筑工程节说明	(1)定额中的 M5、M7.5、M12.5 水泥砂浆为砌筑用砂浆,M10、M15 水泥砂浆为勾缝用砂浆。 (2)定额中已按砌体的总高度配置了脚手架,高度在 10m 以内的配踏步,高度大于 10m 的配井字架,并计入搭拆用工,其材料用量均以摊销方式计入定额中。 (3)浆砌混凝土预制块定额中,未包括预制块的预制,应按定额中括号内所列预制块数量,另按预制混凝土构件的有关定额计算。 (4)浆砌料石或混凝土预制块作镶面时,其内部应按填腹石定额计算。

图名	公路工程预算定额桥涵工程部分的应用(13)	图号	5—7

公路工程预算定额桥涵工程部分的应用(14)

序号	项　目	内　　　容
6	定额第五节砌筑工程节说明	(5)桥涵拱圈定额中,未包括拱盔和支架,需要时应按"拱盔、支架工程"中有关定额另行计算。 (6)定额中均未包括垫层及拱背、台背填料和砂浆抹面,需要时应按杂项工程中有关定额另行计算。 (7)砌筑工程的工程量为砌体的实际体积,包括构成砌体的砂浆体积。
7	定额第六节现浇混凝土及钢筋混凝土工程节说明	(1)定额中未包括现浇混凝土及钢筋混凝土上部构造所需的拱盔、支架,需要时按有关定额另行计算。 (2)定额中片石混凝土中片石含量均按 15%计算。 (3)有底模承台适用于高桩承台施工。 (4)使用套箱围堰浇筑承台混凝土时,应采用无底模承台的定额。 (5)定额中均未包括扒杆、提升模架、拐脚门架、悬浇挂篮、移动模架等金属设备,需要时,应按有关定额另行计算。 (6)桥面铺装定额中,橡胶沥青混凝土仅适用于钢桥桥面铺装。 (7)墩台高度为基础顶、承台顶或系梁底到盖梁顶、墩台帽顶或 0 号块件底的高度。 (8)索塔高度为基础顶、承台顶或为梁底到索塔顶的高度。当塔墩固结时,工程量为基础顶面或承台顶部以上至塔顶的全部数量;当塔墩分离时,工程量应为桥面顶部以上塔顶的数量,桥面顶部以下部分的数量应按墩台定额计算。 (9)斜拉索锚固套筒定额中已综合加劲钢板和钢筋的数量,其工程量以混凝土箱型中锚固套筒钢管的质量计算。 (10)斜拉索钢锚箱的工程量为钢锚箱钢板、剪力钉、定位件的质量之和,不包括钢管和型钢的质量。 (11)各种结构的模板接触面积如表 5 所示。

		图名	公路工程预算定额桥涵工程 部分的应用(14)	图号	5-7

公路工程预算定额桥涵工程部分的应用(15)

序号	项　目	内　　容

内容（表格部分）：

各种结构模板的接触面积　　表5

项　目		基础				支撑梁	承台		轻型墩台身		
		轻型墩台		实体式墩台			承　台		钢筋混凝土墩台	混凝土墩台	
		跨径(m)		上部构造形式						跨径(m)	
		4以内	8以内	梁板式	拱式		有底模	无底模		4以内	8以内
模板接触面积(m²/10m³混凝土)	内模	—	—	—	—	—	—	—	—	—	—
	外模	28.36	20.24	10.50	6.69	100.10	12.12	6.21	51.02	38.26	29.94
	合计	28.36	20.24	10.50	6.69	100.10	12.12	6.21	51.02	38.26	29.94

项　目		实体式墩台身				圆柱式墩台身		方柱式墩台身			框架式桥台
		梁板桥		拱桥							
		高度(m)		墩	台	高度(m)					
		10以内	20以内			10以内	20以内	10以内	20以内	40以内	
模板接触面积(m²/10m³混凝土)	内模	—	—	—	—	—	—	—	—	—	—
	外模	24.75	15.99	11.90	15.60	40.56	36.15	30.00	27.87	23.61	37.45
	合计	24.75	15.99	11.90	15.60	40.56	36.15	30.00	27.87	23.61	37.45

序号：7　项目：定额第六节现浇混凝土及钢筋混凝土工程节说明

图名	公路工程预算定额桥涵工程部分的应用(15)	图号	5-7

公路工程预算定额桥涵工程部分的应用(16)

序号	项 目	内 容

续表

项 目		肋形埋置式桥台		空 心 墩					Y 形 墩		薄壁墩
		高度(m)									
		8以内	14以内	20以内	40以内	70以内	100以内	100以上	10以内	20以内	10以内
模板接触面积(m²/10m³混凝土)	内模	—	—	15.94	14.80	12.92	12.36	10.04	—	—	—
	外模	36.67	34.29	20.21	19.73	17.72	17.09	16.42	16.38	13.47	25.09
	合计	36.67	34.29	36.15	34.53	30.64	29.45	26.46	16.38	13.47	25.09

项 目		薄壁墩		支座垫石		墩台帽	拱座	盖梁	系 梁		耳背墙
		高度(m)		盆式支座	板式支座				地面以下	地面以上	
		20以内	40以内								
模板接触面积(m²/10m³混凝土)	内模	—	—	—	—	—	—	—	—	—	—
	外模	17.82	11.55	51.65	66.38	32.25	19.74	32.19	25	28.33	89.64
	合计	17.82	11.55	51.65	66.38	32.25	19.74	32.19	25	28.33	89.64

序号 7：定额第六节现浇混凝土及钢筋混凝土工程节说明

图名	公路工程预算定额桥涵工程部分的应用(16)	图号	5-7

公路工程预算定额桥涵工程部分的应用(17)

序号	项目	内容

续表

项　　目		墩梁固结现浇段	索塔立柱 高度(m)					索塔横梁		现浇T形梁	现浇箱梁
			50以内	100以内	150以内	200以内	250以内	下横梁	中、上横梁		
模板接触面积(m²/10m³混凝土)	内模	49.37	7.11	6.74	6.48	5.71	5.70	11.88	15.21	—	18.41
	外模	12.34	16.58	15.72	15.13	13.33	13.29	10.18	16.68	66.93	22.50
	合计	61.71	23.69	22.46	21.61	19.04	18.99	22.06	31.89	66.93	40.91

序号 7　项目　定额第六节现浇混凝土及钢筋混凝土工程节说明

项　　目		现浇箱涵			现浇板上部构造			悬浇箱梁			
		2.0×1.5~4.0×3.0	6.0×3.5~7.0×4.2	(3.0+7.0+3.0)×4.2	矩形板	实体连续板	空心连续板	T形刚构等		连续刚构	
								0号块	悬浇段	0号块	悬浇段
模板接触面积(m²/10m³混凝土)	内模	19.45	11.38	9.36	—		9.24	17.05	20.94	11.09	12.71
	外模	23.77	13.91	11.44	43.18	24.26	34.42	13.95	25.59	8.72	15.53
	合计	43.22	25.29	20.80	43.18	24.26	43.66	31.00	46.53	19.81	28.24

图名	公路工程预算定额桥涵工程部分的应用(17)	图号	5-7

公路工程预算定额桥涵工程部分的应用(18)

序号	项　目	内　　容
8	定额第七节预制、安装混凝土及钢筋混凝土构件工程节说明	(1)预制钢筋混凝土上部构造中,矩形板、空心板、连续板、少筋微弯板、预应力桁架梁、顶推预应力连续梁、桁架拱、刚架拱均已包括底模板,其余系按配合底座(或台座)施工考虑。 (2)顶进立交箱涵、圆管涵的顶进靠背由于形式很多,宜根据不同的地形、地质情况设计,定额中未单独编列子目,需要时可根据施工图纸采用有关定额另行计算。 (3)顶进立交箱涵、圆管涵定额根据全部顶进的施工方法编制。顶进设备未包括在顶进定额中,应按顶进设备定额另行计算。"铁路线加固"定额除铁路线路的加固外,还包括临时信号灯、行车期间的线路维修和行车指挥等全部工作。 (4)预制立交箱涵、箱梁的内模、翼板的门式支架等工、料已包括在定额中。 (5)顶推预应力连续梁按多点顶推的施工工艺编制,顶推使用的滑道单独编列子目,其他滑块、拉杆、拉锚器及顶推用的机具、预制箱梁的工作平台均摊入顶推定额中。顶推用的导梁及工作平台底模顶升千斤顶以下的工程,定额中未计入,应按有关定额另行计算。 (6)构件安装指从架设孔起吊起至安装就位,整体化完成的全部施工工序。本节定额中除安装矩形板、空心板及连续板等项目的现浇混凝土可套用桥面铺装定额计算外,其他安装上部构造定额中均单独编列有现浇混凝土子目。 (7)定额中凡采用金属结构吊装设备和缆索吊装设备安装的项目,均未包括吊装设备的费用,应按有关定额另行计算。 (8)制作、张拉预应力钢筋、钢丝束定额,是按不同的锚头形式分别编制的,当每吨钢丝的束数或每吨钢筋的根数有变化时,可根据定额进行抽换。定额中的"××锚"是指金属加工部件的质量,锚头所用其他材料已分别列入定额中有关材料或其他材料费内。定额中的束长为一次张拉的长度。

| 图名 | 公路工程预算定额桥涵工程部分的应用(18) | 图号 | 5-7 |

公路工程预算定额桥涵工程部分的应用(19)

序号	项 目	内 容
8	定额第七节预制、安装混凝土及钢筋混凝土构件工程节说明	(9)预应力钢筋、钢丝束及钢绞线定额中均已计入预应力管道及压浆的消耗量,使用定额时不得另行计算。镦头锚的锚具质量可按设计数量进行调整。 (10)对于钢绞线不同型号的锚具,使用定额时可按表6规定计算。 **不同型号锚具的定额计算** 表6 （见下表） (11)金属结构吊装设备定额是根据不同的安装方法划分子目的,如"单导梁"是指安装用的拐脚门架、蝴蝶架、导梁等全套设备。定额是以10t设备质量为单位,并列有参考质量。实际质量与定额数量不同时,可根据实际质量计算,但设备质量不包括列入材料部分的铁件、钢丝绳、鱼尾板、道钉及列入"小型机具使用费"内的滑车等。 (12)预制场用龙门架、悬浇箱梁用的墩顶拐脚门架,可套用高度9m以内的跨墩门架定额,但质量应根据实际计算。 (13)安装金属支座的工程量是指半成品钢板的质量(包括座板、齿板、垫板、辊轴等)。至锚栓、梁上的钢筋网、铁件等均以材料数量综合在定额内。

不同型号锚具的定额计算 表6

设计采用锚具型号(孔)	1	4	5	6	8	9	10	14	15	16	17	24
套和定额的锚具型号(孔)		3			7			12			19	22

公路工程预算定额桥涵工程部分的应用(20)

序号	项　目	内　　　　容
8	定额第七节预制、安装混凝土及钢筋混凝土构件工程节说明	(14)工程量计算规则。 1)预制构件的工程量为构件的实际体积(不包括空心部分的体积),但预应力构件的工程量为构件预制体积与构件端头封锚混凝土的数量之和。预制空心板的空心堵头混凝土已综合在预制定额内,计算工程量时不应再计列这部分混凝土的数量。 2)使用定额时,构件的预制数量应为安装定额中括号内所列的构件备制数量。 3)安装的工程量为安装构件的体积。 4)构件安装时的现浇混凝土的工程量为现浇混凝土和砂浆的数量之和。但如在安装定额中已计列砂浆消耗的项目,则在工程量中不应再计列砂浆的数量。 5)预制、悬拼预应力箱梁临时支座的工程量为临时支座中混凝土及硫磺砂浆的体积之和。 6)移动模架的质量包括托架(牛腿)、主梁、鼻梁、横梁、吊架、工作平台及爬梯的质量,不包括液压构件和内外模板(含模板支撑系统)的质量。 7)预应力钢绞线、预应力精轧螺纹粗钢筋及配锥形(弗氏)锚的预应力钢丝的工程量为锚固长度与工作长度的质量之和 8)配镦头锚的预应力钢丝的工程量为锚固长度的质量。 9)先张钢绞线质量为设计图纸质量,定额中已包括钢绞线损耗及预制场构件间的工作长度及张拉工作长度。 10)缆索吊装的索跨指两塔架间的距离。 (15)各种结构的模板接触面积如表7所示。

图名	公路工程预算定额桥涵工程部分的应用(20)	图号	5-7

公路工程预算定额桥涵工程部分的应用(21)

序号	项 目	内 容

各种结构的模板接触面积　　　　　　　表7

		项 目	排架立柱	墩台管节	立交箱涵	矩形板(跨径,m)		空心板	少筋微弯板	连续板	钢筋混凝土T形梁	钢筋混凝土I形梁
						4以内	8以内					
8	定额第七节预制、安装混凝土及钢筋混凝土构件工程节说明	内模	—	76.47	11.97	—	—	67.14	—	62.85	—	—
		模板接触面积(m²/10m³混凝土) 外模	94.34	96.86	4.02	38.85	30.95	25.61	34.57	42.24	88.33	82.68
		合计	94.34	173.33	15.99	38.85	30.95	92.75	34.57	105.09	88.33	82.68

项 目	预应力空心板	预应力混凝土T形梁	预应力混凝土I形梁	预应力组合箱梁				预应力箱梁		
				先张法		后张法		预制安装	预制悬拼	预制顶推
				主梁	空心板	主梁	空心板			
内模	55.76	—	—	71.89	87.61	49.54	74.62	34.64	26.81	22.90
模板接触面积(m²/10m³混凝土) 外模	48.24	73.72	65.43	48.66	44.17	46.07	39.55	30.11	22.74	24.60
合计	104.00	73.72	65.43	120.55	131.78	95.61	114.17	64.75	49.55	47.50

图名	公路工程预算定额桥涵工程部分的应用(21)	图号	5-7

公路工程预算定额桥涵工程部分的应用(22)

序号	项目	内　　容

续表

序号	项目	项　目		预应力桥架梁		桁架拱			刚架拱			箱形拱	
				桁架	桥面板	桁拱片	横向联系	微弯板	刚拱片	横向联系	微弯板	拱圈	立柱盖梁
8	定额第七节预制、安装混凝土及钢筋混凝土构件工程节说明	模板接触面积(m²/10m³混凝土)	内模	—	—	—	—	—	—	—	—	64.76	—
			外模	78.86	117.89	81.58	170.41	61.36	60.12	110.9	68.07	97.17	48.95
			合计	78.86	117.89	81.58	170.41	61.36	60.12	110.9	68.07	161.9	48.95

9	定额第八节构件运输节说明	(1)本节的各种运输距离以 10m、50m、1km 为计算单位,不足第一个 10m、50m、1km 者,均按 10m、50m、1km 计,超过第一个定额运距单位时,其运距尾数不足一个增运定额单位半数时不计,等于或超过半数时按一个定额运距单位计算。 (2)运输便道、轨道的铺设,栈桥码头、扒杆、龙门架、缆索的架设等,均未包括在定额内,应按有关章节定额另行计算。 (3)本节定额未单列构件出坑堆放的定额,如需出坑堆放,可按相应构件运输第一个运距单位定额计列。

图名	公路工程预算定额桥涵工程部分的应用(22)	图号	5－7

公路工程预算定额桥涵工程部分的应用(23)

序号	项 目	内　　　　容
9	定额第八节构件运输节说明	(4)凡以手摇卷扬机和电动卷扬机配合运输的构件重载升坡时,第一个定额运距单位不增加人工及机械,每增加定额单位运距按以下规定乘换算系数。 1)手推车运输每增运 10m 定额的人工,按表 8 乘换算系数:

表 8

坡度(%)	1 以内	5 以内	10 以内
系数	1.0	1.5	2.5

2)垫滚子绞运每增运 10m 定额的人工和小型机具使用费,按表 9 乘换算系数:

表 9

坡度(%)	0.4 以内	0.7 以内	1.0 以内	1.5 以内	2.0 以内	2.5 以内
系数	1.0	1.1	1.3	1.9	2.5	3.0

3)轻轨平车运输配电动卷扬机每增运 50m 定额的人工及电动卷扬机台班,按表 10 乘换算系数:

表 10

坡度(%)	0.7 以内	1.0 以内	1.5 以内	2.0 以内	3.0 以内
系数	1.00	1.05	1.10	1.15	1.25

序号	项 目	内　　　　容
10	定额第九节拱盔、支架工程节说明	(1)桥梁拱盔、木支架及简单支架均按有效宽度 8.5m 计,钢支架按有效宽度 12.0m 计,如实际宽度与定额不同时可按比例换算。 (2)木结构制作按机械配合人工编制,配备的木工机械均已计入定额中。结构中的半圆木构件,用圆木对剖加工所需的工日及机械台班均已计入定额内。 (3)所有拱盔均包括底模板及工作台的材料,但不包括现浇混凝土的侧模板。

图名	公路工程预算定额桥涵工程 部分的应用(23)	图号	5-7

公路工程预算定额桥涵工程部分的应用(24)

序号	项 目	内 容
10	定额第九节拱盔、支架工程节说明	(4)桁构式拱盔安装、拆除用的人字扒杆、地锚移动用工及拱盔缆风设备工料已计入定额,但不包括扒杆制作的工、料,扒杆数量根据施工组织设计另行计算。 (5)桁构式支架定额中已包括了墩台两旁支撑排架及中间拼装、拆除用支撑架,支撑架已加计了拱矢高度并考虑了缆风设备。定额以孔为计量单位。 (6)木支架及轻型门式钢支架的帽梁和地梁已计入定额中,地梁以下的基础工程未计入定额中,如需要时,应按有关相应定额另行计算。 (7)简单支架定额适用于安装钢筋混凝土双曲拱桥拱肋及其他桥梁需增设的临时支架。稳定支架的缆风设施已计入定额内。 (8)涵洞拱盔支架、板涵支架定额单位的水平投影面积为涵洞长度乘以净跨径。 (9)桥梁拱盔定额单位的立面积指起拱线以上的弓形侧面积,其工程量按下式(表11)计算: $$F = K \times (净跨径)^2$$

表 11

拱矢度	$\frac{1}{2}$	$\frac{1}{2.5}$	$\frac{1}{3}$	$\frac{1}{3.5}$	$\frac{1}{4}$	$\frac{1}{4.5}$	$\frac{1}{5}$	$\frac{1}{5.5}$
K	0.393	0.298	0.241	0.203	0.172	0.154	0.138	0.125

拱矢度	$\frac{1}{6}$	$\frac{1}{6.5}$	$\frac{1}{7}$	$\frac{1}{7.5}$	$\frac{1}{8}$	$\frac{1}{9}$	$\frac{1}{10}$
K	0.113	0.104	0.096	0.090	0.084	0.076	0.067

图名	公路工程预算定额桥涵工程部分的应用(24)	图号	5-7

公路工程预算定额桥涵工程部分的应用(25)

序号	项 目	内 容
10	定额第九节拱盔、支架工程节说明	(10)桥梁支架定额单位的立面积为桥梁净跨径乘以高度,拱桥高度为起拱线以下至地面的高度,梁式桥高度为墩、台帽顶至地面的高度,这里的地面指支架地梁的底面。 (11)钢拱架的工程量为钢拱架及支座金属构件的质量之和,其设备摊销费按4个月计算,若实际使用期与定额不同时可予以调整。 (12)铜管支架定额指采用直径大于30cm的钢管作为立柱,在立柱上采用金属构件搭设水平支撑平台的支架,其中下部指立柱顶面以下的部分,上部指立柱顶面以上的部分。下部工程量按立柱质量计算,上部工程按支架水平投影面积计算。 (13)支架预压的工程量按支架上现浇混凝土的体积计算。
11	定额第十节钢结构工程节说明	(1)钢桁梁桥定额是按高强螺栓栓接、连孔拖拉架设法编制的,钢索吊桥的加劲桁拼装定额也是按高强螺栓栓接编制的,如采用其他方法施工,应另行计算。 (2)钢桁架桥中的钢桁梁,施工用的导梁钢桁和连接及加固杆件,钢索吊桥中的钢桁、钢纵横梁、悬吊系统构件、套筒及拉杆构件均为半成品,使用定额时应按半成品价格计算。 (3)主索锚碇除套筒及拉杆、承托板以外,其他项目如锚洞开挖、衬砌,护索罩的预制、安装,检查井的砌筑等,应按其他章节有关定额另计。 (4)钢索吊桥定额中已综合了缆索吊装设备及钢桁油漆项目,使用定额时不得另行计算。 (5)抗风缆结构安装定额中未包括锚碇部分,使用定额时应按有关相应定额另行计算。 (6)安装金属栏杆的工程量是指钢管的质量。至于栏杆座钢板、插销等均以材料数量综合在定额内。

图名	公路工程预算定额桥涵工程部分的应用(25)	图号	5-7

公路工程预算定额桥涵工程部分的应用(26)

序号	项 目	内　　容
11	定额第十节钢结构工程节说明	(7)定额中成品构件单价构成：工厂化生产,无需施工企业自行加工的产品为成品构件,以材料单价的形式进入定额。其材料单价为出厂价格加上运输至施工场地的费用。 1)平行钢丝拉索,吊杆、系杆、索股等以 t 为单位,以平行钢丝、钢丝绳或钢绞线质量计量,不包括锚头和 PE 或套管等防护料的质量,但锚头和 PE 或套管防护料的费用应含在成品单价中。 2)钢绞线斜拉索的工程量以钢绞线的质量计算,其单价包括厂家现场编索和锚具费用。悬索桥锚固系统预应力环氧钢绞线单价中包括两端锚具费用。 3)钢箱梁、索鞍、拱肋、钢纵横梁等以 t 为单位。钢箱梁和拱肋单价中包括工地现场焊接费用。 (8)施工电梯、施工塔式起重机未计入定额中。需要时根据施工组织设计另行计算其安拆及使用费用。 (9)钢管拱桥定额中未计入钢塔架、扣塔、地锚、索道的费用,应根据施工组织设计套用预制、安装混凝土及钢筋混凝土构件相关定额另行计算。 (10)悬索桥的主缆、吊索、索夹、检修道定额未包括涂装防护,应另行计算。 (11)定额未含施工监控费用,需要时另行计算。 (12)定额未含施工期间航道占用费,需要时另行计算。 (13)工程量计算规则。 1)定位钢支架质量为定位支架型钢、钢板、钢管质量之和,以 t 为单位计算。 2)锚固拉杆质量为拉杆、连接器、螺母(包括锁紧或球面)、垫圈(包括锁紧和球面)质量之和,以 t 为单位计算。 3)锚固体系环氧钢绞线质量以 t 为单位计算。本定额包括了钢绞线张拉的工作长度。

图名	公路工程预算定额桥涵工程部分的应用(26)	图号	5-7

公路工程预算定额桥涵工程部分的应用(27)

序号	项 目	内 容
11	定额第十节钢结构工程节说明	4)塔顶门架质量为门架型钢质量,以 t 为单位计算。钢格栅以钢格栅和反力架质量之和计算,以 t 为单位。主索鞍质量包括承板、鞍体、安装板、挡块、槽盖、拉杆、隔板、锚梁、锌质填块的质量,以 t 为单位计算。散索鞍质量包括底板、底座、承板、鞍体、压紧梁、隔板、拉杆、锌质填块的质量,以 t 为单位计算。主索鞍定额按索鞍顶推按 6 次计算,如顶推次数不同,则按人工每 10t·次 1.8 工日,鞍罩为钢结构,以套为单位计算,1 个主索鞍处为 1 套。鞍罩的防腐和抽湿系统费用需另行计算。 5)牵引系统长度为牵引系统所需的单侧长度,以 m 为单位计算。 6)猫道系统长度为猫道系统的单侧长度,以 m 为单位计算。 7)索夹质量包括索夹主体、螺母、螺杆、防水螺母、球面垫圈质量,以 t 为单位计算。 8)缠丝以主缆长度扣除锚跨区、塔顶区、索夹处无需缠丝的主缆长度后的单侧长度,以 m 为单位计算。 9)缆套包括套体、锚碇处连接件、标准镀锌紧固件质量,以 t 为单位计算。 10)钢箱梁质量为钢箱梁(包括箱梁内横隔板)、桥面板(包括横肋)、横梁、钢锚箱质量之和。 11)钢拱肋的工程量以设计质量计算,包括拱肋钢管、横撑、腹板、拱脚处外侧钢板、拱脚接头钢板及各种加劲块,不包括支座和钢拱肋内的混凝土的质量。
12	定额第十一节杂项工程节说明	(1)杂项工程包括平整场地、锥坡填土、拱上填料及台背排水、土牛(拱)胎、防水层、基础垫层、水泥砂浆勾缝及抹面、伸缩及泄水管、混凝土构件蒸汽养生室建筑及蒸汽养生、预制构件底座、先张法预应力张拉台座、混凝土搅拌站、混凝土搅拌船及混凝土运输、钢桁架栈桥式码头、冷却管、施工电梯、塔吊安拆、拆除旧建筑物等项目,本节定额适用于桥涵及其他构造物工程。

图名	公路工程预算定额桥涵工程 部分的应用(27)	图号	5-7

公路工程预算定额桥涵工程部分的应用(28)

序号	项　目	内　　容
12	定额第十一节杂项工程节说明	(2)大型预制构件底座定额分为平面底座和曲面底座两项。 平面底座定额适用于 T 形梁、工形梁、等截面箱梁,每根梁底座面积的工程量按下式计算: $$底座面积 = (梁长 + 2.00m) \times (梁宽 + 1.00m)$$ 曲面底座定额适用于梁底为曲面的箱形梁(如 T 形钢构等),每块梁底座的工程量按下式计算: $$底座面积 = 构件下弧长 \times 底座实际修建宽度$$ 平面底座的梁宽指预制梁的顶面宽度。 (3)模数式伸缩预留槽钢纤维混凝土中钢纤维的含量按水泥用量的1%计算,如设计钢纤维含量与定额不同时,可按设计用量抽换定额中钢纤维的消耗。 (4)蒸汽养生室面积按有效面积计算,其工程量按每一养生室安置两片梁,其梁间距离为 0.8m,并按长度每端增加 1.5m,宽度每边增加 1.0m 考虑。定额中已将其附属工程及设备,按摊销量计入定额中,编制预算时不得另行计算。 (5)混凝土搅拌站的材料,均已按桥次摊销列入定额中。 (6)钢桁架栈桥式码头定额适用于大型预制构件装船。码头上部为万能杆件及各类型钢加工的半成品和钢轨等,均已按摊销费计入定额中。 (7)施工塔式起重机和施工电梯所需安拆数量和使用时间按施工组织设计的进度安排进行计算。
13	应用举例	【例1】　人工挖基坑土方,湿处开挖,坑深 8m,试计算开挖 25000m³ 土方的工、料、机消耗量。 **解:** 查预算定额 4-1-1 及表注说明,得: 人工:25000 ÷ 1000 × (766 + 766 × 10% × 2) = 22980 工目

	图名	公路工程预算定额桥涵工程 部分的应用(28)	图号	5-7

公路工程预算定额桥涵工程部分的应用(29)

序号	项 目	内 容
13	应用举例	【例2】 某桥梁工程采用竹笼围堰,围堰高 4.3m,长 85m,土方运距 150m,试计算预算定额下工料机消耗量。 **解**:查预算定额 4-2-3,围堰高度可以内插计算。本工程高 4.3,界于 4.0 与 5.0 之间,具体计算如下: 人工:$85 \div 10 \times [133.8 + (231.5 - 133.8) \div 10 \times 3] = 1386.44$ 工日 原木:$85 \div 10 \times [0.318 + (0.438 - 0.318) \div 10 \times 3] = 3.01\text{m}^3$ 锯材:$85 \div 10 \times [0.094 + (0.117 - 0.094) \div 10 \times 3] = 0.86\text{m}^3$ 毛竹:$85 \div 10 \times [280 + (350 - 280) \div 10 \times 3] = 2558.5$ 根 铁钉:$85 \div 10 \times [0.4 + (0.5 - 0.4) \div 10 \times 3] = 3.66\text{kg}$ 土:$85 \div 10 \times [85.59 + (132.25 - 85.59) \div 10 \times 3] = 846.5\text{m}^3$ 大卵石:$85 \div 10 \times [76.91 + (128.18 - 76.91) \div 10 \times 3] = 784.5\text{m}^3$ 【例3】 某桥梁工程,采用冲击钻机冲孔,设计孔深 26m,直径为 100cm,地层由上而下为黏土 6m,砂砾 8m,砾石 7m,以下部分为次坚石,试确定该项目的定额工、料、机消耗量。 **解**:查预算定额 4-4-4 可得: 人工:$13.9 \times 6 \div 10 + 27.5 \times 8 \div 10 + 38.3 \times 7 \div 10 + 104.1 \times (26 - 7 - 8 - 6) \div 10 = 8.34 + 22 + 26.81 + 52.05 = 109.2$ 工日 锯材:$0.011 \times 26 \div 10 = 0.03\text{m}^3$

图名	公路工程预算定额桥涵工程 部分的应用(29)	图号	5-7

公路工程预算定额桥涵工程部分的应用(30)

序号	项　目	内　　　　容
13	应用举例	电焊条:$0.6 \times 6 \div 10 + 0.7 \times 8 \div 10 + 1.1 \times 7 \div 10 + 2.9 \times 5 \div 10 = 0.36 + 0.56 + 0.77 + 1.45 = 3.14 \text{kg}$ 其他材料费:$1.0 \times 26 \div 10 = 2.6$ 元 设备摊销费:$33.1 \times 6 \div 10 + 37.1 \times 8 \div 10 + 38.8 \times 7 \div 10 + 50 \times 5 \div 10 = 19.86 + 29.68 + 27.16 + 25 = 101.7$ 元 22 型电动冲击钻:$3.26 \times 6 \div 10 + 8.18 \times 8 \div 10 + 12.44 \times 7 \div 10 + 38.47 \times 5 \div 10 = 1.956 + 6.544 + 8.708 + 19.235 = 36.4$ 台班 30kVA 以内交流电焊机:$0.06 \times 6 \div 10 + 0.08 \times 8 \div 10 + 0.12 \times 7 \div 10 + 0.32 \times 5 \div 10 = 0.036 + 0.064 + 0.084 + 0.16 = 0.34$ 台班 【例4】某桥梁工程,下部构造为高桩承台,上部构造为钢桁架,用混凝土输送泵进行施工,实体工程量为 125m^3,用泵送水泥混凝土做行车道铺装,铺装实体工程量为 65m^3,试求预算定额下的工料机消耗量。 **解**:(1)高桩承台 由定额说明,有底模承台适用于高桩承台施工,且本例中采用混凝土输送泵施工,故由预算定额 $4 - 6 - 1$ 得 人工:$125 \div 10 \times 5.5 = 68.75$ 工日 原木:$125 \div 10 \times 0.016 = 0.2\text{m}^3$ 锯材:$125 \div 10 \times 0.013 = 0.1625\text{m}^3$

	图名	公路工程预算定额桥涵工程 部分的应用(30)	图号	5－7

公路工程预算定额桥涵工程部分的应用(31)

序号	项 目	内 容
13	应用举例	型钢：$125 \div 10 \times 0.003 = 0.0375$t 组合钢模板：$125 \div 10 \times 0.01 = 0.125$t 42.5 级水泥：$125 \div 10 \times 3.869 = 48.36$t 水：$125 \div 10 \times 18 = 225$m³ 中(粗)砂：$125 \div 10 \times 6.03 = 75.375$m³ 碎石(4cm)：$125 \div 10 \times 7.59 = 94.875$m³ 60m³/h 以内混凝土输送泵：$125 \div 10 \times 0.08 = 1$ 台班 其他材料用量及机械台班数量计算方式与上述相同，在此不一一计算。 (2)行车道铺装部分 查预算定额 4－6－13 得： 人工：$4.9 \times 65 \div 10 = 31.85$ 工日 原木：$0.001 \times 65 \div 10 = 0.0065$m³ 型钢：$0.001 \times 65 \div 10 = 0.0065$t 42.5 级水泥：$4.368 \times 65 \div 10 = 28.392$t 水：$21 \times 65 \div 10 = 136.5$m³ 中(粗)砂：$5.82 \times 65 \div 10 = 37.83$m³ 碎石(4cm)：$7.59 \times 65 \div 10 = 49.335$m³ 滑模式水泥混凝土摊销机：$0.02 \times 65 \div 10 = 0.13$ 台班

图名	公路工程预算定额桥涵工程 部分的应用(31)	图号 5－7

公路工程预算定额桥涵工程部分的应用(32)

序号	项目	内　　容
13	应用举例	混凝土电动刻纹机:$0.59 \times 65 \div 10 = 3.8$ 台班 【例5】 某桥桥栏杆扶手木模预制,混凝土实体 $48 m^3$,HPB235 级钢筋用量 0.34,试求预算定额下的工、料、机消耗量。 解:(1)桥栏杆预制应属预制小型构件,查定额 4 – 7 – 28 木模栏杆及栏杆扶手 人工:$87 \times 48 \div 10 = 4176$ 工日 锯材:$1.023 \times 48 \div 10 = 4.91 m^3$ 铁钉:$34.4 \times 48 \div 10 = 165.12 kg$ 32.5 级水泥:$3.434 \times 48 \div 10 = 16.48 t$ 水:$16 \times 48 \div 10 = 76.8 m^3$ 中(粗)砂:$4.95 \times 48 \div 10 = 23.28 m^3$ 碎石:$8.28 \times 48 \div 10 = 39.74 m^3$ 其他材料费:$19 \times 48 \div 10 = 91.2$ 元 小型机具使用费:$12.9 \times 48 \div 10 = 61.92$ 元 (2)安装小型构件查 4 – 7 – 29 安装小型构件 人工:$19.2 \times 48 \div 10 = 92.16$ 油毛毡:$24 \times 48 \div 10 = 115.2$ 其他材料的计算方法相同,不一一列出。

图名	公路工程预算定额桥涵工程 部分的应用(32)	图号	5 – 7

6 隧道工程工程量清单计价

隧道工程常见名词解释(1)

序号	类别	名　词　解　释
1	岩石部分定额名词解释	隧道是指为道路从地层内部或水底通过而修筑的建筑物。按穿越地层的不同,可分为土质隧道和岩石隧道两大类。 　　岩石隧道还有下述类别之分。 　　平洞(平巷):隧道设计轴线与水平线平行,或与水平线形成一个较小夹角的隧道。岩石隧道定额平洞的设计轴线与水平线的夹角为 0~5°。 　　斜井:隧道设计轴线与水平线形成一个较大夹角的隧道。系统定额的岩石隧道定额斜井设计轴线与水平线的夹角为 15~30°。 　　竖井:隧道设计轴线垂直于水平线的隧道。 　　开挖(掘进):岩石隧道开挖,是将岩石从岩体上破碎下来,形成设计要求的空间。 　　围岩:岩石隧道开挖,使其直径一般在开挖断面最大直径 3~5 倍范围内的岩体应力发生显著变化,通常将此范围的岩体称为围岩。 　　衬砌(支护):为防止岩石隧道开挖后,围岩发生过大的变形或破坏、垮塌而采取的维护措施。 　　衬砌(支护)常用的形式有多种,现列举以下几种: 　　锚杆支护:在开挖后的岩面上,用钻孔机,按设计要求的深度、间距和角度向岩面钻孔。在孔内灌满砂浆后,插入锚杆,使砂浆、锚杆和岩石粘结为一体(砂浆锚杆),以制止或缓和岩体变形继续发展,使岩体仍然保持相当大的承载能力。 　　喷射混凝土支护:按设计确定含有水泥、砂、石和速凝剂的喷射混凝土配合比料进行搅拌(干拌),装入喷射机罐内,用压缩空气作动力,将喷射混凝土拌和料经管道送入喷枪,加水,以较高的速度喷上洗净的岩面很快凝结硬化,达到稳定、维护岩面的目的。 　　混凝土及钢筋混凝土衬砌:隧道开挖后的围岩很破碎、不稳定或有淋水、涌水等情况,必须采用混凝土或钢筋混凝土衬砌。混凝土或钢筋混凝土衬砌多采用直墙拱顶式,拱部将承受的顶压力传给边墙,使隧道形成一个稳定的空间。

图名	隧道工程常见名词解释(1)	图号	6-1

隧道工程常见名词解释(2)

序号	类　别	名　词　解　释
1	岩石部分定额名词解释	料石衬砌:隧道开挖后的围岩很破碎、不稳定或有淋水、涌水等情况,而隧道的跨径不大时,多采取料石衬砌。料石衬砌亦采用直墙拱顶式。拱部用一定规格的楔形料石和砌碹方法,直墙采用常用规格的料石砌筑。拱部将承受的顶压力传给边墙,使其形成稳定的空间。 塌方:岩体在未开挖(掘进)之前,岩体内任意一点的应力都处于平衡状态;开挖后,岩体中出现空间,破坏了原来岩体的应力平衡状态,围岩应力就要重新分布,直到建立新的应力平衡为止。在建立新的应力平衡过程中,某些部位的应力超过岩体强度,使围岩有较大范围的破坏、膨胀而坍塌,这种现象称塌方。 处理塌方:为使开挖后隧道岩体应力维持平衡,将要坍塌而尚未坍塌的岩石进行处理、将坍塌的岩体进行清理、采取某些使围岩保持长期稳定的衬砌措施等等,称为处理塌方。 溶洞:是以岩溶水的溶蚀作用为主,间有潜蚀和机械塌陷作用而造成的近于水平方向延伸的洞穴称溶洞。 处理溶洞:当开挖的隧道穿过溶洞时,建隧道因溶洞而增加的清理溶洞异物、对溶洞空间的填筑、为稳定溶洞岩层应力平衡等进行必需的衬砌等等,称处理溶洞。
2	软土层部分定额名词解释	沉井:是软土地层建造地下构筑物的一种方法。即先在地面上浇筑一个上无盖、下无底的筒状结构物,采用机械挖土或水力冲洗泥的方法将井内的土取出,借助其自重下沉。下沉中井壁起着挡土防水作用。下沉到设计标高后,再封底板、加顶板,使之成为一个地下构筑物。 刃脚:是沉井井壁底部一段有特殊形状和结构的混凝土墙体的俗称,主要起减小沉井下沉阻力的作用。其断面一般为斜梯形,为减少沉井下沉阻力,有些沉井还没有外凸口,即刃脚凸出井壁。 盾构掘进:是软土地区采用盾构机械建造地下隧道的一种暗挖式施工方法,有干式出土盾构掘进、水力出土盾构掘进、刀盘式土压平衡盾构掘进和刀盘式泥水平衡盾构掘进。

隧道工程常见名词解释(3)

序号	类别	名　词　解　释
2	软土层部分定额名词解释	干式出土盾构掘进:指采用网格式盾构掘进机掘进,并采用干式出土的施工方法。 水力出土盾构掘进:指采用网格式盾构掘进机掘进,并将土用高压水冲成泥浆排出的施工方法。 刀盘式土压平衡盾构掘进:指盾构头部采用大刀盘切割土体,盾构前仓有一个土压平衡隔离仓,以达到能控制内外土体平衡的一种挖掘方法。 刀盘式泥水平衡盾构掘进:指盾构头部采用大刀盘切割土体,盾构前仓有一个泥水平衡隔离仓,以达到能控制内外土体平衡的一种挖掘方法。 管片:是盾构掘进后,拼装成圆环状组成隧道衬砌以承受外部压力的混凝土构件。 地下连续墙:是软土地层建造地下构筑物或挡土墙的一种方法,施工时采用分幅施工,先挖槽同时注入护壁泥浆,再放钢筋笼,最后用水下混凝土置换出泥浆,形成一幅地下混凝土墙,逐段连续施工连接成地下连续墙。 压密注浆与分层注浆:是软土地基加固土体、提高土体承载力的一种方法。施工时采用钻孔放入注浆管,用压力泵将浆液注入地基孔隙,以提高土体强度。压密注浆是指渗入性注浆,当土壤渗透困难时,就需要采用劈裂注浆,即提高注浆压力,使土体发生剪切裂缝,浆液沿裂缝面渗入土体,因开挖后浆材与土体形成一层层间隔,所以又称分层注浆。 双重管与三重管高压旋喷:是采用先钻孔,再放入旋喷管,用高压喷射切割的方法把土和水泥浆液搅拌,拌和体固化后形成加固体或截水墙的地基加固方法。二重管法是水和水泥浆液同时喷射、旋转、内喷嘴喷水泥浆液,外喷嘴喷水。三重管法有水、气和水泥浆液三种介质,注浆管由三根同轴的不同直径的钢管组成,内管输送水流,中管输送气流,外管输送水泥浆液。高压水、气沿轴喷射切割周围土体,使土和水泥浆液充分拌和,边喷射、边旋转和提升注浆管,形成较大直径的加固体。

图名	隧道工程常见名词解释(3)	图号	6－1

隧道工程工程量清单计量规则(1)

(1)隧道工程包括洞口与明洞工程、洞身开挖、洞身衬砌、防水与排水、洞内防火涂料和装饰工程、监控量测、地质预报等。

(2)有关问题的说明及提示:

1)场地布置、核对图纸、补充调查、编制施工组织设计、试验检测、施工测量、环境保护、安全措施、施工防排水、围岩类别划分及监控、通信、照明、通风、消防等设备、设施预埋构件设置与保护,所有准备工作和施工中应采取的措施均为各节、各细目工程的附属工作,不另行计量。

2)风水电作业及通风、照明、防尘为不可缺少的附属设施和作业,均应包括在各节有关工程细目中,不另行计量。

3)隧道名牌、模板装拆、钢筋除锈、拱盔、支架、脚手架搭拆、养护清场等工作均为各细目的附属工作,不另行计量。

4)连接钢板、螺栓、螺帽、拉杆、垫圈等作为钢支护的附属构件,不另行计量。

5)混凝土拌和场站、贮料场的建设、拆除、恢复均包括在相应工程项目中,不另行计量。

6)洞身开挖包括主洞、竖井、斜井。洞外路面、洞外消防系统土石开挖、洞外弃渣防护等计量规则见有关章节。

7)材料的计量尺寸为设计净尺寸。

工程量清单计量规则

项目	节	细目	项目名称	项目特征	计量单位	工程量计算规则	工程内容
五			隧道				第500章
	2		洞口与明洞工程				第502节、第507节

图名	隧道工程工程量清单计量规则(1)	图号	6-2

隧道工程工程量清单计量规则(2)

项目	目	节	细目	项目名称	项目特征	计量单位	工程量计算规则	工程内容
			1	洞口、明洞开挖				
			a	挖土方	1. 土壤类别 2. 施工方法 3. 断面尺寸	m³	按设计图示所示,按横断面尺寸乘以长度以天然密实方计算	1. 施工排水 2. 零填及挖方路基挖松压实 3. 挖运、装卸 4. 整修路基和边坡
			b	挖石方	1. 岩石类别 2. 施工方法 3. 爆破要求 4. 断面尺寸			1. 施工排水 2. 零填及挖方路基挖松压实 3. 爆破防护 4. 挖运、装卸 5. 整修路基和边坡
			c	弃方超运	1. 土壤类别 2. 超运里程	m³·km	按设计图所示,弃土场地不足须增加弃土场或监理工程师批准变更弃土场导致弃方超过图纸规定运距,按超运弃方数量乘以超运里程计算	1. 弃方超运 2. 整修弃土场
			2	防水与排水				

图名	隧道工程工程量清单计量规则(2)	图号	6-2

隧道工程工程量清单计量规则(3)

项目	目	节	细目	项目名称	项目特征	计量单位	工程量计算规则	工程内容
			a	浆砌片石边沟、截水沟、排水沟	1. 材料规格 2. 垫层厚度 3. 断面尺寸 4. 强度等级	m³	按设计图所示,按横断面面积乘以长度以体积计算	1. 挖运土石方 2. 铺设垫层 3. 砌筑、勾缝 4. 伸缩缝填塞 5. 抹灰压顶、养生
			b	浆砌混凝土预制块水沟				1. 挖运土石方 2. 铺设垫层 3. 预制安装混凝土预制块 4. 伸缩缝填塞 5. 抹灰压顶、养生
			c	现浇混凝土水沟	1. 垫层厚度 2. 断面尺寸 3. 强度等级			1. 挖运土石方 2. 铺设垫层 3. 现浇混凝土 4. 伸缩缝填塞 5. 养生

图名	隧道工程工程量清单计量规则(3)	图号	6-2

隧道工程工程量清单计量规则(4)

项	目	节	细目	项目名称	项目特征	计量单位	工程量计算规则	工程内容
			d	渗沟	1.材料规格 2.断面尺寸	m³	按设计图所示,按横断面尺寸乘以长度以体积计算	1.挖基整形 2.混凝土垫层 3.埋 PVC 管 4.渗水土工布包碎砾石填充 5.出水口砌筑 6.试通水 7.回填
			e	暗沟	1.材料规格 2.断面尺寸 3.强度等级			1.挖基整形 2.铺设垫层 3.砌筑 预制安装(钢筋)混凝土盖板 5.铺砂砾反滤层 6.回填
			f	排水管	材料规格	m	按设计图所示,按不同孔径以长度计算	1.挖运土石方 2.铺垫层 3.安装排水管 4.接头处理 5.回填

图名	隧道工程工程量清单计量规则(4)	图号	6-2

隧道工程工程量清单计量规则(5)

续表

项	目	节	细目	项目名称	项目特征	计量单位	工程量计算规则	工程内容
			g	混凝土拦水块	1. 材料规格 2. 强度等级 3. 断面尺寸	m³	按设计图所示,按横断面尺寸乘长度以体积计算	1. 基础处理 2. 模板安装 3. 浇筑混凝土 4. 拆模养生
			h	防水混凝土	1. 材料规格 2. 配合比 3. 厚度 4. 强度等级		按设计图所示,以体积计算	1. 基础处理 2. 加防水剂拌和运输 3. 浇筑、养生
			i	黏土隔水层	1. 厚度 2. 压实度		按设计图所示,按压实后隔水层面积乘隔水层厚度以体积计算	1. 黏土挖运 2. 填筑、压实
			j	复合防水板	材料规格	m²	按设计图所示,以面积计算	1. 复合防水板铺设 2. 焊接、固定
			k	复合土工膜			按设计图所示,以净面积计算(不计入按规范要求的搭接卷边部分)	1. 平整场地 2. 铺设、搭接、固定

图名	隧道工程工程量清单计量规则(5)	图号	6-2

隧道工程工程量清单计量规则(6)

项目	目	节	细目	项目名称	项目特征	计量单位	工程量计算规则	工程内容
		3		洞口坡面防护				
			a	浆砌片石	1. 材料规格 2. 断面尺寸 3. 强度等级			1. 整修边坡 2. 挖槽 3. 铺垫层、铺筑滤水层、制作安装泄水孔 4. 砌筑、勾缝
			b	浆砌混凝土预制块	1. 断面尺寸 2. 强度等级	m³	按设计图所示,按体积计算	1. 整修边坡 2. 挖槽 3. 铺垫层、铺筑滤水层、制作安装泄水孔 4. 预制安装预制块
			c	现浇混凝土				1. 整修边坡 2. 浇筑混凝土 3. 养生
			d	喷射混凝土	1. 厚度 2. 强度等级			1. 整修边坡 2. 喷射混凝土 3. 养生

图名	隧道工程工程量清单计量规则(6)	图号	6-2

隧道工程工程量清单计量规则(7)

续表

项	目	节	细目	项目名称	项目特征	计量单位	工程量计算规则	工程内容
			e	锚杆	1. 材料规格 2. 抗拉强度	m	按设计图所示,按不同规格以长度计算	1. 钻孔、清孔 2. 锚杆制作安装 3. 注浆 4. 张拉 5. 抗拔力试验
			f	钢筋网	材料规格	kg	按设计图所示,以重量计算(不计入规定的搭接长度)	制作、挂网、搭接、锚固
			g	植草	1. 草籽种类 2. 养护期	m²	按设计图所示,按合同规定的成活率以面积计算	1. 修整边坡、铺设表土 2. 播草籽 3. 洒水覆盖 4. 养护
			h	土工格室草皮	1. 格室尺寸 2. 植草种类 3. 养护期			1. 挖槽、清底、找平、混凝土浇筑 2. 格室安装、铺种植土、播草籽、拍实 3. 清理、养护
			i	洞顶防落网	材料规格		按设计图所示,以面积计算	设置、安装、固定

图名	隧道工程工程量清单计量规则(7)	图号	6-2

隧道工程工程量清单计量规则(8)

项目	目	节	细目	项目名称	项目特征	计量单位	工程量计算规则	工程内容
			4	洞门建筑				
			a	浆砌片石	1. 材料规格 2. 断面尺寸 3. 强度等级	m³	按设计图所示,按体积计算	1. 挖基、基底处理 2. 砌筑、勾缝 3. 沉降缝、伸缩缝处理
			b	浆砌料(块)石				
			c	片石混凝土	1. 材料规格 2. 断面尺寸 3. 片石掺量 4. 强度等级			1. 挖基、基底处理 2. 拌和、运输、浇筑混凝土 3. 养生
			d	现浇混凝土	1. 材料规格 2. 断面尺寸 3. 强度等级			
			e	镶面	1. 材料规格 2. 强度等级 3. 厚度		按设计图所示,按不同材料以体积计算	1. 修补表面 2. 贴面 3. 抹平、养生

图名	隧道工程工程量清单计量规则(8)	图号	6-2

隧道工程工程量清单计量规则(9)

项目	目	节	细目	项目名称	项目特征	计量单位	工程量计算规则	工程内容
			f	光圆钢筋		kg	按设计图所示,各规格钢筋按有效长度(不计入规定的搭接长度)以重量计算	1. 制作、安装 2. 搭接
			g	带肋钢筋	1. 材料规格 2. 抗拉强度			
			h	锚杆		m	按设计图所示,按不同规格以长度计算	1. 钻孔、清孔 2. 锚杆制作安装 3. 注浆 4. 张拉 5. 抗拔力试验
		5		明洞衬砌				
			a	浆砌料(块)石	1. 材料规格 2. 断面尺寸 3. 强度等级	m³	按设计图所示,按体积计算	1. 挖基、基底处理 2. 砌筑、勾缝 3. 沉降缝、伸缩缝处理
			b	现浇混凝土				1. 浇注混凝土 2. 养生 3. 伸缩缝处理

图名	隧道工程工程量清单计量规则(9)	图号	6-2

隧道工程工程量清单计量规则(10)

项目	节	细目	项目名称	项目特征	计量单位	工程量计算规则	工程内容
		c	光圆钢筋	1. 材料规格 2. 抗拉强度	kg	按设计图所示,各规格钢筋按有效长度(不计入规定的搭接长度)以重量计算	1. 制作、安装 2. 搭接
		d	带肋钢筋				
	6		遮光棚(板)				
		a	现浇混凝土	1. 材料规格 2. 断面尺寸 3. 强度等级	m³	按设计图示,按体积计算	1. 浇注混凝土 2. 养生 3. 伸缩缝处理
		b	光圆钢筋	1. 材料规格 2. 抗拉强度	kg	按设计图所示,各规格钢筋按有效长度(不计入规定的搭接长度)以重量计算	1. 制作、安装 2. 搭接
		c	带肋钢筋				
	7		洞顶(边墙墙背)回填				
		a	回填土石方	1. 土壤类别 2. 压实度	m³	按设计图示,以体积计算	1. 挖运 2. 回填 3. 压实

隧道工程工程量清单计量规则(11)

项目	节	细目	组目	项目名称	项目特征	计量单位	工程量计算规则	工程内容
		8		洞外挡土墙				
			a	浆砌片石	1. 材料规格 2. 断面尺寸 3. 强度等级	m³	按设计图所示,以体积计算	1. 挖基、基底处理 2. 砌筑、勾缝 3. 铺筑滤水层、制作安装泄水孔、沉降缝处理 4. 抹灰压顶
	3			洞身开挖				第503节、第507节
		1		洞身开挖				
			a	挖土方	1. 围岩类别 2. 施工方法 3. 断面尺寸	m³	按设计图示所示,按横断面尺寸乘以长度以天然密实方计算	1. 防排水 2. 量测布点 3. 钻孔装药 4. 找顶 5. 出渣、修整 6. 施工观测
			b	挖石方	1. 围岩类别 2. 施工方法 3. 爆破要求 4. 断面尺寸			

图名	隧道工程工程量清单计量规则(11)	图号	6-2

隧道工程工程量清单计量规则(12)

项目	目	节	细目	项目名称	项目特征	计量单位	工程量计算规则	工程内容
			c	弃方超运	1. 土壤类别 2. 超运里程	m³·km	按设计图所示,弃土场地不足须增加弃土场或监理工程师批准变更弃土场导致弃方运距超过洞外200m,按超运弃方数量乘以超运里程计算	1. 弃方超运 2. 整修弃土场
		2		超前支护				
			a	注浆小导管	1. 材料规格 2. 强度等级			1. 下料制作、运输 2. 钻孔、钢管顶入 3. 预注早强水泥浆 4. 设置止浆塞
			b	超前锚杆	1. 材料规格 2. 抗拉强度	m	按设计图所示,以长度计算	1. 下料制作、运输 2. 钻孔 3. 安装锚杆
			c	自钻式锚杆				1. 钻入
			d	管棚	1. 材料规格 2. 强度等级			1. 下料制作、运输 2. 钻孔、清孔 3. 安装管棚 4. 注早强水泥砂浆.

图名	隧道工程工程量清单计量规则(12)	图号	6-2

隧道工程工程量清单计量规则(13)

项目	目	节	细目	项目名称	项目特征	计量单位	工程量计算规则	工程内容
			e	型钢	材料规格		按设计图所示,以重量计算	1. 设计制造、运输 2. 安装、焊接、维护
			f	光圆钢筋	1. 材料规格 2. 抗拉强度	kg	按设计图所示,各规格钢筋按有效长度(不计入规定的搭接长度)以重量计算	1. 制作、安装 2. 搭接
			g	带肋钢筋				
		3		喷锚支护				
			a	喷射钢纤维混凝土	1. 材料规格 2. 钢纤维掺配比例 3. 厚度 4. 强度等级	m³	按设计图所示,按喷射混凝土面积乘以厚度以立方米计算	1. 设喷射厚度标志 2. 喷射钢纤维混凝土 3. 回弹料回收 4. 养生
			b	喷射混凝土	1. 材料规格 2. 厚度 3. 强度等级			1. 设喷射厚度标志 2. 喷射混凝土 3. 回弹料回收 4. 养生

图名	隧道工程工程量清单计量规则(13)	图号	6-2

隧道工程工程量清单计量规则(14)

项目	目	节	细目	项目名称	项目特征	计量单位	工程量计算规则	工程内容
			c	注浆锚杆		m	按设计图所示,以长度计算	1. 钻孔 2. 加工安装锚杆 3. 注早强水泥浆
			d	砂浆锚杆	1. 材料规格 2. 强度等级			1. 钻孔 2. 设置早强水泥砂浆 3. 加工安装锚杆
			e	预应力注浆锚杆				1. 放样、钻孔 2. 加工、安装锚杆并锚固端部 3. 张拉预应力 4. 注早强水泥砂浆
			f	早强药包锚杆	1. 材料规格 2. 早强药包性能要求			1. 钻孔 2. 设制药包 3. 加工、安装锚杆
			g	钢筋网		kg	按设计图所示,以重量计算	1. 制作钢筋网 2. 布网、搭接、固定
			h	型钢	材料规格			1. 设计制造 2. 安装、固定、维护
			i	连接钢筋				1. 下料制作 2. 连接、焊接
			j	连接钢管				

图名	隧道工程工程量清单计量规则(14)	图号	6-2

隧道工程工程量清单计量规则(15)

项目	节	细目	项目名称	项目特征	计量单位	工程量计算规则	工程内容
		4	木材	材料规格	m³	按设计图所示,按平均横断面尺寸乘以长度以体积计算	1. 下料制作 2. 安装
	4		洞身衬砌				第 504 节、第 507 节
		1	洞身衬砌				
		a	砖墙	1. 材料规格 2. 断面尺寸 3. 强度等级	m³	按设计图示验收,以体积计算	1. 制备砖块 2. 砌砖墙、勾缝养生 3. 沉降缝、伸缩缝处理
		b	浆砌粗料石(块石)				1. 挖基、基底处理 2. 砌筑、勾缝 3. 沉降缝、伸缩缝处理
		c	现浇混凝土				1. 浇注混凝土 2. 养生 3. 沉降缝、伸缩缝处理

图名	隧道工程工程量清单计量规则(15)	图号	6-2

隧道工程工程量清单计量规则(16)

项	目	节	细目	项目名称	项目特征	计量单位	工程量计算规则	工程内容
			d	光圆钢筋	1. 材料规格 2. 抗拉强度	kg	按设计图所示,各规格钢筋按有效长度(不计入规定的搭接长度)以重量计算	1. 制作、安装 2. 搭接
			e	带肋钢筋				
		2		仰拱、铺底混凝土				
			a	仰拱混凝土	强度等级	m³	按设计图所示,以体积计算	1. 排除积水 2. 浇筑混凝土、养生 3. 沉降缝、伸缩缝处理
			b	铺底混凝土				
			c	仰拱填充料	材料规格			1. 清除杂物、排除积水 2. 填充、养生 3. 沉降缝、伸缩缝处理
		3		管沟				

图名	隧道工程工程量清单计量规则(16)	图号	6-2

隧道工程工程量清单计量规则(17)

项	目	节	细目	项目名称	项目特征	计量单位	工程量计算规则	工程内容
			a	现浇混凝土	1. 断面尺寸 2. 强度等级	m³	按设计图所示,以体积计算	1. 挖基 2. 现浇混凝土 3. 养生
			b	预制混凝土				1. 挖基、铺垫层 2. 预制安装混凝土预制块
			c	(钢筋)混凝土盖板				1. 预制安装(钢筋)混凝土盖板
			d	级配碎石	1. 材料规格 2. 级配要求			1. 运输 2. 铺设
			e	干砌片石	1. 材料规格			干砌
			f	铸铁管	材料规格	m	按设计图所示,以长度计算	安装
			g	镀锌钢管				
			h	铸铁盖板		套	按设计图所示,以套计算	
			i	无缝钢管				
			j	钢管		kg	按设计图所示,以重量计算	
			k	角钢				

图名	隧道工程工程量清单计量规则(17)	图号	6-2

隧道工程工程量清单计量规则(18)

项目	节	细目	项目名称	项目特征	计量单位	工程量计算规则	工程内容
		l	光圆钢筋	1. 材料规格 2. 抗拉强度	kg	按设计图所示,各规格钢筋按有效长度(不计入规定的搭接长度及吊勾)以重量计算	1. 制作、安装 2. 搭接
		m	带肋钢筋				
	4		洞门				
		a	消防室洞门				
		b	通道防火匝门				
		c	风机启动柜洞门				
		d	卷帘门	1. 材料规格 2. 结构型式	个	按设计图所示,以个计算	安装
		e	检修门				
		f	双制铁门				
		g	格栅门				
		h	铝合金骨架墙	1. 材料规格	m²	按设计图所示,以面积计算	加工、安装
		i	无机材料吸音板				

图名	隧道工程工程量清单计量规则(18)	图号	6−2

隧道工程工程量清单计量规则(19)

项目	节	细目	项目名称	项目特征	计量单位	工程量计算规则	工程内容
		5	洞内路面				
		a	水泥稳定碎石	1. 材料规格 2. 掺配量 3. 厚度 4. 强度等级		按设计图所示,以顶面面积计算	1. 清理下承层,洒水 2. 拌和、运输 3. 摊铺、整形 4. 碾压 5. 养护
		b	贫混凝土基层	1. 材料规格 2. 厚度 3. 强度等级			
		c	沥青封层	1. 材料规格 2. 厚度 3. 沥青用量	m²		1. 清理下承层 2. 拌和、运输 3. 摊铺、压实
		d	混凝土面层	1. 材料规格 2. 厚度 3. 配合比 4. 外掺剂 5. 强度等级		按设计图所示,以面积计算	1. 清理下承层,湿润 2. 拌和、运输 3. 摊铺、抹平 4. 压(刻)纹 5. 胀缝制作安装 6. 切缝、灌缝 7. 养生

图名	隧道工程工程量清单计量规则(19)	图号	6-2

隧道工程工程量清单计量规则(20)

项目	目	节	细目	项目名称	项目特征	计量单位	工程量计算规则	工程内容
			e	光圆钢筋	1. 材料规格 2. 抗拉强度	kg	按设计图所示,各规格钢筋按有效长度(不计入规定的搭接长度)以重量计算	1. 制作、安装 2. 搭接
			f	带肋钢筋				
		6		消防设施				
			a	阀门井	1. 材料规格 2. 断面尺寸	个	按设计图所示,以个计算	1. 阀门井施工养生 2. 阀门安装
			b	集水池	1. 材料规格 2. 强度等级 3. 结构型式	座	按设计图示,以座计算	1. 集水池施工养生 2. 防渗处理 3. 水路安装
			c	蓄水池				1. 蓄水池施工养生 2. 防渗处理 3. 水路安装
			d	取水泵房				1. 取水泵房施工 2. 水泵及管路安装 3. 配电施工
			e	滚水坝				1. 基础处理 2. 滚水坝施工 3. 养生

图名	隧道工程工程量清单计量规则(20)	图号	6-2

隧道工程工程量清单计量规则(21)

续表

项目	节	细目	项目名称	项目特征	计量单位	工程量计算规则	工程内容
5			防水与排水				第505节、第507节
	1		防水与排水				
		a	复合防水板		m²	按设计图所示,以面积计算	1. 基底处理 2. 铺设防水板 3. 接头处理 4. 防水试验
		b	复合土工防水层	材料规格			1. 基底处理 2. 铺设防水层 3. 搭接、固定
		c	止水带		m	按设计图所示,以长度计算	1. 安装止水带 2. 接头处理
		d	止水条				1. 安装止水条 2. 接头处理
		e	压注水泥-水玻璃浆液(暂定工程量)	1. 材料规格 2. 强度等级 3. 浆液配比	m³	按实际完成数量,以体积计算	1. 制备浆液 2. 压浆堵水
		f	压注水泥浆液(暂定工程量)				

			图名	隧道工程工程量清单计量规则(21)	图号	6-2

隧道工程工程量清单计量规则(22)

项	目	节	细目	项目名称	项目特征	计量单位	工程量计算规则	工程内容
			g	压浆钻孔(暂定工程量)	孔径孔深	m	按实际完成,以长度计算	钻孔
			h	排水管		m	按实际完成,以长度计算	安装
			i	镀锌铁皮	材料规格	m²	按设计图所示,以面积计算	1.基底处理 2.铺设镀锌铁皮 3.接头处理
	6			洞内防水涂料和装饰工程				第506节、第507节
		1		洞内防火涂料				
			a	喷涂防火涂料	1.材料规格 2.遍数	m²	按设计图所示,以面积计算	1.基层表面处理 2.拌料 3.喷涂防火涂料 4.养生
		2		洞内装饰工程				

图名	隧道工程工程量清单计量规则(22)	图号	6-2

隧道工程工程量清单计量规则(23)

项目	节	细目	项目名称	项目特征	计量单位	工程量计算规则	工程内容
		a	镶贴瓷砖	1. 材料规格 2. 强度等级	m²	按设计图所示,以面积计算	1. 混凝土墙表面的处理 2. 砂浆找平 3. 镶贴瓷砖
		b	喷涂混凝土专用漆	材料规格			1. 基层表面处理 2. 喷涂混凝土专用漆
8			监控量测				第507节、第508节
	1		监控量测				
		a	必测项目(项目名称)	1. 围岩类别 2. 检测手段、要求	总额	按规定以总额计算	1. 加工、采备、标定、埋设测量元件 2. 检测仪器采备、标定、安装、保护 3. 实施观测 4. 数据处理反馈应用
		b	选测项目(项目名称)				
9			特殊地质地段的施工与地质预报				第507节、第509节
	1		地质预报	1. 地质类别 2. 探测手段、方法	总额	按规定以总额计算	1. 加工、采备、标定、安装探测设备 2. 检测仪器采备、标定、安装、保护 3. 实施观测 4. 数据处理反馈应用

《技术规范》关于隧道工程工程量计量与支付的内容(1)

节次及节名	项 目	编 号	内 容
第502节 洞口与明 洞工程	范围	502.01	本节工作内容包括洞口土石方开挖、排水系统、洞门、明洞、坡面防护、挡墙以及洞口的辅助工程等的施工及其他有关作业。
	计量与支付	502.05	(1)计量 1)各项工程,应按图纸所示和监理人指示为依据,按照实际完成并经验收的工程数量,进行计量。 2)洞口路堑等开挖与明洞洞顶回填的土石方,不分土、石的种类,只区分为土方和石方,以立方米计量。 3)弃方运距在图纸规定的弃土场内为免费运距,弃土超出规定弃土场的距离时(比如图纸规定的弃土场地不足要另外增加弃土场,或经监理人同意变更的弃土场),其超出部分另计超运距运费,按立方米公里计量。若未经监理人同意,承包人自选弃土场时,则弃土运距不论远近,均为免费运距。 4)隧道洞门的端墙、翼墙、明洞衬砌及遮光栅(板)的混凝土(钢筋混凝土)或石砌圬工,以立方米计量,钢筋以千克(kg)计量。 5)截水沟(包括洞顶及端墙后截水沟)圬工以立方米计量。 6)防水材料(无纺布)铺设完毕经验收以平方米计量,与相邻防水材料搭接部分不另计量。 7)洞口坡面防护工程,按不同圬工类型分别汇总以立方米计量,锚杆及钢筋网分别以千克计量;种植草皮以平方米计量。 8)截水沟的土方开挖和砂砾垫层、隧道名牌以及模板、支架的制作安装和拆卸等均包括在相应工程中不单独计量。 9)泄水孔、砂浆勾缝、抹平等的处理,以及图纸示出而支付子目表中未列出的零星工程和材料,均包括在相应工程子目单价内,不另行计量。

图名	《技术规范》关于隧道工程工程量计量与支付的内容(1)	图号	6-3

《技术规范》关于隧道工程工程量计量与支付的内容(2)

节次及节名	项 目	编 号	内　　　　　容
第 502 节洞口与明洞工程	计量与支付	502.05	(2)支付 1)按上述规定计量,经监理人验收的列入工程量清单的以下支付子目的工程量,其每一计量单位将以合同单价支付。此项支付包括材料、劳力、设备、运输等及其为完成洞口及明洞工程所必需的费用,是对完成工程的全部偿付。 2)洞口土石方开挖与明洞洞顶回填各子目的合同单价,应以《技术规范》第 200 章同子目的单价为结算依据。 (3)支付子目

子目号	子目名称	单　位
502-1	洞口、明洞开挖	
-a	土方	m^3
-b	石方	m^3
-c	弃方超运	$m^3 \cdot km$
502-2	防水与排水	
-a	M···砂浆砌片石截水沟	m^3
-b	无纺布	m^2
	……	
502-3	洞口坡面防护	
-a	M···浆砌片石	m^3
-b	C···喷射混凝土	m^3
-c	种植草皮	m^2

图名	《技术规范》关于隧道工程工程量 计量与支付的内容(2)	图号	6－3

《技术规范》关于隧道工程工程量计量与支付的内容(3)

节次及节名	项 目	编 号	内 容		
第 502 节洞口与明洞工程	计量与支付	502.05	续表		
			子目号	子目名称	单 位
			-d	锚杆	kg
			-e	钢筋网	kg
			502-4	洞门建筑	
			-a	C···混凝土	m³
			-b	M···砂浆砌粗料石(块石)	m³
			-c	钢筋	kg
			502-5	明洞衬砌	
			-a	C···混凝土	m³
			-b	光圆钢筋(HPB235 级)	kg
			-c	带肋钢筋(HRB335)	kg
				……	
			502-6	遮光棚(板)	
			-a	C···混凝土	m³
			-b	光圆钢筋(HPB235 级)	kg
			-c	带肋钢筋(HRB335)	kg
				……	
			502-7	洞顶回填	
			-a	回填土石方	m³

图名	《技术规范》关于隧道工程工程量计量与支付的内容(3)	图号	6-3

《技术规范》关于隧道工程工程量计量与支付的内容(4)

节次及节名	项 目	编 号	内　　　容
第503节 洞身开挖	范围	503.01	本节工作内容包括洞身及行车、行人横洞以及辅助坑道的开挖、钻孔爆破、施工支护、装渣运输等有关作业。
	计量与 支付	503.10	(1)计量 1)洞内土石方开挖应符合图纸所示(包括紧急停车带、车行横洞、人行横洞以及监控、消防和供配电设施等的洞室)或监理人指示,按隧道内轮廓线加允许超挖值(设计给出的允许超挖值或《公路隧道施工技术规范》(JTG F60—2009)按不同围岩级别给出的允许超挖值)后计算土石方。另外,当采用复合衬砌时,除给出的允许超挖值外,还应考虑加上预留变形量。按上述要求计得的土石方工程量,不分围岩级别,以立方米计量。开挖土石方的弃渣,其弃渣距离在图纸规定的弃渣场内为免费运距;弃渣超出规定弃渣场的距离时(如图纸规定的弃渣场地不足要另外增加弃土场,或经监理人同意变更的弃渣场),其超出部分另计超运距运费,按立方米公里计量。若未经监理人同意,承包人自选弃渣场时,则弃渣运距不论远近,均为免费运距。 2)不论承包人出于任何原因而造成的超过允许范围的超挖,和由于超挖所引起增加的工程量,均不予计量。 3)支护的喷射混凝土按验收的受喷面积乘以厚度,以立方米计量,钢筋以千克(kg)计量。喷射混凝土其回弹率、钢纤维以及喷射前基面的清理工作均包含在工程子目单价之内,不另行计量。 4)洞身超前支护所需的材料,按图纸所示或监理人指示并经验收的各种规格的超前锚杆或小钢管、管棚、注浆小导管、锚杆以米计量;各种型钢以千克(kg)计量;连接钢板、螺栓、螺帽、拉杆、垫圈等作为钢支护的附属构件,不另行计量;木材以立方米计量。 5)隧道开挖的钻孔爆破、弃渣的装渣作业均为土石方开挖工程的附属工作,不另行计量。 6)隧道开挖过程,洞内采取的施工防排水措施,其工作量应含在开挖土石方工程的报价之中。 (2)支付 按上述规定计量,经监理人验收并列入了工程量清单的以下支付子目的工程量,其每一计量单位将以合同单价支付。此项支付包括材料、劳力、设备、运输及其他为完成洞身开挖工程所必需的费用,是对完成工程的全部偿付。

图名	《技术规范》关于隧道工程工程量 计量与支付的内容(4)	图号	6-3

《技术规范》关于隧道工程工程量计量与支付的内容(5)

节次及节名	项 目	编 号	内　　　容		
第503节 洞身开挖	计量与 支付	503.10	(3)支付子目		
			子目号	子目名称	单　位
			503-1	洞身开挖	
			-a	土方	m³
			-b	石方	m³
			-c	弃方超运	m³·km
			503-2	超前支护	
			-a	锚杆(规格)	m
			-b	小钢筋(规格)	m
			-c	管棚(规格)	m
			-d	注浆小导管(规格)	m
			-e	型钢(规格型号)	kg
				……	
			503-3	初期支护	
			-a	C…喷射钢纤维混凝土	m³
			-b	C…喷射混凝土	m³
			-c	注浆锚杆(规格)	m
			-d	锚杆(规格)	m
			-e	钢筋网	kg
			503-4	木材	m³

图名	《技术规范》关于隧道工程工程量 计量与支付的内容(5)	图号	6-3

《技术规范》关于隧道工程工程量计量与支付的内容(6)

节次及节名	项　目	编　号	内　　　　容
第504节 洞身衬砌	范围	504.01	本节工作内容包括隧道洞身衬砌、模板与支架、防水层和洞内附属工程等以及有关工程的施工作业。
	计量与支付	504.08	(1)计量 1)洞身衬砌的拱部(含边墙),按实际完成并经验收的工程量,分不同级别水泥混凝土和圬工,以立方米计量。洞内衬砌用钢筋,按图纸所示以千克(kg)计量。 2)任何情况下,衬砌厚度超出图纸规定轮廓线的部分,均不予计量。 3)允许个别欠挖的侵入衬砌厚度的岩石体积,计算衬砌数量时不予扣除。 4)仰拱、铺底混凝土,应按图纸施工,以立方米计量。 5)预制或就地浇筑混凝土边沟及电缆沟,按实际完成并经验收后的工程量,以立方米计量。 6)洞内混凝土路面工程经验收合格以平方米计量。 7)各类洞门按图纸要求,经验收合格以个计量。其中材料采备、加工制作、安装等均不另行计量。 8)施工缝及沉降缝按图纸规定施工,其工作量含在相关工程子目之中,不另行计量。 (2)支付 按上述规定计量,经监理人验收并列入了工程量清单的以下支付子目的工程量,每一计量单位,将以合同单价支付。此项支付包括材料、劳力、设备、机具等及其他为完成隧道衬砌工程所必需的费用,是对完成工程的全部偿付。

图名	《技术规范》关于隧道工程工程量 计量与支付的内容(6)	图号	6－3

《技术规范》关于隧道工程工程量计量与支付的内容(7)

节次及节名	项 目	编 号	内　　　容			
第504节 洞身衬砌	计量与 支付	504.08	(3)支付子目			
			子目号	子目名称	单 位	
			504-1	洞身衬砌		
			-a	C…混凝土	m³	
			-b	C…防水混凝土	m³	
			-c	M…砂浆砌粗料石(块石)	m³	
			-d	光圆钢筋(HPB235)	kg	
			-e	带肋钢筋(HRB335)	kg	
			504-2	C…仰拱、铺底混凝土	m³	
			504-3	C…边沟、电缆沟混凝土	m³	
			504-4	洞室门(规格)	个	
			504-5	洞内路面		
			-a	C…混凝土(厚…mm)	m²	
			-a	光圆钢筋(HPB235)	kg	
			-c	带肋钢筋(HRB335)	kg	

图名	《技术规范》关于隧道工程工程量 计量与支付的内容(7)	图号	6-3

《技术规范》关于隧道工程工程量计量与支付的内容(8)

节次及节名	项　目	编　号	内　　　容
第 505 节 防水与排水	范围	505.01	本节工作内容包括隧道施工中的洞内外临时防水与排水和洞内永久防水、排水工程以及防水层施工等的有关作业。
	计量与 支付	505.06	(1)计量 1)洞内排水用的排水管按不同类型、规格以米计量。 2)压浆堵水按所用原材料(如水泥浆液、水泥水玻璃浆液)以吨(t)计量。压浆钻孔以米计。 3)防水层按所用材料(防水板、无纱布等)以平方米计量;止水带、止水条以米计量。 4)为完成上述项目工程加工安装所有工料、机具等均不另行计量。 5)隧道洞身开挖时,洞内外的临时防排水工程应作为洞身开挖的附属工作,不另行支付。为此,第 503 节支付子目的土方及石方工程报价时,应考虑本节支付子目外的其他施工时采取的防排水措施的工作量。 (2)支付 按上述规定计量,经监理人验收并列入了工程量清单的以下支付子目的工程量,其每一计量单位将以合同单价支付。此项支付包括材料、劳力、设备、运输等及其他为完成防排水工程所必需的费用,是对完成工程的全部偿付。 (3)支付子目

子目号	子目名称	单　位
505-1	防水与排水	
-a	防水板	m²
-b	无纱布	m²
-c	止水带	m
-d	止水条	m
-e	压注水泥—水玻璃浆液	t
-f	压注水泥浆液	t
-g	压浆钻孔	m
-h	排水管(φ…mm)	m
……		

图名	《技术规范》关于隧道工程工程量 计量与支付的内容(8)	图号	6-3

《技术规范》关于隧道工程工程量计量与支付的内容(9)

节次及节名	项　目	编　号	内　　　　容
第 506 节洞内防火涂料和装饰工程	范围	506.01	本节工作内容包括隧道的洞内防火涂料及装饰工程(镶贴瓷砖)施工,以及喷涂混凝土专用漆等有关工程的施工作业。
	计量与支付	506.05	(1)计量 本节完成的各项工程,应根据图纸要求,按实际完成并经监理人验收的数量,分别按以下的工程子目进行计量: 1)喷涂防火涂料 喷涂的面积,以平方米为单位计量。其工作内容包括材料的采备、供应、运输、支架、脚手架的制作安装和拆除,基层表面处理,防火涂料喷涂后的养生,施工的照明、通风等一切与此有关的作业。 2)镶贴瓷砖 镶贴瓷砖的面积,以平方米为单位计量。其工作内容包括材料的采备、供应、运输,混凝土边墙表面的处理,砂浆找平,施工的照明、通风等一切与此有关的作业。找平用的砂浆不另行计量。 3)喷涂混凝土专用漆 喷涂混凝土专用漆的面积,以平方米为单位计量。其工作内容包括材料的采备、供应、运输,基层处理,施工的照明、通风等一切与此有关的作业。 (2)支付 按上述规定计量,经监理人验收的列入工程量清单的以下支付子目的工程量,其每一计量单位将以合同单价支付。此项支付包括材料、劳力、设备、试验、运输等及其他为完成洞内防火涂料和装饰工程所必需的费用,是对完成工程的全部偿付。 (3)支付子目

子 目 号	子 目 名 称	单　　位
506-1	洞内防火涂料	
-a	喷涂防火涂料	m^2
506-2	洞内装饰工程	
-a	镶贴瓷砖	m^2
-b	喷涂混凝土专用漆	m^2

图名	《技术规范》关于隧道工程工程量 计量与支付的内容(9)	图号	6-3

《技术规范》关于隧道工程工程量计量与支付的内容(10)

节次及节名	项 目	编 号	内　　　　容
第 507 节 风水电作业 及通风防	范围	507.01	本节工作内容包括隧道施工中的供风、供水、供电、照明以及施工中的通风、防尘等作业。
	计量与 支付	507.04	风水电作业及通风防尘为隧道施工的不可缺少的附属工作,其工作量均含在本章各节有关支付子目的报价中,不予另行计量。

第 508 节 监控量测 — 计量与支付 — 508.02

(1)监控量测是隧道安全施工必须采取的措施,监控量测除必测项目外,应根据具体情况确定选测项目,分别以总额报价及支付。

(2)支付子目

子目号	子目名称	单　　位
508-1	监控量测	
-a	必测项目(项目名称)	总额
-b	选测项目(项目名称)	总额

第 509 节 特殊地质地 段的施工与 地质预报

项 目	编 号	内容
范围	509.01	本节内容为隧道施工中常遇到的几种特殊地质地段,在这些地段中施工的有关作业以及地质预报有关事项。

计量与支付 — 509.05

(1)隧道施工中遇到特殊地质地段时承包人应采取的有关施工措施,不另行计量与支付。地质预报其采用的方法手段应根据具体情况选用,以总额报价及支付。

(2)支付子目

子目号	子目名称	单　　位
509-1	地质预报(探测手段)	总额

图名	《技术规范》关于隧道工程工程量 计量与支付的内容(10)	图号	6-3

《技术规范》关于隧道工程工程量计量与支付的内容(11)

节次及节名	项 目	编 号	内 容
第510节洞内机电设施预埋件和消防设施	范围	510.01	本节工作内容为洞内机电设施预埋件的埋置及消防设施土建部分的施工作业等。
	计量与支付	510.04	(1)计量 1)机电设施预埋件按图纸要求施工完毕,经监理人分别按其所属设施验收合格以千克(kg)为单位计量。 2)供水钢管、铸铁管按图纸要求敷设完毕,经监理人验收合格以米为单位计量。其工作内容包括焊接、法兰连接、防腐处理、开挖(回填)沟槽所需的人工和材料等,不另行计量。 3)消防洞室防火门制作安装经验收合格以套为单位计量。 4)集水池、蓄水池、泵房等按图纸要求施工完毕,经监理人验收合格分别以座为单位计量;消防设施的其他混凝土、砖石圬工工程以立方米为单位计量。 5)消防系统中未列入清单中的附属设施其工作量含在相关子目中,不另计量。 (2)支付 按上述规定计量,经监理人验收的列入工程量清单的以下支付子目的工程量,其每一计量单位将以合同单价支付。此项支付包括材料、劳力、设备、运输等及其他为完成工程所必需的费用,是对完成工程的全部偿付。

图名	《技术规范》关于隧道工程工程量 计量与支付的内容(11)	图号 6-3

《技术规范》关于隧道工程工程量计量与支付的内容(12)

节次及节名	项 目	编 号	内　　容		
第 510 节洞内机电设施预埋件和消防设施	计量与支付	510.04	(3)支付子目		

子目号	子目名称	单　位
510-1	预埋件	
-a	通风设施预埋件	kg
-b	通信设施预埋件	kg
-c	照明设施预埋件	kg
-d	监控设施预埋件	kg
-e	供配电设施预埋件	kg
	……	
510-2	消防设施	
-a	供水钢管(铸铁管)($\phi\cdots$mm)	m
-b	消防洞室防火门	套
-c	集水池	座
-d	蓄水池	座
-e	泵房	座
	……	

图名	《技术规范》关于隧道工程工程量计量与支付的内容(12)	图号	6－3

公路工程概算定额隧道工程部分的应用(1)

序号	项目	内 容
1	定额说明	(1)隧道工程定额包括开挖、支护、防排水、衬砌、装饰、照明、通风及消防设施、洞门及辅助坑道等项目。 (2)定额按现行隧道设计、施工技术规范将围岩分为六级即Ⅰ级~Ⅵ级。 (3)定额中混凝土工程均未考虑拌合费用,应按桥涵工程相关定额另行计算。 (4)开挖定额中已综合考虑超挖及预留变形因素。 (5)洞内出渣运输定额已综合洞门外500m运距,当洞门外运距超过此运距时,可按照路基工程自卸汽车运输土石方的增运定额增计增运部分的费用。 (6)定额中均未包括混凝土及预制块的运输,需要时应按有关定额另行计算。 (7)定额中未包括地震、坍塌、溶洞及大量地下水处理以及其他特殊情况所需的费用,需要时可根据设计另行计算。 (8)定额中未考虑施工时所需进行的监控量测以及超前地质预报的费用,监控量测的费用已在《公路工程基本建设项目概算预算编制办法》的施工辅助费中综合考虑,使用定额时不得另行计算,超前地质预报的费用可根据需要另行计算。 (9)隧道工程项目采用其他章节定额的规定: 1)洞门挖基、仰坡及天沟开挖、明洞明挖土石方等,应使用其他章节有关定额计算。 2)洞内工程项目如需采用其他章节的有关项目时,所采用定额的人工工日、机械台班数量及小型机具使用费应乘1.26的系数。

图名	公路工程概算定额隧道工程部分的应用(1)	图号	6-4

公路工程概算定额隧道工程部分的应用(2)

序号	项 目	内　　　容
2	应用举例	【例】　某隧道工程,采用机械开挖,轻轨斗车运输。隧道围岩级别为Ⅲ级,石方量为7000m³,工作面距洞口长度为1200m,试确定概算定额下的工、料、机消耗量。 解:查概算定额 3 − 1 − 2,则 人工:123.6 × 7000 ÷ 100 = 8652 工日 原木:0.297 × 7000 ÷ 100 = 20.79m³ 锯材:0.053 × 7000 ÷ 100 = 3.71m³ 钢管:0.013 × 7000 ÷ 100 = 0.91t 空心钢钎:10.0 × 7000 ÷ 100 = 700kg 电:132 × 7000 ÷ 100 = 9240kW·h 铁件:2.2 × 7000 ÷ 100 = 154kg 铁钉:0.1 × 7000 ÷ 100 = 7kg 硝铵炸药:85.8 × 7000 ÷ 100 = 6006kg 导火线:179 × 7000 ÷ 100 = 12530kg 普通雷管:121 × 7000 ÷ 100 = 8470kg 水:72 × 7000 ÷ 100 = 5040kg 其他材料费:202.8 × 7000 ÷ 100 = 14196 元 φ100 电动多级水泵:1.81 × 7000 ÷ 100 = 126.7 台班 90m³/min 以内机动压机:3.30 × 7000 ÷ 100 = 231 台班 30kW 以内轴流式通风机:2.56 × 7000 ÷ 100 = 179.2 台班 小型机具使用费:209.8 × 7000 ÷ 100 = 14686 台班

图名	公路工程概算定额隧道工程 部分的应用(2)	图号	6 − 4

公路工程预算定额隧道工程部分的应用(1)

序号	项 目	内 容
1	定额说明	(1)隧道工程定额包括开挖、支护、防排水、衬砌、装饰、照明、通风及消防设施、洞门及辅助坑道等项目。 (2)定额按现行隧道设计、施工技术规范将围岩分为六级,即Ⅰ级～Ⅵ级。 (3)定额中混凝土工程均未考虑拌合的费用,应按桥涵工程相关定额另行计算。 (4)开挖定额中已综合考虑超挖及预留变形因素。 (5)洞内出渣运输定额已综合洞门外500m运距,当洞门外运距超过此运距时,可按照路基工程自卸汽车运输土石方的增运定额加计增运部分的费用。 (6)定额中均未包括混凝土及预制块的运输,需要时应按有关定额另行计算。 (7)定额未考虑地震、坍塌、溶洞及大量地下水处理,以及其他特殊情况所需的费用,需要时可根据设计另行计算。 (8)定额未考虑施工时所需进行的监控量测以及超前地质预报的费用,监控量测的费用已在《公路工程基本建设项目概算预算编制办法》(JTG B06—2007)的施工辅助费中综合考虑,使用定额时不得另行计算,超前地质预报的费用可根据需要另行计算。 (9)隧道工程项目采用其他章节定额的规定: 1)洞门挖基、仰坡及天沟开挖、明洞明挖土石方等,应使用其他章节有关定额计算。 2)洞内工程项目如需采用其他章节的有关项目时,所采用定额的人工工日、机械台班数量及小型机具使用费,应乘1.26的系数。

	图名	公路工程预算定额隧道工程 部分的应用(1)	图号	6－5

公路工程预算定额隧道工程部分的应用(2)

序号	项 目	内 容
2	应用举例	【例】 某土质隧道内路面基层采用15cm翻拌法石灰土(石灰含量10%),人工沿路拌合,数量为85000m²,试确定其工、料、机消耗量。 解:预算定额第三章"隧道工程"中无洞内路面的相关定额,章说明规定:"洞内工程如需采用其他章节的有关项目时,所采用定额的人工工日、机械台班数量及小型机具使用费应乘以1.26系数",此时洞内的路面工程可以按此办理。 查预算定额2-1-3,由此可得 人工:$148.7 \times 85000/1000 \times 1.26 = 15925.77$ 工日 水:$49 \times 85000/1000 = 4165 m^3$ 生石灰:$24.046 \times 85000/1000 = 2043.91 t$ 土:$195.80 \times 85000/1000 = 16643 m^3$ 6~8t光轮压路机:$0.27 \times 85000/1000 \times 1.26 = 28.92$ 台班 12~15t光轮压路机:$1.27 \times 85000/1000 \times 1.26 = 136.02$ 台班

图名	公路工程预算定额隧道工程部分的应用(2)	图号	6-5

7 安全设施及预埋管线工程工程量清单计价

交通工程安全设施图识读(1)

序号	项 目	内　　　容
1	交通标线绘制一般规定	(1)交通标线应采用线宽为 1~2mm 的虚线或实线表示。 (2)车行道中心线的绘制应符合下列规定,其中 *l* 值可按制图比例取用。中心虚线应采用粗虚线绘制;中心单实线应采用粗实线绘制;中心双实线应采用两条平行的粗实线绘制,两线间净距为 1.5 ~ 2mm;中心虚、实线应采用一条粗实线和一条粗虚线绘制,两线间净距为 1.5 ~ 2mm(图 1)。 (3)车行道分界线应采用粗虚线表示(图 2)。 (4)车行道边缘线应采用粗实线表示。 (5)停止线应起于车行道中心线,止于路缘石边线(图 3)。

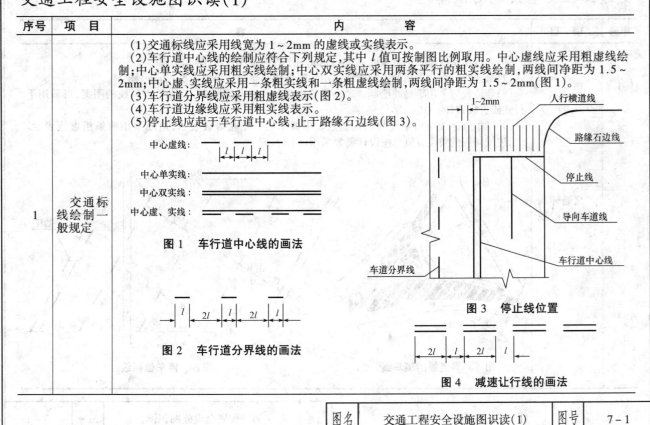

中心虚线:

图 1　车行道中心线的画法

图 2　车行道分界线的画法

图 3　停止线位置

图 4　减速让行线的画法

图名	交通工程安全设施图识读(1)	图号	7-1

交通工程安全设施图识读(2)

序号	项 目	内 容
1	交通标线绘制一般规定	(6)人行横道线应采用数条间隔 1~2mm 的平行细实线表示(图3)。 (7)减速让行线应采用两条粗虚线表示。粗虚线间净距宜采用 1.5~2mm(图4)。 (8)导流线应采用斑马线绘制。斑马线的线宽及间距宜采用 2~4mm。斑马线的图案,可采用平行式或折线式(图5)。 (9)停车位标线应由中线与边线组成。中线采用一条粗虚线表示,边线采用两条粗虚线表示。中、边线倾斜的角度 α 值可按设计需要采用(图6)。 图 5 导流线的斑马线　　　　　　图 6 停车位标线

图名	交通工程安全设施图识读(2)	图号	7-1

交通工程安全设施图识读(3)

序号	项 目	内　　　　容
1	交通标线绘制一般规定	(10)出口标线应采用指向匝道的黑粗双边箭头表示(图 7a)。入口标线应采用指向主干道的黑粗双边箭头表示(图 7b)。斑马线拐角尖的方向应与双边箭头的方向相反。 中央分隔带 边缘线　　　a　a　驶出匝道 (a) 中央分隔带　　　边缘线 驶入匝道　　　a　a (b) **图 7　匝道出口、入口标线** (11)港式停靠站标线应由数条斑马线组成(图 8)。 中央分隔带　　　斑马线 公路客车站台　a　a **图 8　港式停靠站**

图名	交通工程安全设施图识读(3)	图号	7-1

交通工程安全设施图识读(4)

序号	项 目	内 容
1	交通标线绘制一般规定	(12)车流向标线应采用黑粗双边箭头表示(图9)。 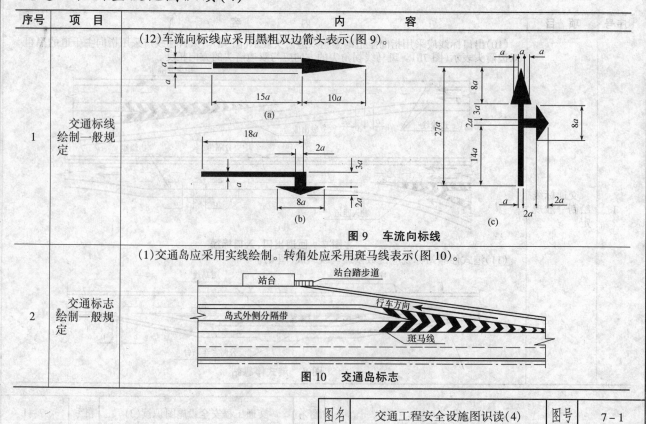 图9　车流向标线
2	交通标志绘制一般规定	(1)交通岛应采用实线绘制。转角处应采用斑马线表示(图10)。 图10　交通岛标志

图名	交通工程安全设施图识读(4)	图号	7-1

交通工程安全设施图识读(5)

序号	项 目	内 容
2	交通标志绘制一般规定	(2)在路线或交叉口平面图中应示出交通标志的位置。标志宜采用细实线绘制。标志的图号、图名,应采用现行的国家标准《道路交通标志和标线》规定的图号、图名。标志的尺寸及画法应符合表1的规定。

标志示意图的形式及尺寸　　　　　　　　表1

规格种类	形式与尺寸(mm)	画 法
警告标志	(图号)　(图名)　　15~20	等边三角形采用细实线绘制,顶角向上
禁令标志	(图号)　(图名)　45°　15~20	圆采用细实线绘制,圆内斜线采用粗实线绘制

图名	交通工程安全设施图识读(5)	图号	7-1

交通工程安全设施图识读(6)

序号	项 目	内 容

续表

规格种类	形式与尺寸(mm)	画 法
指示标志	(图号) (图名) 15~20	圆采用细实线绘制
指路标志	(图名) (图号) 25~50 ｜ 9 9	矩形框采用细实线绘制
高速公路指路标志	××高速 (图名) (图号) a ｜ $a/3$ $a/3$ $a/3$ a	正方形外框采用细实线绘制,边长为 30 ~ 50mm。方形内的粗、细实线间距为1mm

序号 2　项目：交通标志绘制一般规定

图名	交通工程安全设施图识读(6)	图号	7-1

交通工程安全设施图识读(7)

序号	项　目	内　　　容

续表

规格种类	形式与尺寸(mm)	画　法
辅助标志	(图名) (图号) 30~50	长边采用粗实线绘制,短边采用细实线绘制

2　交通标志绘制一般规定

3　交通工程平面布置图与横断面布置图识读

　　平面布置图是在路线平面图上重点示出了安全、监控、收费、通信、服务等各类设施的布置位置、数量、形式等;横断面布置图则是在路基标准横断面图上示出了护栏、防眩板(网或树)、通信管道(电缆沟或槽)、标志、植树、隔离栅等的布置位置。对该类图的阅读和熟悉,重点在于掌握各种设施布置的位置、数量和形式。

4　安全设施图识读

　　安全设施图、表包括:
　　(1)安全设施一览表。在该表中,列出了安全设施的名称、编号、规格型号、布置位置、桩号、数量(或长度)等,在表中有汇总,列出了各种安全设施的总数量。
　　(2)标志一览表。在标志一览表中,列出了标志名称、编号、布置位置、桩号、板面图式、尺寸及编号(图标编号)、反光要求、支撑结构形式、数量等。
　　(3)安全设施材料数量表。在该表中,按各种安全设施分别列出了序号、名称、规格型号、单位质量、材料数量等。该表中的数据是安全设施造价编制的重要依据,其数据应对照各设计图予以核定。

图名	交通工程安全设施图识读(7)	图号	7-1

交通工程安全设施图识读(8)

序号	项 目	内 容
4	安全设施 图识读	(4)护栏设计图。在该图中分别绘出了路侧护栏、中央分隔带护栏的结构设计图和护栏端部、过渡段、防撞垫、活动护栏、混凝土基础等设计图;并列出了单位材料数量表。 (5)防眩设计图。在该图中,示出了防眩设施的结构设计图和各部件设计图;并列出了单位材料数量表。 (6)隔离栅设计图。该图中绘出了隔离栅的结构图,斜坡路段、端部及拐角结构处理图,跨沟渠、通道、桥梁、互通式立体交叉等围封处理图和开口处大门设计图;并列出有单位材料数量表。 (7)桥上防护网设计图。在该图中绘出了桥上的防护网的结构图和各部件设计图;并列出了单位材料数量表。 (8)混凝土护柱设计图与导流块设计图。若设置有混凝土护柱或车流的混凝土导流设施,则在该图中示出了混凝土护柱或混凝土导流块的结构、尺寸、所用材料、工程数量等。 (9)里程碑、百米桩、公路界碑设计图。在该图中示出了里程碑、百米桩、公路界碑的规格、尺寸、所用材料、数量等。 (10)标志结构设计图。在该图中,按不同类型分别绘出了结构设计图、连接件及锚固大样图、基础结构及配筋图、板面布置图等;并列出了单位材料数量表。 (11)标线设计图。在该图中分别绘出了标准路段标线设计大样图及出入口标线、导流标线、收费广场标线、平交路口渠化标线、车行道宽度渐变段标线、导向箭头、路面文字标记、立面标记、突起路标等的设计图;并列出了单位材料数量表。 (12)视线诱导标结构设计图。在该图中,示出了视线诱导标结构组成、尺寸、所用材料等;并列出了单位材料数量表。 (13)安全设施布置图。在该图中绘出了各互通式立体交叉区域、服务区、收费广场以及公路交通条件比较复杂、安全设施相对集中路段的布置图。 在该部分图表的阅读和熟悉中,应读懂和弄清设施的布置情况、结构组成情况、所用材料、施工方法、工程量或材料数量等与造价编制有关的技术、经济方面的内容和指标;要对照工程数量表和结构图阅读和理解。

图名	交通工程安全设施图识读(8)	图号	7-1

安全设施及预埋管线工程工程量清单计量规则(1)

(1)安全设施及预埋管线工程内容包括护栏、隔离设施、道路交通标志、道路诱导设施、防眩设施、通信管道及电力管道、预埋(预留)基础、收费设施和地下通道工程。

(2)有关问题的说明及提示:

1)护栏的地基填筑、垫层材料、砌筑砂浆、嵌缝材料、油漆以及混凝土中的钢筋、钢缆索护栏的封头混凝土等均不另行计量。

2)隔离设施工程所需的清场、挖根、土地平整和设置地线等工程均为安装工程的附属工作,不另行计量。

3)交通标志工程所有支承结构、底座、硬件和为完成组装而需要的附件,均不另行计量。

4)道路诱导设施中路面标线玻璃珠包含在涂敷面积内,附着式轮廓标的后底座、支架连接件,均不另行计量。

5)防眩设施所需的预埋件、连接件、立柱基础混凝土及钢构件的焊接,均作为附属工作,不另行计量。

6)管线预埋工程的挖基及回填、压实及接地系统、所有封缝料和牵引线及拉棒检验等作为相关工程的附属工作,不另行计量。

7)收费设施及地下通道工程:

①挖基、挖槽及回填、压实等作为相关工程的附属工作,不另行计量。

②收费设施的预埋件为各相关工程项目的附属工作,不另行计量。

③凡未列入计量项目的零星工程,均含在相关工程项目内,不另行计量。

| 图名 | 安全设施及预埋管线工程工程量
清单计量规则(1) | 图号 | 7-2 |

安全设施及预埋管线工程工程量清单计量规则(2)

工程量清单计量规则

项目	节	细目	项目名称	项目特征	计量单位	工程量计算规则	工程内容
六			安全设施及预埋管线工程				第600章
	2		护栏工程				第602节
		1	浆砌片石护栏	1. 材料规格 2. 断面尺寸 3. 强度等级	m^3	按设计图所示,以体积计算	1. 挖基 2. 基底填筑、铺垫层 3. 浆砌片石、养生
		2	混凝土护栏	1. 材料规格 2. 断面尺寸 3. 强度等级	m	按设计图所示,沿栏杆面(不包括起终端段)量测以长度(含立柱)计算	1. 挖基 2. 基底填筑、铺垫层 3. 预制安装或现浇 4. 涂装
		3	单面波形梁钢护栏			按图纸和监理工程师指示验收,以长度计算	安装
		4	双面波形梁钢护栏				
		5	活动式钢护栏				
		6	波形梁钢护栏起、终端头				

图名	安全设施及预埋管线工程工程量清单计量规则(2)	图号	7-2

安全设施及预埋管线工程工程量清单计量规则(3)

项目	节	细目	项目名称	项目特征	计量单位	工程量计算规则	工程内容
		a	分设型圆头式	材料规格	个	按设计图所示,以累计数量计算	安装
		b	分设型地锚式				
		c	组合型圆头式				
	7		钢缆索护栏	材料规格	m	按设计图所示,以长度(含立柱)计算	安装
	8		混凝土基础	1. 断面尺寸 2. 强度等级	m^3	按设计图所示,以体积计算	1. 挖基 2. 钢筋制作,安装 3. 混凝土浇筑、养护
3			隔离设施				第603节
	1		铁丝编织网隔离栅	材料规格	m	按设计图所示,从端部外侧沿隔离栅中部丈量,以长度计算	1. 开挖土方 2. 浇筑基础 3. 安装隔离栅(含金属立柱、斜撑、紧固件等)
	2		刺铁丝隔离栅				
	3		钢板网隔离栅				
	4		电焊网隔离栅				
	5		桥上防护网	材料规格	m	按设计图所示,以长度计算	安装防护网(含网片的支架、预埋件、紧固件等)

图名	安全设施及预埋管线工程工程量 清单计量规则(3)	图号	7-2

安全设施及预埋管线工程工程量清单计量规则(4)

续表

项目	节	细目	项目名称	项目特征	计量单位	工程量计算规则	工程内容
	6		钢筋混凝土立柱	1. 材料规格 2. 强度等级	根	按设计图所示,以数量计算	1. 挖基 2. 现浇或预制安装(含钢筋及立柱斜撑)
	7		钢立柱	材料规格			安装(含钢筋及立柱斜撑)
	8		隔离墙工程				
		a	水泥混凝土隔离墙	1. 材料规格 2. 断面尺寸 3. 强度等级	m	按设计图所示,从端部外侧沿隔离栅中部丈量,以长度计算	1. 基础施工 2. 砌筑或预制安装隔离墙
		b	砖砌隔离墙				
4			道路交通标志工程				第604节
	1		单柱式交通标志				
	2		双柱式交通标志				
	3		三柱式交通标志	材料规格	个	按设计图所示,按不同规格以累计数量计算	1. 基础开挖 2. 混凝土浇筑 3. 安装(包括立柱和门架)
	4		门架式交通标志				
	5		单悬臂式交通标志				
	6		双悬臂式交通标志				
	7		悬挂式交通标志				

图名	安全设施及预埋管线工程工程量 清单计量规则(4)	图号	7-2

安全设施及预埋管线工程工程量清单计量规则(5)

项目	节	细目	项目名称	项目特征	计量单位	工程量计算规则	工程内容
	8		里程碑	材料规格	个	按设计图所示,以累计数量计算	1.基础开挖 2.预制、安装
	9		公路界碑				
	10		百米桩				
	11		示警桩		根		1.基础开挖 2.预制、安装 3.油漆
	5		道路标线				第605节
		1	热熔型涂料路面标线				
		a	1号标线	1.材料规格 2.形式	m²	按设计图纸所示,按涂敷厚度,以实际面积计算	1.路面清洗 2.喷洒下涂剂 3.标线
		b	2号标线				
		2	溶剂常温涂料路面标线				

图名	安全设施及预埋管线工程工程量 清单计量规则(5)	图号	7-2

安全设施及预埋管线工程工程量清单计量规则(6)

项目	节	细目	项目名称	项目特征	计量单位	工程量计算规则	工程内容
		a	1号标线	1. 材料规格 2. 形式	m²	按设计图纸所示,按涂敷厚度,以实际面积计算	1. 路面清洗 2. 喷洒下涂剂 3. 标线
		b	2号标线				
	3		溶剂加热涂料路面标线				
		a	1号标线	1. 材料规格 2. 形式	m²	按设计图纸所示,按涂敷厚度,以实际面积计算	1. 路面清洗 2. 喷洒下涂剂 3. 标线
		b	2号标线				
	4		突起路标	材料规格	个	按设计图所示,以累计数量计算	安装
	5		轮廓标				
		a	柱式轮廓标	1. 材料规格 2. 涂料品种 3. 式样	个	按设计图所示,以累计数量计算	1. 挖基 2. 安装
		b	附着式轮廓标				安装
	6		立面标记	材料规格	处		

图名	安全设施及预埋管线工程工程量 清单计量规则(6)	图号	7-2

安全设施及预埋管线工程工程量清单计量规则(7)

续表

项目	目	节	细目	项目名称	项目特征	计量单位	工程量计算规则	工程内容
6				防眩设施				第606节
		1		防眩板	1. 材料规格 2. 间隔高度	m	按设计图所示,沿路线中线量测以累计长度计算	安装
		2		防眩网				
7				管线预埋工程				第607节
		1		人(手)孔	1. 断面尺寸 2. 强度等级	个	按设计图所示,按不同断面尺寸,以累计数量计算	1. 开挖、清理 2. 人(手)孔浇制
		2		紧急电话平台				1. 开挖、清理 2. 平台浇制
		3		管道工程				
			a	铺设…孔 φ…塑料管(钢管)管道	1. 材料规格 2. 结构 3. 强度等级	m	按设计图所示,按不同结构沿铺筑就位的管道中线量测,以累计长度计算	安装
			b	铺设…孔 φ…塑料管(钢管)管道				

图名	安全设施及预埋管线工程工程量 清单计量规则(7)	图号	7-2

安全设施及预埋管线工程工程量清单计量规则(8)

项目	节	细目	项目名称	项目特征	计量单位	工程量计算规则	工程内容
		c	铺设…孔 φ…塑料管(钢管)管道	1. 材料规格 2. 结构 3. 强度等级	m	按设计图所示,按不同结构沿铺筑就位的管道中线量测,以累计长度计算	安装
		d	铺设…孔 φ…塑料管(钢管)管道				
		e	制作安装过桥管箱(包括两端接头管箱)				安装(含托架)
	8		收费设施及地下通道工程				第608节
		1	收费亭				
		a	单人收费亭	1. 材料规格 2. 结构形式	个	按设计图的形式组装或修建,以累计数量计算	安装
		b	双人收费亭				
		2	收费天棚	1. 材料规格 2. 结构形式	m²	按设计图的形式组装架设,以面积计算	安装
		3	收费岛				

图名	安全设施及预埋管线工程工程量清单计量规则(8)	图号	7-2

安全设施及预埋管线工程工程量清单计量规则(9)

项	目	节	细目	项目名称	项目特征	计量单位	工程量计算规则	工程内容
			a	单向收费岛	1. 断面尺寸 2. 强度等级	个	按设计图所示,以累计数量计算	混凝土浇筑
			b	双向收费岛				
		4		地下通道(高×宽)	1. 断面尺寸 2. 强度等级	m	按设计图所示,按不同断面尺寸以通道中心量测洞口间距离计算	1. 挖基、基底处理 2. 混凝土浇筑 3. 装饰贴面及防、排水处理等
		5		预埋管线				
			a	(管线规格)	材料规格	m	按设计图规定铺设就位,以累计长度计算	1. 安装 2. 封缝料和牵引线及拉棒检验
			b	(管线规格)				
		6		架设管线				
			a	(管线规格)	材料规格	m	按设计图规定铺设就位,以累计长度计算	安装
			b	(管线规格)				
		7		收费广场高杆灯				
			a	杆高…m	材料规格	m	按设计图所示,以累计数量计算	安装
			b	杆高…m				

图名	安全设施及预埋管线工程工程量清单计量规则(9)	图号	7-2

《技术规范》关于安全设施及预埋管线工程工程量计量与支付的内容(1)

节次及节名	项目	编号	内　　容
第601节 通　则	范围	601.01	本章内容包括护栏、隔离栅、道路交通标志、道路交通标线、防眩设施、通信管道及电力管道、预埋(预留)基础、收费设施和地下通道等的施工及有关作业。
	一般要求	601.02	(1)护栏、护柱、隔离栅 应按《公路交通安全设施施工技术规范》(JTJ F71—2006)和图纸的要求,并按监理人的指示进行施工。立柱应采用新的、整根的钢管或槽钢。 (2)道路交通标志 1)道路交通标志按《道路交通标志和标线》(GB 5768—1999)和《公路交通标志板》(JT/T 279—2004)的规定执行。 2)道路交通标志的反光方法及反光膜级别,应符合图纸规定,如无规定时,应根据不同道路等级和标志类型,按《道路交通标志和标线》(GB 5768—1999)附录A及《公路交通标志板》(JT/T 279—2004)的规定办理。 3)在同一地点设置两种以上的标志时,可合装在一根立柱上,但最多不超过四块。多块时按警告、禁令、指示的顺序先上后下、先左后右排列。 (3)道路交通标线 道路交通标线包括各种路面标线、箭头、文字、立面标记、突起路标和轮廓标等,应按照图纸及《道路交通标志和标线》(GB 5768—1999)的规定设置。 (4)通信及电力管道、预埋(预留)基础、防眩设施、收费设施和地下通道应按图纸要求和监理人的指示进行施工。
	计量与支付	601.03	本节不作计量与支付。

图名	《技术规范》关于安全设施及预埋管线 工程工程量计量与支付的内容(1)	图号	7-3

《技术规范》关于安全设施及预埋管线工程工程量计量与支付的内容(2)

节次及节名	项 目	编 号	内 容
第602节 护 栏	范围	602.01	本节内容为路基护栏、桥梁护栏和活动护栏的设置及其有关的施工作业。
	计量与支付	602.07	(1)计量 1)设置在中央分隔带的混凝土护栏,应按图纸和监理人指示,经验收后其长度以米计量,混凝土基础以立方米计量。 2)地基填筑、垫层材料、砌筑砂浆、嵌缝材料以及油漆涂料等均不另行计量。 3)波形梁钢护栏(含立柱)为安装就位(包括明涵、通道、小桥部分)并经验收合格,其长度沿栏杆面(不包括起终端段)量取,按米计量。钢护栏起、终端头以个计量。 4)缆索护栏安装就位(包括明涵、通道、小桥、挡墙部分)并经验收合格,其长度按沿栏杆面量取的实际长度,以米为单位计量。 5)中央分隔带开口处活动式钢护栏应拼装就位准确,经验收合格以个计量。 6)明涵、通道、小桥、挡墙部分缆索护栏的立柱插座、预埋构件作为上述构造物的附属工作,不另计量。 (2)支付 按上述规定计量,经监理人验收并列入了工程量清单的以下支付子目的工程量,其每一计量单位,将以合同单价支付。此项支付包括材料、劳力、设备、检验、运输等及其他为完成护栏、护柱安装工程所必需的费用,是对完成工程的全部偿付。

图名	《技术规范》关于安全设施及预埋管线工程工程量计量与支付的内容(2)	图号	7-3

《技术规范》关于安全设施及预埋管线工程工程量计量与支付的内容(3)

节次及节名	项 目	编 号	内　　　　　容		
第 602 节 护　栏	计量与 支付	602.07	(3)支付子目		

内容区表格：

子目号	子目名称	单　位
602-1	C⋯混凝土护栏	m
602-2	单面波形梁钢护栏	m
602-3	双面波形梁钢护栏	m
602-4	活动式钢护栏	个
602-5	波形梁钢护栏起、终端头	
-a	分设型圆头式端头	个
-b	分设型地锚式端头	个
-c	组合型圆端头	个
602-6	缆索护栏	
-a	路侧缆索护栏	m
-b	中央分隔带缆索护栏	m
602-7	C⋯混凝土基础	m^3

注:各式护栏可根据实际情况增列子项,如 602-1-a、602-1-b⋯⋯。

图名	《技术规范》关于安全设施及预埋管线 工程工程量计量与支付的内容(3)	图号	7 – 3

《技术规范》关于安全设施及预埋管线工程工程量计量与支付的内容(4)

节次及节名	项 目	编 号	内 容
第603节 隔离栅和 防落网	范围	603.01	本节为隔离栅和防落网的制作、安装等的施工及有关作业。
	计量与 支付	603.05	(1)计量 1)隔离栅应安装就位并经验收,分别按铁丝编织网隔离栅、刺铁丝隔离栅、钢板网隔离栅、电焊网隔离栅等,从端柱外侧沿隔离栅中部丈量,以米计量。金属立柱及紧固件等均并入隔离栅计价中,不另行计量。 2)桥上防护网以米计量,安设网片的支架、预埋件及紧固件等不另行计量。 3)钢立柱及钢筋混凝土立柱安装就位并经验收以根计量,钢筋及立柱斜撑不另计量。 4)所需的清场、挖根、土地整平和设置地线等工程均为安装隔离栅的附属工作,不另计量。 (2)支付 按上述规定计量,经监理人验收并列入了工程量清单的以下支付子目的工程量,其每一计量单位,将以合同单价支付。此项支付包括材料、劳力、设备、运输等及其他为完成隔离栅和桥梁护网工程所必需的费用,是对完成工程的全部偿付。 (3)支付子目

子目号	子目名称	单 位
603-1	铁丝编织网隔离栅	m
603-2	刺铁丝隔离栅	m
603-3	钢板网隔离栅	m
603-4	电焊网隔离栅	m
603-5	桥上防护网	m
603-6	钢筋混凝土立柱	根
603-7	钢立柱	根

图名	《技术规范》关于安全设施及预埋管线 工程工程量计量与支付的内容(4)	图号	7-3

《技术规范》关于安全设施及预埋管线工程工程量计量与支付的内容(5)

节次及节名	项　目	编　号	内　　　容
第604节 道路交通标志	范围	604.01	本节内容为各式道路交通标志、界碑及里程标等的提供和设置有关施工作业。
	计量与支付	604.05	(1)计量 1)标志应按图纸规定提供、装好、埋设就位和经验收的不同种类、规格分别计量: a.所有各式交通标志(包括立柱、门架)均以个为单位计量。 b.所有支承结构、底座、硬件和为完成组装而需要的附件,均附属于各有关标志工程子目内,不另行计量。 2)里程标和公路界碑等均应按埋设就位和验收的数量以个为单位计量。 (2)支付 按上述规定计量,经监理人验收并列入了工程量清单的以下支付子目的工程量,其每一计量单位,将以合同单价支付。此项支付包括材料、劳力、设备、运输等及其他为完成交通标志安装工程所必需的费用,是对完成工程的全部偿付。 (3)支付子目

子目号	子目名称	单　位
604-1	单柱式交通标志	个
604-2	双柱式交通标志	个
604-3	三柱式交通标志	个
604-4	门架式交通标志	个
604-5	单悬臂式交通标志	个
604-6	双悬臂式交通标志	个
604-7	悬挂式交通标志	个
604-8	里程碑	个
604-9	公路界碑	个
604-10	百米桩	个
604-11	防撞桶	个

注:各式交通标志按其形状、尺寸、反光等级在该项目下以子项列出。

图名	《技术规范》关于安全设施及预埋管线 工程工程量计量与支付的内容(5)	图号	7-3

《技术规范》关于安全设施及预埋管线工程工程量计量与支付的内容(6)

节次及节名	项 目	编 号	内 容
第605节道路交通标线	范围	605.01	本节内容为在已完成的沥青混凝土和水泥混凝土路面上喷涂路面标线、涂敷振荡标线,安装突起路标、轮廓标及其附属工程等有关施工作业。
	计量和支付	605.05	(1)计量 1)路面标线应按图纸所示,经检查验收后,以热熔型涂料、溶剂常温涂料和溶剂加热涂料的涂敷实际面积,以平方米为单位计量。反光型的路面标线玻璃珠应包含在涂敷面积内,不另计量。 2)突起路标安装就位经检查验收后以个数计量。 3)轮廓标安装就位经检查验收后以个计量。 4)立面标记设置经检查验收后以处计量。 5)锥形交通路标安装就位经检查验收后以个数计量。 (2)支付 按上述规定计量,经监理人验收并列入了工程量清单的以下支付子目的工程量,其每一计量单位,将以合同单价支付。此项支付包括材料、劳力、设备、检验、运输等及其他为完成交通标线工程所必需的费用,是对完成工程的全部偿付。 (3)支付子目

子目号	子 目 名 称	单 位
605-1	热熔型涂料路面标线	
-a	…	m²

图名	《技术规范》关于安全设施及预埋管线工程工程量计量与支付的内容(6)	图号 7-3

《技术规范》关于安全设施及预埋管线工程工程量计量与支付的内容(7)

节次及节名	项　目	编　号	内　　　容		
					续表
			细目号	细目名称	单　位
第605节 道路交通 标线	计量和 支付	605.05	605-2	溶剂常温涂料路面标线	
			-a	……	m²
			605-3	溶剂加热涂料路面标线	
			-a	……	m²
			605-4	水性涂料路面标线	
			-a	……	m²
			605-5	突起路标	个
			605-6	轮廓标	
			-a	柱式轮廓标	个
			-b	附着式轮廓标	个
			605-7	立面标记	处
			605-8	锥形路标	个
			注:各种涂料标线根据不同涂敷厚度可分别以子项列出。		

图名	《技术规范》关于安全设施及预埋管线 工程工程量计量与支付的内容(7)	图号	7-3

《技术规范》关于安全设施及预埋管线工程工程量计量与支付的内容(8)

节次及节名	项 目	编 号	内 容
第606节 防眩设施	范围	606.01	本节内容为设置防眩板、防眩网的有关施工作业。
	计量与 支付	606.05	(1)计量 1)防眩板设置安装完成并经验收后以块计量。 2)防眩网设置安装完成并经验收后以延米计量。 3)为安装防眩板、防眩网设置的预埋件、连接件、立柱、基础混凝土以及钢构件的焊接等均作为防眩板、防眩网工程的附属工作,不另行计量。 (2)支付 按上述规定计量,经监理人验收列入了工程量清单的以下支付子目的工程量,其每一计量单位,将以合同单价支付。此项支付包括材料、劳力、工具及其他为完成防眩设施所必需的费用,是对完成工程的全部偿付。 (3)支付子目 表格:

子 目 号	子 目 名 称	单 位
606-1	防眩板	m
606-2	防眩网	m

节次及节名	项 目	编 号	内 容
第607节 通信和电力 管道与预埋 (预留)基础	范围	607.01	本节内容为通信、监控、照明、供配电等的预埋管道和基础工程,人(手)孔、紧急电话设施基础,接地系统的施工作业等。
	计量与 支付	607.05	(1)计量 1)人(手)孔应根据图纸的形式及不同尺寸按个计量。 2)紧急电话平台应按底座就位和验收的个数计量。

图名	《技术规范》关于安全设施及预埋管线 工程工程量计量与支付的内容(8)	图号	7-3

《技术规范》关于安全设施及预埋管线工程工程量计量与支付的内容(9)

节次及节名	项 目	编 号	内　　　　容
第607节 通信和电力 管道与预埋 (预留)基础	计量与 支付	607.05	3)预埋管道工程应按铺筑就位并验收的以米计量,计量是沿着单管和多管结构的管道中线进行。过桥管箱的制作、安装以米计量。所有封缝料和牵引线及拉棒检验等,作为承包人的附属工作,不另行计量。 4)挖基及回填,压实及接地系统作为相关工程的附属工作,不另计量。 5)附属于桥梁、通道或跨线桥的预留管道及其他的电信设备应作为这些结构的一部分,在主体工程内计量,本节不单独计量。 6)通信管道安装在桥上的托架作为制造、安装过桥管箱的附属工作,不另行计量。 (2)支付 按上述规范计量,经监理人验收并列入了工程量清单的以下支付子目的工程量,其每一计量单位,将以合同单价支付。此项支付包括材料、劳力、设备、运输等及其他为完成安装工程所必需的费用,是对完成工程的全部偿付。 (3)支付子目

子 目 号	子 目 名 称	单　位
607-1	人(手)孔	个
607-2	紧急电话平台	个
607-3	管道工程	
-a	铺设…孔 ϕ…塑料管(钢管)管道	m
-b	铺设…孔 ϕ…塑料管(钢管)管道	m
-c	铺设…孔 ϕ…塑料管(钢管)管道	m
-d	铺设…孔 ϕ…塑料管(钢管)管道	m
-e	制作、安装过桥管箱(包括两端接头管箱)	m

图名	《技术规范》关于安全设施及预埋管线 工程工程量计量与支付的内容(9)	图号	7－3

《技术规范》关于安全设施及预埋管线工程工程量计量与支付的内容(10)

节次及节名	项　目	编　号	内　　　容
第608节 收费设施及 地下通道	范围	608.01	本节工作内容包括收费站内收费设施的土建部分,即收费岛、收费亭、收费天棚、预埋(架设)管线、地下通道以及收费设施的预埋件等有关施工作业。
	计量与支付	608.04	(1)计量 1)收费亭按图纸的形式组装或修建,经监理人验收,分别按单人收费亭和双人收费亭以个为单位计量。 2)收费天棚按图纸组装架设,经监理人验收以平方米为单位计量。 3)收费岛浇筑按图纸形式及大小经监理人验收,分别按单向收费岛和双向收费岛以个为单位计量。 4)地下通道按图纸要求经监理人验收,其长度沿通道中心量测洞口间距离,以米为单位计量,计量中包含了装饰贴面工程及防、排水处理等内容。 5)预埋及架设管线按图纸规定铺设就位经监理人验收以米为单位计量。 6)收费设施的预埋件为各有关工程子目的附属工作,均不另予计量。 7)所有挖基、挖槽以及回填、压实等均为各相关工程子目的附属工作,不另予计量。凡未列入计量子目的零星工程,均含在相关工程子目内,不另予计量。 (2)支付 按上述规定计量,经监理人验收并列入工程量清单的以下支付子目的工程量,其每一计量单位,将以合同单价支付。此项支付包括材料、劳力、设备、工具、运输、安装和清理现场场地等及其他为完成工程所必需的费用,是对完成工程的全部偿付。

图名	《技术规范》关于安全设施及预埋管线 工程工程量计量与支付的内容(10)	图号	7－3

《技术规范》关于安全设施及预埋管线工程工程量计量与支付的内容(11)

节次及节名	项 目	编 号	内　　　容		
第 608 节 收费设施及 地下通道	计量与 支付	608.04	(3)支付子目		
			子目号	子 目 名 称	单　　位
			608-1	收费亭	
			-a	单人收费亭	个
			-b	双人收费亭	个
			608-2	收费天棚	m^2
			608-3	收费岛	
			-a	单向收费岛	个
			-b	双向收费岛	个
			608-4	地下通道(高×宽)	m
			608-5	预埋管线	
			-a	(管线规格)	m
			-b	(管线规格)	m
			608-6	架设管线	
			-a	(管线规格)	m
			-b	(管线规格)	m

图名	《技术规范》关于安全设施及预埋管线 工程工程量计量与支付的内容(11)	图号	7-3

公路工程概算定额交通工程及沿线设施部分的应用(1)

序号	项 目	内　　　容
1	交通工程及沿线设施定额章说明	(1)交通工程及沿线设施定额包括交通安全设施、服务设施和管理设施等项目。 (2)交通工程及沿线设施定额中只列工程所需的主要材料用量,次要、零星材料和小型施工机具均未一一列出,分别列入"其他材料费"和"小型机具使用费"内,以元计,编制概算即按此计算。 (3)交通工程及沿线设施定额中均已包括混凝土的拌合费用。 (4)交通工程及沿线设施如未包括的项目,可参照相关行业定额。
2	定额第一节安全设施节说明	定额包括柱式护栏,墙式护栏,波形钢板护栏,隔离栅,中间带,车道分离块,标志牌,轮廓标,路面标线,机械铺筑拦水带,里程碑、百米桩、界碑,公共汽车停靠站防雨篷等项目。 (1)定额中波形钢板、型钢立柱、钢管立柱、镀锌钢管、护栏、钢板网、钢板标志、铝合金板标志、柱式轮廓标、钢管防撞立柱、镀锌钢管栏杆、预埋钢管等均为成品,编制概算时按成品价格计算。其中标志牌单价中不含反光膜的费用。 (2)水泥混凝土构件的预制,安装定额中均包括了混凝土及构件运输的工程内容,使用定额时,不得另行计算。 (3)定额中公共汽车停靠站雨篷规格:钢结构防雨篷为 15m×3m,钢筋混凝土防雨篷为 24m×3.75m。站台地坪及浇筑防雨篷混凝土的支架及工作平台已综合在定额中,使用定额时不得另行计算。 (4)工程量计算规则。 1)墙式护栏项目中钢筋混凝土防撞护栏的工程量为墙体长度。 2)波形钢板护栏及隔离栅的工程量为两端立柱中心间的距离。 3)中间带及车道分离块项目中,路缘带的工程量为路缘带起迄点间的距离;隔离墩、钢管栏杆及防眩板的工程量为隔离墩的实际设置长度;车道分离块的工程量为实际设置长度。 4)路面标线按画线的净面积计算。 5)机械铺筑拦水带的工程量为拦水带的铺筑长度。

图名	公路工程概算定额交通工程及 沿线设施部分的应用(1)	图号	7-4

公路工程概算定额交通工程及沿线设施部分的应用(2)

序号	项 目	内　　容
3	定额第二节监控收费系统节说明	(1)定额包括监控、收费系统中管理站、分中心、中心(计算机及网络设备,视频控制设备安装,附属配套设备),收费车道设备,外场管理设备(车辆检测设备安装、调试,环境检测设备安装、调试,信息显示设备安装、调试,视频监控与传输设备安装、调试),系统互联与调试,系统试运行、收费岛、人(手)孔等项目。 (2)定额不包括以下工作内容: 1)设备本身的功能性故障排除。 2)制作缺件、配件。 3)在特殊环境条件下的设备加固、防护。 4)与计算机系统以外的外系统联试、校验或统调。 5)设备基础和隐蔽管线施工(收费岛除外)。 6)外场主干通信电缆和信号控制电缆的敷设施工及试运行。 7)接地装置、避雷装置的制作与安装,安装调试设备必需的技术改造和修复施工。 (3)收费岛上涂刷反光标志漆和粘贴反光膜的数量,已综合在收费岛混凝土的定额中,使用定额时,不得另行计算。 (4)防撞栏杆的预埋钢套管数量已综合在定额中,使用定额时不得另行计算。 (5)防撞立柱的预埋钢套管及立柱填充水泥混凝土、立柱与预埋钢套管之间灌填水泥砂浆的数量,均已综合在定额中,使用定额时,不得另行计算。 (6)设备基础混凝土定额中综合了预埋钢筋、地脚螺母、底座法兰盘的数量,使用定额时不得另行计算。 (7)敷设电线钢套管定额中综合了螺栓、螺母、镀锌管接头、钢管用塑料护口、醇酸防锈漆、裸铜线、钢锯条、溶剂汽油等的数量,使用定额时,不得另行计算。 (8)如设计采用的人(手)孔混凝土强度等级和数量与定额不同时,可调整定额用量;人(手)孔中所列电缆支架等附件的消耗量如与设计数量不同时,可调整定额用量。

图名	公路工程概算定额交通工程及 沿线设施部分的应用(2)	图号	7—4

公路工程概算定额交通工程及沿线设施部分的应用(3)

序号	项目	内　容
3	定额第二节监控收费系统节说明	(9)工程量计算规则。 1)设备安装定额单位除 LED 显示屏以 m² 计、系统试运行以系统·月计外,其余均以台或套计。 2)计算机系统可靠性、稳定性运行是按计算机系统 24h 连续计算确定的,超过要求时,其费用另行计算。 3)收费岛现浇混凝土工程量按岛身、收费亭基础、收费岛敷设穿线钢管水泥混凝土垫层、防撞柱水泥混凝土基础、配电箱水泥混凝土基础和控制箱水泥混凝土基础体积之和计算。 4)收费岛钢筋工程数量按收费岛、收费亭基础的钢筋数量之和计算。 5)设备基础混凝土工程量按设备水泥混凝土基础体积计算。 6)镀锌防撞护栏中的工程量按镀锌防撞护栏的质量计算。 7)钢管防撞柱的工程量按钢管防撞立柱的质量计算。 8)配电箱基础预埋 PVC 管的工程量按 PVC 管长度计算。 9)敷设电线钢套管的工程量按敷设电线钢套管质量计算。
4	定额第三节通信系统节说明	(1)定额适用于通信系统工程,内容包括光电传输设备安装,程控交换设备安装、调试,有线广播设备安装,会议专用设备安装,微波通信系统的安装、调试,无线通信系统的安装、调试,电源安装、敷设通信管道和通信管道包封等项目。 (2)安装电缆走线架定额中,不包括通过沉降(伸缩)缝和要做特殊处理的内容,需要时按有关定额另行计算。 (3)布放电缆定额只适用于在电缆走道、槽道及机房内地槽中布放。 (4)2.5Gb/s 系统的 ADM 分插复用器,分插支路是按 8 个 155Mb/s(或 140Mb/s)光口或电口考虑的,当支路数超过 8 个时,每增加 1 个 155Mb/s(或 140Mb/s)支路增加 2 个工日。

图名	公路工程概算定额交通工程及沿线设施部分的应用(3)	图号	7-4

公路工程概算定额交通工程及沿线设施部分的应用(4)

序号	项目	内容
4	定额第三节通信系统节说明	(5)通信铁塔的安装是按在正常的气象条件下施工确定的,定额中不包括铁塔基础施工、预埋件埋设及防雷接地工程等内容,需要时按有关定额另行计算。 (6)安装通信天线,不论有无操作平台均执行本定额,安装天线的高度均指天线底部距塔(杆)座的高度。 (7)通信管道定额中不包括管道过桥时的托架和管箱等工程内容,应按相关定额另行计算;挖管沟本定额也未包括,应按"路基工程"项目人工挖运土方定额计算。 (8)硅芯管敷设定额已综合标石的制作及埋放、人孔处的包封等,使用定额时不得另行计算。 (9)镀锌钢管敷设定额中已综合接口处套管的切割、焊接、防锈处理等内容,使用定额时,不得另行计算。 (10)敷设通信管道和通信管道包封均按管道(不含桥梁)长度计算。
5	定额第四节供电照明系统节说明	(1)定额包括干式变压器安装,电力变压器干燥,杆上、埋地变压器安装,组合型成套箱式变电站安装,控制、继电、模拟及配电屏安装,电力系统调整试验,柴油发电机组及其附属设备安装,排气系统安装,其他配电设备安装,烟架安装,立灯杆、杆座安装,高杆灯安装,照明灯具安装,标志、诱导装饰灯具安装,其他灯具安装等项目。 (2)干式变压器如果带有保护外罩时,人工和机械乘以系数1.2。 (3)变压器油是按设备自带考虑的,但施工中变压器油的过滤损耗及操作损耗已包括在定额中。变压器安装过程中放注油、油过滤所使用的油罐,已摊入油过滤定额中。 (4)高压成套配电柜中断路器安装定额系综合考虑的,不分容量大小,也不包括母线配制及设备干燥。

图名	公路工程概算定额交通工程及沿线设施部分的应用(4)	图号	7-4

公路工程概算定额交通工程及沿线设施部分的应用(5)

序号	项 目	内　　容
5	定额第四节供电照明系统节说明	(5)组合型成套箱式变电站主要是指10kV以下的箱式变电站,一般布置形式为变压器在箱的中间,箱的一端为高压开关位置,另一端为低压开关位置。 (6)控制设备安装未包括支架的制作和安装,需要时可按相关定额另行计算。 (7)送配电设备系统调试包括系统内的电缆试验、瓷瓶耐压等全套调试工作。供电桥回路中的断路器、母线分段断路器皆作为独立的供电系统计算,定额皆按一个系统一侧配一台断路器考虑,若两侧皆有断路器时,则按两个系统计算。如果分配电箱内只有刀开关、熔断器等不含调试元件的供电回路,则不再作为调试系统计算。 (8)3~10kV母线系统调试含一组电压互感器,1kV以下母线系统调试定额不含电压互感器,适用于低压配电装置的各种母线(包括软母线)的调试。 (9)灯具安装定额是按灯具类型分别编制的,对于灯具本身及异型光源,定额已综合了安装费,但未包括其本身的价值,应另行计算。 (10)各种灯架元器件的配线,均已综合考虑在定额内,使用时不做调整。 (11)定额已包括利用仪表测量绝缘及一般灯具的试亮等工作内容,使用定额时,不得另行计算,但不包括全负荷试运行。 (12)定额未包括电缆接头的制作及导线的焊压接线端。 (13)各处灯柱穿线均按相应的配管配线定额。 (14)室内照明灯具的安装高度,投光灯、碘钨灯和混光灯定额是按10m以下编制的,其他照明灯具安装高度均按5m以下编制的。

图名	公路工程概算定额交通工程及沿线设施部分的应用(5)	图号	7-4

公路工程概算定额交通工程及沿线设施部分的应用(6)

序号	项目	内　　容
5	定额第四节供电照明系统节说明	(15)普通吸顶灯、荧光灯、嵌入式灯、标志灯等成套灯具安装是按灯具出厂时达到安装条件编制的,其他成套灯具安装所需配线,定额中均已包括。 (16)立灯杆定额中未包括防雷及接地装置。 (17)25m 以上高杆灯安装,未包括杆内电缆敷设。
6	定额第五节光缆电缆敷设节说明	(1)定额包括:室内光缆穿放和连接、安装测试光缆终端盒、室外敷设管道光缆、光缆接续、光纤测试、塑料子管、穿放或布放电话线、敷设双绞线缆、跳线架和配线架安装、布放同轴电缆、敷设多芯电缆、安装线槽、开槽、电缆沟铺砂盖板、揭盖板、顶管、铜芯电缆敷设、热缩式电缆终端头或中间头制作安装、控制电缆头制作安装、桥架或支架安装等项目。 (2)定额均包括:准备工作、施工安全防护、搬运、开箱、检查、定位、安装、清理、接电源、接口正确性检查和调试、清理现场和办理交验手续等工作内容。 (3)定额不包括:设备本身的功能性故障排除,制作缺件、配件,在特殊环境下的设备加固、防护等工作内容。 (4)双绞线缆的敷设及跳线架和配线架的安装、打接定额消耗量是按五类非屏蔽布线系统编制的,高于五类的布线工程按定额人工工日消耗量增加 10%、屏蔽系统增加 20%计取。 (5)工程量计算规则。 1)电缆敷设按单根延长米计算(如一个架上敷设 3 根各长 100m 的电缆,工程量应按 300m 计算,以此类推)。电缆附加及预留的长度是电缆敷设长度的组成部分,应计入电缆工程量之内。电缆进入建筑物预留长度按 2m 计算,电缆进入沟内或吊架预留长度按 1.5m 计算,电缆中间接头盒预留长度两端各按 2m 计算。

图名	公路工程概算定额交通工程及沿线设施部分的应用(6)	图号	7-4

公路工程概算定额交通工程及沿线设施部分的应用(7)

序号	项 目	内 容
6	定额第五节供电照明系统节说明	2)电缆沟盖板揭、盖定额,按每揭、盖一次以延长米计算,如又揭又盖,则按两次计算。 3)用于扩(改)建工程时,所用定额的人工工日乘以 1.35 的系数;用于拆除工程时,所用定额的人工工日乘以 0.25 的系数,施工单位为配合认证单位验收测试而发生的费用,按本定额验证测试子目的工日、仪器仪表台班总用量乘以 0.30 的系数计取。
7	定额第六节配管、配线及接地工程节说明	(1)定额包括镀锌钢管、给水管道、钢管地埋敷设、钢管砖、混凝土结构、钢管钢结构支架配管、PVC阻燃塑料管、母线、母线槽、落地式控制箱、成套配电箱、接线箱、接线盒的安装、接地装置安装、避雷针及引下线安装、防雷装置安装、防雷接地装置测试等项目。 (2)镀锌钢管法兰连接定额中,管件是按成品,弯头两端是按短管焊法兰考虑的,包括了直管、管件、法兰等全部安装工序内容。 (3)接地装置是按变配电系统接地、车间接地和设备接地等工业设施接地编制的。定额中未包括接地电阻率高的土质换土和化学处理的土壤及由此发生的接地电阻测试等费用,需要时应另行计算。接地装置换填土执行电缆沟挖填土相应子目。 (4)定额中避雷针的安装、避雷引下线的安装均已考虑了高空作业的因素。避雷针按成品件考虑。 (5)工程量计算规则。 1)给水管道:室内外界线以建筑物外墙皮 1.5m 为界,入口处设阀门者以阀门为界。与市政管道界线以水表井为界,无水表井者,以与市政管道碰头点为界。 2)配管的工程量计算不扣除管路中的接线箱(盒)、灯盒、开关盒所占的长度。

图名	公路工程概算定额交通工程及沿线设施部分的应用(7)	图号	7-4

公路工程概算定额交通工程及沿线设施部分的应用(8)

序号	项目	内　　容
8	应用举例	【例1】　某公路沿线设有500m钢筋混凝土防撞护栏,求概算定额下的工料机消耗。 **解:**查概算定额6-1-1,则: 人工:114.4×500÷100=572工日 原木:0.124×500÷100=0.62m³ 锯材:0.175×500÷100=0.875m³ 1t以内机动翻斗车:1.06×500÷100=5.3台班 其他材料用量及机械台班数量的计算方法与上述相同,在此不再一一计算。 【例2】　某路设栏式轮廓标450块,且将栏式轮廓标安装在波形钢板护栏上,试计算概算定额下的材料消耗量。 **解:**查定额6-1-6,按定额表后注明,栏式轮廓标安装在波形钢护栏上时,应扣减镀锌铁件的数量 镀锌钢板:0.008×450÷100=0.036t 反光膜:1.3×450÷100=5.85m² 其他材料费:3.6×450÷100=16.2元

公路工程预算定额交通工程及沿线设施部分的应用(1)

序号	项 目	内 容
1	交通工程及沿线设施定额章说明	(1)交通工程及沿线设施定额包括交通安全设施、服务设施和管理设施等项目。 (2)交通工程及沿线设施定额中只列工程所需的主要材料用量,次要、零星材料和小型施工机具均未一一列出,分别列入"其他材料费"和"小型机具使用费"内,以元计,编制概算即按此计算。 (3)交通工程及沿线设施定额中均已包括混凝土的拌合费用。 (4)交通工程及沿线设施如有未包括的项目,可参照相关行业定额。
2	定额第一节安全设施节说明	安全设施定额包括柱式护栏,墙式护栏,波形钢板护栏,隔离栅,中间带,车道分离块,标志牌,轮廓标,路面标线,机械铺筑拦水带,里程碑、百米桩、界碑,公共汽车停靠站防雨篷等项目。 (1)定额中波形钢板、型钢立柱、钢管立柱、镀锌钢管、护栏、钢板网、钢板标志、铝合金板标志、柱式轮廓标、钢管防撞立柱、镀锌钢管栏杆、预埋钢管等均为成品,编制预算时按成品价格计算。其中标志牌单价中不含反光膜的费用。 (2)水泥混凝土构件的预制、安装定额中均包括了混凝土及构件运输的工程内容,使用定额时,不得另行计算。 (3)工程量计算规则: 1)钢筋混凝土防撞护栏中铸铁柱与钢管栏杆按柱与栏杆的总质量计算,预埋螺栓、螺母及垫圈等附件已综合在定额内,使用定额时,不得另行计算。 2)波形钢板护栏中钢管柱、型钢柱按柱的成品质量计算;波形钢板按波形钢板、端头板(包括端部稳定的锚碇板、夹具、挡板)与撑架的总质量计算,柱帽、固定螺栓、连接螺栓、钢丝绳、螺母及垫圈等附件已综合在定额内,使用定额时,不得另行计算。

| 图名 | 公路工程预算定额交通工程及
沿线设施部分的应用(1) | 图号 | 7-5 |

公路工程预算定额交通工程及沿线设施部分的应用(2)

序号	项　目	内　　　　容
2	定额第一节安全设施节说明	3)隔离栅中钢管柱按钢管与网框型钢的总质量计算,型钢立柱按柱与斜撑的总质量计算,钢管柱定额中已综合了螺栓、螺母、垫圈及柱帽钢板的数量,型钢立柱定额中已综合了各种连接件及地锚钢筋的数量,使用定额时,不得另行计算。 钢板网面积按各网框外边缘所包围的净面积之和计算。 刺铁丝网按刺铁丝的总质量计算,铁丝编织网面积按网高(幅宽)乘以网长计算。 4)中间带隔离墩上的钢管栏杆与防眩板分别按钢管与钢板的总质量计算。 5)金属标志牌中立柱质量按立柱、横梁、法兰盘等的总质量计算;面板质量按面板、加固槽钢、抱箍、螺栓、滑块等的总质量计算。 6)路面标线按画线的净面积计算。 7)公共汽车停靠站防雨篷中钢结构防雨篷的长度按顺路方向防雨篷两端立柱中心间的长度计算;钢筋混凝土防雨篷的水泥混凝土体积按水泥混凝土垫层、基础、立柱及顶棚的体积之和计算,定额中已综合了浇筑立柱及篷顶混凝土所需的支架等,使用定额时,不得另行计算。 站台地坪按地坪铺砌的净面积计算,路缘石及地坪垫层已综合在定额中,使用定额时,不得另行计算。
3	定额第二节监控收费系统节说明	(1)监控、收费系统包括监控、收费系统中管理站、分中心、中心(计算机及网络设备,视频控制设备安装,附属配套设备),收费车道设备,外场管理设备(车辆检测设备安装、调试,环境检测设备安装、调试,信息显示设备安装、调试,视频监控与传输设备安装、调试),系统互联与调试,系统试运行、收费岛、人(手)孔等项目。

图名	公路工程预算定额交通工程及沿线设施部分的应用(2)	图号	7-5

公路工程预算定额交通工程及沿线设施部分的应用(3)

序号	项　目	内　　　　　容
3	定额第二节监控收费系统节说明	(2)监控、收费系统不包括以下工作内容: 1)设备本身的功能性故障排除。 2)制作缺件、配件。 3)在特殊环境条件下的设备加固、防护。 4)与计算机系统以外的外系统联试、校验或统调。 5)设备基础和隐蔽管线施工。 6)外场主干通信电缆和信号控制电缆的敷设施工及试运行。 7)接地装置、避雷装置的制作与安装,安装调试设备必需的技术改造和修复施工。 (3)收费岛上涂刷反光标志漆和粘贴反光膜的数量,已综合在收费岛混凝土的定额中,使用定额时,不得另行计算。 (4)防撞栏杆的预埋钢套管数量已综合在定额中,使用定额时不得另行计算 (5)防撞立柱的预埋钢套管及立柱填充水泥混凝土、立柱与预埋钢套管之间灌填水泥砂浆的数量,均已综合在定额中,使用定额时,不得另行计算。 (6)设备基础混凝土定额中综合了预埋钢筋、地脚螺母、底座法兰盘的数量,使用定额时不得另行计算。 (7)敷设电线钢套管定额中综合了螺栓、螺母、镀锌管接头、钢管用塑料护口、醇酸防锈漆、裸铜线、钢锯条、溶剂汽油等的数量,使用定额时,不得另行计算。 (8)如设计采用的人(手)孔混凝土强度等级和数量与定额不同时,可调整定额用量;人(手)孔中所列电缆支架等附件的消耗量如与设计数量不同时,可调整定额用量。

图名	公路工程预算定额交通工程及 沿线设施部分的应用(3)	图号	7-5

公路工程预算定额交通工程及沿线设施部分的应用(4)

序号	项 目	内 容
3	定额第二节监控收费系统节说明	(9)工程量计算规则。 1)设备安装定额单位除 LED 显示屏以 m² 计、系统试运行以系统·月计外,其余均以台或套计。 2)计算机系统可靠性、稳定性运行是按计算机系统 24h 连续计算确定的,超过要求时,其费用另行计算。 3)收费岛现浇混凝土工程量按岛身、收费亭基础、收费岛敷设穿线钢管水泥混凝土垫层、防撞柱水泥混凝土基础、配电箱水泥混凝土基础和控制箱水泥混凝土基础体积之和计算。 4)收费岛钢筋工程数量按收费岛、收费亭基础的钢筋数量之和计算。 5)设备基础混凝土工程量按设备水泥混凝土基础体积计算。 6)镀锌防撞护栏中的工程量按镀锌防撞护栏的质量计算。 7)钢管防撞柱的工程量按钢管防撞立柱的质量计算。 8)配电箱基础预埋 PVC 管的工程量按 PVC 管长度计算。 9)敷设电线钢套管的工程量按敷设电线钢套管质量计算。
4	定额第三节通信系统节说明	(1)通信定额适用于通信系统工程,内容包括光电传输设备安装,程控交换设备安装、调试,有线广播设备安装,会议专用设备安装,微波通信系统的安装、调试,无线通信系统的安装、调试,电源安装、敷设通信管道和通信管道包封等项目。 (2)安装电缆走线架定额中,不包括通过沉降(伸缩)缝和要做特殊处理的内容,需要时按有关定额另行计算。

图名	公路工程预算定额交通工程及 沿线设施部分的应用(4)	图号	7-5

公路工程预算定额交通工程及沿线设施部分的应用(5)

序号	项 目	内 容
4	定额第三节通信系统节说明	(3)布放电缆定额只适用于在电缆走道、槽道及机房内地槽中布放。 (4)2.5Gb/s 系统的 ADM 分插复用器,分插支路是按 8 个 155Mb/s(或 140Mb/s)光口或电口考虑的,当支路数超过 8 个时,每增加 1 个 155Mb/s(或 140Mb/s)支路增加 2 个工日 (5)通信铁塔的安装是按在正常的气象条件下施工确定的,定额中不包括铁塔基础施工、预埋件埋设及防雷接地工程等内容,需要时按有关定额另行计算。 (6)安装通信天线,不论有无操作平台均执行本定额,安装天线的高度均指天线底部距塔(杆)座的高度。 (7)通信管道定额中不包括管道过桥时的托架和管箱等工程内容,应按相关定额另行计算,挖管沟本定额也未包括,应按"路基工程"项目人工挖运土方定额计算。 (8)硅芯管敷设定额已综合标石的制作及埋放、人孔处的包封等,使用定额时不得另行计算。 (9)镀锌钢管敷设定额中已综合接口处套管的切割、焊接、防锈处理等内容,使用定额时,不得另行计算。 (10)敷设通信管道和通信管道包封均按管道(不含桥梁)长度计算。
5	定额第四节供电照明系统节说明	(1)定额包括干式变压器安装,电力变压器干燥、杆上、埋地变压器安装,组合型成套箱式变电站安装,控制、继电、模拟及配电屏安装,电力系统调整试验,柴油发电机组及其附属设备安装,排气系统安装,其他配电设备安装,烟架安装,立灯杆、杆座安装,高杆灯具安装,照明灯具安装,标志、诱导装饰灯具安装,其他灯具安装等项目。 (2)干式变压器如果带有保护外罩时,人工和机械乘以系数 1.2。

图名	公路工程预算定额交通工程及 沿线设施部分的应用(5)	图号	7-5

公路工程预算定额交通工程及沿线设施部分的应用(6)

序号	项　目	内　　　容
5	定额第四节供电照明系统节说明	(3)变压器油是按设备自带考虑的,但施工中变压器油的过滤损耗及操作损耗已包括在定额中。变压器安装过程中放注油、油过滤所使用的油罐,已摊入油过滤定额中。 (4)高压成套配电柜中断路器安装定额系综合考虑的,不分容量大小,也不包括母线配制及设备干燥。 (5)组合型成套箱式变电站主要是指 10kV 以下的箱式变电站,一般布置形式为变压器在箱的中间,箱的一端为高压开关位置,另一端为低压开关位置。 (6)控制设备安装未包括支架的制作和安装,需要时可按相关定额另行计算。 (7)送配电设备系统调试包括系统内的电缆试验、瓷瓶耐压等全套调试工作。供电桥回路中的断路器、母线分段断路器皆作为独立的供电系统计算,定额皆按一个系统一侧配一台断路器考虑,若两侧皆有断路器时,则按两个系统计算。如果分配电箱内只有刀开关、熔断器等不含调试元件的供电回路,则不再作为调试系统计算。 (8)3~10kV 母线系统调试含一组电压互感器,1kV 以下母线系统调试定额不含电压互感器,适用于低压配电装置的各种母线(包括软母线)的调试。 (9)灯具安装定额是按灯具类型分别编制的,对于灯具本身及异型光源,定额已综合了安装费,但未包括其本身的价值,应另行计算。 (10)各种灯架元器件的配线,均已综合考虑在定额内,使用时不作调整。 (11)定额已包括利用仪表测量绝缘及一般灯具的试亮等工作内容,使用定额时,不得另行计算,但不包括全负荷试运行。

图名	公路工程预算定额交通工程及 沿线设施部分的应用(6)	图号	7-5

公路工程预算定额交通工程及沿线设施部分的应用(7)

序号	项 目	内 容
5	定额第四节供电照明系统节说明	(12)定额未包括电缆接头的制作及导线的焊压接线端。 (13)各处灯柱穿线均按相应的配管配线定额。 (14)室内照明灯具的安装高度,投光灯、碘钨灯和混光灯定额是按 10m 以下编制的,其他照明灯具安装高度均按 5m 以下编制的。 (15)普通吸顶灯、荧光灯、嵌入式灯、标志灯等成套灯具安装是按灯具出厂时达到安装条件编制的,其他成套灯具安装所需配线,定额中均已包括。 (16)立灯杆定额中未包括防雷及接地装置。 (17)25m 以上高杆灯安装,未包括杆内电缆敷设。
6	定额第五节光缆、电缆敷设节说明	(1)定额包括:室内光缆穿放和连接、安装测试光缆终端盒、室外敷设管道光缆、光缆接续、光纤测试、塑料子管、穿放或布放电话线、敷设双绞线缆、跳线架和配线架安装、布放同轴电缆、敷设多芯电缆、安装线槽、开槽、电缆沟铺砂盖板、揭盖板、顶管、铜芯电缆敷设、热缩式电缆终端头或中间头制作安装、控制电缆头制作安装、桥架或支架安装等共 18 个项目。 (2)定额均包括:准备工作、施工安全防护、搬运、开箱、检查、定位、安装、清理、接电源、接口正确性检查和调试、清理现场和办理交验手续等工作内容。 (3)定额不包括:设备本身的功能性故障排除,制作缺件、配件,在特殊环境下的设备加固、防护等工作内容。 (4)双绞线缆的敷设及跳线架和配线架的安装、打接定额消耗量是按五类非屏蔽布线系统编制的,高于五类的布线工程按定额人工工日消耗量增加 10%、屏蔽系统增加 20% 计取。

图名	公路工程预算定额交通工程及 沿线设施部分的应用(7)	图号	7-5

公路工程预算定额交通工程及沿线设施部分的应用(8)

序号	项　目	内　　　容
6	定额第五节光缆、电缆敷设节说明	(5)工程量计算规则。 1)电缆敷设按单根延长米计算(如一个架上敷设3根各长100m的电缆,工程量应按300m计算,以此类推)。电缆附加及预留的长度是电缆敷设长度的组成部分,应计入电缆工程量之内。电缆进入建筑物预留长度按2m计算,电缆进入沟内或吊架预留长度按1.5m计算,电缆中间接头盒预留长度两端各按2m计算。 2)电缆沟盖板揭、盖定额,按每揭、盖一次以延长米计算,如又揭又盖,则按两次计算。 3)用于扩(改)建工程时,所用定额的人工工日乘以1.35的系数;用于拆除工程时,所用定额的人工工日乘以0.25的系数。施工单位为配合认证单位验收测试而发生的费用,按验证测试子目的工日、仪器仪表台班总用量乘以0.30的系数计取。
7	定额第六节配管、配线及接地工程节说明	(1)定额包括镀锌钢管、给水管道、钢管地埋敷设、钢管砖、混凝土结构、钢管钢结构支架配管、PVC阻燃塑料管、母线、母线槽、落地式控制箱、成套配电箱、接线箱、接线盒的安装、接地装置安装、避雷针及引下线安装、防雷装置安装、防雷接地装置测试等共14个项目。 (2)镀锌钢管法兰连接定额中,管件是按成品,弯头两端是按短管焊法兰考虑的,包括了直管、管件、法兰等全部安装工序内容。 (3)接地装置是按变配电系统接地、车间接地和设备接地等工业设施接地编制的。定额中未包括接地电阻率高的土质换土和化学处理的土壤及由此发生的接地电阻测试等费用,需要时应另行计算。接地装置换填土执行电缆沟挖填土相应子目。 (4)定额中避雷针的安装、避雷引下线的安装均已考虑了高空作业的因素。避雷针按成品件考虑。

图名	公路工程预算定额交通工程及 沿线设施部分的应用(8)	图号	7－5

公路工程预算定额交通工程及沿线设施部分的应用(9)

序号	项　目	内　　　　容
7	定额第六节配管、配线及接地工程	(5)工程量计算规则。 1)给水管道:室内外界线以建筑物外墙皮1.5m为界,入口处设阀门者以阀门为界。与市政管道界线以水表井为界,无水表井者,以与市政管道碰头点为界。 2)配管的工程量计算不扣除管路中的接线箱(盒)、灯盒、开关盒所占的长度。
8	应用举例	【例】　某公路共设有柱式轮廓标1500根,其中钢板柱800根,玻璃钢柱700根,试求预算定额下的工料机消耗量。 解:(1)钢板柱轮廓标: 查预算定额6-1-8,得: 人工:$21.1 \times 800 \div 100 = 168.8$工日 C15水泥混凝土:$1.84 \times 800 \div 100 = 14.72m^3$ 光圆钢筋:$0.05 \times 800 \div 100 = 0.4t$ 型钢立柱:$1.19 \times 800 \div 100 = 9.52t$ 反光膜:$1.58 \times 800 \div 100 = 12.64m^2$ 32.5级水泥:$0.516 \times 800 \div 100 = 4.13t$ 水:$2 \times 800 \div 100 = 16m^3$ 中(粗)砂:$0.92 \times 800 \div 100 = 7.36m^3$ 碎石:$1.56 \times 800 \div 100 = 12.48m^3$

图名	公路工程预算定额交通工程及 沿线设施部分的应用(9)	图号	7-5

公路工程预算定额交通工程及沿线设施部分的应用(10)

序号	项　目	内　　　　容
2	应用举例	其他材料费:$4.8 \times 800 \div 100 = 38.4$ 元 2t 以内载货汽车:$1.05 \times 800 \div 100 = 8.4$ 台班 (2)玻璃钢柱轮廓标 查预算定额 6 – 1 – 8,得: 人工:$13.5 \times 700 \div 100 = 94.5$ 工日 C15 水泥混凝土:$1.84 \times 700 \div 100 = 12.88 \text{m}^3$ 光圆钢筋:$0.05 \times 700 \div 100 = 0.35 \text{t}$ 反光膜:$1.58 \times 700 \div 100 = 11.06 \text{m}^2$ 玻璃钢轮廓柱标:$100 \times 700 \div 100 = 700$ 根 32.5 级水泥:$0.516 \times 700 \div 100 = 3.61 \text{t}$ 水:$2 \times 700 \div 100 = 14 \text{m}^3$ 中(粗)砂:$0.92 \times 700 \div 100 = 6.44 \text{m}^3$ 碎石:$1.56 \times 700 \div 100 = 10.92 \text{m}^3$ 其他材料费:$4.8 \times 700 \div 100 = 33.6$ 元 2t 以内载货汽车:$1.05 \times 700 \div 100 = 7.35$ 台班

图名	公路工程预算定额交通工程及 沿线设施部分的应用(10)	图号	7 – 5

8 绿化环保及房建

工程工程量清单计价

绿化及环境保护工程工程量清单计量规则(1)

(1)绿化及环境保护工程包括:撒播草种和铺植草皮、人工种乔木、灌木、声屏障工程。

(2)有关问题的说明及提示:

1)绿化工程为植树及中央分隔带及互通立交范围内和服务区、管养工区、收费站、停车场的绿化种植区。

2)除按图纸施工的永久性环境保护工程外,其他采取的环境保护措施已包含在相应的工程项目中,不另行计量。

3)由于承包人的过失、疏忽、或者未及时按设计图纸做好永久性的环境保护工程,导致需要另外采取环境保护措施,这部分额外增加的费用应由承包人负担。

4)在公路施工及缺陷责任期间,绿化工程的管理与养护以及任何缺陷的修正与弥补,是承包人完成绿化工程的附属工作,均由承包人负责,不另行计量。

工程量清单计量规则

项	目	节	细目	项目名称	项目特征	计量单位	工程量计算规则	工程内容
七				绿化及环境保护				第 700 章
	3			撒播草种和铺植草皮				第 702 节、第 703 节、第 705 节
		1		撒播草种	1. 草籽种类 2. 养护期	m²	按设计图所示尺寸,以面积计算	1. 修整边坡、铺设表土 2. 播草籽 3. 洒水覆盖

	图名	绿化及环境保护工程工程量清单计量规则(1)	图号	8-1

绿化及环境保护工程工程量清单计量规则(2)

续表

项目	节	细目	项目名称	项目特征	计量单位	工程量计算规则	工程内容
	2		铺(植)草皮				1. 修整边坡、铺设表土
		a	马尼拉草皮	1. 草皮种类	m²	按设计图所示尺寸,以面积计算	2. 铺设草皮
		b	美国二号草皮	2. 铺设方式			3. 洒水
		c	麦冬草草皮	3. 养护期			4. 养护
		d	台湾青草皮				
	3		绿地喷灌管道	1. 土石类别 2. 材料规格	m	按设计图所示尺寸,以累计长度计算	1. 开挖 2. 阀门井砌筑 3. 管道铺设(含闸阀、水表、洒水栓等) 4. 油漆防护 5. 回填、清理
	4		人工种植乔木、灌木 …				第702节、第704节、第705节
		1	人工种植乔木				

图名	绿化及环境保护工程工程量清单计量规则(2)	图号	8-1

绿化及环境保护工程工程量清单计量规则(3)

项	目	节	细目	项目名称	项目特征	计量单位	工程量计算规则	工程内容
			a	香樟	1. 胸径(离地 1.2m 处树干直径) 2. 高度	棵	按累计株数计算	1. 挖坑 2. 苗木运输 3. 铺设表土、施肥 4. 栽植 5. 清理、养护
			b	大叶樟				
			c	杜英				
			d	圆柏				
			e	广玉兰				
			f	桂花				
			g	奕树				
			h	意大利杨树				
		2		人工种植灌木				
			a	夹竹桃	冠丛高	棵	按累计株数计算	1. 挖坑 2. 苗木运输 3. 铺设表土、施肥 4. 栽植 5. 清理、养护
			b	木芙蓉				
			c	春杜鹃				
			d	月季				
			e	小叶女贞				
			f	红檵木				
			g	大叶黄杨				
			h	龙柏球				
			i	法国冬青				
			j	海桐				
			k	凤尾兰				

图名	绿化及环境保护工程工程量 清单计量规则(3)	图号	8-1

绿化及环境保护工程工程量清单计量规则(4)

续表

项目	节	细目	项目名称	项目特征	计量单位	工程量计算规则	工程内容
		3	栽植攀缘植物		棵		1. 挖坑 2. 苗木运输 3. 铺设表土、施肥 4. 栽植 5. 清理、养护
		4	人工种植竹类				
			a	楠竹	1. 胸径 2. 冠幅	丛	以冠幅垂直投影确定冠幅宽度,按丛累计数量计算	1. 挖坑 2. 苗木运输 3. 栽植 4. 清理、养护
			b	早园竹				
			c	孝须竹				
			d	凤尾竹				
			e	青皮竹				
			f	凤尾竹球				
		5	人工栽植棕榈类				

图名	绿化及环境保护工程工程量 清单计量规则(4)	图号	8－1

绿化及环境保护工程工程量清单计量规则(5)

续表

项目	目	节	细目	项目名称	项目特征	计量单位	工程量计算规则	工程内容
			a	蒲葵	1.胸径 2.株高	棵	离栽植苗木地1.2m处棕榈干直径为胸径,按株的累计数量计算	1.挖坑 2.苗木运输 3.栽植 4.清理、养护
			b	棕榈				
			c	五福棕榈				
			d	爬山虎	高度		离地自然垂直高度为高度,以株累计数量计算	
			e	鸡血藤				
			f	五叶地锦				
		6		栽植绿篱	1.种类 2.篱高 3.行数	m	按设计图所示,以长度计算	1.挖沟槽 2.种植 3.清理、养护
		7		栽植绿色带	种类	m²	按设计图所示,以面积计算	1.挖松地面 2.种植 3.养护

绿化及环境保护工程工程量清单计量规则(6)

项目	目	节	细目	项目名称	项目特征	计量单位	工程量计算规则	工程内容
6				声屏障				第706节
	1			消声板声屏障				1. 开挖
			a	H2.5m 玻璃钢消声板	材料规格	m	按设计图所示,以长度计算	2. 浇筑混凝土基础 3. 安装钢立柱 4. 焊接
			b	H3.0m 玻璃钢消声板				5. 插装消声板 6. 防锈
		2		吸声砖声屏障	1. 材料规格 2. 断面尺寸 3. 强度等级	m³	按设计图所示,以体积计算	1. 开挖 2. 砖浸水 3. 砌筑、勾缝 4. 填塞沉降缝 5. 洒水养生
		3		砖墙声屏障				

图名	绿化及环境保护工程工程量清单计量规则(6)	图号	8-1

《技术规范》关于绿化及环境保护工程工程量计量与支付的内容(1)

节次及节名	项　目	编　号	内　　　　容
第 701 节 通　则	范围	701.01	本章工作内容为公路沿线及附属结构地域内,为净化空气、减小噪声、防止水土流失、美化环境等所增设的必要设施的施工及其管理等的有关作业。
	计量与 支付	701.03	本节不作计量与支付。
第 702 节 铺设表土	范围	702.01	本节内容为在公路绿化工作开始前,在公路绿化区域(含路堤、中央分隔带及互通立交范围内和服务区的绿化种植区)内按照图纸布置和植物生长的最小土层厚度要求,保持地表面的平整,翻松、铺设表土等施工作业。
	计量与 支付	702.04	(1)计量 1)表土铺设应按完成的铺设面积并经验收以立方米为单位计量。 2)铺设表土的准备工作(包括提供、运输等),为承包人应做的附属工作,不另予计量。 (2)支付 按上述规定计量,经监理人验收并列入了工程量清单的以下支付子目的工程量,其每一计量单位,将以合同单价支付。此项支付包括材料、劳力、设备、运输等及其他为完成铺设表土所必需的费用,是对完成铺设表土的全部偿付。

图名	《技术规范》关于绿化及环境保护工程 工程量计量与支付的内容(1)	图号	8－2

《技术规范》关于绿化及环境保护工程工程量计量与支付的内容(2)

节次及节名	项　目	编　号	内　　　　容
第 702 节 铺设表土	计量与 支付	702.04	(3)支付子目 <table><tr><td>子目号</td><td>子 目 名 称</td><td>单　位</td></tr><tr><td>702-1</td><td>开挖并铺设表土</td><td>m³</td></tr><tr><td>702-2</td><td>铺设利用的表土</td><td>m³</td></tr></table>
第 703 节 撒播草种和 铺植草皮	范围	703.01	本节为按照图纸所示或监理人指示,在公路绿化区域内铺设表土的层面上撒播草种或铺植草皮和施肥、布设喷灌设施等绿化工程作业。
	计量和 支付	703.04	(1)计量 1)撒播草种按经监理人验收的成活草种的面积以平方米为单位计量。 2)草种、水、肥料等,作为承包人撒播草种的附属工作,均不另行计量。 3)铺草皮按经监理人验收的数量以平方米为单位计量,密铺、间铺按不同子目计量、支付。 4)需要铺设的表土,按表土的来源,在第 702 节相关支付子目内计量。 5)绿地喷灌设施按图纸所示,敷设的喷灌管道以米为单位计量。喷灌设施的闸阀、水表、洒水栓等均不另行计量

图名	《技术规范》关于绿化及环境保护工程 工程量计量与支付的内容(2)	图号	8－2

《技术规范》关于绿化及环境保护工程工程量计量与支付的内容(3)

节次及节名	项 目	编 号	内 容
第703节 撒播草种和 铺植草皮	计量和 支付	703.04	(2)支付 　按上述规定计量,经监理人验收并列入了工程量清单的以下支付子目的工程量,其每一计量单位,将以合同单价支付。此项支付包括材料、劳力、设备、运输和养护、管理等及其他为完成绿化工程所必需的费用,是对完成工程的全部偿付。但在工作进行中根据工程进度分期支付: 　1)在开始种植时期,按工作量预付给承包人工程款项的50%,支付的确定数额由监理人决定。 　2)其余支付承包人款项,在工程交工验收植物栽植成活率符合规定后支付,未达到成活率要求的应进行补填。 (3)支付子目

（表格 续）

子 目 号	子 目 名 称	单 位
703-1	撒播草种	m²
703-2	铺植草皮	
-a	马尼拉草皮	m²
-b	美国二号草皮	m²
……		
703-3	绿地喷灌管道	m

图名	《技术规范》关于绿化及环境保护工程 工程量计量与支付的内容(3)	图号	8－2

《技术规范》关于绿化及环境保护工程工程量计量与支付的内容(4)

节次及节名	项　目	编　号	内　　　　容
第704节 种植乔木、 灌木、攀缘 植物	范围	704.01	本节工作内容为按照图纸所示或监理人指示,对公路绿化区域内提供和种植乔木、灌木、攀缘植物等作业。
	计量与 支付	704.05	(1)计量 1)人工种植由监理人按成活数验收,乔木、灌木及人工种植攀缘植物均以棵计量。 2)需要铺设的表土,按表土的来源,在第702节相关支付子目内计量。 3)种植用水、设置水池储水,均作为承包人种植植物的附属工作,不另予计量。 (2)支付 按上述规定计量,经监理人验收并列入了工程量清单的以下支付子目的工程量,其每一计量单位将予以合同单价支付。此项支付包括材料、劳力、设备、运输和养护、管理等及其他为完成绿化工程所必需的费用,是对完成工程的全部偿付。但在工作进行中根据工程进度分期支付: 1)在开始种植时期按工作量预付给承包人工程款项的40%,支付的确实数额由监理人决定。 2)其余支付承包人款项,在工程交工验收植物栽植成活率符合规后支付,未达到成活率要求的应进行补植。 (3)支付子目

子目号	子目名称	单　位
704-1	人工种植乔木	
-a	香樟	棵
-b	大叶樟	棵
-c	杜英	棵

图名	《技术规范》关于绿化及环境保护工程 工程量计量与支付的内容(4)	图号	8-2

《技术规范》关于绿化及环境保护工程工程量计量与支付的内容(5)

节次及节名	项目	编号	内容

<table>
<tr><td rowspan="9">第704节
种植乔木、
灌木、攀缘
植物</td><td rowspan="9">计量与
支付</td><td rowspan="9">704.04</td><td colspan="3" style="text-align:right">续表</td></tr>
<tr><td>子目号</td><td>子目名称</td><td>单　位</td></tr>
<tr><td></td><td>……</td><td></td></tr>
<tr><td>704-2</td><td>人工种植灌木</td><td></td></tr>
<tr><td>-a</td><td>夹竹桃</td><td>棵</td></tr>
<tr><td>-b</td><td>木芙蓉</td><td>棵</td></tr>
<tr><td>-c</td><td>春杜鹃</td><td>棵</td></tr>
<tr><td></td><td>……</td><td></td></tr>
<tr><td>704-3</td><td>人工种植攀缘植物</td><td>棵</td></tr>
</table>

节次及节名	项目	编号	内容
第705节 植物养护 和管理	范围	705.01	(1)本节工作内容为公路绿化工作从开始种植到工程缺陷责任期结束,对所有按《技术规范》第703节及第704节施工的种植物进行管理和养护。 (2)通过整个绿化工程的实施应能营造出高速公路绿色走廊、固土、美化景观的效果,使道路和周围环境相协调,通过植物搭配,减少污染和噪声。
	计量和 支付	705.05	种植物的养护及管理是承包人完成绿化工程的附属工作,不另计量与支付。
第706节 声屏障	范围	706.01	本节工作内容为根据图纸要求,在路侧居民集中区、学校教学区、医院病房区等设置声屏障等隔声设施以及与此有关的施工作业。

图名	《技术规范》关于绿化及环境保护工程 工程量计量与支付的内容(5)	图号	8-2

《技术规范》关于绿化及环境保护工程工程量计量与支付的内容(6)

节次及节名	项　目	编　号	内　　　　　　　容
第 706 节 声屏障	计量与 支付	706.05	(1)计量 　吸、隔声板声屏障应按图纸施工完成并经监理人验收的现场量测的长度,以米为单位计量;吸声砖及墙声屏障以立方米为单位计量。声屏障的基础开挖、基底夯实、基坑回填、立柱、横板安装等工作为砌筑吸声砖声屏障及砌筑砖墙声屏障所必需的附属工作,均不另行计量。 (2)支付 　按上述规定计量,经监理人验收并列入了工程量清单的以下支付子目的工程量,其每一计量单位将以合同单价支付。此项支付包括材料、劳力、设备、运输等及其他为完成声屏障工程所必需的费用,是对完成工程的全部偿付。 (3)支付子目

子 目 号	子 目 名 称	单　　位
706-1	吸、隔声板声屏障	m
706-2	吸声砖声屏障	m³
706-3	砖墙声屏障	m³

注:消声板声屏障可按其高度不同以子项列出。

图名	《技术规范》关于绿化及环境保护工程 工程量计量与支付的内容(6)	图号	8－2

房建工程工程量清单计量规则(1)

(1)房建工程包括建筑基坑、地基与地下防水、混凝土、砖砌体、门窗、地面与楼面、屋面钢结构、抹灰、勾缝、室外及附属设施、暖卫及给排水、电气、收费设施工程。

(2)有关问题的说明及提示：

1)涉及到的总则、清理场地与拆除、土石方开挖、土石方填筑、收费设施、地下通道等计量规则见有关章节。

2)工程细目中涉及到正负零以上支架搭设及拆除、模板安装及拆除、垂直起吊材料构件、预埋铁件的除锈、制作安装均包括在相应的工程项目中,不另行计量。

3)工程项目中涉及到的养护工作,包括在相应的工程项目中,不另行计量。

工程量清单计量规则

项	目	节	细目	项目名称	项目特征	计量单位	工程量计算规则	工程内容
八				房建工程				
	1			建筑基坑				
		1		建筑基坑				
			a	挖土方	1. 土石类别 2. 深度 3. 基础类别 4. 弃方运距	m³	按设计图所示以基础垫层底面积乘挖土深度计算	1. 排地表水 2. 土石方开挖 3. 围护支撑 4. 运输 5. 边坡 6. 基底钎探
			b	挖石方				

图名	房建工程工程量清单计量规则(1)	图号	8-3

房建工程工程量清单计量规则(2)

续表

项目	目	节	细目	项目名称	项目特征	计量单位	工程量计算规则	工程内容
˙			c	回填土	1. 土质 2. 粒径要求 3. 密实度 4. 运距	m³	按挖方体积减去设计室外地坪以下埋设的基础体积(包括基础垫层及其他构筑物)计算	1. 土、石方装卸运输 2. 回填 3. 分层填筑
	2			地基与地下防水工程				
		1		地基				
			a	混凝土垫层	1. 厚度 2. 强度等级	m³	按设计图所示以体积计算 (1)基础垫层:垫层底面积乘厚度; (2)地面垫层:按设计垫层外边线所围面积(不扣除单孔 0.3m² 以内面积,扣除 0.3m² 以外面积)乘以厚度计算	1. 地基夯实 2. 垫层材料制备、运输 3. 垫层夯实 4. 铺筑垫层
			b	砾(碎)石、砂及砾(碎)石灌浆垫层	1. 厚度 2. 强度等级 3. 级配			
			c	灰土垫层	1. 厚度 2. 掺灰量			

图名	房建工程工程量清单计量规则(2)	图号	8-3

房建工程工程量清单计量规则(3)

续表

项目	目	节	细目	项目名称	项目特征	计量单位	工程量计算规则	工程内容
			d	混凝土灌注桩	1. 桩长桩径 2. 成孔方法 3. 强度等级	m	按设计图所示,以桩长度(包括桩尖)计算	1. 成孔、固壁 2. 灌注混凝土 3. 泥浆池、沟槽砌筑、拆除 4. 泥浆装卸、运输 5. 凿除桩头、清理运输
			e	砂石灌注桩	1. 桩长桩径 2. 成孔方法 3. 砂石级配		按设计图所示,以桩长度(包括桩尖长度)计算	1. 成孔 2. 运输及填充砂石 3. 震实
			f	桩基承台基础	强度等级	m³	按设计图示尺寸以体积计算,不扣除构件内钢筋、预埋铁件和伸入承台基础的桩头所占体积	混凝土制作、运输、浇捣、养护
			g	桩基检测	桩长桩径	根	按监理工程师验收的累计根数计算	1. 钻芯 2. 检测(按规定检测内容)

图名	房建工程工程量清单计量规则(3)	图号	8-3

房建工程工程量清单计量规则(4)

项目	节	细目	项目名称	项目特征	计量单位	工程量计算规则	工程内容
		h	砖基础	1. 材料规格 2. 基础类型 3. 强度等级	m^3	按设计图所示尺寸以体积计算,基础长度:外墙按中心线,内墙按净长线计算。应扣除地梁(圈梁)、构造柱所占体积、基础大放脚 T 型接头处的重叠部分以及嵌入基础内的钢筋、铁件、管道、基础砂浆防潮及单个面积在 $0.3m^2$ 以内孔洞所占体积不予扣除,但靠墙暖气沟的挑檐亦不增加。附墙垛基础宽出部分体积应并入基础工程量内	1. 材料运输 2. 砌砖 3. 铺设防潮层

图名	房建工程工程量清单计量规则(4)	图号	8-3

房建工程工程量清单计量规则(5)

项目	节	细目	项目名称	项目特征	计量单位	工程量计算规则	工程内容
		i	混凝土带形基础			按设计图示尺寸以体积计算,不扣除构件内钢筋、预埋铁件和伸入承台基础的桩头所占体积	1. 混凝土制作、运输、浇捣 2. 养护
		j	混凝土独立基础	1. 断面尺寸 2. 强度等级	m^3		
		k	混凝土满堂基础				1. 混凝土制作、运输、浇捣、模板、养护 2. 地脚螺栓、二次灌浆
		l	设备基础				
	2		地下防水工程				
		a	卷材防水	1. 材料规格 2. 涂膜厚度 3. 防水部位	m^2	按设计图所示以面积计算: (1)地面防水:按主墙间净空面积计算,扣除凸出地面的构筑物、设备基础等所占面积,不扣除柱、垛、间壁墙、烟囱及 $0.3m^2$ 以内空洞所占面积; (2)墙基防水:外墙按中心线,内墙按净长乘宽度计算	1. 基层处理 2. 抹找平层 3. 涂刷黏结剂 4. 铺设防水卷材 5. 铺保护层 6. 接缝、嵌缝
		b	涂膜防水				1. 基层处理 2. 抹找平层 3. 刷基层处理剂 4. 铺涂膜防水层 5. 铺保护层
		c	砂浆防水(潮)	1. 厚度 2. 强度等级			1. 基层处理 2. 挂钢丝网片 3. 设置分格缝 4. 摊铺防水材料

图名	房建工程工程量清单计量规则(5)	图号	8—3

房建工程工程量清单计量规则(6)

项	目	节	细目	项目名称	项目特征	计量单位	工程量计算规则	工程内容
			d	变形缝	1. 部位做法 2. 材料规格	m	按设计图所示,以长度计算	1. 清缝 2. 填塞防水材料 3. 安设盖板 4. 刷防护材料
	3			混凝土工程				
		1		混凝土工程				
			a	混凝土方柱			按设计图所示尺寸以体积计算,不扣除构件内钢筋、预埋铁件所占体积柱高:(1)有梁板柱高,应自柱基上表面(或楼板上表面)至上一层楼板上表面之间的高度计算;(2)框架柱高,应自柱基上表面至柱顶高度计算;(3)构造柱按全高计算(与砖墙嵌接部分的体积并入柱身体积)	1. 混凝土制作 2. 运输 3. 浇捣 4. 养护
			b	混凝土构造柱	1. 柱高度 2. 断面尺寸 3. 强度等级	m³		
			c	混凝土圆柱				

图名	房建工程工程量清单计量规则(6)	图号 8-3

房建工程工程量清单计量规则(7)

项目	目	节	细目	项目名称	项目特征	计量单位	工程量计算规则	工程内容
			d	混凝土梁	1. 标高 2. 断面尺寸 3. 强度等级	m³	按设计图所示尺寸以体积计算,不扣除构件内钢筋、预埋铁件所占体积梁长:(1)梁与柱连接时,梁长算至柱侧面;(2)主梁与次梁连接时,次梁长算至主梁侧面;(3)伸入墙内的梁头、梁柱体积并入梁体积计算	1. 混凝土制作 2. 运输 3. 浇捣 4. 养护
			e	混凝土基础梁			按设计图所示尺寸以体积计算,不扣除构件内钢筋、预埋铁件所占体积梁长:梁与柱连接时,梁长算至柱侧面	

图名	房建工程工程量清单计量规则(7)	图号	8-3

房建工程工程量清单计量规则(8)

项目	目	节	细目	项目名称	项目特征	计量单位	工程量计算规则	工程内容
			f	混凝土圈梁			按设计图所示尺寸以体积计算,不扣除构件内钢筋、预埋铁件所占体积	1. 混凝土制作 2. 运输 3. 浇捣 4. 养护
			g	混凝土有梁板			按设计图所示尺寸以体积计算,不扣除构件内钢筋、预埋铁件及 0.3m² 以内孔洞所占体积	
			h	预应力空心混凝土板	1. 标高 2. 断面尺寸 3. 强度等级	m³	空心板的空洞体积应扣除。其中: (1)有梁板包括主、次梁与板,按梁、板体积之间和计算; (2)无梁板按板和柱帽体积之和计算; (3)各类板伸入墙内的板头并入板体积内计算	现浇或预制安装
			i	混凝土无梁板				
			j	混凝土平板				
			k	混凝土天沟、挑檐板			按设计图所示尺寸,以体积计算	

图名	房建工程工程量清单计量规则(8)	图号	8-3

房建工程工程量清单计量规则(9)

续表

项目	目	节	细目	项目名称	项目特征	计量单位	工程量计算规则	工程内容
			l	雨篷、阳台板	1.标高 2.断面尺寸 3.强度等级	m²	按设计图所示以墙外部分体积计算,伸出墙外的牛腿和雨篷反挑檐合并在体积内计算	现浇或预制安装
			m	钢筋混凝土小型构件			按设计图所示尺寸以体积计算,不扣除构件内钢筋、铁件及小于300mm×300mm以内孔洞面积所占体积	
			n	混凝土直形墙	1.断面尺寸 2.强度等级	m³	按设计图所示尺寸以体积计算,不扣除构件内钢筋、铁件及小于300m×300mm以内孔洞面积所占体积,应扣除门帘洞口及0.3m²以外孔洞的体积,墙垛及突出部分并入墙体积计算	1.混凝土制作 2.运输 3.浇捣 4.养护

图名	房建工程工程量清单计量规则(9)	图号	8-3

房建工程工程量清单计量规则(10)

续表

项目	目	节	细目	项目名称	项目特征	计量单位	工程量计算规则	工程内容
			o	混凝土楼梯	1. 断面尺寸 2. 强度等级	m³	按设计图所示尺寸的水平,投影面积计算,不扣除宽度小于 500mm 的楼梯井,伸入墙内部分不计	现浇或预制安装
			p	台阶			按设计图所示以体积计算	
			q	现浇混凝土钢筋(种类)			按设计图所示尺寸长度乘以单位理论重量计算	1. 制作 2. 运输 3. 安装
			r	预制混凝土钢筋(种类)	材料规格	t		
			s	钢筋网片			按设计图所示的分类钢筋重量计算	
			t	钢筋笼				
			u	预埋铁件(螺栓)			按设计图所示尺寸,以重量计算	1. 螺栓、铁件制作 2. 运输 3. 安装

图名	房建工程工程量清单计量规则(10)	图号	8-3

房建工程工程量清单计量规则(11)

项目	目	节	细目	项目名称	项目特征	计量单位	工程量计算规则	工程内容
4				砌体工程				
		1		砖砌体工程				
			a	实心砖墙	1. 材料规格 2. 断面尺寸 3. 强度等级	m³	按设计图所示尺寸以体积计算。应扣除门窗洞口、过人洞、空洞、嵌入墙内的钢筋混凝土柱、梁、圈梁、挑梁、过梁及凹进墙内的壁龛、管槽、暖气槽、消火栓箱所占体积。不扣除梁头、板头、檩头、垫木、木楞头、沿缘木、木砖、门窗走头、砖墙内加固钢筋、木筋、铁件、钢管及 0.3m² 以下孔洞所占体积。凸出墙面的腰线、挑檐、压顶、窗台线、虎头砖、门窗套体积亦不增加。凸出墙面的砖垛并入墙体内	1. 材料运输 2. 砌砖 3. 勾缝 4. 搭拆脚手架

图名	房建工程工程量清单计量规则(11)	图号	8-3

房建工程工程量清单计量规则(12)

续表

项目	目	节	细目	项目名称	项目特征	计量单位	工程量计算规则	工程内容
			a	实心砖墙	1. 材料规格 2. 断面尺寸 3. 强度等级	m³	1. 墙长度:外墙按中心线,内墙按净长计算 2. 墙高度: (1)外墙:斜(坡)屋面无檐口天棚者算至屋面板底;有屋架且室外均有天棚者,算至屋架下弦底面另加200mm;无天棚者算至屋架下弦底面加300mm,出檐宽度超过600mm时,应按实砌高度计算;平屋面算至钢筋混凝土板底; (2)内墙:位于屋架下弦者,其高度算至屋架底;无屋架者算至天棚底另加100mm;有钢筋混凝土楼板隔层者算至板顶;有框架梁时算至梁底; (3)女儿墙:从屋面板上表面算至女儿墙顶面(如有混凝土压顶时算至压顶下表面); (4)内、外山墙:按其平均高度计算; (5)围墙:围柱并入围墙体积内	1. 材料运输 2. 砌砖 3. 勾缝 4. 搭拆脚手架

图名	房建工程工程量清单计量规则(12)	图号	8-3

房建工程工程量清单计量规则(13)

项	目	节	细目	项目名称	项目特征	计量单位	工程量计算规则	工程内容
			b	填充墙	1. 材料规格 2. 断面尺寸 3. 强度等级	m³	按设计图所示尺寸以体积计算。墙角、内外墙交接处、门窗洞口立边、窗台砖、屋檐处的实砌部分并入空斗墙体积内计算	1. 材料运输 2. 砌砖 3. 勾缝 4. 搭拆脚手架
			c	空斗墙				
			d	实心砖柱			按设计图所示尺寸以体积计算。扣除混凝土及钢筋混凝土及钢筋混凝土梁垫、梁头所占体积	
			e	砖窨井、检查井	1. 断面尺寸 2. 垫层材料厚度 3. 强度等级	m³	按设计图所示,以体积计算	1. 挖运土方、材料运输 2. 铺筑垫层夯实 3. 铺筑底板 4. 砌砖 5. 勾缝 6. 井池底、壁抹灰 7. 抹防潮层 8. 回填土 9. 盖(钢筋)混凝土板或铸铁盖板
			f	砖水池、化粪池				

图名	房建工程工程量清单计量规则(13)	图号	8-3

房建工程工程量清单计量规则(14)

项目	目	节	细目	项目名称	项目特征	计量单位	工程量计算规则	工程内容
			g	砖地沟、明沟	1. 断面尺寸 2. 垫层材料厚度 3. 强度等级	m	按设计图所示,以体积计算	1. 开挖 2. 垫层 3. 浇筑底板 4. 砌砖 5. 抹灰、勾缝 6. 盖(钢筋)混凝土板或铸铁盖板
			h	砖散水、地坪	1. 厚度 2. 强度等级	m²	按设计图所示,以面积计算	1. 地基找平、夯实 2. 材料运输 3. 砌砖散水、地坪 4. 抹砂浆面层
		2		石砌体				
			a	石挡土墙	1. 材料规格 2. 断面尺寸 3. 强度等级	m³	按设计图所示尺寸,以体积计算	1. 材料运输 2. 砌石勾缝 3. 压顶抹灰
			b	石护坡				1. 材料运输 2. 砌石勾缝
			c	石台阶				1. 材料运输 2. 砌石

图名	房建工程工程量清单计量规则(14)	图号	8-3

房建工程工程量清单计量规则(15)

项目	节	细目	项目名称	项目特征	计量单位	工程量计算规则	工程内容
		d	石地沟、明沟	1. 断面尺寸 2. 材料规格 3. 垫层厚度 4. 强度等级	m	按设计图所示,以长度计算	1. 挖运土石方 2. 铺筑垫层 3. 砌石勾缝 4. 回填土
	5		门窗工程				
		1	金属门				
		a	铝合金平开门	1. 框材质、外围尺寸 2. 扇材质、外围尺寸 3. 玻璃品种、规格 4. 五金要求	樘	按设计图所示数量计算	1. 门制作、运输、安装 2. 五金安装
		b	铝合金推拉门				
		c	铝合金地弹门				
		d	塑钢门				
		e	防盗门				
		f	金属卷闸门	1. 门材质、框外围尺寸 2. 启动装置品种、规格、品牌 3. 五金要求			门、启动装置、五金配件安装
		g	防火门				

图名	房建工程工程量清单计量规则(15)	图号	8-3

房建工程工程量清单计量规则(16)

项目	目	节	细目	项目名称	项目特征	计量单位	工程量计算规则	工程内容
		2		木质门				
			a	镶木板门	1. 框断面尺寸、单扇面积			1. 门制作、运输、安装
			b	企口木板门	2. 骨架材料种类			2. 五金安装
			c	实木装饰门	3. 面层材料品种、规格、品牌、颜色	樘	按设计图所示数量计算	3. 刷防护材料
			d	胶合板门	4. 五金要求 5. 防护层材料种类			4. 刷油漆
			e	夹板装饰门	6. 油漆品种、刷漆遍数			
		3		金属窗				
			a	铝合金窗(平开窗)	1. 框材质、外围尺寸			1. 窗制作、运输、安装
			b	铝合金推拉窗				2. 五金安装
			c	铝合金固定窗	2. 扇材质、外围尺寸	樘	按设计图所示数量计算	
			d	塑钢窗	3. 玻璃品种、规格			
			e	金属防盗窗	5. 五金要求			
			f	铝合金纱窗				

图名	房建工程工程量清单计量规则(16)	图号	8-3

房建工程工程量清单计量规则(17)

续表

项目	节	细目	项目名称	项目特征	计量单位	工程量计算规则	工程内容
	4		门窗套				
		a	实木门窗套	1. 底层厚度、强度等级 2. 立筋材料种类、规格 3. 基层材料种类 4. 面层材料品种、规格、品牌、颜色 5. 防护材料种类 6. 油漆品种、刷油遍数	m²	按设计图所示,以展开面积计算	1. 底层抹灰 2. 立筋制作、安装、基层板安装、铺贴面层 3. 刷防护材料 4. 刷油漆
	5		电动门				
		a	不锈钢电动伸缩门	品种、规格、品牌	套	按设计图所示数量计算	1. 制作安装 2. 附件装配 3. 维护调试

图名	房建工程工程量清单计量规则(17)	图号	8-3

房建工程工程量清单计量规则(18)

续表

项目	节	细目	项目名称	项目特征	计量单位	工程量计算规则	工程内容
6			地面与楼面工程				
	1		地面				
		a	细石混凝土地面	1. 找平层厚度、强度等级 2. 防水层厚度、材料种类 3. 面层强度等级	m²	按设计图所示以面积计算,应扣除凸出地面构筑物、设备基础、室内、地沟等所占面积,不扣除柱、垛、间壁墙、附墙烟囱及面积在 0.3m² 以内的孔洞所占面积,但门洞、空圈、暖气包槽、壁龛的开口部分亦不增加	1. 清理基层、抹找平层 2. 铺设防水层 3. 抹面层
		b	水泥砂浆地面		m³		
		c	块料楼地面	1. 找平层厚度、强度等级 2. 防水层厚度、材料种类 3. 结合层厚度、强度等级 4. 面层材料品种、规格、品牌、颜色 5. 嵌缝材料种类 6. 防护材料种类 7. 酸洗打蜡要求	m²	按设计图所示以面积计算,门洞、空圈、暖气包槽、壁龛的开口部分并入相应的工程量内	1. 抹找平层 2. 铺设防水层 3. 铺设面层 4. 嵌缝 5. 刷防护材料 6. 酸洗打蜡
		d	石材楼地面				

房建工程工程量清单计量规则(19)

项	目	节	细目	项目名称	项目特征	计量单位	工程量计算规则	工程内容
			e	防静电活动地板	1.找平层厚度、强度等级 2.支架高度、材料种类 3.面层材料品种、规格、品牌、颜色 4.防护材料种类	m²	按设计图所示以面积计算	1.抹找平层 2.刷防护材料 3.安装固定支架、活动面层
			f	竹木地板	1.平层厚度、砂浆配合比 2.龙骨材料种类 3.基层材料种类 4.面层材料品种、规格、品牌、颜色 5.黏结材料种类 6.防护材料种类 7.油漆品种、刷漆遍数		按设计图所示以面积计算,门洞、空圈、暖气包槽、壁龛的开口部分并入相应的工程量内	1.抹找平层 2.铺设龙骨、基层、面层 3.刷防护材料 4.刷油漆
		2		楼地面层				

图名	房建工程工程量清单计量规则(19)	图号	8-3

房建工程工程量清单计量规则(20)

项目	节	细目	项目名称	项目特征	计量单位	工程量计算规则	工程内容
		a	块料楼梯面层	1. 找平层厚度、强度等级 2. 粘结层厚度、材料种类 3. 面层材料品种、规格、品牌、颜色 4. 防滑条材料种类、规格 5. 勾缝材料种类 6. 防护材料种类 7. 酸洗打蜡要求	m²	按设计图所示以楼梯(包括踏步、休息平台以及50mm以内的楼梯井)水平投影面积计算楼梯与楼地面相连时,算至梯口梁内侧边沿;无梯口梁者,算至最上一层踏步边沿加300mm	1. 抹找平层 2. 铺贴面层 3. 贴嵌防滑条 4. 刷防护材料 5. 酸洗打蜡
		b	石材楼梯面层				
	3		扶手、栏杆				
		a	硬木扶手带栏杆、栏板	1. 扶手材料种类、规格、品牌、颜色 2. 栏杆材料种类、规格、品牌、颜色 3. 栏板材料种类、规格、品牌、颜色 4. 固定配件种类 5. 防护材料种类 6. 油漆品种、刷漆遍数	m	按设计图所示以扶手中心线长度(包括弯头长度)计算	1. 扶手制作、安装 2. 栏杆、栏板制作、安装 3. 弯头制作、安装 4. 刷防护材料 5. 刷油漆
		b	金属扶手带栏杆、栏板				

图名	房建工程工程量清单计量规则(20)	图号	8-3

房建工程工程量清单计量规则(21)

续表

项目	节	细目	项目名称	项目特征	计量单位	工程量计算规则	工程内容
	4		台阶面层				
		a	块料台阶面层	1．找平层厚度、强度等级 2．粘结层厚度、材料种类 3．面层材料品种、规格、品牌、颜色 4．勾缝材料种类 5．防滑条材料种类、规格 6．防护材料种类	m	按设计图所示以台阶(包括最上层踏步边沿加300mm)水平投影面积计算	1．抹找平层 2．铺贴面层 3．贴嵌防滑条 4．刷防护材料
		b	石料台阶面层				
	7		屋面工程				
		1	屋面				
		a	瓦屋面	1．瓦品种、规格、品牌、颜色 2．防水材料种类 3．基层材料种类 4．檩条种类、截面尺寸 5．防护材料种类	m²	按设计图所示以斜面面积计算。不扣除房上烟囱、风帽底座、风道、小气窗、斜沟等所占面积。小气窗的出檐部分亦不增加	1．安檩条 2．安椽子 3．铺基层 4．铺防水层 5．安顺水条和挂瓦条 6．刷防护材料

图名	房建工程工程量清单计量规则(21)	图号 8—3

房建工程工程量清单计量规则(22)

项目	目	节	细目	项目名称	项目特征	计量单位	工程量计算规则	工程内容
			b	型材屋面	1. 型材品种、规格、品牌、颜色 2. 骨架材料品种、规格 3. 接缝、嵌缝材料种类		按设计图所示以斜面面积计算。不扣除房上烟囱、风帽底座、风道、小气窗、斜沟等所占面积。小气窗的出檐部分亦不增加	1. 骨架制作、安装 2. 屋面型材安装 3. 接缝、嵌缝
			c	屋面卷材防水	1. 卷材品种、规格 2. 防水层作法 3. 嵌缝材料种类 4. 防护材料种类	m²	按设计图所示尺寸以斜面面积计算: (1)斜屋顶(不包括平屋顶找坡)按斜面积计算;平屋顶按水平投影面积计算; (2)不扣除房上烟囱、风帽底座、风道、屋面小气窗和斜沟所占的面积; (3)屋面的女儿墙、伸缩缝和天窗等处的弯起部分,并入屋面工程量计算	1. 基层处理 2. 抹找平层 3. 刷底油 4. 铺油毡卷材、接缝、嵌缝 5. 铺保护层
			d	屋面涂膜防水	1. 防水膜品种 2. 涂膜厚度 3. 嵌缝材料种类 4. 防护材料种类			1. 基层处理 2. 抹找平层 3. 涂防水膜 4. 铺保护层
			e	屋面刚性防水	1. 防水层厚度 2. 嵌缝材料种类 3. 强度等级		按设计图所示以面积计算,不扣除房上烟囱、风帽底座、风道等所占的面积	1. 基层处理 2. 铺筑混凝土

图名	房建工程工程量清单计量规则(22)	图号	8－3

房建工程工程量清单计量规则(23)

项目	节	细目	项目名称	项目特征	计量单位	工程量计算规则	工程内容
		f	屋面排水管	1.排水管品种、规格、品牌、颜色 2.接缝、嵌缝材料种类 3.油漆品种、刷漆遍数	m	按设计图所示尺寸以长度计算,设计未标注尺寸的,以檐口至设计室外地面垂直距离计算	1.安装固定排水管、配件 2.安雨水斗、雨水篦子 3.接缝、嵌缝
		g	屋面天沟、沿沟	1.材料品种 2.宽度、坡度 3.接缝、嵌缝材料种类 4.防护材料种类	m²	按设计图所示以面积计算,铁皮和卷材天沟按展开面积计算	1.砂浆找坡 2.铺设天沟材料 3.安天沟配件 4.接缝嵌缝 5.刷防护材料
8			钢结构工程				
	1		钢结构工程				

图名	房建工程工程量清单计量规则(23)	图号	8-3

房建工程工程量清单计量规则(24)

项目	目	节	细目	项目名称	项目特征	计量单位	工程量计算规则	工程内容
			a	钢网架	1. 钢材品种、规格 2. 网架节点形式、连接方式 3. 网架跨度、安装高度 4. 探伤要求 5. 油漆品种、刷漆遍数	m²	按设计图所示尺寸以重量计算,不扣除孔眼、切边、切肢的重量,焊条铆钉、螺栓等的重量不另增加。不规则或多边形钢板,以其外接矩形面积乘以厚度计算	1. 制作 2. 运输 3. 拼装 4. 拼装台安拆 5. 安装 6. 探伤 7. 刷油漆 8. 搭拆脚手架
			b	钢楼梯	1. 钢材品种、规格 2. 钢梯形式 3. 油漆品种、刷漆遍数	t		1. 制作 2. 运输 3. 安装 4. 探伤 5. 刷油漆

图名	房建工程工程量清单计量规则(24)	图号	8-3

房建工程工程量清单计量规则(25)

续表

项目	节	细目	项目名称	项目特征	计量单位	工程量计算规则	工程内容
		c	钢管柱	1. 钢材品种、规格 2. 单根柱重量 3. 探伤要求 4. 油漆种类、刷漆遍数	t	按设计图所示尺寸以重量计算,不扣除孔眼、切边、切肢的重量,焊条、铆钉、螺栓等的重量不另增加。不规则或多边形钢板,以其外接矩形面积乘厚度计算。钢管柱上的节点板、加强环、内衬管、牛腿等并入钢管柱工程量内	1. 制作 2. 运输 3. 安装 4. 探伤 5. 刷油漆 6. 脚手架
		d	围墙大门	1. 材质、规格 2. 油漆种类、刷漆遍数	樘	按设计图所示数量计算	1. 制作、运输 2. 安装 3. 刷油漆
		e	阳台晾衣架	材质、形式、规格	个		1. 制作、安装 2. 刷油漆
		f	室外晾衣棚		m²		
	9		墙面工程				
		1	抹灰、勾缝				

图名	房建工程工程量清单计量规则(25)	图号	8-3

房建工程工程量清单计量规则(26)

项目	目	节	细目	项目名称	项目特征	计量单位	工程量计算规则	工程内容
			a	墙面一般抹灰	1. 墙体类型 2. 底层厚度、强度等级 3. 装饰面材料种类、厚度、强度等级 4. 装饰线条宽度、材料种类	m²	按设计图所示以面积计算,应扣除墙裙、门窗洞口和 0.3m² 以上的孔洞面积,不扣除踢脚线、挂镜线和墙与构件交接处的面积,门窗洞口和孔洞的侧壁及顶面亦不增加。附墙柱、梁、垛、烟囱侧壁并入相应的墙面积内计算: 1. 外墙抹灰面积:按外墙垂直投影面积计算 2. 外墙裙抹灰面积:按其长度乘高度计算 3. 内墙抹灰面积:以主墙间的净长乘高度计算 高度的确定: (1)无墙裙的,按室内楼地面至天棚底面高度; (2)有墙裙的,按墙裙顶至天棚底面高度 4. 内墙裙抹灰面:按内墙净长计算	1. 砂浆制作 2. 墙面抹灰、分格嵌缝 3. 抹装饰线条 4. 搭拆脚手架
			b	墙面装饰抹灰				
			c	墙面勾缝	1. 墙体类型 2. 勾缝类型 3. 勾缝材料种类			1. 拌和砂浆 2. 勾缝 3. 养生 4. 搭拆脚手架

图名	房建工程工程量清单计量规则(26)	图号	8-3

房建工程工程量清单计量规则(27)

项	目	节	细目	项目名称	项目特征	计量单位	工程量计算规则	工程内容
			d	柱面一般抹灰	1. 柱体类型 2. 底层厚度、强度等级 3. 装饰面材料种类、厚度、强度等级	m²	按设计图所示,以柱断面周长乘高度计算	1. 砂浆制作 2. 柱面抹灰 3. 分格 4. 嵌条 5. 搭拆脚手架
			e	柱面装饰抹灰				
			f	柱面勾缝	1. 墙体类型 2. 勾缝类型 3. 勾缝材料种类		按设计图所示,以面积计算	1. 拌和砂浆 2. 勾缝 3. 养生 4. 搭拆脚手架
		2		墙面				
			a	石材墙面	1. 墙体材料 2. 底层厚度、强度等级 3. 结合层厚度、材料种类 4. 挂贴方式 5. 干挂方式(膨胀螺栓、钢龙骨) 6. 面层材料品种、规格、品牌、颜色 7. 缝宽、嵌缝材料种类 8. 防护材料种类 9. 碎石磨光、酸洗打蜡要求	m²	按设计图所示,以面积计算	1. 底层抹灰 2. 铺贴、干挂式或挂贴面层 3. 刷防护材料 4. 磨光、酸洗打蜡 5. 脚手架
			b	块料墙面				

图名	房建工程工程量清单计量规则(27)	图号	8-3

房建工程工程量清单计量规则(28)

项目	目	节	细目	项目名称	项目特征	计量单位	工程量计算规则	工程内容
			c	干挂石材钢骨架	1. 骨架种类、规格 2. 油漆品种、刷漆遍数			1. 骨架制作安装 2. 骨架油漆 3. 脚手架
			d	石材柱面	1. 柱体材料 2. 柱断面尺寸 3. 底层厚度、强度等级 4. 粘结层厚度、材料种类 5. 挂贴方式 6. 干挂方式 7. 面层材料品种、规格、品牌、颜色 8. 缝宽、嵌缝、材料种类 9. 防护材料种类 10. 碎石磨光、酸洗打蜡要求	m^2	按设计图所示,以面积计算	1. 底层抹灰 2. 铺贴、干挂式或挂贴面层 3. 刷防护材料 4. 磨光、酸洗打蜡 5. 脚手架

图名	房建工程工程量清单计量规则(28)	图号	8-3

房建工程工程量清单计量规则(29)

项	目	节	细目	项目名称	项目特征	计量单位	工程量计算规则	工程内容
			e	块料柱面	1. 柱体材料 2. 柱截面尺寸 3. 底层厚度、强度等级 4. 粘结层厚度、材料种类 5. 挂贴方式 6. 干挂方式 7. 面层材料品种、规格、品牌、颜色 8. 缝宽、嵌缝材料种类 9. 防护材料种类 10. 碎石磨光、酸洗打蜡要求	m²	按设计图所示,以面积计算	1. 底层抹灰 2. 铺贴、干挂式或挂贴面层 3. 刷防护材料 4. 磨光、酸洗打蜡 5. 脚手架
		3		装饰墙面				

图名	房建工程工程量清单计量规则(29)	图号	8-3

房建工程工程量清单计量规则(30)

项	目	节	细目	项目名称	项目特征	计量单位	工程量计算规则	工程内容
			a	装饰墙面	1. 墙体材料 2. 底层厚度、强度等级 3. 龙骨材料种类、规格 4. 隔离层材料种类 5. 基层材料种类、规格 6. 面层材料品种、规格、品牌、颜色 7. 压条材料种类、规格 8. 防护材料、种类 9. 油漆品种、刷漆遍数	m²	按设计图所示墙净长乘净高以面积计算,扣除门窗洞口及 0.3m²以上的孔洞所占面积	1. 底层抹灰 2. 龙骨制作、安装 3. 钉隔离层 4. 铺钉基层 5. 铺贴面层 6. 刷防护材料 7. 刷油漆、涂料 8. 搭拆脚手架
			b	装饰柱(梁)面	1. 柱(梁)体材料 2. 底层厚度、砂浆配合比 3. 龙骨材料种类、规格 4. 隔离层材料种类 5. 基层材料种类、规格 6. 面层材料品种、规格、品牌、颜色 7. 压条材料种类、规格 8. 防护材料种类 9. 油漆品种、刷漆遍数		按设计图所示外围饰面尺寸乘高度(或长度)以面积计算,柱帽、柱墩工程量并入相应柱面积内计算	

图名	房建工程工程量清单计量规则(30)	图号	8－3

房建工程工程量清单计量规则(31)

项目	节	细目	项目名称	项目特征	计量单位	工程量计算规则	工程内容
	4		幕墙				
		a	带骨架幕墙	1. 骨架材料种类、规格、间距 2. 面层材料品种、规格、品牌、颜色 3. 面层固定方式 4. 嵌缝、塞口材料种类	m²	按设计图所示,以框外围面积计算	1. 幕墙制作、安装 2. 搭拆脚手架
		b	全玻幕墙	1. 玻璃品种、规格、品牌、颜色 2. 粘结塞口材料种类 3. 固定方式		按设计图所示,以面积计算,带肋全玻幕墙按展开面积计算	
	5		抹灰				

图名	房建工程工程量清单计量规则(31)	图号	8-3

房建工程工程量清单计量规则(32)

续表

项目	目	节	细目	项目名称	项目特征	计量单位	工程量计算规则	工程内容
			a	天棚抹灰	1. 基层种类 2. 抹灰厚度、材料种类 3. 强度等级		按设计图所示以水平投影面积计算,不扣除间壁墙、垛、柱、附墙烟囱、检查口和管道所占的面积。带梁天棚、梁两侧抹灰面积并入天棚内计算;板式楼梯底面抹灰按斜面积计算,锯齿形状梯底板按展开面积计算	1. 砂浆制作 2. 抹灰 3. 抹装饰线条 4. 脚手架
			b	天棚饰面吊顶	1. 吊顶形式 2. 龙骨材料种类、规格 3. 基层材料种类、规格 4. 面层材料种类、规格、品牌、颜色 5. 压条材料种类、规格 6. 嵌缝材料种类 7. 防护材料种类 8. 油漆品种、刷漆遍数	m²	按设计图所示以水平投影面积计算。天棚面中的灯槽、跌级、锯齿形、吊挂式、藻井式展开增加的面积不另计算。不扣除间壁墙、检查洞、附墙烟囱、柱垛和管道所占面积。应扣除0.3m²以上孔洞、独立柱及与天棚相边的窗帘盒所有的面积	1. 龙骨制作、安装 2. 铺贴基层板 3. 铺贴面层 4. 嵌缝 5. 刷防护材料 6. 刷油漆、涂料 7. 脚手架
			c	灯带	1. 灯带规格 2. 格栅片材料品种、规格、品牌、颜色 3. 安装固定方式		按设计图所示以框外围面积计算	1. 格栅片安装 2. 固定 3. 脚手架

图名	房建工程工程量清单计量规则(32)	图号	8-3

房建工程工程量清单计量规则(33)

项目	节	细目	项目名称	项目特征	计量单位	工程量计算规则	工程内容
10			室外及附属设施工程				
	1		路面				
		a	垫层	1. 厚度 2. 材料品种规格 3. 级配	m²	按设计图所示,以面积计算	1. 运料 2. 拌合 3. 铺筑 4. 找平 5. 碾压 6. 养生
		b	石灰稳定土	1. 厚度 2. 含灰量			
		c	水泥稳定土	1. 厚度 2. 水泥含量			
		d	石灰、粉煤灰、土	1. 厚度 2. 配合比			
		e	石灰、碎(砾)石、土	1. 材料品种 2. 厚度 3. 配合比			
		f	水泥稳定碎(砂砾)石	1. 厚度 2. 材料规格 3. 配合比			

图名	房建工程工程量清单计量规则(33)	图号	8-3

房建工程工程量清单计量规则(34)

项目	目	节	细目	项目名称	项目特征	计量单位	工程量计算规则	工程内容
			g	水泥混凝土	1. 强度等级 2. 厚度 3. 外掺剂品种、用量 4. 传力杆及套筒安装要求	m²	按设计图所示,以面积计算	1. 拉杆、角隅钢筋、传力杆及套筒制作安装 2. 模板 3. 混凝土浇筑、运输 4. 拉毛或压痕 5. 锯缝 6. 嵌缝 7. 真空吸水 8. 路面养生
			h	块料面层	1. 材料品种 2. 规格 3. 垫层厚度 4. 强度等级			1. 铺筑垫层 2. 铺砌块料 3. 嵌缝、勾缝
			i	现浇混凝土人行道	1. 强度等级 2. 面层厚度 3. 垫层材料品种、厚度			1. 基层整形碾压 2. 模板 3. 垫层铺筑 4. 面层混凝土浇筑 5. 养生

图名	房建工程工程量清单计量规则(34)	图号	8-3

房建工程工程量清单计量规则(35)

项目	节	细目	项目名称	项目特征	计量单位	工程量计算规则	工程内容
		2	树池砌筑	1. 材料品种、规格 2. 树池尺寸	个	按设计图所示数量计算	筑树池
11			暖卫及给排水工程				
	1		管道				
		a	镀锌钢管	1. 安装部位(室内、外) 2. 材料材质、规格 3. 连接方式 4. 套管形式 5. 管道泄露性试验设计要求 6. 除锈标准、刷油防腐、绝热及保护层设计要求	m	1. 按设计图所示的管道中心线长度以延长米计算,不扣除阀门、管件及各种井类所占的长度 2. 方形补偿器以其所占长度计入管道安装工程量	1. 管道、管件及弯管的制作安装 2. 套管(包括防水套管)制作安装 3. 钢管除锈、刷油、防腐 4. 管道绝热及保护层安装、除锈刷油 5. 泄漏性试验 6. 警示带、标志牌装设 7. 金属软管安装 8. 给水管道消毒、冲洗 9. 水压试验
		b	焊接钢管				
		c	钢管				

图名	房建工程工程量清单计量规则(35)	图号 8-3

房建工程工程量清单计量规则(36)

项目	目	节	细目	项目名称	项目特征	计量单位	工程量计算规则	工程内容
			d	塑料管(UP－VC、PP－C、PP－R管)	1. 安装部位(室内、外) 2. 材料材质、规格 3. 连接方式 4. 套管形式 5. 除锈标准、刷油防腐、绝热及保护层设计要求	套	1. 按设计图所示的管道长度以延长米计算,不扣除阀门、管件及各种井类所占的长度 2. 方形补偿器以其所占长度计入管道安装工程量	1. 管道、管件及弯管的制作安装 2. 管件安装(指铜管管件、不锈钢管管件) 3. 套管(包括防水套管)制作安装 4. 钢管除锈、刷油、防腐 5. 管道绝热及保护层安装、除锈刷油 6. 给水管道消毒、冲洗 7. 水压试验
			e	塑料复合管				
		2		阀门				

图名	房建工程工程量清单计量规则(36)	图号	8－3

房建工程工程量清单计量规则(37)

项	目	节	细目	项目名称	项目特征	计量单位	工程量计算规则	工程内容
			a	螺纹阀门	1. 类型(浮球阀、手动排气阀、液压式水位控制阀、不锈钢阀门、煤气减压阀、液相自动转换阀、过滤阀等) 2. 材质 3. 型号规格 4. 绝热及保护层设计要求	个	按设计图所示数量计量	1. 阀门安装 2. 阀门绝热及保护层
			b	螺纹法兰阀门				
			c	焊接法兰阀门				
			d	安全阀				
			e	法兰	1. 材质、规格 2. 连接方式	副	按设计图所示数量计量	法兰安装
			f	水表				水表安装
		3		卫生器具				
			a	洗脸盆	1. 材质 2. 组装形式 3. 型号规格 4. 开关品种	组	按设计图所示数量计算	洗脸盆及附件安装
			b	洗手盆				
			c	洗涤盆				

房建工程工程量清单计量规则(38)

续表

项	目	节	细目	项目名称	项目特征	计量单位	工程量计算规则	工程内容
			d	淋浴器	1. 材质 2. 组装形式 3. 型号规格	组		淋浴器及附件安装
			e	大便器		套		大便器及附件安装
			f	小便器		套		小便器及附件安装
			g	排水栓	1. 弯头形式 2. 材质 3. 型号规格	组	按设计图所示数量计算	安装
			h	水龙头	1. 材质 2. 型号规格	个		
			i	地漏				
			j	热水器	1. 能源类型(电能、太阳能) 2. 品牌规格	台		1. 热水器安装 2. 热水器管道、管件、附件安装 3. 绝热及保护层安装
		4		防火器材				

图名	房建工程工程量清单计量规则(38)	图号	8-3

房建工程工程量清单计量规则(39)

项目	目	节	细目	项目名称	项目特征	计量单位	工程量计算规则	工程内容
			a	消火栓	1. 安装位置 2. 型号规格 3. 形式	套		1. 消火栓及附件安装 2. 调试
			b	干粉灭火器	1. 型号规格	台	按设计图所示数量计量	安装
			c	消防水箱制作安装	1. 材质 2. 形状、容量 3. 支梁材质、型号规格 4. 除锈标准、刷油设计要求	座		1. 水箱制作 2. 水箱安装 3. 支架制作安装 4. 除锈、刷油
			d	探测器(感烟)	型号规格	套	按设计图所示数量计量,其产品为成套提供	1. 装置及附件安装 2. 调试
			e	探测器(感温)				
			f	水喷头	1. 型号规格 2. 材质	个	按设计图所示数量计算	1. 喷头安装 2. 密封式、试验
			g	警报装置	1. 名称、型号 2. 规格	套	按设计图所示数量计算,其产品为成套提供	1. 装置及附件安装 2. 调试

图名	房建工程工程量清单计量规则(39)	图号	8－3

房建工程工程量清单计量规则(40)

项目	节	细目	项目名称	项目特征	计量单位	工程量计算规则	工程内容
12			电气设备安装工程				
	1		电气工程				
		a	电力变压器(箱式变电站)	1. 品牌型号 2. 容量(kVA)	台		1. 基础槽钢制安 2. 本体安装 3. 接地线安装、系统调试
		b	避雷器	1. 型号规格 2. 电压等级	组		本体安装
		c	隔离开关	1. 型号规格 2. 容量(A)		按设计图所示数量计量	1. 本件及部件安装 2. 支架、油漆制安
		d	成套配电柜				1. 基础槽钢制安、接地 2. 柜体安装、接地 3. 支持绝缘子、穿墙套管耐压试验及安装 4. 穿通板制作及安装 5. 小型工程直接采用电缆系统调试
		e	动力(空调)配电箱	1. 型号规格 2. 母线设置方式 3. 回路	台		
		f	照明配电箱				
		g	插座箱				
		h	液位控制装置		套		
	2		电缆及支架				

图名	房建工程工程量清单计量规则(40)	图号	8-3

房建工程工程量清单计量规则(41)

续表

项目	目	节	细目	项目名称	项目特征	计量单位	工程量计算规则	工程内容
			a	电缆敷设	1. 型号规格 2. 地形	m	按设计图所示尺寸,以长度计算	1. 揭(盖)盖板 2. 铺砖盖砖 3. 电缆敷设 4. 电缆头制作、试验及安装 5. 电缆试验
			b	电缆保护管	1. 材质 2. 规格			1. 制作除锈刷油 2. 安装
			c	电缆桥架	1. 型号规格 2. 材质 3. 地形			
			d	支架		t	按设计图所示尺寸,以重量计算	1. 支架制作、除锈刷油 2. 安装
		3		高压线路				
			a	电杆组立	1. 规格 2. 类型 3. 地形	根	按设计图所示数量计算	1. 工地运输 2. 土石方工程 3. 底盘、拉盘、卡盘安装 4. 木电杆防腐 5. 电杆组立 6. 横担安装 7. 拉线制作安装

图名	房建工程工程量清单计量规则(41)	图号	8-3

房建工程工程量清单计量规则(42)

项目	节	细目	项目名称	项目特征	计量单位	工程量计算规则	工程内容
		b	导线架设	1. 型号规格 2. 地形	km	按设计图所示尺寸,以长度计算	1. 导线架线 2. 导线跨越及进户线架设 3. 铁构件制安、油漆
	4		室内供电线路				
		a	电气配管	1. 材质 2. 规格 3. 配置形式及部位	m	按设计图所示以延长米计算,不扣除管路中间的接线箱(盒)、灯头盒、开关盒所占长度	1. 刨沟槽 2. 钢索架设(拉紧装置安装) 3. 支架制作安装 4. 电线管路敷设 5. 接线盒(箱)、灯头盒、开关盒、插座盒安装 6. 防腐油漆 7. 接地跨接
		b	线槽	1. 材质 2. 规格	m	按设计图所示,以延长米计算	1. 安装 2. 油漆

图名	房建工程工程量清单计量规则(42)	图号	8-3

房建工程工程量清单计量规则(43)

项目	目	节	细目	项目名称	项目特征	计量单位	工程量计算规则	工程内容
			c	电气配线	1. 材质 2. 规格 3. 配置形式 4. 敷设部位或线制	m	按设计图所示,以单线延长米计算	1. 支持体(夹板、绝缘子槽板等)安装 2. 支架制作安装及油漆 3. 钢索架设(接紧装置安装) 4. 配线
		5		灯柱、灯座				
			a	座灯、筒灯、吸顶灯				
			b	双管荧光灯				
			c	单管荧光灯				
			d	工矿灯、应急灯、防爆灯	1. 型号规格 2. 安装形式及高度	套	按设计图所示数量计算	安装
			e	柱顶灯				
			f	庭园灯				
			g	路灯				
			h	草坪灯				
			i	圆球灯				

图名	房建工程工程量清单计量规则(43)	图号	8-3

房建工程工程量清单计量规则(44)

项目	节	细目	项目名称	项目特征	计量单位	工程量计算规则	工程内容
	6		开关				
		a	开关(单联、双联、三联)	1. 型号规格 2. 容量(A)	套	按设计图所示数量计量	本体安装
		b	带开关插座(防浅型)			按合同规定的型号、功率、数量配置验收合格为准	
	7		吊风扇	1. 型号规格 2. 品牌	套	按合同规定的型号、功率、数量配置验收合格为准	本体及部件安装
	8		发电机设备				
		a	发电机组	1. 型号 2. 容量(kW)	套	按合同规定的型号、功率、数量配置验收合格为准	1. 本体安装 2. 检查接线 3. 干燥 4. 系统调试
	9		防雷及接地装置				

图名	房建工程工程量清单计量规则(44)	图号	8-3

房建工程工程量清单计量规则(45)

项目	目	节	细目	项目名称	项目特征	计量单位	工程量计算规则	工程内容
			a	室内外接地线安装	1. 规格 2. 材质	m	按设计图所示,以长度计算	1. 接地极(板)制作安装 2. 接地母线敷设 3. 换土或化学接地装置 4. 接地跨接线 5. 构架接地 6. 防腐及油漆 7. 接地装置调试
			b	避雷装置	1. 型号 2. 长度	套	按设计图所示数量计算	1. 避雷针制作安装 2. 避雷网敷设 3. 引下线敷设、断接卡子制作安装 4. 拉线制作安装 5. 接地极(板、桩)制作安装 6. 极间连接 7. 油漆 8. 换土或化学接地装置 9. 钢铝窗接地 10. 均压环敷设 11. 柱主筋、圈梁钢筋焊接与避雷装置调试

图名	房建工程工程量清单计量规则(45)	图号	8-3

公路工程概算定额绿化及临时工程部分的应用(1)

序号	项目	内容
1	绿化工程定额说明	(1)死苗补植已综合在栽植子目中,盆栽植物均按脱盆的规格套用相应的定额子目。 (2)苗木及地被植被的场内运输已在定额中综合考虑,使用定额时不得另行计算。 (3)定额的工作内容中的清理场地,是指工程完工后将树穴淤泥杂物清除并归堆,若有淤泥杂物需外运时,其费用另按土石方有关定额子目计算。 (4)栽植子目均按填土可用的情况进行编制,若需要换土,则按有关子目进行计算。 (5)当编制中央分隔带部分的绿化工程概算时,若中央分隔带内的填土没有计入该项工程概算,其填土可按路期土方有关定额子目计算,但应扣减树穴所占的体积。 (6)为了确保路基边坡的稳定而修建各种形式的网格植草或播种草籽等护坡,应并入防护工程内计算。 (7)测量放样均指在场地平整好并达到设计要求后进行,场地平整费用另按场地平整定额子目计算。 (8)运苗木子目仅适用于自运苗木的运输。 (9)定额适用于公路沿线及管理服务区的绿化和公路交叉处(互通立交、平交)的美化、绿化工程。 (10)定额中的胸径是指距地坪1.30m高处的树干直径,株高是指树顶端距地坪的高度;篱高是指绿篱苗木顶端距地坪的高度。

图名	公路工程概算定额绿化及临时 工程部分的应用(1)	图号	8-4

公路工程概算定额绿化及临时工程部分的应用(2)

序号	项 目	内 容
2	临时工程定额说明	(1)临时工程定额包括汽车便道,临时便桥,临时码头,轨道铺设,架设输电、电信线路,人工夯打小圆木桩共六个项目。 (2)汽车便道按路基宽度为7.0m和4.5m分别编制,便道路面宽度按6.0m和3.5m分别编制,路基宽度4.5m的定额中已包括错车道的设置。汽车便道项目中未包括便道使用期内养护所需的工、料、机数量,如便道使用期内需要养护,使用定额时,可根据施工期按表1增加数量。

单位:公里·月　　表1

序号	项　　目	单位	代号	汽车便道路基宽度(m)	
				7.0	4.5
1	人工	工日	1	3.0	2.0
2	天然砂砾	m³	908	18.00	10.80
3	6~8t光轮压路机	台班	1075	2.20	1.32

(3)临时汽车便桥按桥面净宽4m、单孔跨径21m编制。

(4)重力式砌石码头定额中不包括拆除的工程内容,需要时可按"桥涵工程"项目的"拆除旧建筑物"定额另行计算。

(5)轨道铺设定额中轻轨(11kg/m,15kg/m)部分未考虑道碴,轨距为75cm,枕距为80cm,枕长为1.2m;重轨(32kg/m)部分轨距为1.435m,枕距为80cm,枕长为2.5m,岔枕长为3.35m,并考虑了道碴铺筑。

	图名	公路工程概算定额绿化及临时工程部分的应用(2)	图号	8-4

公路工程概算定额绿化及临时工程部分的应用(3)

序号	项 目	内 容
2	临时工程定额说明	(6)人工夯打小圆木桩的土质划分及桩入土深度的计算方法与打桩工程相同。圆木桩的体积,根据设计桩长和梢径(小头直径),按木材材积表计算。 (7)临时工程定额中便桥,输电、电讯线路的木料、电线的材料消耗均按一次使用量计列,使用定额时,应按规定计算回收;其他各项定额分别不同情况,按其周转次数摊入材料数量。
3	应用举例	【例】 某临时汽车钢便桥工程,要求桥面净宽 10m、载重按汽—15 级。试确定该工程的概算定额值。 **解:**根据概算定额"临时工程"章说明 3 规定,定额值系按桥面净宽 4m 编制的。本工程的载重标准与定额相符,只是桥面净宽与定额不符。故只需将定额用量乘以相应的比例系数即可。 查概算定额 7 - 1 - 2,得: 人工:$47.6 \times 10 \div 4 = 119$ 工日 原木:$0.171 \times 10 \div 4 = 0.428 m^3$ 锯材:$5.165 \times 10 \div 4 = 12.91 m^3$ 铁件:$16.1 \times 10 \div 4 = 40.25 kg$ 其他材料费:$384 \times 10 \div 4 = 960$ 元 设备摊销费:$2353.3 \times 10 \div 4 = 5883.25$ 元 50kN 以内单筒慢速卷扬机:$3.08 \times 10 \div 4 = 7.7$ 台班 小型机具使用费:$6.3 \times 10 \div 4 = 15.75$ 元

图名	公路工程概算定额绿化及临时 工程部分的应用(3)	图号	8-4

公路工程预算定额绿化及临时工程部分的应用(1)

序号	项 目	内　　　容
1	绿化工程定额说明	(1)死苗补植在栽植子目中已包含,使用定额时不得更改。盆栽植物均按脱盆的规格套用相应的定额子目。 (2)苗木及地被植物的场内运输已在定额中综合考虑,使用定额时不得另行增加。 (3)定额的工作内容中的清理场地,是指工程完工后将树穴淤泥杂物清除并归堆,若有淤泥杂物需外运时,其费用另按土石方有关定额子目计算。 (4)栽植子目中均按填土可用的情况进行编制,若需要换土,则按有关子目进行计算。 (5)当编制中央分隔带部分的绿化工程预算时,若中央分隔带内的填土没有计入该项工程预算,其填土可按路基土方有关定额子目计算,但应扣减树穴所占的体积。 (6)为了确保路基边坡的稳定而修建各种形式的网格植草或播种草籽等护坡,应并入防护工程内计算。 (7)测量放样均指在场地平整好并达到设计要求后进行,场地平整费用另按场地平整定额子目计算。 (8)运苗木子目仅适用于自运苗木的运输。 (9)定额适用于公路沿线及管理服务区的绿化和公路交叉处(互通立交、平交)的美化、绿化工程。 (10)定额中的胸径是指距地坪1.30m高处的树干直径,株高是指树顶端距地坪的高度,篱高是指绿篱苗木顶端距地坪的高度。
2	临时工程定额说明	(1)临时工程定额包括汽车便道,临时便桥,临时码头,轨道铺设,架设输电、电信线路,人工夯打小圆木桩共六个项目。 (2)汽车便道按路基宽度为7.0m和4.5m分别编制,便道路面宽度按6.0m和3.5m分别编制,路基宽度4.5m的定额中已包括错车道的设置。汽车便道项目中未包括便道使用期内养护所需的工、料、机数量,如便道使用期内需要养护,编制预算时,可根据施工期按表1增加数量。

图名	公路工程预算定额绿化及临时 工程部分的应用(1)	图号	8-5

公路工程预算定额绿化及临时工程部分的应用(2)

序号	项 目	内 容
2	临 时 工 程 定 额 说 明	单位:公里·月　　表1

单位:公里·月　　表1

序号	项　　　目	单位	代号	汽车便道路基宽度(m)	
				7.0	4.5
1	人工	工日	1	3.0	2.0
2	天然砂砾	m³	908	18.00	10.80
3	6~8t 光轮压路机	台班	1075	2.20	1.32

(3)临时汽车便桥按桥面净宽 4m、单孔跨径 21m 编制。

(4)重力式砌石码头定额中不包括码头拆除的工程内容,需要时可按"桥涵工程"项目的"拆除旧建筑物"定额另行计算。

(5)轨道铺设定额中轻轨(11kg/m,15kg/m)部分未考虑道渣,轨距为 75cm,枕距为 80cm,枕长为 1.2m;重轨(32kg/m)部分轨距为 1.435m,枕距为 80cm,枕长为 2.5m,岔枕长为 3.35m,并考虑了道渣铺筑。

(6)人工夯打小圆木桩的土质划分及桩入土深度的计算方法与打桩工程相同。圆木桩的体积,根据设计桩长和梢径(小头直径),按木材材积表计算。

(7)临时工程定额中便桥,输电、电讯线路的木料、电线的材料消耗均按一次使用量计列,使用定额时,应按规定计算回收;其他各项定额分别不同情况,按其周转次数摊入材料数量。

图名	公路工程预算定额绿化及临时工程部分的应用(2)	图号	8-5

公路工程预算定额绿化及临时工程部分的应用(3)

序号	项 目	内 容
3	应用举例	【例】 某汽车便道,平原微丘区,路基宽4.5m,路面宽3.5m,便道全长7km,使用期为25个月,需养护,试列出该便道工程及养护所需的工料机消耗量。 解:(1)汽车便道 查预算定额7-1-1得: 路基:人工 = 28.8×7 = 201.6 工日 75kW以内履带式推土机:7.46×7 = 52.22 台班 6~8t先轮压路机:0.63×7 = 4.41 台班 8~10t光轮压路机:0.48×7 = 3.36 台班 12~15t光轮压路机:1.86×7 = 13.02 台班 路面:人工 = 167.3×7 = 1171.1 工日 水:67×7 = 469m³ 天然级配 716.04×7 = 5012.28m³ 8~10t光轮压路机:0.97×7 = 6.79 台班 12~15t光轮压路机:1.94×7 = 13.58 台班 0.5t以内手扶式振动碾5.65×7 = 39.55 台班 (2)汽车便道养护 《公路工程预算定额》章节说明,如便道使用期内需养护,可根据施工期增加数量 人工:2.0×25×7 = 350 工日 天然级配:10.80×25×7 = 1890m³ 6~8t光轮压路机:1.32×25×7 = 231 台班

图名	公路工程预算定额绿化及临时 工程部分的应用(3)	图号	8-5

9 工程量计算

常用资料

公路工程工程量计算常用参考资料(1)

序号	项　目	说　　　　明			
		四边形平面图形面积　　　　　　　　　　　　　　　　　　　表1			
		图　　形	尺寸符号	面积(A)、表面积(S)	重心(G)
1	四边形平面图形面积	正方形	a——边长； d——对角线	$A = a$ $a = \sqrt{A} = 0.707d$ $d = 1.414a = 1.414\sqrt{A}$	在对角线交点上
		长方形	a——短边； b——长边； d——对角线	$A = ab$ $d = \sqrt{a^2 + b^2}$	在对角线交点上
		平行四边形	a、b——邻边； h——对边间的距离	$a = bh = ab\sin\alpha$ $= \dfrac{\overline{AC} \cdot \overline{BD}}{2}\sin\beta$	在对角线交点上

图名	公路工程工程量计算常用参考资料(1)	图号	9-1

公路工程工程量计算常用参考资料(2)

序号	项 目	说　明			

续表

		图　形	尺寸符号	面积(A)、表面积(S)	重心(G)
1	四边形 平面图形 面积	梯形	$CE = AB$ $AF = CD$ $a = CD$(上底边) $b = AB$(下底边) h——高	$A = \dfrac{a+b}{2}h$	$HG = \dfrac{h}{3} \cdot \dfrac{a+2b}{a+b}$ $KG = \dfrac{h}{3} \cdot \dfrac{2a+b}{a+b}$
		任意四边形	a、b、c、d——四边长； d_1、d_2——两对角线； φ——两对角线夹角	$A = \dfrac{1}{2}d_1 d_2 \sin\varphi = \dfrac{1}{2}d_2(h_1 + h_2)$ $= \sqrt{(p-a)(p-b)(p-c)(p-d) - abcd\cos\varphi}$ $p = \dfrac{1}{2}(a+b+c+d)$ $\varphi = \dfrac{1}{2}(\angle A + \angle C)$　或 $= \dfrac{1}{2}(\angle B + \angle C)$

图名	公路工程工程量计算常用参考资料(2)	图号	9-1

公路工程工程量计算常用参考资料(3)

序号	项 目	说 明
		内接多边形平面面积 表2

		图 形	公 式	重 心
2	内接多边形平面面积	正五边形	$A = 2.3777R^2 = 3.6327r^2$ $a = 1.1756R$	在内接圆的圆心处
		正六边形	$A = \dfrac{3\sqrt{3a^2}}{2} = 2.5981a^2$ $\quad = 2.5981R^2 = 2\sqrt{3}r^2$ $\quad = 3.4641r^2$ $R = a = 1.155r$ $r = 0.866a = 0.866R$	内接圆圆心
		正七边形	$A = 2.7365R^2 = 3.3714r^2$	内接圆圆心

图名	公路工程工程量计算常用参考资料(3)	图号	9-1

公路工程工程量计算常用参考资料(4)

序号	项 目	说　　　明

续表

	图　　形	公　　式	重　　心
正八边形		$A = 4.828a^2 = 2.828R^2$ $\quad = 3.314r^2$ $R = 1.307a = 1.082r$ $r = 1.207a = 0.924R$ $a = 0.765R = 0.828r$	内接圆圆心
正多边形		$\alpha = 360°/n, \beta = 180° - \alpha$ $a = 2\sqrt{R^2 - r^2}$ $A = \dfrac{nar}{2} = \dfrac{na}{2}\sqrt{R^2 - \dfrac{a^2}{4}}$ $R = \sqrt{r^2 + \dfrac{a^2}{4}}, r = \sqrt{R^2 - \dfrac{a^2}{4}}$	内接圆圆心

2　内接多边形平面面积

注:表中符号 A 为面积;α、β 为角度;a、b 为边长;R 为半径,外接圆半径;n 为边数;r 为内切圆半径。

图名	公路工程工程量计算常用参考资料(4)	图号	9-1

公路工程工程量计算常用参考资料(5)

序号	项 目	说 明				

三角形平面图形面积　表3

序号	项目		图 形	尺寸符号	面积(A)、表面积(S)	重心(G)
3	三角形平面图形面积	三角形		h——高； l——1/2 周长； a、b、c——对应角 A、B、C 的边长	$A = \dfrac{bh}{2} = \dfrac{1}{2}ab\sin\alpha$ $l = \dfrac{a+b+c}{2}$	$GD = \dfrac{1}{3}BD$ $CD = DA$
		直角三角形		a、b——两直角边长； c——斜边	$AB = \dfrac{ab}{2}$ $c = \sqrt{a^2+b^2}$ $a = \sqrt{c^2-b^2}$ $b = \sqrt{c^2-a^2}$	$GD = \dfrac{1}{3}BD$ $CD = DA$
		锐角三角形		h——高	$A = \dfrac{bh}{2} = \dfrac{b}{2}\sqrt{a^2 - \left(\dfrac{a^2+b^2-c^2}{2b}\right)^2}$ 设 $s = \dfrac{1}{2}(a+b+c)$ 则 $A = \sqrt{s(s-a)(s-b)(s-c)}$	$GD = \dfrac{1}{3}BD$ $AD = DC$

图名	公路工程工程量计算常用参考资料(5)	图号	9－1

公路工程工程量计算常用参考资料(6)

序号	项 目	说　明

续表

	图　形	尺寸符号	面积(A)、表面积(S)	重心(G)
钝角三角形		h——高; a、b、c——边长	$A = \dfrac{bh}{2} = \dfrac{b}{2}\sqrt{a^2 - \left(\dfrac{c^2 - a^2 - b^2}{2b}\right)^2}$ 设 $s = \dfrac{1}{2}(a+b+c)$ 则 $A = \sqrt{s(s-a)(s-b)(s-c)}$	$GD = \dfrac{1}{3}BD$ $AD = DC$
等边三角形		a——边长	$A = \dfrac{\sqrt{3}}{4}a^2 = 0.433a^2$	三角平分线的交点
等腰三角形		b——两腰; a——底边; h_a——a 边上高	$A = \dfrac{1}{2}ah_a$	$GD = \dfrac{1}{3}h_a$ ($BD = DC$)

序号 3　项目：三角形平面图形面积

图名	公路工程工程量计算常用参考资料(6)	图号	9—1

公路工程工程量计算常用参考资料(7)

序号	项 目	说　　明

圆形、椭圆形平面面积　　　　　　　　　　　　　　　　　　表4

	图　形	尺寸符号	面积(A)、表面积(S)	重心(G)
4 圆形、椭圆形平面面积	圆形	r——半径; d——直径; p——圆周长	$A = \pi r^2 = \dfrac{1}{4}\pi d$ $= 0.785 d^2 = 0.07958 p^2$ $p = \pi d$	在圆心上
	椭圆形	a、b——主轴	$A = \dfrac{\pi}{4} ab$	在主轴交点 G 上
	扇形	r——半径; l——弧长; α——弧的对应中心角	$A = \dfrac{1}{2} rl = \dfrac{\alpha}{360}\pi r^2$ $l = \dfrac{\alpha\pi}{180} r$	$GO = \dfrac{2}{3}\cdot\dfrac{rb}{l}$ 当 $\alpha = 90°$时, $GO = \dfrac{4}{3}\dfrac{\sqrt{2}}{\pi} r \approx 0.6r$

图名	公路工程工程量计算常用参考资料(7)	图号

公路工程工程量计算常用参考资料(8)

序号	项　目	说　　　　明

续表

	图　形	尺寸符号	面积(A)、表面积(S)	重心(G)
弓形		r——半径； l——弧长； α——中心角； b——弦长； h——高	$A = \dfrac{1}{2} r^2 \left(\dfrac{\alpha\pi}{180} - \sin\alpha \right)$ $= \dfrac{1}{2} \left[r(l-b) + bh \right]$ $l = r\alpha \dfrac{\pi}{180} = 0.0175\,ra$ $h = r - \sqrt{r^2 - \dfrac{1}{4}\alpha^2}$	$GO = \dfrac{1}{12} \cdot \dfrac{b^2}{A}$ 当 $\alpha = 90°$时， $GO = \dfrac{4r}{3\pi} = 0.4244\,r$
圆环		R——外半径； l——内半径； D——外直径； d——内直径； t——环宽； D_{pj}——平均直径	$A = \pi(R^2 - r^2)$ $= \dfrac{\pi}{4}(D^2 - d^2)$ $= \pi D_{pj} t$	在圆心 O

序号 4　圆形、椭圆形平面面积

图名	公路工程工程量计算常用参考资料(8)	图号	9-1

公路工程工程量计算常用参考资料(9)

序号	项 目	说 明

续表

图 形	尺寸符号	面积(A)、表面积(S)	重心(G)

序号 4　项目：圆形、椭圆形平面面积

部分圆环

尺寸符号：
R——外半径；
r——内半径；
D——外直径；
d——内直径；
t——环宽；
R_{pj}——圆环平均直径

面积：
$$A = \frac{\alpha\pi}{360}(D^2 - r^2)$$
$$= \frac{\alpha\pi}{360}R_{\text{pj}}t$$

重心：
$$GO = 38.2\frac{R^3 - r^3}{R^2 - r^2} \times \frac{\sin\frac{\alpha}{2}}{\frac{\alpha}{2}}$$

抛物线形

尺寸符号：
b——底边；
h——高；
l——曲线长；
s——$\triangle ABC$ 的面积

$$l = \sqrt{b + 1.3333h^2}$$
$$A = \frac{2}{3}bh = \frac{4}{3}s$$

图名	公路工程工程量计算常用参考资料(9)	图号	9-1

公路工程工程量计算常用参考资料(10)

序号	项　目	说　明			
		多面体的体积和表面积			表5
		图　形	尺寸符号	体积(V)、底面积(F)、表面积(S)、侧表面积(S_1)	重心(G)
5	多面体的体积和表面积	立方体	a——棱； d——对角线	$V = a^3$ $S = 6a^2$ $S_1 = 4a^2$	在对角线交点上
		长方体	a、b、h——边长； O——底面对角线交点	$V = a \cdot b \cdot h$ $S = 2(ab + ah + bh)$ $S_1 = 2h(a + b)$ $d = \sqrt{a^2 + b^2 + h^2}$	$GO = \dfrac{h}{2}$
		三棱体	a、b、h——边长； h——高； O——底面对角线交点	$V = F \cdot h$ $S = (a + b + c) \cdot h + 2F$ $S_1 = 2h(a + b + c)$	$GO = \dfrac{h}{2}$

图名	公路工程工程量计算常用参考资料(10)	图号	9—1

公路工程工程量计算常用参考资料(11)

序号	项 目	说 明			

续表

		图 形	尺寸符号	体积(V)、底面积(F)、表面积(S)、侧表面积(S_1)	重心(G)
5	多面体的体积和表面积	棱锥	f——一个组合三角形的面积; n——组合三角形个数; O——锥体各对角线交点	$V = \dfrac{1}{3} F \cdot h$ $S = nf + F$ $S_1 = nf$	$GO = \dfrac{h}{4}$
		正六角柱	a——底边长; h——高; d——对角线	$V = \dfrac{3\sqrt{3}}{2} a^2 h = 2.5981 a^2 h$ $S = 3\sqrt{3} a^2 + 6ah$ $\quad = 5.1962 a^2 + 6ah$ $S_1 = 6ah$ $d = \sqrt{h^2 + 4a^2}$	$GQ = \dfrac{h}{2}$ (P、Q 分别为上下底重心)

图名	公路工程工程量计算常用参考资料(11)	图号 9-1

公路工程工程量计算常用参考资料(12)

序号	项 目	说　　　明			

续表

		图　形	尺寸符号	体积(V)、底面积(F)、表面积(S)、侧表面积(S_1)	重心(G)
5	多面体的体积和表面积	棱台	F_1、F_2——两平行底面的面积； h——底面间的距离； a——一个组合梯形面积； n——组合梯形个数	$V = \dfrac{1}{3} h \left(F_1 + F_2 + \sqrt{F_1 F_2} \right)$ $S = an + F_1 + F_2$ $S_1 = an$	$GQ = \dfrac{h}{4} \times$ $\dfrac{F_1 + 2\sqrt{F_1 F_2} + 3F_2}{F_1 + \sqrt{F_1 F_2} + \sqrt{F_2}}$
		圆柱体	r——底面半径； h——高	$V = \pi r^2 h$ $S = 2\pi r(r + h)$ $S_1 = 2\pi rh$	$CQ = \dfrac{h}{2}$ （P、Q 分别为上下底重心）

图名	公路工程工程量计算常用参考资料(12)	图号	9-1

公路工程工程量计算常用参考资料(13)

序号	项 目	说 明			

续表

		图 形	尺寸符号	体积(V)、底面积(F)、表面积(S)、侧表面积(S_1)	重心(G)
5	多面体的体积和表面积	空心圆柱体	R——外半径; r——内半径; $\overline{R}$——平均半径; t——管壁厚度; h——高	$V = \pi h(R^2 - r^2) = 2\pi\overline{R}th$ $S = M + 2\pi(R^2 - r^2)$ $S_1 = 2\pi h(R + r) = 4\pi h\overline{R}$	$GQ = \dfrac{h}{2}$
		斜截直圆柱	h_1——最小高度; h_2——最大高度; r——底面半径	$V = \pi r^2 \dfrac{h_1 + h_2}{2}$ $S = \pi r(h_1 + h_2) + \pi r^2 \times$ $\left(1 + \dfrac{1}{\cos\alpha}\right)$ $S_1 = \pi r(h_1 + h_2)$	$GQ = \dfrac{h_1 + h_2}{4} + \dfrac{r^2\tan^2\alpha}{4(h_1 + h_2)}$ $GK = \dfrac{r^2\tan\alpha}{2(h_1 + h_2)}$
		圆锥体	r——底面半径; h——高; l——母线长	$V = \dfrac{1}{3}\pi r^2 h$ $S_1 = \pi r\sqrt{r^2 + h^2} = \pi rl$ $l = \sqrt{r^2 + h^2}$ $S = S_1 + \pi r^2$	$GO = \dfrac{h}{4}$

图名	公路工程工程量计算常用参考资料(13)	图号	9-1

公路工程工程量计算常用参考资料(14)

序号	项 目	说　　　明

续表

	图　形	尺寸符号	体积(V)、底面积(F)、表面积(S)、侧表面积(S_1)	重心(G)
圆台		R、r——底面半径； h——高； l——母线长	$V = \dfrac{\pi h}{3}(R^2 + r^2 + Rr)$ $S_1 = \pi l(R + r)$ $l = \sqrt{(R - r)^2 + h^2}$ $S = S_1 + \pi(R^2 + r^2)$	$GQ =$ $\dfrac{h(R^2 + 2Rr + 3r^2)}{4(R^2 + Rr + r^2)}$ （P、Q 分别为上下底圆心）
球		r——半径； d——直径	$V = \dfrac{4}{3}\pi r^3 = \dfrac{\pi d^3}{6} = 0.5236 d^3$ $S = 4\pi r^2 = \pi d^2$	在球心上
球扇形		r——球半径； a——弓形底圆半径； h——拱高； α——锥角(弧度)	$V = \dfrac{2}{3}\pi r^2 h \approx 2.0944 r^2 h$ $S = \pi r(2h + a)$ 侧表面(锥面部分)： $S_1 = \pi \alpha r$	$GO = \dfrac{3}{8}(2r - h)$

序号 5 项目：多面体的体积和表面积

图名	公路工程工程量计算常用参考资料(14)	图号	9—1

公路工程工程量计算常用参考资料(15)

序号	项　目	说　　明			
					续表
		图　形	尺寸符号	体积(V)、底面积(F)、表面积(S)、侧表面积(S_1)	重心(G)
5	多面体的体积和表面积	球冠	r——球半径； a——拱底圆半径； h——拱高	$V = \dfrac{\pi h}{6}(3a^2 + h)$ $\quad = \dfrac{\pi h^2}{3}(3r - h)$ $S = \pi(2rh + a^2)$ $\quad = \pi(h^2 + 2a^2)$ 侧面积(球面部分)： $S_1 = 2\pi rh = \pi(a + h^2)$	$GO = \dfrac{3(2r - h)^2}{4(3r - h)}$
		圆环体	R——圆环体平均半径； D——圆环体平均直径； d——圆环体截面直径； r——圆环体截面半径	$V = 2\pi^2 Rr^2 = \dfrac{1}{4}\pi^2 Dd^2$ $S = 4\pi^2 Rr = \pi^2 Dd$ $\quad = 39.478 Rr$	在环中心上

图名	公路工程工程量计算常用参考资料(15)	图号	9-1

公路工程工程量计算常用参考资料(16)

序号	项 目	说 明			

续表

		图 形	尺寸符号	体积(V)、底面积(F)、表面积(S)、侧表面积(S_1)	重心(G)
5	多面体的体积和表面积	球带体	R——球半径; r_1、r_2——底面半径; h——腰高; h_1——球心 O 至带底圆心 O_1 的距离	$V = \dfrac{\pi h}{6}(3r_1^2 + 3r_2^2 + h^2)$ $S_1 = 2\pi Rh$ $S = 2\pi Rh + \pi(r_1^2 + r_2^2)$	$GO = h_1 + \dfrac{h}{2}$
		桶形	D——中间断面直径; d——底直径; l——桶高	对于抛物线形桶板: $V = \dfrac{\pi l}{15}\left(2D^2 + Dd + \dfrac{3}{4}d^2\right)$ 对于圆形桶板: $V = \dfrac{\pi l}{12}(2D^2 + d^2)$	在轴交点上
		椭球体	a、b、c——半轴	$V = \dfrac{4}{3}abc\pi$ $S = 2\sqrt{2} \cdot b \cdot \sqrt{a^2 + b^2}$	在轴交点上

图名	公路工程工程量计算常用参考资料(16)	图号	9-1

公路工程工程量计算常用参考资料(17)

序号	项　目	说　　　　明			

续表

		图　形	尺寸符号	体积(V)、底面积(F)、表面积(S)、侧表面积(S_1)	重心(G)
5	多面体的体积和表面积	**交叉圆柱体**	r——圆柱半径，$r = \dfrac{d}{2}$； l_1、l——圆柱长	$V = \pi r^2 \left(l + l_1 - \dfrac{2r}{3} \right)$	在两轴线交点上
		截头方锥体	a'、b'、a、b——上下底边长； h——高； a_1——截头棱长	$V = \dfrac{h}{6} \left[ab + (a + a')(b + b') + a'b' \right]$ $a_1 = \dfrac{a'b - ab'}{b - b'}$	$GQ = \dfrac{PQ}{2} \times$ $\dfrac{ab + ab' + a'b + 3a'b'}{2ab + ab' + a'b + 2a'b'}$ （P、Q 分别为上下底重心）
		弹簧	A——截面积； x——圈数	$V = Ax \sqrt{9.8695 D^2 + P^2}$	
		楔形体	a、b——下底边长； c——棱长； h——棱与底边距离（高）	$V = \dfrac{(2a + c)bh}{6}$	

图名	公路工程工程量计算常用参考资料(17)	图号	9—1

公路工程圬工体积计算(1)

序号	项 目	说　　明
1	护拱体积计算	设桥墩护拱如图1所示,则: (1)拱上护拱体积 $$V_A = \frac{1}{4}\left[B - 2C - \frac{2f_1 m_1}{3}\left(2 - K_1 + \frac{y_v}{f_1}\right)\right] K_1 f_1 L_1$$ 当 $D = \frac{1}{4}L_1$ 时, $$V_B = \frac{1}{8}\left[B - 2C - \frac{2f_1 m_1}{3}(3 - K_1 - K_2)\right] K_1 f_1 L_1$$ 当 $D = \frac{1}{6}L_1$ 时, $$V_B \approx \frac{1}{12}\left[B - 2C - \frac{2f_1 m_1}{3}(3 - K_1 - K_2)\right] K_1 f_1 L_1$$ 式中:B——拱圈全宽; 　　　C——拱顶处侧墙宽度; 　　　f_1——拱圈外弧的高度; 　　　m_1——拱侧墙内边坡(高:宽 = 1:m_1); 　　　y_v——拱圈外弧在 $\frac{1}{2}L_1$ 处坐标; 　　　L_1——拱圈外弧半跨长度; 　　　K_1、K_2——计算用系数,圆弧拱用表1,悬链线拱用表2 图1　护拱示意图

图名	公路工程圬工体积计算(1)	图号	9-2

公路工程圬工体积计算(2)

序号	项 目	说 明

说明栏内容：

圆弧拱 K_1、K_2 数值表　　表1

D ＼ $f_1/2L_1$　系数	$\frac{1}{2}$	$\frac{1}{3}$	$\frac{1}{4}$	$\frac{1}{5}$	$\frac{1}{6}$	$\frac{1}{7}$	$\frac{1}{8}$	$\frac{1}{9}$	$\frac{1}{10}$
$\frac{L_1}{4}$　K_1	0.723	0.636	0.597	0.579	0.567	0.560	0.556	0.551	0.549
K_2	0.651	0.546	0.500	0.480	0.465	0.458	0.453	0.449	0.447
$\frac{L_1}{6}$　K_1	0.631	0.512	0.470	0.453	0.440	0.434	0.430	0.425	0.425
K_2	0.553	0.410	0.363	0.345	0.330	0.323	0.319	0.315	0.315
$\frac{y_v}{f_1}$	0.134	0.183	0.208	0.222	0.230	0.235	0.238	0.244	0.247

悬链线拱 K_1、K_2 数值表　　表2

D ＼ m　系数	1	1.347	1.756	2.24	2.814	3.5	4.324	5.321	6.536	8.031	9.889
$\frac{L_1}{4}$　K_1	0.542	0.554	0.566	0.579	0.591	0.604	0.617	0.629	0.643	0.656	0.670
K_2	0.438	0.451	0.464	0.478	0.492	0.506	0.520	0.534	0.549	0.564	0.580
$\frac{L_1}{6}$　K_1	0.417	0.428	0.439	0.451	0.462	0.474	0.486	0.498	0.511	0.524	0.537
K_2	0.306	0.317	0.329	0.341	0.363	0.365	0.378	0.390	0.405	0.418	0.438
$\frac{y_v}{f_1}$	0.25	0.24	0.23	0.22	0.21	0.20	0.19	0.18	0.17	0.16	0.15

序号 1　项目：护拱体积计算

图名	公路工程圬工体积计算(2)	图号	9-2

公路工程圬工体积计算(3)

序号	项　目	说　　　　明
1	护拱体积计算	(2)墩顶护拱体积 $$V_\mathrm{e} \approx \left[B - 2C - f_1 m_1 (2 - K_1) \right] K_1 f_1 W_1$$ 式中：W_1——桥墩顶宽；其余符号意义同前。 (3)桥台台顶护拱体积 $$V_\mathrm{F} \approx \frac{f_1}{2} \left[(B - 2C - 2f_1 m_2)(K_1 + K_3) + f_1 m_2 (K_1^2 + K_3^2) \right] \times (W_2 - K_3 f_1 m_3)$$ 式中：$K_3 = \dfrac{K_1 L_1 - K_0 W_2}{L_1 - K_0 f_1 m_3}$； K_0——计算系数，圆弧拱查表 3，悬链线拱查表 4，$K_0 = 2\left(1 - K_1 - \dfrac{y_\mathrm{v}}{f_1}\right)$； m_2——桥台侧墙内边坡(高:宽 $= 1:m_2$)； W_3——桥台背坡(高:宽 $= 1:m_3$)； W_2——桥台顶宽； 其余符号意义同前。

K_0 系数表(圆弧拱)　　　　　　　　　　　　　　　　表 3

$f_1/2L_1$ D	$\dfrac{1}{2}$	$\dfrac{1}{3}$	$\dfrac{1}{4}$	$\dfrac{1}{5}$	$\dfrac{1}{6}$	$\dfrac{1}{7}$	$\dfrac{1}{8}$	$\dfrac{1}{9}$	$\dfrac{1}{10}$
$\dfrac{L_1}{4}$	0.286	0.362	0.390	0.398	0.406	0.410	0.412	0.410	0.408
$\dfrac{L_1}{6}$	0.470	0.610	0.644	0.650	0.660	0.662	0.664	0.662	0.656

图名	公路工程圬工体积计算(3)	图号	9－2

公路工程圬工体积计算(4)

序号	项 目	说 明

序号 1 — 护拱体积计算

K_0 数值表(悬链线拱) 表4

D \ m	1.000	1.347	1.756	2.24	2.814	3.500	4.324	5.321	6.536	8.031	9.889
$\dfrac{L_1}{4}$	0.416	0.412	0.408	0.402	0.398	0.392	0.386	0.382	0.374	0.368	0.360
$\dfrac{L_1}{6}$	0.666	0.664	0.662	0.658	0.656	0.652	0.648	0.644	0.638	0.632	0.626

$$V'_F = \frac{1}{2}\left[B - 2C - \frac{2}{3}(3 - K_3)f_1 m_2 \right] K_3^2 f_1^2 m_3$$

式中符号意义同前。

序号 2 — 八字翼墙体积计算

涵洞洞口八字翼墙见图2所示。

(1)单个翼墙墙身体积计算公式

参看图2,图中:

1:m——路基边坡,m 为路基边坡率;

1:m_0—— m_0 为翼墙长度系数;

n:1——翼墙正背坡;

n_0:1——翼墙背坡;

a——翼墙垂直顶宽;

c——翼墙顶宽$\left(c = \dfrac{\alpha}{\cos\beta} \right)$。

单个翼墙墙身体积:

$$V = \frac{m_0 c}{2}(H^2 - h^2) + \frac{m_0}{6 n_0}(H^3 - h^3)$$

图名	公路工程圬工体积计算(4)	图号	9-2

公路工程圬工体积计算(5)

序号	项 目	说　明
2	八字翼墙体积计算	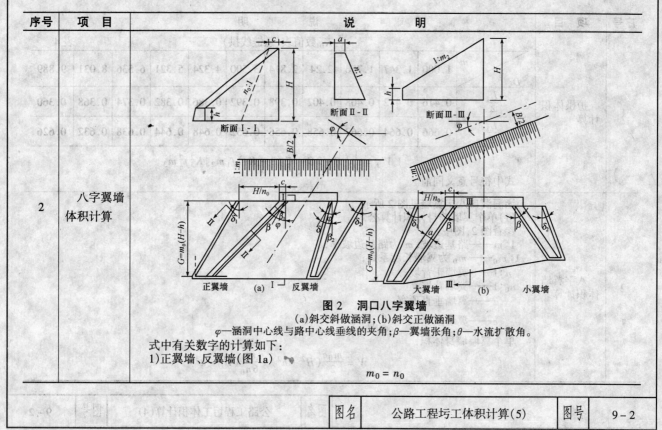

图 2　洞口八字翼墙

(a)斜交斜做涵洞；(b)斜交正做涵洞

φ—涵洞中心线与路中心线垂线的夹角；β—翼墙张角；θ—水流扩散角。

式中有关数字的计算如下：

1)正翼墙、反翼墙(图 1a)

$$m_0 = n_0$$

图名	公路工程圬工体积计算(5)	图号	9-2

公路工程圬工体积计算(6)

序号	项 目	说　　　明
2	八字翼墙体积计算	(见下)

$$n_{0\binom{\text{正}}{\text{反}}} = \left(n \pm \frac{\sin\beta}{m} \right)\cos\beta$$

$$\delta\binom{\text{正}}{\text{反}} = \cot\left(\tan\beta \mp \frac{1}{mn_{0\binom{\text{正}}{\text{反}}}} \right)$$

2)斜交正翼墙:分大翼墙、小翼墙(图 2b)

$$m_{0\binom{\text{大}}{\text{小}}} = \frac{m\cos\beta}{\cos(\beta \pm \varphi)}$$

$$n_{0\binom{\text{大}}{\text{小}}} = n\cos\beta + \frac{1}{m}\sin\beta\cos(\beta \pm \varphi)$$

$$\delta\binom{\text{大}}{\text{小}} = \cot\left[\tan\beta - \frac{\cos(\beta \pm \varphi)}{mn_{0\binom{\text{大}}{\text{小}}}\cos\beta} \right]$$

(2)单个翼墙墙身体积计算系数

单个翼墙墙身体积计算公式可改写为:

$$V = \Psi(H^2 - h^2) + \eta(H^3 - h^3)$$
$$V = (\Psi H^2 + \eta H^3) - (\Psi h^2 + \eta h^3)$$
$$= V_H - V_h$$

式中:$V_H = \Psi H^2 + \eta H^3$;$V_h = \Psi h^2 + \eta h^3$;$\Psi = \frac{1}{2}m_0 c$;$\eta = \frac{m_0}{6n_0}$

Ψ、n 数值见表 5 和表 6。

Ψ、n 数值表　　　　　　　　　　　　　表 5

正 翼 墙					反 翼 墙				
$m = 1.5, n = 4$					$m = 1.5, n = 4$				
β	c(cm)	n_0	Ψ	η	β	c(cm)	n_0	Ψ	η
0°	40	4.00	0.300	0.0625	0°	40	4.00	0.300	0.0625
5°	40	4.04	0.300	0.0619	−5°	40	3.93	0.300	0.0636

图名	公路工程圬工体积计算(6)	图号	9-2

公路工程圬工体积计算(7)

序号	项 目	说　　　　　　　　　明								

续表

	正 翼 墙				反 翼 墙				
	$m=1.5, n=4$				$m=1.5, n=4$				
β	c(cm)	n_0	Ψ	η	β	c(cm)	n_0	Ψ	η
$10°$	41	4.05	0.308	0.0619	$-10°$	41	3.83	0.308	0.0653
$15°$	41	4.03	0.308	0.0616	$-15°$	41	3.70	0.308	0.0676
$20°$	43	3.97	0.323	0.0629	$-20°$	43	3.54	0.323	0.0706
$25°$	44	3.88	0.330	0.0644	$-25°$	44	3.37	0.330	0.0742
$30°$	46	3.75	0.345	0.0667	$-30°$	46	3.18	0.345	0.0786
$35°$	49	3.59	0.368	0.0696	$-35°$	49	2.96	0.368	0.0844
$40°$	52	3.39	0.390	0.0737	$-40°$	52	2.74	0.390	0.0912
$45°$	57	3.16	0.428	0.0791	$-45°$	57	2.50	0.428	0.1000
$50°$	62	2.90	0.465	0.0862	$-50°$	62	2.24	0.465	0.1116
$55°$	70	2.61	0.525	0.0958	$-55°$	70	1.98	0.525	0.1263
$60°$	80	2.29	0.600	0.1092	$-60°$	80	1.71	0.600	0.1462

序号：2　项目：八字翼墙体积计算

图名	公路工程圬工体积计算(7)	图号	9-2

公路工程圬工体积计算(8)

序号	项 目	说 明									
2	八字翼墙体积计算	Ψ、η 数值表 表6									

Ψ、η 数值表　　　　表6

斜交正翼墙 $m = 1.5, n = 4$

Ψ	β	c (cm)	大 翼 墙				小 翼 墙			
			m_0	n_0	Ψ	η	m_0	n_0	Ψ	η
0°	30°	46	1.50	3.75	0.345	0.0667	1.50	3.75	0.345	0.0667
10°	30°	46	1.70	3.72	0.391	0.0762	1.38	3.78	0.317	0.0609
15°	30°	46	1.84	3.70	0.423	0.0829	1.34	3.79	0.308	0.0589
20°	30°	46	2.02	3.68	0.465	0.0915	1.32	3.79	0.304	0.0581
30°	30°	46	2.60	3.63	0.598	0.1194	1.30	3.80	0.299	0.0570
40°	20°	43	2.82	3.87	0.606	0.1214	1.50	3.97	0.323	0.0630
45°	15°	41	2.90	3.95	0.595	0.1225	1.67	4.01	0.342	0.0694
50°	10°	41	2.95	4.00	0.605	0.1229	1.93	4.03	0.396	0.0798
60°	0°	40	3.00	4.00	0.690	0.1250	3.00	4.00	0.600	0.1250
70°	0°	40	4.39	4.00	0.878	0.1829	4.39	4.00	0.878	0.1829

3　圆弧拱侧墙体积计算

(1)体积

如图3,侧墙体积为半跨一边的数量,整跨全拱的侧墙体积应乘以4。

体积用下列公式进行计算:

$$V = \frac{1}{2}(a + b)f_1 L_1 - aA - \frac{c}{f_1}\left(rA - \frac{1}{3}L_1^3\right)$$

图名	公路工程圬工体积计算(8)	图号	9-2

公路工程圬工体积计算(9)

序号	项　目	说　　明
3	圆弧拱侧墙体积计算	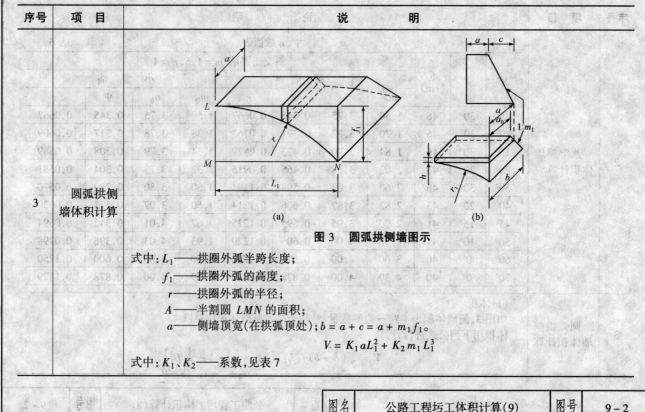 图3　圆弧拱侧墙图示 式中：L_1——拱圈外弧半跨长度； 　　　f_1——拱圈外弧的高度； 　　　r——拱圈外弧的半径； 　　　A——半割圆 LMN 的面积； 　　　a——侧墙顶宽(在拱弧顶处)；$b = a + c = a + m_1 f_1$。 $$V = K_1 a L_1^2 + K_2 m_1 L_1^3$$ 式中：K_1、K_2——系数，见表7

		图名	公路工程圬工体积计算(9)	图号	9-2

公路工程圬工体积计算(10)

序号	项 目	说 明

序号 3

项目：圆弧拱侧墙体积计算

说明：

$f_1/2L$	$\dfrac{1}{2}$	$\dfrac{1}{3}$	$\dfrac{1}{4}$	$\dfrac{1}{5}$	$\dfrac{1}{6}$	$\dfrac{1}{7}$	$\dfrac{1}{8}$	$\dfrac{1}{9}$	$\dfrac{1}{10}$
K_1	0.2146	0.1828	0.1503	0.1261	0.1064	0.0923	0.0814	0.0727	0.0659
K_2	0.0479	0.0313	0.0212	0.0161	0.0107	0.0078	0.0062	0.0055	0.0046

如拱顶有厚为 h 的垫层,则侧墙系自拱顶以上距离 h 处开始,则尚应加算直线部分体积(图3b),其值为:

$$V' = \left(a_0 + \frac{m_1 h}{2} \right) hL_1$$

当为整跨全拱时,应乘以 4。
(2)侧墙勾缝面积

$$A = KL_1^2$$

式中:系数 K 见表8。

系数 K 值表　　　　　　　　表8

$f_1/2L_1$	$\dfrac{1}{2}$	$\dfrac{1}{3}$	$\dfrac{1}{4}$	$\dfrac{1}{5}$	$\dfrac{1}{6}$	$\dfrac{1}{7}$	$\dfrac{1}{8}$	$\dfrac{1}{9}$	$\dfrac{1}{10}$
K_1	0.2146	0.1828	0.1503	0.1261	0.1064	0.0923	0.0814	0.0727	0.0659

上式为半跨一边的面积,整跨全拱应乘以 4。
如拱顶有厚为 h 的垫层,则侧墙系自拱顶以上距离 h 处开始,则尚应加算直线部分面积 $A' = hL_1$;当为整跨全拱时,应乘以 4

图名	公路工程圬工体积计算(10)	图号	9-2

公路工程圬工体积计算(11)

序号	项目	说明
4	悬链线拱侧墙体积计算	悬链线拱侧墙参见图 3 所示。 (1)体积 $$V = \frac{af_1 L_1}{K(m-1)}(\mathrm{sh}\,K - K) + \frac{f_1^2 L_1 m_1}{2K(m-1)^2}\left(\frac{1}{2}\mathrm{sh}\,K \cdot \mathrm{ch}\,K - 2\mathrm{sh}\,K + \frac{3}{2}K\right)$$ 式中:m——拱轴系数,$K = \ln(m + \sqrt{m^2 - 1})$。 计算的体积为半跨一边的数量,整跨全拱的侧墙体积应乘以 4;如拱顶有厚为 h 的垫层,则侧墙系自拱顶以上距离 h 处开始,则应加算直线部分体积,其值为: $$V' = \left(a_0 + \frac{m_1 h}{2}\right)h L_1$$ 当为整跨全拱时,应乘以 4。 以上公式按等截面悬链线拱导出,亦可近似地用于变截面悬链线拱。 计算时可利用表 9 的数值。

悬链线拱侧墙体积计算辅助表　　　　　　　　　　　　　　　　表 9

y_v/f	m	K	$\mathrm{sh}\,K$	$\mathrm{sh}\,K \cdot \mathrm{ch}\,K$
0.24	1.347	0.8107	0.9025	1.2157
0.23	1.756	1.1630	1.4435	2.5348
0.22	2.240	1.4456	2.0044	4.4899
0.21	2.814	1.6946	2.6321	7.4067
0.20	3.500	1.9246	3.3578	11.7523
0.19	4.324	2.1437	4.2134	18.2187

图名	公路工程圬工体积计算(11)	图号	9-2

公路工程圬工体积计算(12)

序号	项　目	说　　明

续表

y_v/f	m	K	$\mathrm{sh}\,K$	$\mathrm{sh}\,K\cdot\mathrm{ch}\,K$
0.18	5.321	2.3559	5.2334	27.8469
0.17	6.536	2.5646	6.4691	42.2820
0.16	8.031	2.7726	7.9798	64.0858
0.15	9.889	2.9820	9.8454	97.3612

序号 4　悬链线拱侧墙体积计算

注:表中 y_v 为拱圈外弧在 $\frac{L_1}{2}$ 处坐标。

(2)侧墙勾缝面积

$$A = \frac{L_1 f_1}{(m-1)\,K}(\mathrm{sh}\,K - K)$$

当为整跨全拱时,上式应乘以4;如拱顶有厚为 h 的垫层,则侧墙系自拱顶以上距离 h 处开始,尚应加算直线部分面积 $A' = hL_1$;当为整跨全拱时,应乘以4。

序号 5　锥形护坡体积计算

锥形护坡的示意图见图4所示

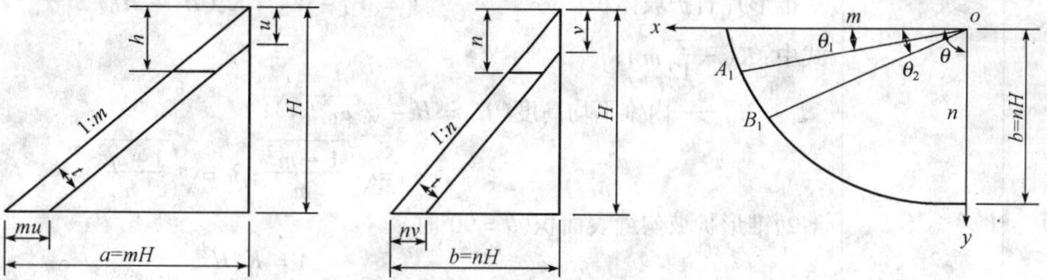

图4　锥形护坡示意图

图名	公路工程圬工体积计算(12)	图号	9－2

公路工程圬工体积计算(13)

序号	项 目	说 明
5	锥形护坡体积计算	椭圆锥底边方程式: $$b^2 x^2 + a^2 y^2 = a^2 b^2$$ $$u = \sqrt{\frac{1+m^2}{m}} t = a_0 t$$ $$v = \sqrt{\frac{1+n^2}{n}} t = \beta_0 t$$ (1)简化计算公式 1)锥形护坡体积($\theta = 90°$时) 外锥体积:　　　　$$V_1 = \frac{\pi}{12} mnH^3 = K_v H^3$$ 内锥体积:　　　　$$V_2 = \frac{\pi}{12} mnH_0^3 = K_v H_0^3$$ 锥形片石护坡体积:　　$$V = V_1 - V_2 = K_v(H^3 - H_0^3)$$ 式中:$K_V = \frac{\pi}{12} mn$; 　　　H_0——内锥平均高度($H_0 = H - \sqrt{\alpha_0 \beta_0} t$); $$\alpha_0 = \sqrt{\frac{1+m^2}{m}}; \beta_0 = \sqrt{\frac{1+n^2}{n}}$$ 2)锥形护坡勾缝表面积($\theta = 90°$时) $$A = K_A H^2$$ 式中:$K_A = K_V(\alpha_0 + \sqrt{\alpha_0 \beta_0} + \beta_0)$

图名	公路工程圬工体积计算(13)	图号	9-2

公路工程圬工体积计算(14)

序号	项 目	说 明
5	锥形护坡体积计算	以上公式中计算参数可查表10。若 m、n 值与表列数值不符,可用公式计算。 计算参数表　　　　表10 （见下表） (2)积分计算公式 1)锥形片石护坡体积 $$V = \beta(H - v)\left[(u + v)(H + v) - 2\mu v\right] + \frac{\alpha mn}{3}v^3$$ 式中: $\alpha = \frac{1}{2}\arctan\frac{ab(\tan\theta_2 - \tan\theta_1)}{b^2 + a^2\tan\theta_1\tan\theta_2}$　　$\beta = \frac{mn}{4}\arctan\frac{mn(\tan\theta_2 - \tan\theta_1)}{n^2 + m^2\tan\theta_1\tan\theta_2}$ 或按下式计算: $$V = \beta H\left[(u + v)H - 2uv\right] = K_1 H^2 - K_2 H$$ 式中: $K_1 = \beta(u + v)$; $K_2 = 2\beta uv$; β 同前。 2)锥形护坡勾缝表面积 $$A = rH^2$$

计算参数表　　　　表10

m	n	α_0	β_0	$\sqrt{\alpha_0\beta_0}$	K_V	K_A
1	1	1.414	1.414	1.414	0.262	1.110
1.5	1	1.202	1.414	1.304	0.393	1.541
1.5	1.25	1.202	1.280	1.240	0.491	1.828
1.75	1.25	1.152	1.280	1.214	0.573	2.089

图名	公路工程圬工体积计算(14)	图号	9-2

公路工程圬工体积计算(15)

序号	项　目	说　　　明
5	锥形护坡体积计算	式中：$r = \dfrac{mn}{2}\displaystyle\int_{\theta_1}^{\theta_2}\sqrt{\dfrac{m^2n^2 + m^2 - (m^2 - n^2)\cos^2\theta}{m^2 - (m^2 - n^2)\cos^2\theta}}\,\mathrm{d}\theta$ 以上公式中的计算参数可查表11,若 θ、m、n 及 t 值与表列数值不符,可用公式计算。

锥坡体积计算参数表($\theta = 90°$时)　　　　　　　　表 11

m	n	$t(\text{cm})$	α	β	γ	K_1	K_2
1	1	25	0.7854	0.3927	1.1107	0.2777	0.0982
1.5	1	25	0.7854	0.5891	1.520	0.3853	0.1252
1.5	1.25	25	0.7854	0.7363	1.820	0.4570	0.1417
1.75	1.25	25	0.7854	0.8590	2.070	0.5224	0.1584

(3)当片石护坡高度为 $H - h$ 时(即锥坡顶向下有 h 高度是草皮护坡者)

1)片石护坡体积

$$V = V_{\mathrm{H}} - V_{\mathrm{h}}$$

2)片石护坡表面积

$$A = A_{\mathrm{H}} - A_{\mathrm{h}}$$

式中：V_{H},A_{H}——全部锥形护坡的体积及表面积;

　　　V_{h},A_{h}——草皮护坡的体积及表面积。

图名	公路工程圬工体积计算(15)	图号	9－2

公路工程土(石)方工程量计算技术资料(1)

序号	项 目	内 容
1	大型土(石)方工程工程量横截面计算法	横截面计算方法适用于地形起伏变化较大或形状狭长地带,其方法是: 首先,根据地形图及总平面图,将要计算的场地划分成若干个横截面,相邻两个横截面距离视地形变化而定。在起伏变化大的地段,布置密一些(即距离短一些),反之则可适当长一些。如线路横断面在平坦地区,可取50m一个,山坡地区可取20m一个,遇到变化大的地段再加测断面,然后,实测每个横截面特征点的标高,量出各点之间距离(如果测区已有比较精确的大比例尺地形图,也可在图上设置横截面,用比例尺直接量取距离,按等高线求算高程,方法简捷,就其精度来说,没有实测的高),按比例尺把每个横截面绘制到厘米方格纸上,并套上相应的设计断面,则自然地面和设计地面两轮廓线之间的部分,即是需要计算的施工部分。 具体计算步骤: (1)划分横截面:根据地形图(或直接测量)及竖向布置图,将要计算的场地划分横截面 $A-A'$,$B-B'$,$C-C'$……划分原则为垂直等高线,或垂直主要建筑物边长,横截面之间的间距可不等,地形变化复杂的间距宜小,反之宜大一些,但最大不宜大于100m。 (2)划截面图形:按比例划制每个横截面的自然地面和设计地面的轮廓线。设计地面轮廓线之间的部分,即为填方和挖方的截面。 (3)计算横截面面积:按表1的面积计算公式,计算每个截面的填方或挖方截面积

常用横截面计算公式　　　　　　　　　　　表1

图 示	面积计算公式
	$F = h(b + nh)$
	$F = h\left[b + \dfrac{h(m+n)}{2}\right]$

图名	公路工程土(石)方工程量计算技术资料(1)	图号	9-3

公路工程土(石)方工程量计算技术资料(2)

序号	项　目	内　　　容

续表

图　示	面积计算公式
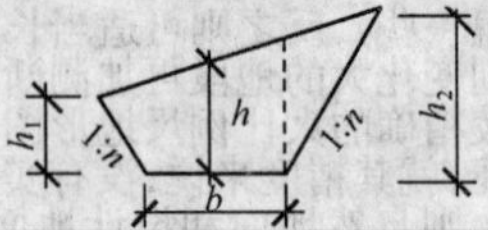	$F = b\dfrac{h_1 + h_2}{2} + n h_1 h_2$
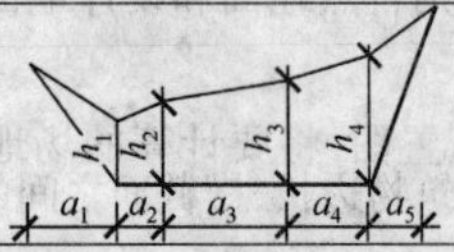	$F = h_1\dfrac{a_1 + a_2}{2} + h_2\dfrac{a_2 + a_3}{2} + h_3\dfrac{a_3 + a_4}{2} + h_4\dfrac{a_4 + a_5}{2}$
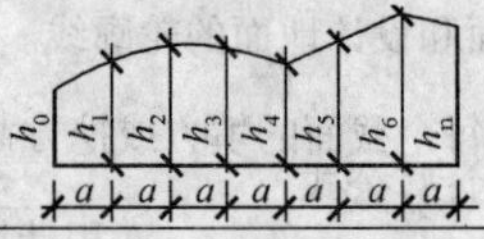	$F = \dfrac{1}{2}a(h_0 + 2h + h_n)$ $h = h_1 + h_2 + h_3 + \cdots + h_n$

序号 1　项目：大型土(石)方工程工程量横截面计算法

(4)计算土方量:根据截面面积计算土方量

$$V = \frac{1}{2}(F_1 + F_2) \times L$$

式中：　V——表示相邻两截面间的土方量(m^3)；

F_1、F_2——表示相邻两截面的挖(填)方截面积(m^2)；

L——表示相邻截面间的间距(m)。

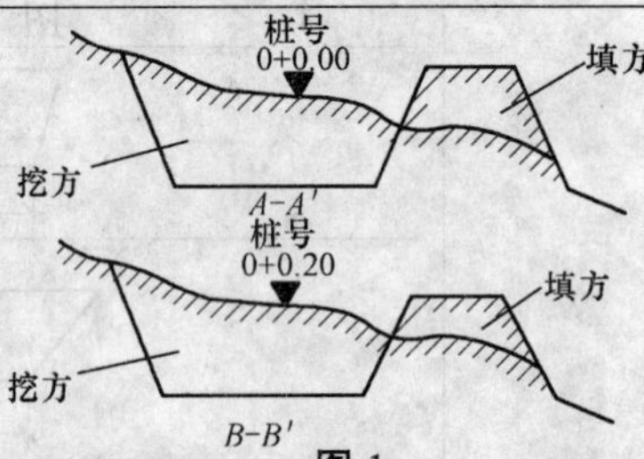

图 1

图名	公路工程土(石)方工程量 计算技术资料(2)	图号	9-3

公路工程土(石)方工程量计算技术资料(3)

序号	项 目	内 容
1	大型土(石)方工程工程量横截面计算法	(5)按土方量汇总:如图 $1A-A'$ 所示,设桩号 $0+0.00$ 的填方横截面积为 2.80m^2,挖方横截面积为 3.90m^2;图 $1B-B'$ 中,桩号 $0+0.20$ 的填方横截面积为 2.35m^2,挖方横截面积为 6.75m^2,两桩间的距离为20m(见图1),则其挖填方量各为: $$V_{挖方}=\frac{1}{2}(3.90+6.75)\times20=106.5(\text{m}^3)$$ $$V_{填方}=\frac{1}{2}(2.80+2.35)\times20=51.5(\text{m}^3)$$ 土方量汇总　　　　　　　　　　　　　表2 <table><tr><td>断 面</td><td>填方面积 m²</td><td>挖方面积 m²</td><td>截面间距 m</td><td>填方体积 m³</td><td>挖方体积 m³</td></tr><tr><td>$A-A'$</td><td>2.80</td><td>3.90</td><td>20</td><td>28</td><td>39</td></tr><tr><td>$B-B'$</td><td>2.35</td><td>6.75</td><td>20</td><td>23.5</td><td>67.5</td></tr><tr><td colspan="4">合 计</td><td>51.5</td><td>106.5</td></tr></table>
2	大型土(石)方工程工程量方格网计算法	(1)根据需要平整区域的地形图(或直接测量地形)划分方格网。方格的大小视地形变化的复杂程度及计算要求的精度不同而不同,一般方格的大小为 $20\text{m}\times20\text{m}$(也可 $10\text{m}\times10\text{m}$)。然后按设计(总图或竖向布置图),在方格网上套划出方格角点的设计标高(即施工后需达到的高度)和自然标高(原地形高度)。设计标高与自然标高之差即为施工高度,"-"表示挖方,"+"表示填方。 (2)当方格内相邻两角一为填方、一为挖方时,则应比例分配计算出两角之间不挖不填的"零"点位置。并标于方格边上。再将各"零"点用直线连起来,就可将建筑场地划分为填、挖方区。 (3)土石方工程量的计算公式可参照表3进行。如遇陡坡等突然变化起伏地段,由于高低悬殊,采用本方法也难准确时,就视具体情况另行补充计算。

图名	公路工程土(石)方工程量 计算技术资料(3)	图号	9-3

公路工程土(石)方工程量计算技术资料(4)

序号	项目	内容
2	大型土(石)方工程工程量方格网计算法	(4)将挖方区、填方区所有方格计算出的工程量列表汇总,即得该建筑场地的土石方挖、填方工程总量。 **方格网点常用计算公式** 表3 | 序号	图示	计算方式
1		方格内四角全为挖方或填方。 $V = \dfrac{a^2}{4}(h_1 + h_2 + h_3 + h_4)$
2		三角锥体,当三角锥体全为挖方或填方。 $F = \dfrac{a^2}{2}$ $V = \dfrac{a^2}{6}(h_1 + h_2 + h_3)$
3		方格网内,一对角线为零线,另两角点一为挖方一为填方。 $F_挖 = F_填 = \dfrac{a^2}{2}$ $V_挖 = \dfrac{a^2}{6}h_1$ $V_填 = \dfrac{a^2}{6}h_2$	

图名	公路工程土(石)方工程量计算技术资料(4)	图号	9-3

公路工程土(石)方工程量计算技术资料(5)

序号	项 目	内　　容

续表

序号	图　　示	计　算　公　式
4		方格网内,三角为挖(填)方,一角为填(挖)方。 $b = \dfrac{ah_4}{h_1 + h_4}$; $c = \dfrac{ah_4}{h_3 + h_4}$ $F_填 = \dfrac{1}{2}bc$; $F_挖 = a^2 - \dfrac{1}{2}bc$ $V_填 = \dfrac{h_4}{6}bc = \dfrac{a^2 h_4^3}{6(h_1 + h_4)(h_3 + h_4)}$ $V_挖 = \dfrac{a^2}{6} - (2h_1 + h_2 + 2h_3 - h_4) + V_填$
5		方格网内,两角为挖,两角为填。 $b = \dfrac{ah_1}{h_1 + h_4}$; $c = \dfrac{ah_2}{h_2 + h_3}$ 　$d = a - b$; $e = a - c$ $F_挖 = \dfrac{1}{2}(b + c)a$;　$F_填 = \dfrac{1}{2}(d + e)a$; $V_挖 = \dfrac{a}{4}(h_1 + h_2)\dfrac{b + c}{2}$ $\quad = \dfrac{a}{8}(b + c) \cdot (h_1 + h_2)$; $V_填 = \dfrac{a}{4}(h_3 + h_4)\dfrac{d + e}{2}$ $\quad = \dfrac{a}{8}(d + e) \cdot (h_3 + h_4)$

（序号 2　项目：大型土(石)方工程工程量方格网计算法）

图名	公路工程土(石)方工程量计算技术资料(5)	图号	9-3

公路工程土(石)方工程量计算技术资料(6)

序号	项 目	内 容
3	挖沟槽土石方工程量计算	外墙沟槽：$V_挖 = S_断 \times L_{外中}$ 内墙沟槽：$V_挖 = S_断 \times L_{基底净长}$ 管道沟槽：$V_挖 = S_断 \times L_中$ 其中沟槽断面有如下形式： (1)钢筋混凝土基础有垫层时： 1)两面放坡如图 2(a)所示： $S_断 = \left[(b + 2 \times 0.3) + mh\right] \times h + (b' + 2 \times 0.1) \times h'$ 2)不放坡无挡土板[图 2(b)] $S_断 = (b + 2 \times 0.3) \times h + (b' + 2 \times 0.1) \times h'$ 3)不放坡加两面挡土板[图 2(c)] $S_断 = (b + 2 \times 0.3 + 2 \times 0.1) \times h + (b' + 2 \times 0.1) \times h'$ 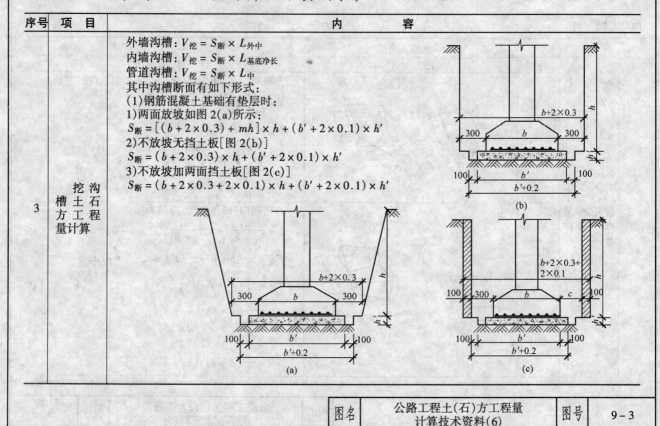

图名	公路工程土(石)方工程量 计算技术资料(6)	图号	9-3

公路工程土(石)方工程量计算技术资料(7)

序号	项　目	内　　　　容
3	挖沟槽土石方工程量计算	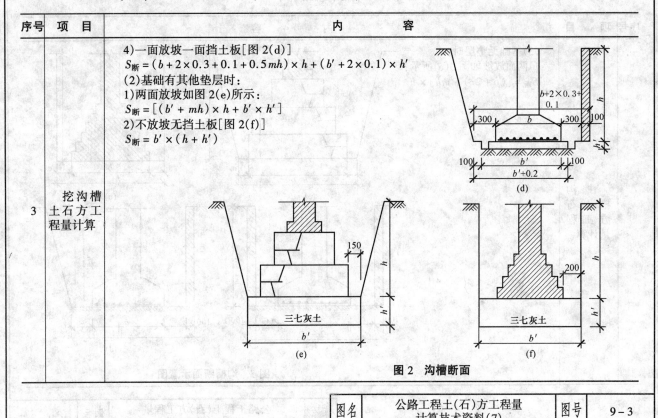4)一面放坡一面挡土板[图2(d)] $S_{断} = (b + 2 \times 0.3 + 0.1 + 0.5mh) \times h + (b' + 2 \times 0.1) \times h'$ (2)基础有其他垫层时: 1)两面放坡如图2(e)所示: $S_{断} = [(b' + mh) \times h + b' \times h']$ 2)不放坡无挡土板[图2(f)] $S_{断} = b' \times (h + h')$ 图2　沟槽断面

图名	公路工程土(石)方工程量 计算技术资料(7)	图号	9-3

公路工程土(石)方工程量计算技术资料(8)

序号	项　目	内　容
3	挖沟槽土石方工程量计算	(3)基础无垫层时： 1)两面放坡如图3(a)所示： $S_{断} = [(b+2c)+mh] \times h$ 图3　沟槽断面示意图

图名	公路工程土(石)方工程量 计算技术资料(8)	图号	9-3

公路工程土(石)方工程量计算技术资料(9)

序号	项 目	内 容
3	挖沟槽土石方工程量计算	2)不放坡无挡土板如图 3(b)所示: $S_{断} = (b + 2c) \times h$ 3)不放坡加两面挡土板如图 3(c)所示: $S_{断} = (b + 2c + 2 \times 0.1) \times h$ 4)一面放坡一面挡土板如图 3(d)所示: $S_{断} = (b + 2c + 0.1 + 0.5mh) \times h$ 上式中: $S_{断}$——沟槽断面面积; m——放坡系数; c——工作面宽度; h——从室外设计地面至基础底深度,即垫层上基槽开挖深度; h'——基础垫层高度; b——基础底面宽度; b'——垫层宽度。

图名	公路工程土(石)方工程量 计算技术资料(9)	图号	9-3

公路工程土(石)方工程量计算技术资料(10)

序号	项 目	内 容
4	边坡土方工程量计算	为了保持土体的稳定和施工安全,挖方和填方的周边都应修筑成适当的边坡。当边坡高度 h 为已知时,所需边坡底宽 b 即等于 $mh(1:m=h:b)$。若边坡高度较大,可在满足土体稳定的条件下,根据不同的土层及其所受的压力,将边坡修筑成折线形,如图 4 所示,以减小土方工程量。 　　边坡的坡度系数(边坡宽度:边坡高度)根据不同的填挖高度(深度)、土的物理性质和工程的重要性,在设计文件中应有明确的规定。如设计文件中未作规定时,则可按照《土方和爆破工程施工及验收规范》的规定采用。常用的挖方边坡坡度和填方高度限值,见表 4 和表 5。 **图 4** 水文地质条件良好时永久性土工构筑物挖方的边坡坡度　　　　　表 4

项次	挖 方 性 质	边坡坡度
1	在天然湿度、层理均匀,不易膨胀的黏土、粉质黏土、粉土和砂土(不包括细砂、粉砂)内挖方,深度不超过 3m	$(1:1) \sim (1:1.25)$
2	土质同上,深度为 3~12m	$(1:1.25) \sim (1:1.50)$
3	干燥地区内土质结构未经破坏的干燥黄土及类黄土,深度不超过 12m	$(1:0.1) \sim (1:1.25)$
4	在碎石和泥灰岩土内的挖方,深度不超过 12m,根据土的性质、层理特性和挖方深度确定	$(1:0.5) \sim (1:1.5)$

图名	公路工程土(石)方工程量 计算技术资料(10)	图号	9-3

公路工程土(石)方工程量计算技术资料(11)

序号	项 目	内　　　　　容

边坡土方工程量计算 / **石方开挖爆破每 1m³ 耗炸药量表**

填方边坡为 1:1.5 时的高度限值　　　　　　　表5

项次	土的种类	填方高度(m)	项次	土的种类	填方高度(m)
1	黏土类土、黄土、类黄土	6	4	中砂和粗砂	10
2	粉质黏土、泥灰岩土	6~7	5	砾石和碎石土	10~12
3	粉土	6~8	6	易风化的岩石	12

序号 4：边坡土方工程量计算

石方开挖爆破每 1m³ 耗炸药量表　　　　　　　表6

序号 5：石方开挖爆破每 1m³ 耗炸药量表

炮眼种类		炮眼耗药量				平眼及隧洞耗药量			
炮眼深度		1~1.5(m)		1.5~2.5(m)		1~1.5(m)		1.5~2.5(m)	
岩石种类		软 石	坚 石	软 石	坚 石	软 石	坚 石	软 石	坚 石
炸药种类	梯恩梯	0.30	0.25	0.35	0.30	0.35	0.30	0.40	0.35
	露天铵梯	0.40	0.35	0.45	0.40	0.45	0.40	0.50	0.45
	岩石铵梯	0.45	0.40	0.48	0.45	0.50	0.48	0.53	0.50
	黑炸药	0.50	0.55	0.55	0.60	0.55	0.60	0.65	0.68

图名	公路工程土(石)方工程量 计算技术资料(11)	图号	9-3

公路工程钢筋用量计算(1)

序号	项 目	内　　　　容
1	钢筋用量的含义	单位工程钢筋用量通常有以下三种含义,并用于不同的造价编制之中: (1)定额钢筋用量 　　在编制定额的每个钢筋混凝土工程子目时,都综合了类似的、且具有代表性的钢筋混凝土构件,通过工程分析计算汇总求得钢筋总用量以作为定额钢筋含量,已包括了定额的操作损耗,主要作用是作为调整定额钢筋含量的基础数据。 (2)钢筋预算用量 　　根据设计图纸、施工技术规范和验收规范的要求,以及建筑定额的操作损耗率,按实抽料计算汇总求得的单位工程钢筋总用量。它和建筑工程定额用量内容口径一致,也是用作调整定额钢筋含量差额的依据。 (3)钢筋配料用量 　　它是施工单位根据设计图纸的要求和施工技术措施而制定出钢筋材料的总用量,其中包括了钢筋弯曲延伸和短料利用以及备用钢筋等因素,它是施工单位内部生产管理的计划数据。 　　编制造价时,钢筋混凝土构件按图示计算的钢筋总用量(包括2.5%的损耗)与定额用量相差在3%以上时就需要调整,并有相应的调整方法。 　　公路工程定额中,所有钢筋混凝土结构和预应力钢筋混凝土结构项目中均列有钢筋、预应力钢筋或钢绞线子目,在编制公路工程造价时,只需套用相应的定额乘以设计图纸钢筋数量便得出预算基价和工、料、机消耗数量。其中钢筋消耗量只包含了规定的损耗量。
2	钢筋保护层的厚度	钢筋保护层的厚度表　　　　　　　　　　　　　　　　表 1

钢筋保护层的厚度表 (表 2 内容):

构　件　名　称		保护层厚度(mm)
基　础	有垫层	35
	没有垫层	70
梁和柱	受力钢筋	25
	箍筋和构造钢筋	15
墙和板	厚度等于或小于 100mm	10
	厚度大于 100mm	15

图名	公路工程钢筋用量计算(1)	图号	9—4

公路工程钢筋用量计算(2)

序号	项　目	内　　　容
3	钢筋单位 理论质量	钢筋每米理论质量 = $0.006165 \times d^2$（d 为钢筋直径）或按表2计算 钢筋计算常用数据　　　　表2

钢筋计算常用数据　　　表2

直径 d	理论质量 （kg/m）	横截面积 （cm^2）	直　　径　　倍　　数　　（mm）								
			$3d$	$6.25d$	$8d$	$10d$	$12.5d$	$20d$	$25d$	$30d$	$35d$	$40d$
4	0.099	0.126	12	25	32	40	50	80	100	120	140	160
6	0.222	0.283	18	38	48	60	75	120	150	180	210	240
6.5	0.260	0.332	20	41	52	65	81	130	163	195	228	260
8	0.395	0.503	24	50	64	80	100	160	200	240	280	320
9	0.490	0.635	27	57	72	90	113	180	225	270	315	360
10	0.617	0.785	30	63	80	100	125	200	250	300	350	400
12	0.888	1.131	36	75	96	120	150	240	300	360	420	480
14	1.208	1.539	42	88	112	140	175	280	350	420	490	560
16	1.578	2.011	48	100	128	160	200	320	400	480	560	640
18	1.998	2.545	54	113	144	180	225	360	450	540	630	720
19	2.230	2.835	57	119	152	190	238	380	475	570	665	760
20	2.466	3.142	60	125	160	220	250	400	500	600	700	800
22	2.984	3.301	66	138	176	220	275	440	550	660	770	880
24	3.551	4.524	72	150	192	240	300	480	600	720	840	960
25	3.850	4.909	75	157	200	250	313	500	625	750	875	1000
26	4.170	5.309	78	163	208	260	325	520	650	780	910	1040
28	4.830	6.153	84	175	224	280	350	560	700	840	980	1160
30	5.550	7.069	90	188	240	300	375	600	750	900	1050	1200
32	6.310	8.043	96	200	256	320	400	640	800	960	1120	1280
34	7.130	9.079	102	213	272	340	425	680	850	1020	1190	1360
35	7.500	9.620	105	219	280	350	438	700	875	1050	1225	1400
36	7.990	10.179	108	225	288	360	450	720	900	1080	1200	1440
40	9.865	12.561	120	250	320	400	500	800	1000	1220	1400	1600

图名	公路工程钢筋用量计算(2)	图号	9-4

公路工程钢筋用量计算(3)

序号	项 目	内　　容							

冷拉钢筋质量换算表 表3

冷拉前直径（mm）			5	6	8	9	10	12	14	15
冷拉前质量（kg/m）			0.154	0.222	0.395	0.499	0.617	0.888	1.208	1.387
冷拉后质量（kg/m）	钢筋伸长率（%）	4	0.148	0.214	0.38	0.48	0.594	0.854	1.162	1.334
		5	0.147	0.211	0.376	0.475	0.588	0.846	1.152	1.324
		6	0.145	0.209	0.375	0.471	0.582	0.838	1.142	1.311
		7	0.144	0.208	0.369	0.466	0.577	0.83	1.132	1.299
		8	0.143	0.205	0.366	0.462	0.571	0.822	1.119	1.284
冷拉前直径（mm）			16	18	19	20	22	24	25	28
冷拉前质量（kg/m）			1.578	1.998	2.226	2.466	2.984	3.55	3.853	4.834
冷拉后质量（kg/m）	钢筋伸长率（%）	4	1.518	1.992	2.14	2.372	2.871	3.414	3.705	4.648
		5	1.505	1.905	2.12	2.352	2.838	3.381	3.667	4.6
		6	1.491	1.887	2.104	2.33	2.811	3.349	3.632	4.557
		7	1.477	1.869	2.084	2.308	2.785	3.318	3.598	4.514
		8	1.441	1.85	2.061	2.214	2.763	3.288	3.568	4.476

序号 4　冷拉钢筋质量换算

序号 5　钢筋长度的计算

(1)直筋(图1和表4)

计算公式：钢筋净长 = $L - 2b + 12.5D$

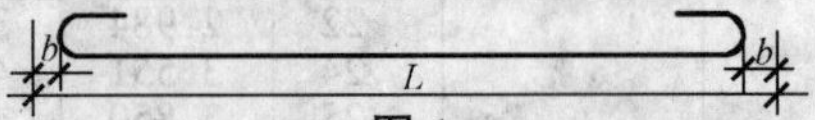

(2)弯筋

计算弯筋斜长度的基本原理

如图2,D 为钢筋的直径,H' 为弯筋需要弯起的高度,A 为局部钢筋的斜长度,B 为 A 向水平面的垂直投影长度。

假使以起弯点 P 为圆心,以 A 长为半径作圆弧向 B 的延长线投影,则 $A = B + A'$,A' 就是 $A - B$ 的长度差。

θ 为弯筋在垂直平面中要求弯起的水平面所形成的角度(夹角);在工程上一般以 30°,45°和 60°为最普遍,以 45°尤为常见。

弯筋斜长度的计算可按表5确定。

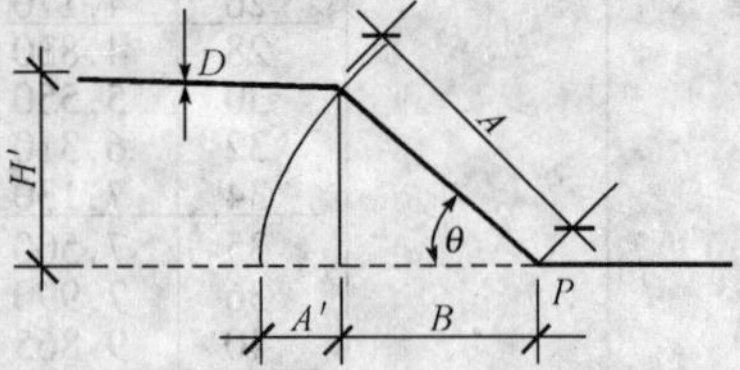

图1

图2

图名	公路工程钢筋用量计算(3)	图号	9-4

公路工程钢筋用量计算(4)

序号	项 目	内　　容

钢筋弯头、搭接长度计算表　　　　　表4

钢筋直径 D (mm)	保护层 b (cm)			钢筋直径 D (mm)	保护层 b (cm)		
	1.5	2.0	2.5		1.5	2.0	2.5
	按 L 增加长度(cm)				按 L 增加长度(cm)		
4	2.0	1.0	—	22	24.5	23.5	22.5
6	4.5	3.5	2.5	24	27.0	26.0	25.0
8	7.0	6.0	5.0	25	28.3	27.3	26.3
9	8.3	7.3	6.3	26	29.5	28.5	27.5
10	9.5	8.5	7.5	28	32.0	31.0	30.0
12	12.0	11.0	10.0	30	34.5	33.5	32.5
14	14.5	13.5	12.5	32	37.0	36.0	35.0
16	17.0	16.0	15.0	35	40.8	39.8	38.8
18	19.5	18.5	17.5	38	44.5	43.5	42.5
19	20.8	19.8	18.8	40	47.0	46.0	45.0
20	22.0	21.0	20.0				

弯筋斜长度的计算表　　　　　表5

弯起角度 θ (°)		30	45	60	弯起角度 θ (°)		30	45	60
A' 的长 $= H'$ 乘 $\tan\dfrac{\theta}{2}$		0.268	0.414	0.577	弯起高度 H' 每5cm 增加长度 (cm)	一端	1.34	2.07	2.885
						两端	2.68	4.14	5.77

序号 5　钢筋长度的计算

(3)弯钩增加长度

根据规范要求,绑扎骨架中的受力钢筋,应在末端做弯钩。HPB235级钢筋末端做180°弯钩其圆弧弯曲直径不应小于钢筋直径的2.5倍,平直部分长度不宜小于钢筋直径的3倍;HRB335、HRB400级钢筋末端需作90°或135°弯折时,HRB335级钢筋的弯曲直径不宜小于钢筋直径的4倍;HRB400级钢筋不宜小于钢筋直径的5倍。

钢筋弯钩增加长度按下列简图所示计算(弯曲直径为 $2.5d$,平直部分为 $3d$),其计算值为:

图名	公路工程钢筋用量计算(4)	图号	9-4

公路工程钢筋用量计算(5)

序号	项　目	内　　　容
5	钢筋长度的计算	（见下文）

半圆弯钩 $= (2.5d + 1d) \times \pi \times \dfrac{180}{360} - 2.5d \div 2 - 1d + （平直）3d = 6.25d$ [图 3(a)]；

直弯钩 $= (2.5d + 1d) \times \pi \times \dfrac{180 - 90}{360} - 2.5d \div 2 - 1d + （平直）3d = 3.5d$ [图 3(b)]；

斜弯钩 $= (2.5d + 1d) \times \pi \times \dfrac{180 - 45}{360} - 2.5d \div 2 - 1d + （平直）3d = 4.9d$ [图 3(c)]。

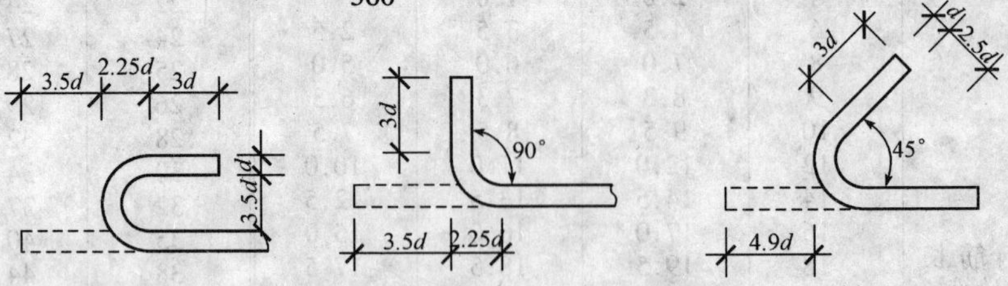

图 3
(a)半圆弯钩；(b)直弯钩；(c)斜弯钩

如果弯曲直径为 $4d$，其计算值则为：

直弯钩 $= (4d + 1d) \times \pi \times \dfrac{180 - 90}{360} - 4d \div 2 - 1d + 3d = 3.9d$；

斜弯钩 $= (4d + 1d) \times \pi \times \dfrac{180 - 45}{360} - 4d \div 2 - 1d + 3d = 5.9d$。

如果弯曲直径为 $5d$，其计算值则为：

直弯钩 $= (5d + 1d) \times \pi \times \dfrac{180 - 90}{360} - 5d \div 2 - 1d + 3d = 4.2d$；

斜弯钩 $= (5d + 1d) \times \pi \times \dfrac{180 - 45}{360} - 5d \div 2 - 1d + 3d = 6.6d$

注：钢筋的下料长度是钢筋的中心线长度。

图名	公路工程钢筋用量计算(5)	图号	9-4

公路工程钢筋用量计算(6)

序号	项 目	内　　　　容
5	钢筋长度的计算	(4)箍筋 1)计算方法:包围箍[图4(a)]的长度 = $2(A + B)$ + 弯钩增加长度。 　　　　　　　开口箍[图4(b)]的长度 = $2A + B$ + 弯钩增加长度。 箍筋弯钩增加长度见表6所示。

图4
(a)包围箍;(b)开口箍

钢筋弯钩长度　　　　　　表6

弯钩形式		180°	90°	135°
弯钩增加值	一般结构	$8.25d$	$5.5d$	$6.87d$
	有抗震要求结构	$13.25d$	$10.5d$	$11.87d$

2)用于圆柱的螺旋箍(图5)的长度计算公式如下:

$$L = N\sqrt{p^2 + (D - 2a - d)^2\pi^2} + 弯钩增加长度$$

式中　N——螺旋箍圈数;
　　　　D——圆柱直径,m;
　　　　p——螺距

图5　螺旋箍

6. 钢筋绑扎接头的搭接长度

受拉钢筋绑扎接头的搭接长度,按表7计算;受压钢筋绑扎接头的搭接长度按受拉钢筋的0.7倍计算。

受拉钢筋绑扎接头的搭接长度　　　　　　表7

钢筋类型	混凝土强度等级		
	C20	C25	C25 以上
HPB235 级钢筋	$35d$	$30d$	$25d$
HRB335 级钢筋	$45d$	$40d$	$35d$
HRB400 级钢筋	$55d$	$50d$	$45d$

图名	公路工程钢筋用量计算(6)	图号	9-4

公路工程钢筋用量计算(7)

序号	项　目	内　　　容

续表

钢筋类型	混凝土强度等级		
	C20	C25	C25 以上
冷拔低碳钢丝	300mm		

注:1.当 HRB335、HRB400 级钢筋直径 d 大于 25mm 时,其受拉钢筋的搭接长度应按表中数值增加 $5d$ 采用。

2.当螺纹钢筋直径 d 不大于 25mm 时,其受拉钢筋的搭接长度应按表中值减少 $5d$ 采用。

3.当混凝土在凝固过程中受力钢筋易受扰动时,其搭接长度宜适当增加。

4.在任何情况下,纵向受拉钢筋的搭接长度不应小于 300mm;受压钢筋的搭接长度不应小于 200mm。

5.轻骨料混凝土的钢筋绑扎接头搭接长度应按普通混凝土搭接长度增加 $5d$,对冷拔低碳钢丝增加 50mm。

6.当混凝土强度等级低于 C20 时,HPB235、HRB335 级钢筋的搭接长度应按表中 C20 的数值相应增加 $10d$,HRB335 级钢筋不宜采用。

7.对有抗震要求的受力钢筋的搭接长度,对一、二级抗震等级应增加 $5d$。

8.两根直径不同钢筋的搭接长度,以较细钢筋的直径计算。

序号 6　项目：钢筋绑扎接头的搭接长度

图名	公路工程钢筋用量计算(7)	图号	9-4

公路工程钢筋用量计算(8)

序号	项 目	内　　容

弯起钢筋长度表　　　表8

$$l = \frac{h_\alpha}{1.732} \quad S = \frac{h_\alpha}{0.866} \qquad S = \frac{h_\alpha}{0.707} \qquad l = \frac{h_\alpha}{0.707} \quad S = \frac{h_a}{0.5}$$

序号 7　弯起钢筋长度计算

弯起高度 h_a	α=60° l	α=60° S	α=45° S	α=30° l	α=30° S	弯起高度 h_a	α=60° l	α=60° S	α=45° S
40	25	50	60	70	80	650	380	750	920
50	30	60	70	90	100	680	390	780	960
60	35	70	90	100	120	700	410	810	990
70	40	80	100	120	140	730	420	840	1030
80	50	90	110	140	160	750	440	860	1060
90	55	100	130	160	180	780	450	900	1100
100	60	120	140	170	200	800	460	920	1130
110	65	130	160	190	220	830	480	950	1170
120	70	140	170	210	240	850	490	980	1200
130	80	150	180	230	260	880	510	1010	1240
150	90	170	210	260	300	900	520	1040	1270
170	100	200	240	300	340	930	540	1070	1310
200	120	230	280	350	400	950	550	1090	1340
230	130	260	320	400	460	980	570	1130	1380

图名	公路工程钢筋用量计算(8)	图号	9-4

公路工程钢筋用量计算(9)

序号	项 目	内　　　　　容

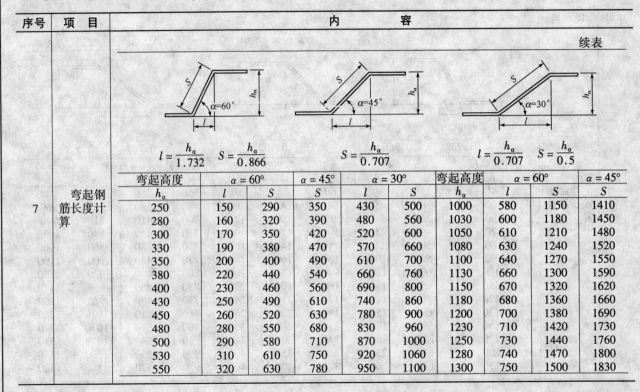

续表

$$l=\frac{h_\alpha}{1.732} \quad S=\frac{h_\alpha}{0.866}$$

$$S=\frac{h_\alpha}{0.707}$$

$$l=\frac{h_\alpha}{0.707} \quad S=\frac{h_\alpha}{0.5}$$

弯起高度	α=60°		α=45°	α=30°		弯起高度	α=60°		α=45°
h_α	l	S	S	l	S	h_α	l	S	S
250	150	290	350	430	500	1000	580	1150	1410
280	160	320	390	480	560	1030	600	1180	1450
300	170	350	420	520	600	1050	610	1210	1480
330	190	380	470	570	660	1080	630	1240	1520
350	200	400	490	610	700	1100	640	1270	1550
380	220	440	540	660	760	1130	660	1300	1590
400	230	460	560	690	800	1150	670	1320	1620
430	250	490	610	740	860	1180	680	1360	1660
450	260	520	630	780	900	1200	700	1380	1690
480	280	550	680	830	960	1230	710	1420	1730
500	290	580	710	870	1000	1250	730	1440	1760
530	310	610	750	920	1060	1280	740	1470	1800
550	320	630	780	950	1100	1300	750	1500	1830

序号 7　项目：弯起钢筋长度计算

图名	公路工程钢筋用量计算(9)	图号	9-4

公路工程钢筋用量计算(10)

序号	项　目	内　　容

序号 7　弯起钢筋长度计算

续表

$$l = \frac{h_\alpha}{1.732} \qquad S = \frac{h_\alpha}{0.866}$$

$$S = \frac{h_\alpha}{0.707}$$

$$l = \frac{h_\alpha}{0.707} \qquad S = \frac{h_\alpha}{0.5}$$

弯起高度	$\alpha=60°$		$\alpha=45°$	$\alpha=30°$		弯起高度	$\alpha=60°$		$\alpha=45°$
h_α	l	S	S	l	S	h_α	l	S	S
580	340	670	820	1000	1160	1330	770	1530	1870
600	350	690	860	1040	1200	1380	800	1590	1940
630	370	720	890	1090	1260	1430	830	1640	2000

注:表中弯起高度为构件高度减两个保护层厚度;转弯增加长度 = $S - l$。

序号 8　公路工程定额中关于施工操作损耗和搭接长度数量计算的规定

　　"钢筋工程量为钢筋的设计质量,定额中已计入施工操作损耗"是指定额中已将各种规格的钢筋按出厂定尺长度的每根钢筋均按一个接头计算,主筋按闪光对焊,其他钢筋均按搭接计算,其对焊消耗、搭接长度的钢筋质量及其他操作损耗,按设计质量的 2.5% 的损耗量计入定额中,因此,一般钢筋因接长所需增加的钢筋质量已包括在定额中,钢筋设计质量也不应包括这部分搭接钢筋的质量。

　　"施工中钢筋因接长所需的搭接长度的数量,定额中不应计入,应在钢筋的设计质量内计算"是指某些工程(如高桥墩),其主筋不可能按钢筋出厂定尺长度全部采用闪光对焊接长到结构所需要的长度(高度),必须在施工过程中根据施工分段搭接接长时,其搭接长度的钢筋质量未包括在定额中,应计入钢筋设计质量内。这是由于这部分钢筋质量受设计要求、工程部位、施工条件的影响较大,在定额中难以用占钢筋设计质量的百分比或其他方式予以定量,因此根据设计要求、工程部位和施工条件将设计图纸中的那些不可能采用对焊接长而必须在施工过程中采用现场搭接接长的那部分钢筋质量,逐项统计出来计入钢筋质量中,而不应笼统地按钢筋质量的百分比来加大钢筋设计质量。

图名	公路工程钢筋用量计算(10)	图号	9－4

公路工程金属结构工程量计算技术资料(1)

序号	项 目	内 容

钢材理论质量的计算 　　　　　　　　表1

		项目	序号	型　材	计算公式	公式中代号
1	钢材理论质量计算	钢材断面积计算公式	1	方钢	$F = a^2$	a—边宽
			2	圆角方钢	$F = a^2 - 0.8584 r^2$	a—边宽；r—圆角半径
			3	钢板、扁钢、带钢	$F = a \times \delta$	a—边宽；δ—厚度
			4	圆角扁钢	$F = a\delta - 0.8584 r^2$	a—边宽；δ—厚度；r—圆角半径
			5	圆角、圆盘条、钢丝	$F = 0.7854 d^2$	d—外径
			6	六角钢	$F = 0.866 a^2 = 2.598 s^2$	a—对边距离；s—边宽
			7	八角钢	$F = 0.8284 a^2 = 4.8284 s^2$	
			8	钢管	$F = 3.1416\delta(D - \delta)$	D—外径；δ—壁厚
			9	等边角钢	$F = d(2b - d) + 0.2146(r^2 - 2r_1^2)$	d—边厚；b—边宽；r—内面圆角半径；r_1—端边圆角半径
			10	不等边角钢	$F = d(B + b - d) + 0.2146(r^2 - 2r_1^2)$	d—边厚；B—长边宽；b—短边宽；r—内面圆角半径；r_1—端边圆角半径
			11	工字钢	$F = hd + 2t(b - d) + 0.8584(r^2 - r_1^2)$	h—高度；b—腿宽；d—腰厚；t—平均腿厚；r—内面圆角半径；r_1—边端圆角半径
			12	槽钢	$F = hd + 2t(b - d) + 0.4292(r^2 - r_1^2)$	

质量基本计算公式

$$W(\text{kg}) = F(\text{mm}^2) \times L(长度,\text{m}) \times G(密度,\text{g/cm}^3) \times 1/1000$$

式中：W—质量；F—断面积。钢的密度一般按 7.85g/cm^3 计算。其他型材如钢材、铝材等，亦可引用上式查照其不同的密度计算。

图名	公路工程金属结构工程量计算技术资料(1)	图号	9－5

公路工程金属结构工程量计算技术资料(2)

序号	项 目	内 容

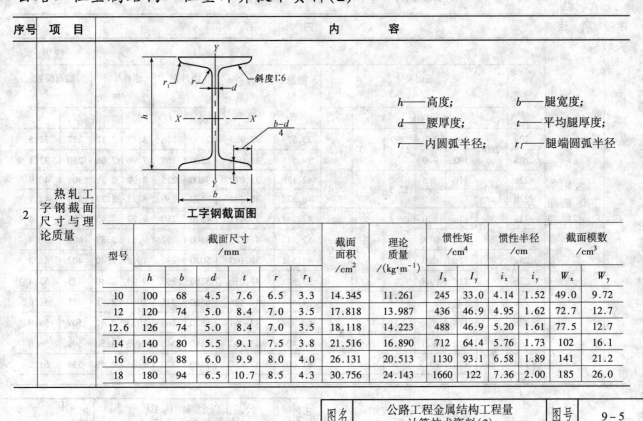

h——高度；　　　　　b——腿宽度；

d——腰厚度；　　　　t——平均腿厚度；

r——内圆弧半径；　　r_1——腿端圆弧半径

工字钢截面图

序号 2　热轧工字钢截面尺寸与理论质量

型号	截面尺寸 /mm						截面面积 /cm²	理论质量 /(kg·m⁻¹)	惯性矩 /cm⁴		惯性半径 /cm		截面模数 /cm³	
	h	b	d	t	r	r_1			I_x	I_y	i_x	i_y	W_x	W_y
10	100	68	4.5	7.6	6.5	3.3	14.345	11.261	245	33.0	4.14	1.52	49.0	9.72
12	120	74	5.0	8.4	7.0	3.5	17.818	13.987	436	46.9	4.95	1.62	72.7	12.7
12.6	126	74	5.0	8.4	7.0	3.5	18.118	14.223	488	46.9	5.20	1.61	77.5	12.7
14	140	80	5.5	9.1	7.5	3.8	21.516	16.890	712	64.4	5.76	1.73	102	16.1
16	160	88	6.0	9.9	8.0	4.0	26.131	20.513	1130	93.1	6.58	1.89	141	21.2
18	180	94	6.5	10.7	8.5	4.3	30.756	24.143	1660	122	7.36	2.00	185	26.0

图名	公路工程金属结构工程量 计算技术资料(2)	图号	9-5

公路工程金属结构工程量计算技术资料(3)

序号	项目	内 容

续表

型号	截面尺寸 /mm						截面面积 /cm²	理论质量 /(kg·m⁻¹)	惯性矩 /cm⁴		惯性半径 /cm		截面模数 /cm³	
	h	b	d	t	r	r_1			I_x	I_y	i_x	i_y	W_x	W_y
20a	200	100	7.0	11.4	9.0	4.5	35.578	27.929	2370	158	8.15	2.12	237	31.5
20b		102	9.0				39.578	31.069	2500	169	7.96	2.06	250	33.1
22a	220	110	7.5	12.3	9.5	4.8	42.128	33.070	3400	225	8.99	2.31	309	40.9
22b		112	9.5				46.528	36.524	3570	239	8.78	2.27	325	42.7
24a	240	116	8.0	13.0	10.0	5.0	47.741	37.477	4570	280	9.77	2.42	381	48.4
24b		118	10.0				52.541	41.245	4800	297	9.57	2.38	400	50.4
25a	250	116	8.0				48.541	38.105	5020	280	10.2	2.40	402	48.3
25b		118	10.0				53.541	42.030	5280	309	9.94	2.40	423	52.4
27a	270	122	8.5	13.7	10.5	5.3	54.554	42.825	6550	345	10.9	2.51	485	56.6
27b		124	10.5				59.954	47.064	6870	366	10.7	2.47	509	58.9
28a	280	122	8.5				55.404	43.492	7110	345	11.3	2.50	508	56.6
28b		124	10.5				61.004	47.888	7480	379	11.1	2.49	534	61.2

序号 2 项目：热轧工字钢截面尺寸与理论质量

图名	公路工程金属结构工程量计算技术资料(3)	图号	9-5

公路工程金属结构工程量计算技术资料(4)

序号	项目	内容

续表

型号	截面尺寸(mm)						截面面积 (cm²)	理论质量 /(kg·m⁻¹)	惯性矩(cm⁴)		惯性半径(cm)		截面模数(cm³)	
	h	b	d	t	r	r_1			I_x	I_y	i_x	i_y	W_x	W_y
30a	300	126	9.0				61.254	48.084	8950	400	12.1	2.55	597	63.5
30b		128	11.0	14.4	11.0	5.5	67.254	52.794	9400	422	11.8	2.50	627	65.9
30c		130	13.0				73.254	57.504	9850	445	11.6	2.46	657	68.5
32a		130	9.5				67.156	52.717	11100	460	12.8	2.62	692	70.8
32b	320	132	11.5	15.0	11.5	5.8	73.556	57.741	11600	502	12.6	2.61	726	76.0
32c		134	13.5				79.956	62.765	12200	544	12.3	2.61	760	81.2
36a		136	10.0				76.480	60.037	15800	552	14.4	2.69	875	81.2
36b	360	138	12.0	15.8	12.0	6.0	83.680	65.689	16500	582	14.1	2.64	919	84.3
36c		140	14.0				90.880	71.341	17300	612	13.8	2.60	962	87.4
40a		142	10.5				86.112	67.598	21700	660	15.9	2.77	1090	93.2
40b	400	144	12.5	16.5	12.5	6.3	94.112	73.878	22800	692	15.6	2.71	1140	96.2
40c		146	14.5				102.112	80.158	23900	727	15.2	2.65	1190	99.6
45a		150	11.5				102.446	80.420	32200	855	17.7	2.89	1430	114
45b	450	152	13.5	18.0	13.5	6.8	111.446	87.485	33800	894	17.4	2.84	1500	118
45c		154	15.5				120.446	94.550	35300	938	17.1	2.79	1570	122

序号 2　项目：热轧工字钢截面尺寸与理论质量

图名	公路工程金属结构工程量 计算技术资料(4)	图号	9-5

公路工程金属结构工程量计算技术资料(5)

序号	项目	内容

续表

型号	截面尺寸(mm)						截面面积(cm²)	理论质量/(kg·m⁻¹)	惯性矩(cm⁴)		惯性半径(cm)		截面模数(cm³)	
	h	b	d	t	r	r_1			I_x	I_y	i_x	i_y	W_x	W_y
50a		158	12.0				119.304	93.654	46500	1120	19.7	3.07	1860	142
50b	500	160	14.0	20.0	14.0	7.0	129.304	101.504	48600	1170	19.4	3.01	1940	146
50c		162	16.0				139.304	109.354	50600	1220	19.0	2.96	2080	151
55a		166	12.5				134.185	105.335	62900	1370	21.6	3.19	2290	164
55b	550	168	14.5				145.185	113.970	65600	1420	21.2	3.14	2390	170
55c		170	16.5	21.0	14.5	7.3	156.185	122.605	68400	1480	20.9	3.08	2490	175
56a		166	12.5				135.435	106.316	65600	1370	22.0	3.18	2340	165
56b	560	168	14.5				146.635	115.108	68500	1490	21.6	3.16	2450	174
56c		170	16.5				157.835	123.900	71400	1560	21.3	3.16	2550	183
63a		176	13.0				154.658	121.407	93900	1700	24.5	3.31	2980	193
63b	630	178	15.0	22.0	15.0	7.5	167.258	131.298	98100	1810	24.2	3.29	3160	204
63c		180	17.0				179.858	141.189	120000	1920	23.8	3.27	3300	214

序号 2　项目：热轧工字钢截面尺寸与理论质量

注:表中 r、r_1 的数据用于孔型设计,不做交货条件。

图名	公路工程金属结构工程量 计算技术资料(5)	图号	9-5

公路工程金属结构工程量计算技术资料(6)

序号	项 目	内 容

热轧等边角钢截面尺寸与理论质量表　　　　表3

b——边宽度；　　d——边厚度；

r——内圆弧半径；　　t——边端圆弧半径；

Z_0——重心距离

等边角钢截面图

序号3　项目：热轧等边角钢截面尺寸与理论质量

型号	截面尺寸(mm)			截面面积(cm²)	理论质量(kg·m⁻¹)	外表面积(m²·m⁻¹)	惯性矩/cm⁴				惯性半径/cm			截面模数/cm³			重心距离/cm
	b	d	r				I_x	I_{x1}	I_{x0}	I_{y0}	i_x	i_{x0}	i_{y0}	W_x	W_{x0}	W_{y0}	Z_0
2	20	3	3.5	1.132	0.889	0.078	0.40	0.81	0.63	0.17	0.59	0.75	0.39	0.29	0.45	0.20	0.60
		4		1.459	1.145	0.077	0.50	1.09	0.78	0.22	0.58	0.73	0.38	0.36	0.55	0.24	0.64
2.5	25	3		1.432	1.124	0.098	0.82	1.57	1.29	0.34	0.76	0.95	0.49	0.46	0.73	0.33	0.73
		4		1.859	1.459	0.097	1.03	2.11	1.62	0.43	0.74	0.93	0.48	0.59	0.92	0.40	0.76

图名	公路工程金属结构工程量计算技术资料(6)	图号	9-5

公路工程金属结构工程量计算技术资料(7)

序号	项目	内容

续表

型号	截面尺寸 (mm)			截面面积 (cm²)	理论质量 (kg·m⁻¹)	外表面积 (m²·m⁻¹)	惯性矩 (cm⁴)				惯性半径 (cm)			截面模数 (cm³)			重心距离 (cm)
	b	d	r				I_x	I_{x1}	I_{x0}	I_{y0}	i_x	i_{x0}	i_{y0}	W_x	W_{x0}	W_{y0}	Z_0
3.0	30	3		1.749	1.373	0.117	1.46	2.71	2.31	0.61	0.91	1.15	0.59	0.68	1.09	0.51	0.85
		4		2.276	1.786	0.117	1.84	3.63	2.92	0.77	0.90	1.13	0.58	0.87	1.37	0.62	0.89
3.6	36	3	4.5	2.109	1.656	0.141	2.58	4.68	4.09	1.07	1.11	1.39	0.71	0.99	1.61	0.76	1.00
		4		2.756	2.163	0.141	3.29	6.25	5.22	1.37	1.09	1.38	0.70	1.28	2.05	0.93	1.04
		5		3.382	2.654	0.141	3.95	7.84	6.24	1.65	1.08	1.36	0.70	1.56	2.45	1.00	1.07
4	40	3		2.359	1.852	0.157	3.59	6.41	5.69	1.49	1.23	1.55	0.79	1.23	2.01	0.96	1.09
		4		3.086	2.422	0.157	4.60	8.56	7.29	1.91	1.22	1.54	0.79	1.60	2.58	1.19	1.13
		5		3.791	2.976	0.156	5.53	10.74	8.76	2.30	1.21	1.52	0.78	1.96	3.10	1.39	1.17
4.5	45	3	5	2.659	2.088	0.177	5.17	9.12	8.20	2.14	1.40	1.76	0.89	1.58	2.58	1.24	1.22
		4		3.486	2.736	0.177	6.65	12.18	10.56	2.75	1.38	1.74	0.89	2.05	3.32	1.54	1.26
		5		4.292	3.369	0.176	8.04	15.2	12.74	3.33	1.37	1.72	0.88	2.51	4.00	1.81	1.30
		6		5.076	3.985	0.176	9.33	18.36	14.76	3.89	1.36	1.70	0.8	2.95	4.64	2.06	1.33
5	50	3	5.5	2.971	2.332	0.197	7.18	12.5	11.37	2.98	1.55	1.96	1.00	1.96	3.22	1.57	1.34
		4		3.897	3.059	0.197	9.26	16.69	14.70	3.82	1.54	1.94	0.99	2.56	4.16	1.96	1.38
		5		4.803	3.770	0.196	11.21	20.90	17.79	4.64	1.53	1.92	0.98	3.13	5.03	2.31	1.42
		6		5.688	4.465	0.196	13.05	25.14	20.68	5.42	1.52	1.91	0.98	3.68	5.85	2.63	1.46

序号：3　项目：热轧等边角钢截面尺寸与理论质量

图名	公路工程金属结构工程量 计算技术资料(7)	图号	9-5

公路工程金属结构工程量计算技术资料(8)

续表

序号	项 目	内 容																		

型号	截面尺寸 (mm)			截面 面积 (cm²)	理论 质量 (kg·m⁻¹)	外表 面积 (m²·m⁻¹)	惯性矩 (cm⁴)				惯性半径 (cm)			截面模数 (cm³)			重心 距离 (cm)
	b	d	r				I_x	I_{x1}	I_{x0}	I_{y0}	i_x	i_{x0}	i_{y0}	W_x	W_{x0}	W_{y0}	Z_0
5.6	56	3	6	3.343	2.624	0.221	10.19	17.56	16.14	4.24	1.75	2.20	1.13	2.48	4.08	2.02	1.48
		4		4.390	3.446	0.220	13.18	23.43	20.92	5.46	1.73	2.18	1.11	3.24	5.28	2.52	1.53
		5		5.415	4.251	0.220	16.02	29.33	25.42	6.61	1.72	2.17	1.10	3.97	6.42	2.98	1.57
		6		6.420	5.040	0.220	18.69	35.26	29.66	7.73	1.71	2.15	1.10	4.68	7.49	3.40	1.61
		7		7.404	5.812	0.219	21.23	41.23	33.63	8.82	1.69	2.13	1.09	5.36	8.49	3.80	1.64
		8		8.367	6.568	0.219	23.63	47.24	37.37	9.89	1.68	2.11	1.09	6.03	9.44	4.16	1.68
6	60	5	6.5	5.829	4.576	0.236	19.89	36.05	31.57	8.21	1.85	2.33	1.19	4.59	7.44	3.48	1.67
		6		6.914	5.427	0.235	23.25	43.33	36.89	9.60	1.83	2.31	1.18	5.41	8.70	3.98	1.70
		7		7.977	6.262	0.235	26.44	50.65	41.92	10.96	1.82	2.29	1.17	6.21	9.88	4.45	1.74
		8		9.020	7.081	0.235	29.47	58.02	46.66	12.28	1.81	2.27	1.17	6.98	11.00	4.88	1.78
6.3	63	4	7	4.978	3.907	0.248	19.03	33.35	30.17	7.89	1.96	2.46	1.26	4.13	6.78	3.29	1.70
		5		6.143	4.822	0.248	23.17	41.73	36.77	9.57	1.94	2.45	1.25	5.08	8.25	3.90	1.74
		6		7.288	5.721	0.247	27.12	50.14	43.03	11.20	1.93	2.43	1.24	6.00	9.66	4.46	1.78
		7		8.412	6.603	0.247	30.87	58.60	48.96	12.79	1.92	2.41	1.23	6.88	10.99	4.98	1.82
		8		9.515	7.469	0.247	34.46	67.11	54.56	14.33	1.90	2.40	1.23	7.75	12.25	5.47	1.85
		10		11.657	9.151	0.246	41.09	84.31	64.85	17.33	1.88	2.36	1.22	9.39	14.56	6.36	1.93

序号 3；项目：热轧等边角钢截面尺寸与理论质量

图名	公路工程金属结构工程量 计算技术资料(8)	图号	9-5

公路工程金属结构工程量计算技术资料(9)

续表

序号	项目	型号	截面尺寸(mm)			截面面积(cm²)	理论质量(kg·m⁻¹)	外表面积(m²·m⁻¹)	惯性矩(cm⁴)				惯性半径(cm)			截面模数(cm³)			重心距离(cm)
			b	d	r	(cm²)	(kg·m⁻¹)	(m²·m⁻¹)	I_x	I_{x1}	I_{x0}	I_{y0}	i_x	i_{x0}	i_{y0}	W_x	W_{x0}	W_{y0}	Z_0
3	热轧等边角钢截面尺寸与理论质量	7	70	4	8	5.570	4.372	0.275	26.39	45.74	41.80	10.99	2.18	2.74	1.40	5.14	8.44	4.17	1.86
				5		6.875	5.397	0.275	32.21	57.21	51.08	13.31	2.16	2.73	1.39	6.32	10.32	4.95	1.91
				6		8.160	6.406	0.275	37.77	68.73	59.93	15.61	2.15	2.71	1.38	7.48	12.11	5.67	1.95
				7		9.424	7.398	0.275	43.09	80.29	68.35	17.82	2.14	2.69	1.38	8.59	13.81	6.34	1.99
				8		10.667	8.373	0.274	48.17	91.92	76.37	19.98	2.12	2.68	1.37	9.68	15.43	6.98	2.03
		7.5	75	5	9	7.412	5.818	0.295	39.97	70.56	63.30	16.63	2.33	2.92	1.50	7.32	11.94	5.77	2.04
				6		8.797	6.905	0.294	46.95	84.55	74.38	19.51	2.31	2.90	1.49	8.64	14.02	6.67	2.07
				7		10.160	7.976	0.294	53.57	98.71	84.96	22.18	2.30	2.89	1.48	9.93	16.02	7.44	2.11
				8		11.503	9.030	0.294	59.96	112.97	95.07	24.86	2.28	2.88	1.47	11.20	17.93	8.19	2.15
				9		12.825	10.068	0.294	66.10	127.30	104.71	27.48	2.27	2.86	1.46	12.43	19.75	8.89	2.18
				10		14.126	11.089	0.293	71.98	141.71	113.92	30.05	2.26	2.84	1.46	13.64	21.48	9.56	2.22
		8	80	5	9	7.912	6.211	0.315	48.79	85.36	77.33	20.25	2.48	3.13	1.60	8.34	13.67	6.66	2.15
				6		9.397	7.376	0.314	57.35	102.50	90.98	23.72	2.47	3.11	1.59	9.87	16.08	7.65	2.19
				7		10.860	8.525	0.314	65.58	119.70	104.07	27.09	2.46	3.10	1.58	11.37	18.40	8.58	2.23
				8		12.303	9.658	0.314	73.49	136.97	116.60	30.39	2.44	3.08	1.57	12.83	20.61	9.46	2.27
				9		13.725	10.774	0.314	81.11	154.31	128.60	33.61	2.43	3.06	1.56	14.25	22.73	10.29	2.31
				10		15.126	11.874	0.313	88.43	171.74	140.09	36.77	2.42	3.04	1.56	15.64	24.76	11.08	2.35

图名	公路工程金属结构工程量 计算技术资料(9)	图号	9-5

公路工程金属结构工程量计算技术资料(10)

序号	项 目	内 容																

续表

型号	截面尺寸 (mm)			截面面积 (cm²)	理论质量 (kg·m⁻¹)	外表面积 (m²·m⁻¹)	惯性矩 (cm⁴)				惯性半径 (cm)			截面模数 (cm³)			重心距离 (cm)
	b	d	r				I_x	I_{x1}	I_{x0}	I_{y0}	i_x	i_{x0}	i_{y0}	W_x	W_{x0}	W_{y0}	Z_0

序号 3：热轧等边角钢截面尺寸与理论质量

型号	b	d	r	截面面积 (cm²)	理论质量 (kg·m⁻¹)	外表面积 (m²·m⁻¹)	I_x	I_{x1}	I_{x0}	I_{y0}	i_x	i_{x0}	i_{y0}	W_x	W_{x0}	W_{y0}	Z_0
9	90	6	10	10.637	8.350	0.354	82.77	145.87	131.26	34.28	2.79	3.51	1.80	12.61	20.63	9.95	2.44
		7		12.301	9.656	0.354	94.83	170.30	150.47	39.18	2.78	3.50	1.78	14.54	23.64	11.19	2.48
		8		13.944	10.946	0.353	106.47	194.80	168.97	43.97	2.76	3.48	1.78	16.42	26.55	12.35	2.52
		9		15.566	12.219	0.353	117.72	219.39	186.77	48.66	2.75	3.46	1.77	18.27	29.35	13.46	2.56
		10		17.167	13.476	0.353	128.58	244.07	203.90	53.26	2.74	3.45	1.76	20.07	32.04	14.52	2.59
		12		20.306	15.940	0.352	149.22	293.76	236.21	62.22	2.71	3.41	1.75	23.57	37.12	16.49	2.67
10	100	6	12	11.932	9.366	0.393	114.95	200.07	181.98	47.92	3.10	3.90	2.00	15.68	25.74	12.69	2.67
		7		13.796	10.830	0.393	131.86	233.54	208.97	54.74	3.09	3.89	1.99	18.10	29.55	14.26	2.71
		8		15.638	12.276	0.393	148.24	267.00	235.07	61.41	3.08	3.88	1.98	20.47	33.24	15.75	2.76
		9		17.462	13.708	0.392	164.12	300.73	260.30	67.95	3.07	3.86	1.97	22.79	36.81	17.18	2.80
		10		19.261	15.120	0.392	179.51	334.48	284.68	74.35	3.05	3.84	1.96	25.06	40.26	18.54	2.84

图名	公路工程金属结构工程量 计算技术资料(10)	图号	9-5

公路工程金属结构工程量计算技术资料(11)

序号	项目	内容																	

续表

序号	项目	型号	截面尺寸 (mm)			截面面积 (cm²)	理论质量 (kg·m⁻¹)	外表面积 (m²·m⁻¹)	惯性矩 (cm⁴)				惯性半径 (cm)			截面模数 (cm³)			重心距离 (cm)
			b	d	r				I_x	I_{x1}	I_{x0}	I_{y0}	i_x	i_{x0}	i_{y0}	W_x	W_{x0}	W_{y0}	Z_0
3	热轧等边角钢截面尺寸与理论质量	10	100	12	12	22.800	17.898	0.391	208.90	402.34	330.95	86.84	3.03	3.81	1.95	29.48	46.80	21.08	2.91
				14		26.256	20.611	0.391	236.53	470.75	374.06	99.00	3.00	3.77	1.94	33.73	52.90	23.44	2.99
				16		29.627	23.257	0.390	262.53	539.80	414.16	110.89	2.98	3.74	1.94	37.82	58.57	25.63	3.06
		11	110	7	12	15.196	11.928	0.433	177.16	310.64	280.94	73.38	3.41	4.30	2.20	22.05	36.12	17.51	2.96
				8		17.238	13.532	0.433	199.46	355.20	316.49	82.42	3.40	4.28	2.19	24.95	40.69	19.39	3.01
				10		21.261	16.690	0.432	242.19	444.65	384.39	99.98	3.38	4.25	2.17	30.60	49.42	22.91	3.09
				12		25.200	19.782	0.431	282.55	534.60	448.17	116.93	3.35	4.22	2.15	36.05	57.62	26.15	3.16
				14		29.056	22.809	0.431	320.71	625.16	508.01	133.40	3.32	4.18	2.14	41.31	65.31	29.14	3.24

图名	公路工程金属结构工程量计算技术资料(11)	图号	9-5

公路工程金属结构工程量计算技术资料(12)

序号	项目	内容

内容：

热轧不等边角钢截面尺寸与理论质量表　　　　　　　　表5

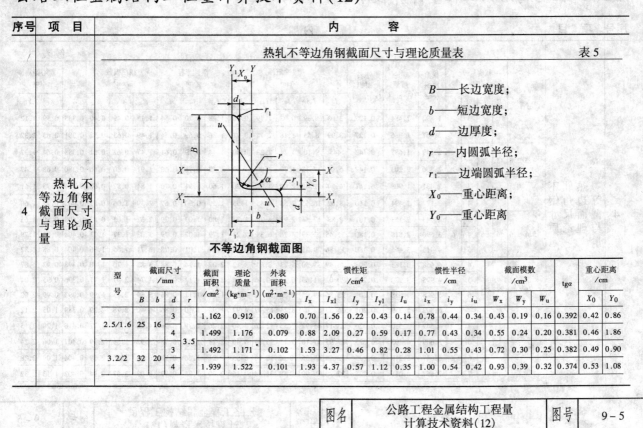

B——长边宽度；

b——短边宽度；

d——边厚度；

r——内圆弧半径；

r_1——边端圆弧半径；

X_0——重心距离；

Y_0——重心距离

不等边角钢截面图

序号 4　热轧不等边角钢截面尺寸与理论质量

型号	截面尺寸/mm				截面面积/cm²	理论质量/(kg·m⁻¹)	外表面积/(m²·m⁻¹)	惯性矩/cm⁴					惯性半径/cm			截面模数/cm³			tgα	重心距离/cm	
	B	b	d	r				I_x	I_{x1}	I_y	I_{y1}	I_u	i_x	i_y	i_u	W_x	W_y	W_u		X_0	Y_0
2.5/1.6	25	16	3	3.5	1.162	0.912	0.080	0.70	1.56	0.22	0.43	0.14	0.78	0.44	0.34	0.43	0.19	0.16	0.392	0.42	0.86
2.5/1.6	25	16	4		1.499	1.176	0.079	0.88	2.09	0.27	0.59	0.17	0.77	0.43	0.34	0.55	0.24	0.20	0.381	0.46	1.86
3.2/2	32	20	3		1.492	1.171	0.102	1.53	3.27	0.46	0.82	0.28	1.01	0.55	0.43	0.72	0.30	0.25	0.382	0.49	0.90
3.2/2	32	20	4		1.939	1.522	0.101	1.93	4.37	0.57	1.12	0.35	1.00	0.54	0.42	0.93	0.39	0.32	0.374	0.53	1.08

图名	公路工程金属结构工程量计算技术资料(12)	图号	9-5

公路工程金属结构工程量计算技术资料(13)

序号	项目	内容

续表

型号	截面尺寸/mm				截面面积/cm²	理论质量/(kg·m⁻¹)	外表面积/(m²·m⁻¹)	惯性矩/cm⁴					惯性半径/cm			截面模数/cm³			tgα	重心距离/cm	

	B	b	d	r				I_x	I_{x1}	I_y	I_{y1}	I_u	i_x	i_y	i_u	W_x	W_y	W_u		X_0	Y_0
4/2.5	40	25	3	4	1.890	1.484	0.127	3.08	5.39	0.93	1.59	0.56	1.28	0.70	0.54	1.15	0.49	0.40	0.385	0.59	1.12
			4		2.467	1.936	0.127	3.93	8.53	1.18	2.14	0.71	1.36	0.69	0.54	1.49	0.63	0.52	0.381	0.63	1.32
4.5/2.8	45	28	3	5	2.149	1.687	0.143	445	9.10	1.34	2.23	0.80	1.44	0.79	0.61	1.47	0.62	0.51	0.383	0.64	1.37
			4		2.806	2.203	0.143	5.69	12.13	1.70	3.00	1.02	1.42	0.78	0.60	1.91	0.80	0.66	0.380	0.68	1.47
5/3.2	50	32	3	5.5	2.431	1.908	0.161	6.24	12.49	2.02	3.31	1.20	1.60	0.91	0.70	1.84	0.82	0.68	0.404	0.73	1.51
			4		3.177	2.494	0.160	8.02	16.65	2.58	4.45	1.53	1.59	0.90	0.69	2.39	1.06	0.87	0.402	0.77	1.60
5.6/3.6	56	36	3	6	2.743	2.153	0.181	8.88	17.54	2.92	4.70	1.73	1.80	1.03	0.79	2.32	1.05	0.87	0.408	0.80	1.65
			4		3.590	2.818	0.180	11.45	23.39	3.76	6.33	2.23	1.79	1.02	0.79	3.03	1.37	1.13	0.408	0.85	1.78
			5		4.415	3.466	0.180	13.86	29.25	4.49	7.94	2.67	1.77	1.01	0.78	3.71	1.65	1.36	0.404	0.88	1.82
6.3/4	63	40	4	7	4.058	3.185	0.202	16.49	33.50	5.23	8.63	3.12	2.02	1.14	0.88	3.87	1.70	1.40	0.398	0.92	1.87
			5		4.993	3.920	0.202	20.02	41.63	6.31	10.86	3.76	2.00	1.12	0.87	4.74	2.07	1.71	0.396	0.95	2.04
			6		5.908	4.638	0.201	23.36	49.98	7.29	13.12	4.34	1.96	1.11	0.86	5.59	2.43	1.99	0.393	0.99	2.08
			7		6.802	5.339	0.201	26.53	58.07	8.24	15.47	4.97	1.98	1.10	0.86	6.40	2.78	2.29	0.389	1.03	2.12
7/4.5	70	45	4	7.5	4.547	3.570	0.226	23.17	45.92	7.55	12.26	4.40	2.26	1.29	0.98	4.86	2.17	1.77	0.410	1.20	2.15
			5		5.609	4.403	0.225	27.95	57.10	9.13	15.39	5.40	2.23	1.28	0.98	5.92	2.65	2.19	0.407	1.06	2.24
			6		6.647	5.218	0.225	32.54	68.35	10.62	18.58	6.35	2.21	1.26	0.98	6.95	3.12	2.59	0.404	1.09	2.28
			7		7.657	6.011	0.225	37.22	79.99	12.01	21.84	7.16	2.20	1.25	0.97	8.03	3.57	2.94	0.402	1.13	2.32

序号 4　项目：热轧不等边角钢截面尺寸与理论质量

图名	公路工程金属结构工程量计算技术资料(13)	图号	9-5

公路工程金属结构工程量计算技术资料(14)

序号	项目	内　容

续表

型号	截面尺寸 (mm) B	b	d	r	截面面积 (cm²)	理论质量 (kg·m⁻¹)	外表面积 (m²·m⁻¹)	I_x	I_{x1}	I_y	I_{y1}	I_u	i_x	i_y	i_u	W_x	W_y	W_u	$tg\alpha$	X_0	Y_0
7.5/5	75	50	5	8	6.125	4.808	0.245	34.86	70.00	12.61	21.04	7.41	2.39	1.44	1.10	6.83	3.30	2.74	0.435	1.17	2.36
			6		7.260	5.699	0.245	41.12	84.30	14.70	25.37	8.54	2.38	1.42	1.08	8.12	3.88	3.19	0.435	1.21	2.40
			8		9.467	7.431	0.244	52.39	112.50	18.53	34.23	10.87	2.35	1.40	1.07	10.52	4.99	4.10	0.429	1.29	2.44
			10		11.590	9.098	0.244	62.71	140.80	21.96	43.43	13.10	2.33	1.38	1.06	12.79	6.04	4.99	0.423	1.36	2.52
8/5	80	50	5	8	6.375	5.005	0.255	41.96	85.21	12.82	21.06	7.66	2.56	1.42	1.10	7.78	3.32	2.74	0.388	1.14	2.60
			6		7.560	5.935	0.255	49.49	102.53	14.95	25.41	8.85	2.56	1.41	1.08	9.25	3.91	3.20	0.387	1.18	2.65
			7		8.724	6.848	0.255	56.16	119.33	16.96	29.82	10.18	2.54	1.39	1.08	10.58	4.48	3.70	0.384	1.21	2.69
			8		9.867	7.745	0.254	62.83	136.41	18.85	34.32	11.38	2.52	1.38	1.07	11.92	5.03	4.16	0.381	1.25	2.73
9/5.6	90	56	5	9	7.212	5.661	0.287	60.45	121.52	18.32	29.53	10.98	2.90	1.59	1.23	9.92	4.21	3.49	0.385	1.25	2.91
			6		8.557	6.717	0.286	71.03	145.59	21.42	35.58	12.90	2.88	1.58	1.23	11.74	4.96	4.13	0.384	1.29	2.95
			7		9.880	7.756	0.286	81.01	169.60	24.36	41.71	14.67	2.86	1.57	1.22	13.49	5.70	4.72	0.382	1.33	3.00
			8		11.183	8.779	0.286	91.03	194.17	27.15	47.93	16.34	2.85	1.56	1.21	15.27	6.41	5.29	0.380	1.36	3.04
10/6.3	100	63	6	10	9.617	7.550	0.320	99.06	199.71	30.94	50.50	18.42	3.21	1.79	1.38	14.64	6.35	5.25	0.394	1.43	3.24
			7		11.111	8.722	0.320	113.45	233.00	35.26	59.14	21.00	3.20	1.78	1.38	16.88	7.29	6.02	0.394	1.47	3.28
			8		12.534	9.878	0.319	127.37	266.32	39.39	67.88	23.50	3.18	1.77	1.37	19.08	8.21	6.78	0.394	1.50	3.32
			10		15.467	12.142	0.319	153.81	333.06	47.12	85.73	28.33	3.15	1.74	1.35	23.32	9.98	8.24	0.387	1.58	3.40
10/8	100	80	6	10	10.637	8.350	0.354	107.04	199.83	61.24	102.68	31.65	3.17	2.40	1.72	15.19	10.16	8.37	0.627	1.97	2.95
			7		12.301	9.656	0.354	122.73	233.20	70.08	119.98	36.17	3.16	2.39	1.72	17.52	11.71	9.60	0.626	2.01	3.0
			8		13.944	10.946	0.353	137.92	266.61	78.58	137.37	40.58	3.14	2.37	1.71	19.81	13.21	10.80	0.625	2.05	3.04
			10		17.167	13.476	0.353	166.87	333.63	94.65	172.48	49.10	3.12	2.35	1.69	24.24	16.12	13.12	0.622	2.13	3.12
11/7	110	70	6	10	10.637	8.350	0.354	133.37	265.78	42.92	69.08	25.36	3.54	2.01	1.54	17.85	7.90	6.53	0.403	1.57	3.53
			7		12.301	9.656	0.354	153.00	310.07	49.01	80.82	28.95	3.53	2.00	1.53	20.60	9.09	7.50	0.402	1.61	3.57
			8		13.944	10.946	0.353	172.04	354.39	54.87	92.70	32.45	3.51	1.98	1.53	23.30	10.25	8.45	0.401	1.65	3.62
			10		17.167	13.476	0.353	208.39	443.13	65.88	116.83	39.20	3.48	1.96	1.51	28.54	12.48	10.29	0.397	1.72	3.70

序号 4　项目：热轧不等边角钢截面尺寸与理论质量

图名	公路工程金属结构工程量 计算技术资料(14)	图号	9-5

公路工程金属结构工程量计算技术资料(15)

序号	项目	内　　容

续表

型号	B	b	d	r	截面面积 (cm²)	理论质量 (kg·m⁻¹)	外表面积 (m²·m⁻¹)	I_x	I_{x1}	I_y	I_{y1}	I_u	i_x	i_y	i_u	W_x	W_y	W_u	tgα	X_0	Y_0
								\multicolumn{5}{c} 惯性矩 (cm⁴)				惯性半径 (cm)			截面模数 (cm³)				重心距离 (cm)	
12.5/8	125	80	7	11	14.096	11.066	0.403	227.98	454.99	74.42	120.32	43.81	4.02	2.30	1.76	26.86	12.01	9.92	0.408	1.80	4.01
			8		15.989	12.551	0.403	256.77	519.99	83.49	137.85	49.15	4.01	2.28	1.75	30.41	13.56	11.18	0.407	1.84	4.06
			10		19.712	15.474	0.402	312.04	650.09	100.67	173.40	59.45	3.98	2.26	1.74	37.33	16.56	13.64	0.404	1.92	4.14
			12		23.351	18.330	0.402	364.41	780.39	116.67	209.67	69.35	3.95	2.24	1.72	44.01	19.43	16.01	0.400	2.00	4.22
14/9	140	90	8	12	18.038	14.160	0.453	365.64	730.53	120.69	195.79	70.83	4.50	2.59	1.98	38.48	17.34	14.31	0.411	2.04	4.50
			10		22.261	17.475	0.452	445.50	913.20	140.03	245.92	85.82	4.47	2.56	1.96	47.31	21.22	17.48	0.409	2.12	4.58
			12		26.400	20.724	0.451	521.59	1096.09	169.79	296.89	100.21	4.44	2.54	1.95	55.87	24.95	20.54	0.406	2.19	4.66
			14		30.456	23.908	0.451	594.10	1279.26	192.10	348.82	114.13	4.42	2.51	1.94	64.18	28.54	23.52	0.403	2.27	4.74
15/9	150	90	8	12	18.839	14.788	0.473	442.05	898.35	122.80	195.96	74.14	4.84	2.55	1.98	43.86	17.47	14.48	0.364	1.97	4.92
			10		23.261	18.260	0.472	539.24	1122.85	148.62	246.26	89.86	4.81	2.53	1.97	53.97	21.38	17.69	0.362	2.05	5.01
			12		27.600	21.666	0.471	632.08	1347.50	172.85	297.46	104.95	4.79	2.50	1.95	63.79	25.14	20.80	0.359	2.12	5.09
			14		31.856	25.007	0.471	720.77	1572.38	195.62	349.74	119.53	4.76	2.48	1.94	73.33	28.77	23.84	0.356	2.20	5.17
			15		33.952	26.652	0.471	763.62	1684.93	206.50	376.33	126.67	4.74	2.47	1.93	77.99	30.53	25.33	0.354	2.24	5.21
			16		36.027	28.281	0.470	805.51	1797.55	217.07	403.24	133.72	4.73	2.45	1.93	82.60	32.27	26.82	0.352	2.27	5.25

序号 4　项目：热轧不等边角钢截面尺寸与理论质量　截面尺寸(mm)　惯性矩(cm⁴)　惯性半径(cm)　截面模数(cm³)　重心距离(cm)

图名	公路工程金属结构工程量计算技术资料(15)	图号	9—5

公路工程金属结构工程量计算技术资料(16)

序号	项 目	内　　　容

续表

型号	截面尺寸(mm)				截面面积(cm²)	理论质量(kg·m⁻¹)	外表面积(m²·m⁻¹)	惯性矩(cm⁴)					惯性半径(cm)			截面模数(cm³)			tgα	重心距离(cm)	
	B	b	d	r				I_x	I_{x1}	I_y	I_{y1}	I_u	i_x	i_y	i_u	W_x	W_y	W_u		X_0	Y_0
16/10 160 100	160	100	10	13	25.315	19.872	0.512	668.69	1362.89	205.03	336.59	121.74	5.14	2.85	2.19	62.13	25.56	21.92	0.390	2.28	5.24
			12		30.054	23.592	0.511	784.91	1635.56	239.06	405.94	142.33	5.11	2.82	2.17	73.49	31.28	25.79	0.388	2.36	5.32
			14		34.709	27.247	0.510	896.30	1908.50	271.20	476.42	162.23	5.08	2.80	2.16	84.56	35.83	29.56	0.385	0.43	5.40
			16		29.281	30.835	0.510	1003.04	2181.79	301.60	548.22	182.57	5.05	2.77	2.16	95.33	40.24	33.44	0.382	2.51	5.48
18/11 180 110	180	110	10	14	28.373	22.273	0.571	956.25	1940.40	278.11	447.22	166.50	5.80	3.13	2.42	78.96	32.49	26.88	0.376	2.44	5.89
			12		33.712	26.440	0.571	1124.72	2328.38	325.03	538.94	194.87	5.78	3.10	2.40	93.53	38.32	31.66	0.384	2.52	5.98
			14		38.967	30.589	0.570	1286.91	2716.60	369.55	631.95	222.30	5.75	3.08	2.39	107.76	43.97	36.32	0.372	2.59	6.06
			16		44.139	34.649	0.569	1443.06	3105.15	411.85	726.46	248.94	5.72	3.06	2.38	121.64	49.44	40.87	0.369	2.67	6.14
20/12.5 200 125	200	125	12	14	37.912	29.761	0.641	1570.90	3193.85	483.16	787.74	285.79	6.44	3.57	2.74	116.73	49.99	41.23	0.392	2.83	6.54
			14		43.867	34.436	0.640	1800.97	3726.17	550.83	922.47	326.58	6.41	3.54	2.73	134.65	57.44	47.34	0.390	2.91	6.62
			16		49.739	39.045	0.639	2023.35	4258.86	615.44	1058.86	366.21	6.38	3.52	2.71	152.18	64.89	53.32	0.388	2.99	6.70
			18		55.526	43.588	0.639	2238.30	4792.00	677.19	1197.13	404.83	6.35	3.49	2.70	169.33	71.74	59.18	0.385	3.06	6.78

序号4 项目：热轧不等边角钢截面尺寸与理论质量

注:截面图中 $r_1 = 1/3d$ 及表中 r 的数据用于孔型设计,不做交货条件。

图名	公路工程金属结构工程量 计算技术资料(16)	图号	9－5

公路工程金属结构工程量计算技术资料(17)

序号	项目	内容

热轧槽钢截面尺寸与理论质量表　　　　　　　　表7

h——高度；

b——腿宽度；

d——腰厚度；

t——平均腿厚度；

r——内圆弧半径；

r_1——腿端圆弧半径；

Z_0——YY 轴与 Y_1Y_1 轴间距

槽钢截面图

型号	截面尺寸（mm）						截面面积（cm²）	理论质量（kg·m⁻¹）	惯性矩（cm⁴）			惯性半径（cm）		截面模数（cm³）		重心距离（cm）
	h	b	d	t	r	r_1			I_x	I_y	I_{y1}	i_x	i_y	W_x	W_y	Z_0
5	50	37	4.5	7.0	7.0	3.5	6.928	5.438	26.0	8.30	20.9	1.94	1.10	10.4	3.55	1.35
6.3	63	40	4.8	7.5	7.5	3.8	8.451	6.634	50.8	11.9	28.4	2.45	1.19	16.1	4.50	1.36
6.5	65	40	4.3	7.5	7.5	3.8	8.547	6.709	55.2	12.0	28.3	2.54	1.19	17.0	4.59	1.38

图名	公路工程金属结构工程量 计算技术资料(17)	图号	9-5

公路工程金属结构工程量计算技术资料(18)

序号	项 目	内　　容

续表

型号	截面尺寸 (mm)						截面面积 (cm²)	理论质量 (kg·m⁻¹)	惯性矩 (cm⁴)			惯性半径 (cm)		截面模数 (cm³)		重心距离(cm)
	h	b	d	t	r	r_1			I_x	I_y	I_{y1}	i_x	i_y	W_x	W_y	Z_0
8	80	43	5.0	8.0	8.0	4.0	10.248	8.045	101	16.6	37.4	3.15	1.27	25.3	5.79	1.43
10	100	48	5.3	8.5	8.5	4.2	12.748	10.007	198	25.6	54.9	3.95	1.41	39.7	7.80	1.52
12	120	53	5.5	9.0	9.0	4.5	15.362	12.059	346	37.4	77.7	4.75	1.56	57.7	10.2	1.62
12.6	126	53	5.5	9.0	9.0	4.5	15.692	12.318	391	38.0	77.1	4.95	1.57	62.1	10.2	1.59
14a	140	58	6.0	9.5	9.5	4.8	18.516	14.535	564	53.2	107	5.52	1.70	80.5	13.0	1.71
14b	140	60	8.0	9.5	9.5	4.8	21.316	16.733	609	61.1	121	5.35	1.69	87.1	14.1	1.67
16a	160	63	6.5	10.0	10.0	5.0	21.962	17.24	866	73.3	144	6.28	1.83	108	16.3	1.80
16b	160	65	8.5	10.0	10.0	5.0	25.162	19.752	935	83.4	161	6.10	1.82	117	17.6	1.75
18a	180	68	7.0	10.5	10.5	5.2	25.699	20.174	1 270	98.6	190	7.04	1.96	141	20.0	1.88
18b	180	70	9.0	10.5	10.5	5.2	29.299	23.000	1 370	111	210	6.84	1.95	152	21.5	1.84
20a	200	73	7.0	11.0	11.0	5.5	28.837	22.637	1 780	128	244	7.86	2.11	178	24.2	2.01
20b	200	75	9.0	11.0	11.0	5.5	32.837	25.777	1 910	144	268	7.64	2.09	191	25.9	1.95
22a	220	77	7.0	11.5	11.5	5.8	31.846	24.999	2 390	158	298	8.67	2.23	218	28.2	2.10
22b	220	79	9.0	11.5	11.5	5.8	36.246	28.453	2 570	176	326	8.42	2.21	234	30.1	2.03

序号 5　项目：热轧槽钢截面尺寸与理论质量

图名	公路工程金属结构工程量 计算技术资料(18)	图号	9-5

公路工程金属结构工程量计算技术资料(19)

序号	项目	内　　容

续表

型号	截面尺寸 (mm)						截面面积 (cm²)	理论质量 (kg·m⁻¹)	惯性矩 (cm⁴)			惯性半径 (cm)		截面模数 (cm³)		重心距离(cm)
	h	b	d	t	r	r_1			I_x	I_y	I_{y1}	i_x	i_y	W_x	W_y	Z_0
24a		78	7.0				34.217	26.860	3 050	174	325	9.45	2.25	254	30.5	2.10
24b	240	80	9.0				39.017	30.628	3 280	194	355	9.17	2.23	274	32.5	2.03
24c		82	11.0	12.0	12.0	6.0	43.817	34.396	3 510	213	388	8.96	2.21	293	34.4	2.00
25a		78	7.0				34.917	27.410	3 370	176	322	9.82	2.24	270	30.6	2.07
25b	250	80	9.0				39.917	31.335	3 530	196	353	9.41	2.22	282	32.7	1.98
25c		82	11.0				44.917	35.260	3 690	218	384	9.07	2.21	295	35.9	1.92
27a		82	7.5				39.284	30.838	4 360	216	393	10.5	2.34	323	35.5	2.13
27b	270	84	9.5				44.684	35.077	4 690	239	428	10.3	2.31	347	37.7	2.06
27c		86	11.5	12.5	12.5	6.2	50.084	39.316	5 020	261	467	10.1	2.28	372	39.8	2.03
28a		82	7.5				40.034	31.427	4 760	218	388	10.9	2.33	340	35.7	2.10
28b	280	84	9.5				45.634	35.823	5 130	242	428	10.6	2.30	366	37.9	2.02
28c		86	11.5				51.234	40.219	5 500	268	463	10.4	2.29	393	40.3	1.95
30a		85	7.5				43.902	34.463	6 050	260	467	11.7	2.43	403	41.1	2.17
30b	300	87	9.5	13.5	13.5	6.8	49.902	39.173	6 500	289	515	11.4	2.41	433	44.0	2.13
30c		89	11.5				55.902	43.883	6 950	316	560	11.2	2.38	463	46.4	2.09

序号 5　项目：热轧槽钢截面尺寸与理论质量

图名	公路工程金属结构工程量 计算技术资料(19)	图号	9－5

公路工程金属结构工程量计算技术资料(20)

序号	项 目	内　　　容

续表

型号	截面尺寸 (mm)						截面面积 (cm²)	理论质量 (kg·m⁻¹)	惯性矩 (cm⁴)			惯性半径 (cm)		截面模数 (cm³)		重心距离(cm)
	h	b	d	t	r	r_1			I_x	I_y	I_{y1}	i_x	i_y	W_x	W_y	Z_0
32a	320	88	8.0	14.0	14.0	7.0	48.513	38.083	7 600	305	552	12.5	2.50	475	46.5	2.24
32b	320	90	10.0	14.0	14.0	7.0	54.913	43.107	8 140	336	593	12.2	2.47	509	49.2	2.16
32c	320	92	12.0	14.0	14.0	7.0	61.313	48.131	8 690	374	643	11.9	2.47	543	52.6	2.09
36a	360	96	9.0	16.0	16.0	8.0	60.910	47.814	11 900	455	818	14.0	2.73	660	63.5	2.44
36b	360	98	11.0	16.0	16.0	8.0	68.110	53.466	12 700	497	880	13.6	2.70	703	66.9	2.37
36c	360	100	13.0	16.0	16.0	8.0	75.310	59.118	13 400	536	948	13.4	2.67	746	70.0	2.34
40a	400	100	10.5	18.0	18.0	9.0	75.068	58.928	17 600	592	1 070	15.3	2.81	879	78.8	2.49
40b	400	102	12.5	18.0	18.0	9.0	83.068	65.208	18 600	640	114	15.0	2.78	932	82.5	2.44
40c	400	104	14.5	18.0	18.0	9.0	91.068	71.488	19 700	688	1 220	14.7	2.75	986	86.2	2.42

序号 5　项目：热轧槽钢截面尺寸与理论质量

注:表中 r、r_1 的数据用于孔型设计,不做交货条件。

图名	公路工程金属结构工程量 计算技术资料(20)	图号	9-5

参 考 文 献

[1] 中华人民共和国交通部公路司.公路工程国内招标文件范本(2009版)[S].北京:人民交通出版社,2009.

[2] 交通公路工程定额站.JTG/T B60-01—2007公路工程概算定额[S].北京:人民交通出版社,2007.

[3] 交通公路工程定额站.JTG/T B06-02—2007公路工程预算定额[S].北京:人民交通出版社,2007.

[4] 交通公路工程定额站.JTG/T B06-03—2007公路工程机械台班费用定额[S].北京:人民交通出版社,2007.

[5] 中华人民共和国建设部.GB/T 50353—2005建筑工程建筑面积计算规范[S].北京:中国计划出版社,2005.

[6] 交通部公路工程定额站,湖南省交通厅.公路工程工程量清单计量规则[S].北京:人民交通出版社,2005.

[7] 交通公路工程定额站.JTG B06—2007公路工程基本建设项目概算预算编制办法[S].北京:人民交通出版社,2007.